The

Architecture

건축 디자인 아카데미

건축 디자인 아카데미

초판 3쇄 2024년 3월 4일

저자 : 줄이아 맥모루Julia McMorrough
역자 : 황태주 · 이완건
발행인 : 김기현
발행처 : 시공문화사(**Spacetime**)
출판등록: 1993년 3월 12일
주소: 서울시 서대문구 독립문공원길 13 (03733) 극동프라자 5층
전화: 02) 3147-1212
팩스: 02) 3147-2626

http://www.spacetime.co.kr
mail: spacetime@korea.com

편집: Design Battery

ISBN: 978-89-5592-386-5

정가: 15,000원

The Architecture

건축 디자인 아카데미

건축가가 알아야 하는 모든 것

Julia McMorrough
황태주 · 이완건 역

Spacetime

목차

i. 서문

건축 설계는 소규모 프로젝트에도 다양한 지식과 정보교환 그리고 연출이 포함되는 복합적인 활동이다. 건축가들은 종종 전문용어뿐만 아니라 그림이나 모형, 도표 등을 통해 그들만의 언어로 이야기한다. 더욱이 건축물을 만들기 위해서는 건축법규, 인체 치수, 표준 도면, 재료 특성, 관련 기술 등 유능한 전문가들이 반드시 알아야 하는 수많은 규칙들을 따라야 한다.

많은 문제들이 교육과 오랜 경험을 바탕으로 하고 있지만 가장 노련한 건축가조차 재료관련 책자에서부터 제조업체의 카탈로그에 이르기까지 다양하고 풍부한 자료들을 사용해야 한다.

"건축 아카데미"는 건축가, 건축학과 학생 및 건축 프로젝트를 계획하고 있는 사람들에게 필수적인 정보를 제공하는 훌륭한 가이드북이라 할 수 있다. 특히 이 책은 건축가들이 정기적으로 참고해야 하는 다른 자료들과는 달리 책상 위나 가방 안 어디서나 항상 준비해서 바로 사용할 수 있는 핸드북과 같은 참고서이다.

1편의 "재료"에서는 나무, 조적, 콘크리트, 금속 및 다양한 내부 마감재와 같은 가장 일반적인 건축 자재의 상세한 카탈로그를 제공하고 있다. 2편과 3편의 "구조 및 시스템"과 "표준"은 건축 프로젝트를 수행하는데 중요한 부분으로 기본 측량, 기하학, 건축도면 종류 및 규약, 건축요소, 휴먼스케일, 주차, 건축법규, 접근성, 구조 및 기계 시스템, 건물 구성요소를 다루고 있다. 4편의 "개론"은 건축역사의 중요한 순간에 대한 연대표 및 용어를 다루고 있다.

끝으로 이 책과 같이 작은 책자로는 도저히 모든 정보를 담을 수 없기 때문에 건축에 유용한 출판물, 관련기관, 웹사이트 등의 방대한 편람을 참고자료를 통해 제공하고 있다.

모든 프로젝트에 대해 건축가들은 수없이 많은 외적 영향력, 특히 설계와 시공에 대한 최소한의 법규와 규범들을 고려해야 한다. 그러나 확실한 것은 이러한 법규와 규범들이 제한적 요인으로 간주되어서는 안 된다는 것이다. 사실은 그것들을 숙지하고 창의적으로 사용함으로써 오히려 자유롭고 힘을 받을 수도 있다.

재료 1.

건축가는 종종 디자인 과정 속에서 형태와 공간을 인식하고 연구하기 위한 빠른 방법으로 폼 보드 모델을 이용한다. 건물의 재료가 선정되지 않았거나 최종적으로 결정되지 않았을 때, 어떤 재료든 선정될 가능성이 있는 이런 상황에서 흔히들 폼(또는 나무, 또는 보드지) 모델은 매력적인 간단한 작업이다. 프로젝트 예산과 같은 대단히 중요한 요인 이외에도 건물의 구조, 표피, 마감을 위한 재료의 선택에 수많은 요인들이 영향을 미친다. 몇몇 재료들은 어떤 지역에서 더 흔히 사용되고, 지방의 건설시장에서는 특별한 건설 방법이 더 유용할 것이다. 다른 재료들은 매우 많은 시간이 걸리기도 하고, 몇몇 프로젝트에서 시간적 제한은 배제되기도 한다. 또한 다른 기후에서는 다른 재료들이 요구 되듯이 건물 프로그램, 크기 그리고 법률적 요구는 건설 방법과 재료의 선택에 영향을 미친다.

많은 건물들에서 볼 수 있는 일반적인 재료들을 여기에 소개하였다. 지면의 한계 상 더 많은 혁신적인 재료들은 다루지 못했다. 그러나 점점 더 실용성, 비용 또는 환경적 관심 때문에 건축가들은 건물 재료로 자주 사용하지 않는 소스(직물, 플라스틱, 에어로겔)를 찾는다거나 또는 일반적인 재품들(콘크리트 지붕 타일, 아크릴의 '유리블록'그리고 재생된 면 섬유 단열재)을 색다른 방법으로 사용하고 있다.

Chapter 1: 나무

가볍고 강하고 내구력이 있는 나무는 이상적인 건설 재료로 다양하게 사용된다. 연재(무른 나무, 침엽수)와 경재(딱딱한 나무, 활엽수)의 2가지 분류는 반드시 상대적으로 단단함, 무름, 강도 또는 내구력이 있음을 의미하는 것은 아니다.

일반적 나무 관련 용어

갈림 : 전체 횡단면이 아닌 나뭇결 방향으로 나무 섬유질이 분리되는 것. 건조 과정에서 인장과 압축의 결과로 발생한다.

경도 : 외력에 저항하는 나무의 성질. 경도 실험 항목을 보라.

경도 실험 (Janka hardness test) : 지름 11mm인 스틸 볼을 나무 조각 속에 반 정도 박는데 요구되는 힘을 파운드로 측정하는 실험.

경재 : (겨울에 잎이 떨어지는) 낙엽성 나무의 목재. 오크와 호두나무가 모든 경재 생산품의 50%를 차지한다.

나뭇결 : 목재 조각에 있는 나무 섬유질의 크기, 배열, 그리고 모양.

뒤틀림 : 대패질 되고 난 후에 발생하는 것으로 목재가 휘어지고 뒤틀리는 것. 항상 건조시킬 때 발생한다.

리프트손 (Riftsawn) : 나무의 나이테와 판재 면 사이를 30도에서 60도 각도로 재단한 목재.

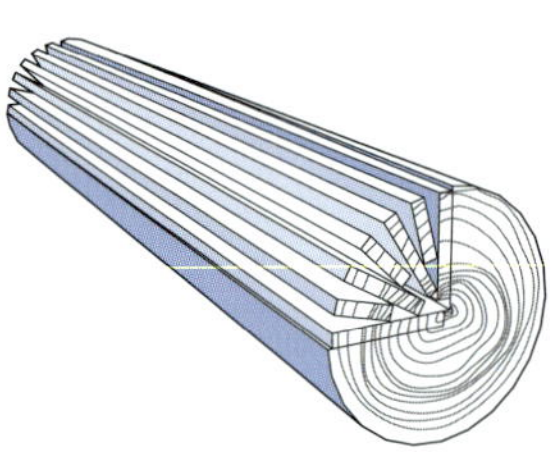

변재 : 얇은 성장 층의 조직과 체관부와 바깥쪽 수피 사이에 있는 나무의 살아 있는 바깥쪽 층. 다른 쪽은 심재이다. 이들 층은 수액이 지나가는 튜브(sap-conducting tubes)를 가지고 있다. 일반적으로 색깔은 밝고 내구력이 떨어지며 밀도도 낮아 심재보다 침투성이 더 좋다. 변재는 시간이 지날수록 어두워지며 심재로 변해간다. 변재와 심재는 나무의 목질부를 형성한다.

보드 풋 (Board foot) : 목재의 측정 단위, 넓이 1 평방 피트에 두께 1인치(305x305x25.5mm)를 의미한다.

북 매치 (Book-matched) : 두꺼운 목재를 얇은 판재로 재단하여 생긴 것으로 책처럼 두 쪽으로 벌어져 있는 것. 그리고 나뭇결이 보이는 판넬을 만들기 위해 모서리를 따라 판재들을 접착제로 붙인다.

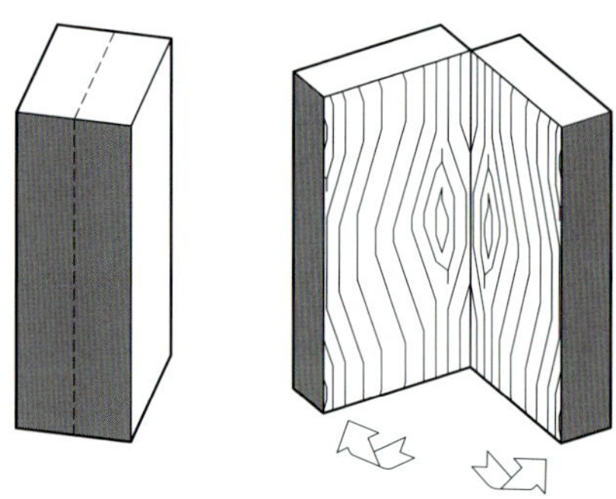

빠른 성장 / 늦은 성장 : 기후변화가 적은 지역에서 나무들은 꽤 일정한 비율로 성장하게 되고 텍스처에서 적은 변화를 보인다. 그러나 기후가 주기적으로 변하는 곳의 나무는 계절에 따라 다른 비율로 성장하게 된다. 성장의 변화는 나무 나이테의 텍스처와 색을 변하게 한다.

세로 나뭇결 : 목재의 축 방향과 평행한 목질 섬유.

수지 포켓 : 나무의 특정 부위에서 과도하게 축적된 수지 또는 고무.

스터드 : 내력벽과 스터드 벽에 사용되는 2″X4″, 2″X6″ 크기의 목재.

스테인 : 나무의 색을 변화시키기 위해 사용되는 물질.

심재 : 딱딱하고 내부 깊숙이 죽어 있는 나무 층. 이것은 일반적으로 어둡고 조직이 촘촘하며 내구성이 좋으며 주변의 변재보다 침투성이 적다. 수종에 따라 다른데 모든 부분이 심재인 좋은 목재를 얻기는 상당히 어렵다. 심재와 변재가 혼합된 판재가 일반적이다.

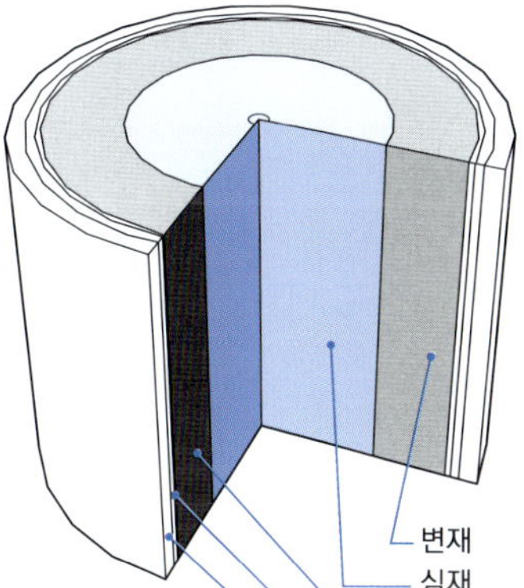

압축 처리된 목재 : 곰팡이에 의한 부식을 막고 벌레나 미생물의 공격에 저항할 수 있도록 화학적 보존 처리가 된 목재. 입력으로 나무의 세포 조직 깊숙이 방부제가 주입된다.

연재 : 침엽수(상록수)의 목재

옹이 : 나무의 독특한 성장 결과로 생긴 울퉁불퉁한 나뭇결 무늬

움직임 성능 : 치수 안정성 항목을 보라

쪼개짐 : 한 면에서 다른 쪽으로 나무의 섬유질이 분리되는 것. 판재의 가장자리에서 대부분 일어난다.

치수 안정성 : 습도 변화에 따른 체적의 변화에 저항하는 나무 단면의 성질. 낮은 치수 안정성은 습한 환경에서는 팽창하고 건조할 때는 수축하게 된다.

커시드럴 나뭇결 : 판재의 길이방향으로 난 V형 나뭇결 무늬

쿼터손 : 나무의 나이테와 판재 면 사이를 60도에서 90도 각도로 재단한 목재.

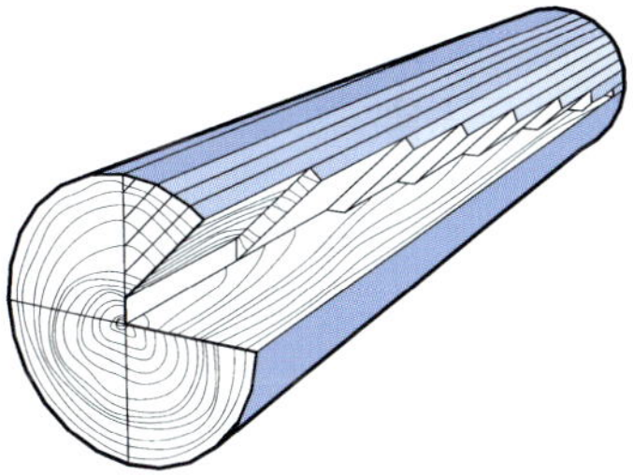

텍스처 : 결이 거친, 좋은, 또는 고른과 같은 목질 섬유의 배열과 크기가 보이는 것.

플레인손 (Plainsawn) : 나무의 나이테와 판재 면 사이를 30도 각도 보다 작게 재단한 목재.

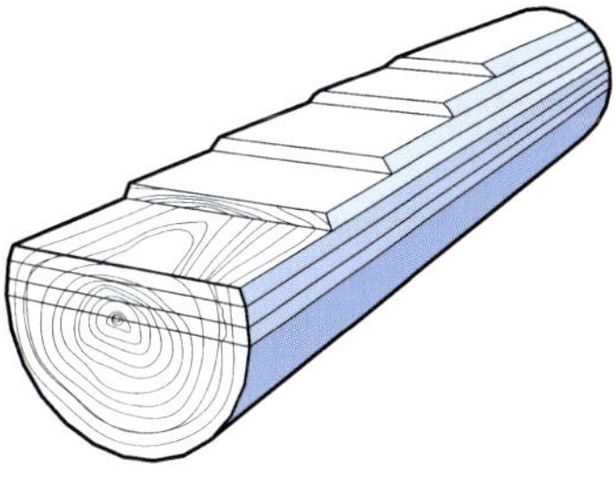

함수율 : 완전히 건조된 나무의 무게에 대하여 판재에 함유되어 있는 물의 무게 비로 표현되는 퍼센티지.

합판 : 여러 층의 단판(베니어)으로 구성된 큰 나무 판으로 각 층을 이전 층의 나뭇결에 수직으로 배치시키고 이들을 접착제로 붙였다. 이들은 항상 홀수 층으로 되어 있으며 또 다른 하나에 평행하도록 양쪽 면을 가능한 나뭇결 방향으로 한다.

형상 : 나무 표면의 무늬는 나이테, 선, 옹이, 그리고 불규칙한 나뭇결로 나타난다. 동그랗게 말린, 호랑이 무늬의, 물결 모양의, 가느다란 줄무늬로 된 모양들이 있다.

가느다란 줄무늬

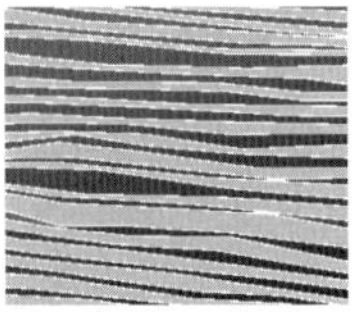

소용돌이무늬

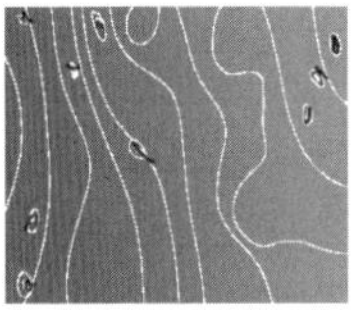

새눈무늬

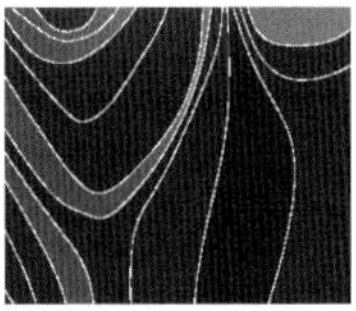

아귀무늬

연재

목재 규격*

거친제재 (Rough Lumber) : 면이 거칠고 자국이 보이도록 재단하고 다듬고 가장자리를 친 목재.

마감재 (Surfaced Lumber) : 거칠게 켠 목재를 표면 마무리 기계로 매끈하게 마감처리한 것.

S1S : 한쪽 면이 표면 마무리

S1E : 한쪽 측면이 표면 마무리

S2S : 양쪽 면이 표면 마무리

S2E : 양쪽 측면이 표면 마무리

S1S1E : 한쪽 면과 한쪽 측면이 표면 마무리

S1S2E : 한쪽 면과 양쪽 측면이 표면 마무리

S2S1E : 양쪽 면과 한쪽 측면이 표면 마무리

S4S : 네 면이 표면 마무리

작업재 (Worked Lumber) : 표면 가공한 목재를 이어 맞추고 패턴을 만들고 반턱쪽매 또는 이들을 조합한 것.

가공용재 (Shop and Factory Lumber) : 문설주, 몰딩, 창틀에 사용하기 위한 제조 공장의 목공 제품.

일반용재 (Yard Lumber) : 집 뼈대, 콘크리트 거푸집 그리고 외장재로 사용되는 목재.

판재 (Boards) : 두께 25mm와 폭 102-305mm를 넘지 않는 것.

널빤지 (Planks) : 두께 25mm와 폭 152mm를 넘는 것.

목재 (Timbers) : 두께와 폭이 127mm를 넘는 것.

*연재 관련 미국 상무부 목재 규격에서.

연재 크기

공칭 크기[1] 인치	실제 크기, 건조된 상태[2] 인치(mm)	실제 크기, 건조되지 않은 상태[3] 인치(mm)
1	3/4 (19)	25/32 (20)
1 1/4	1 (25)	1 1/32 (26)
1 1/2	1 1/4 (32)	1 9/32 (33)
2	1 1/2 (38)	1 9/16 (40)
2 1/2	2 (51)	2 1/16 (52)
3	2 1/2 (64)	2 9/16 (65)
3 1/2	3 (76)	3 1/16 (78)
4	3 1/2 (89)	3 9/16 (90)
4 1/2	4 (102)	4 1/16 (103)
5	4 1/2 (114)	4 5/8 (117)
6	5 1/2 (140)	5 9/16 (143)
7	6 1/2 (165)	6 5/8 (168)
8	7 1/4 (184)	7 1/2 (190)
9	8 1/4 (210)	8 1/2 (216)
10	9 1/4 (235)	9 1/2 (241)
11	10 1/4 (260)	10 1/2 (267)
12	11 1/4 (286)	11 1/2 (292)
14	13 1/4 (337)	13 1/2 (343)
16	15 1/4 (387)	15 1/2 (394)

[1]공칭치수(Nominal dimensions)란 편의상 목재와 다른 재료들의 일부분을 부르는 근사치를 말한다.

[2]건조 제재목(Dry lumber)란 함수율이 19% 이하인 것으로 정의된다.

[3]생재 제재목(Green lumber)란 함수율이 19% 이상인 것으로 정의된다.

연재의 등급은 목재의 외관, 내구력, 단단함에 의해 결정된다. 비록 모두 미국 상무부 목재 규격(the U.S. Department of Commerce American Lumber Standards)을 따라야 하지만 전국적으로 많은 협회들이 그들 자신의 등급 기준을 만들어 놓고 있다. 등급은 내구력 분석 및 시각 분석과 관련이 있기 때문에 종종 이해하기 어렵다. 이것은 주어진 등급 아래로 5% 변동은 허용된다.

2X6 스터드의 치수 변화

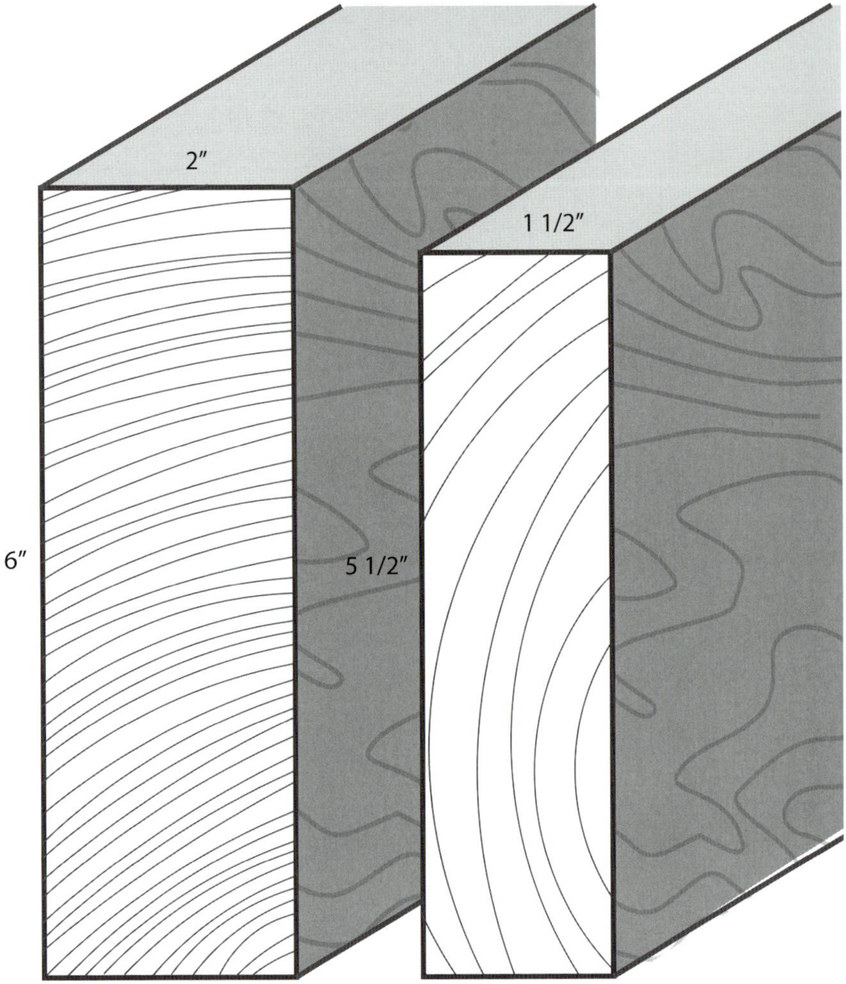

2X6 노령림

일반적으로 오래 자란 나무는 밀도가 높고 더 강하며 형태적으로 더 안정적이다. 지나친 벌목 전에는 조밀한 숲에서 햇빛 때문에 경쟁하게 되므로 오래 자란 나무(노령림)는 더 천천히 성장하게 되고 결과적으로 인치당 더 많은 나이테가 생긴다.

2X6 농용림

대조적으로 과잉 물 공급, 거름 주기, 햇빛 노출로 인하여 농용림은 더 빨리 자란다. 빠른 성장은 결과적으로 밀도가 낮은 나무가 된다.

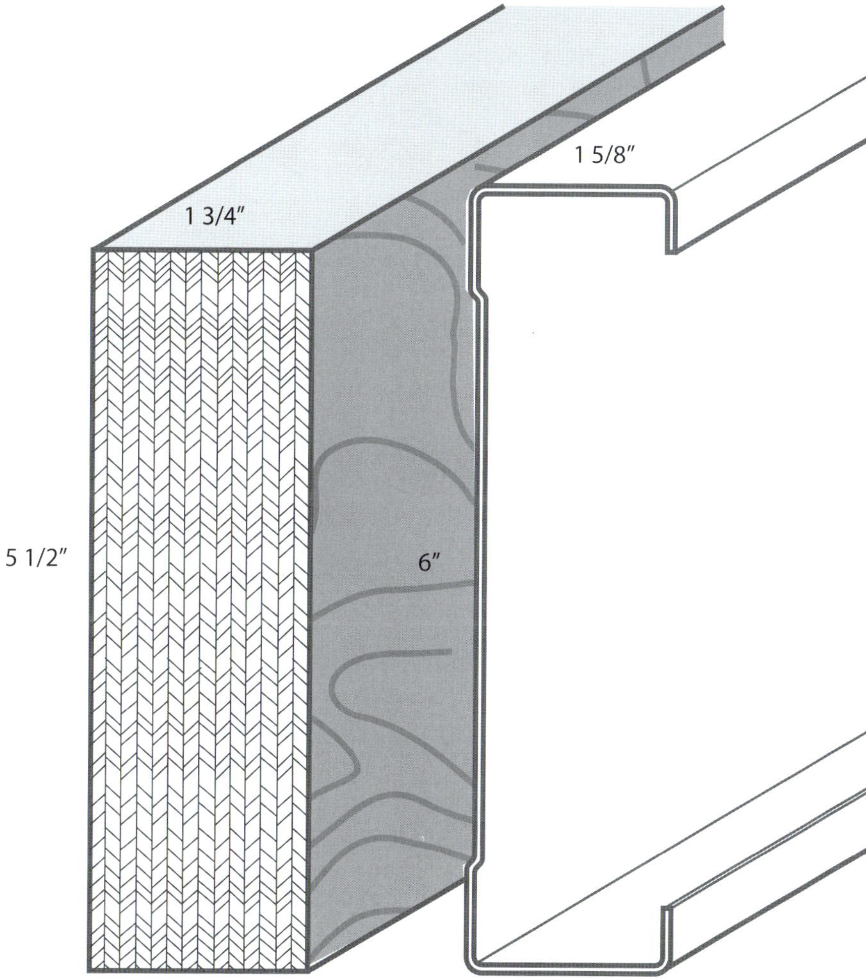

단판 적층재 (LVL)

보통 마이크로람(웨어하우즈)의 이름으로 특허가 되어 있다. 단판 적층재는 합판 같이 얇은 나무 판들을 끼워 넣고 붙여 만들어 비록 무겁지만 뒤틀림과 수축에 견딜 수 있는 밀도가 높은 목 부재가 된다. 그리고 아주 큰 하중에 견딜 수 있다.

금속 스터드

비록 목 부재 보다 비싸지만 강철 스터드는 내구력과 치수 안정성이 좋다.

보드 피트 (Board Feet)

대부분의 목재는 보드 피트(1보드 피트는 144 cubic inch와 동일하다)로 측정되고 팔리며, 계산식은 아래와 같다.

$$\frac{\text{두께 x 면 폭 x 길이}}{144}$$

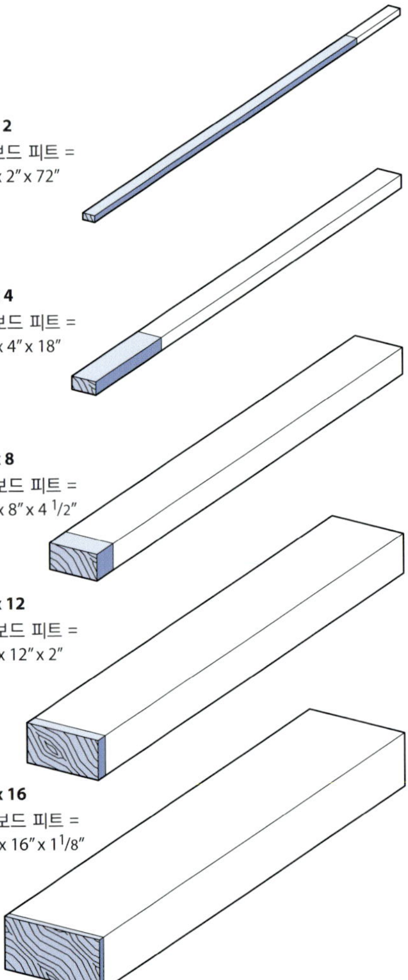

경재 (HARDWOOD)

경재의 등급

제1급과 제2급(FAS) : 최상의 등급으로, 통상적으로 자연적인 것이거나 스테인 마감으로 되어 있다. 판재는 적어도 폭이 6인치, 길이가 8~16피트, 그리고 가장 심한 면이라도 83.3%는 흠이 없어야 한다.

일반 1호 : 판재는 폭이 최소 3인치, 길이가 4~16피트, 그리고 가장 심한 면이라도 66.66%는 흠이 없어야 한다.

일반 2호

일반 3호

경재의 두께

쿼터*	미가공 치수	표면1 (S1S)	표면2 (S2S)
	3/8″ (10)	1/4″ (6)	3/16″ (5)
	1/2″ (13)	3/8″ (10)	5/16″ (8)
	5/8″ (16)	1/2″ (13)	7/16″ (11)
	3/4″ (19)	5/8″ (16)	9/16″ (14)
4/4	1″ (25)	7/8″ (22)	13/16″ (21)
5/4	1 1/4″ (32)	1 1/8″ (29)	1 1/16″ (27)
6/4	1 1/2″ (38)	1 3/8″ (35)	1 5/16″ (33)
8/4	2″ (51)	1 13/16″ (46)	1 3/4″ (44)
12/4	3″ (76)	2 13/16″ (71)	2 3/4″ (70)
16/4	4″ (102)	3 13/16″ (97)	3 3/4″ (95)

*경재의 두께는 종종 "쿼터"로 표시된다. 4/4 쿼터는 1"(25)와 같고, 그리고 6/4 쿼터는 1 1/2"(38)와 같다.

노출 내구력

외부용 : 외기에 항상 노출되는 용도로 적합한 완전 방수용 접착제와 최소 C 등급 베니어.

노출 1 : 외기에 가끔 노출되는 용도로 적합한 완전 방수용 접착제와 최소 D 등급 베니어.

노출 2 : 때때로의 높은 습도에 적합한 중간 정도의 습기 저항성을 갖는 접착제.

내부용 : 오직 실내용.

	베니어 등급
N	특별 주문에 의해 사용할 수 있는 프리미엄 등급. 모두가 매끈매끈한 표면과 흠이 없는 심재 또는 변재를 사용한다. 6번 이상 수선해 쓰지 않으며 목재는 나뭇결과 색이 조화되게 하고 나뭇결과 평행하도록 한다. 판넬은 4피트X8피트 크기로 만들어진다. 천연의 마감재로 최적이다.
A	매끈한 도장이 가능하다. 보트, 썰매를 깔끔하게 수선하는데 사용하며 18번 이상은 사용하지 않는다. 나뭇결과 평행하도록 한다. 덜 까다로운 곳에 천연 마감재로 사용된다.
B	쐐기, 원형의 보수 마개, 그리고 단단한 옹이는 나뭇결을 가로질러 1인치까지 허용되는 단단한 표면을 지니고 있다. 작은 틈은 허용된다.
C 연관된	쪼개진 틈이 폭 1/8인치, 옹이구멍이 1/4인치 X1/2인치까지 허용된 개선된 C형 베니어. 약간의 파손된 나뭇결과 인위적인 보수는 허용된다.
C	옹이와 옹이구멍이 명시된 한계 내에 있다면 단단한 옹이와 옹이구멍은 1½인치까지 허용된다. 합성 또는 목재에 의한 보수는 허용된다. 변색과 내구력에 영향을 미치지 않는 샌딩의 흠, 제한적인 틈, 모든 스티칭은 허용된다. 가장 낮은 외부용 등급이다.
D	옹이와 옹이구멍은 나뭇결을 가로질러 2½인치까지이며 명시된 한계 내에서는 1/2인치 더 클 수 있다. 제한적인 틈과 스티칭 역시 허용된다. 내부용, 노출 1, 그리고 노출 2 판넬에 제한적으로 사용된다.

합판 (Plywood)

합판의 품질은 미국합판협회(APA)에 의해 평가된다. 이것은 일반적으로 판넬의 앞과 뒷면 베니어의 품질에 따라 등급이 결정된다.(A-B, C-D, 등) 베니어의 등급은 제조과정에서 발생하는 보수의 회수와 크기, 그리고 자연적인 성장 특징에 따른 외관 모습에 따라 평가된다.

일반적인 합판 구성

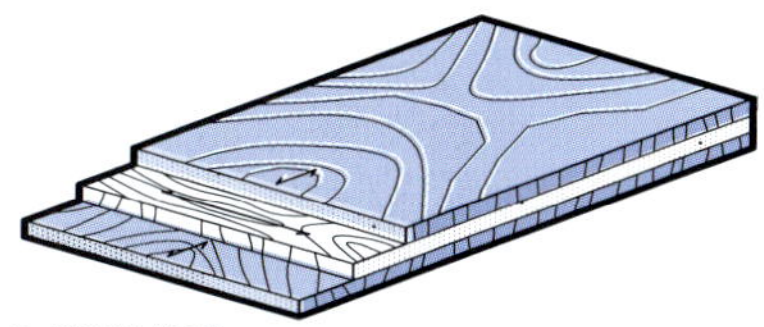

3-레이어 (3겹)

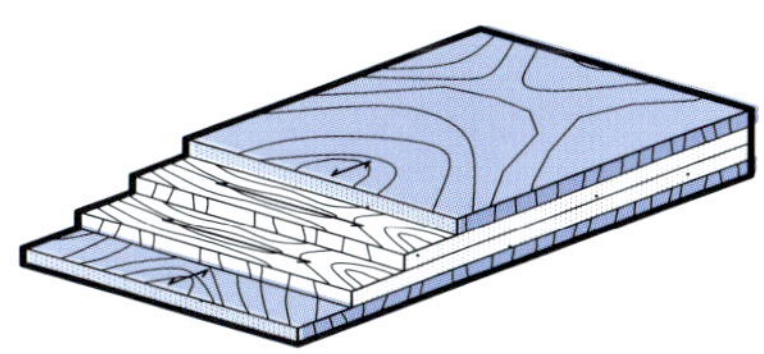

3-레이어 (4겹)

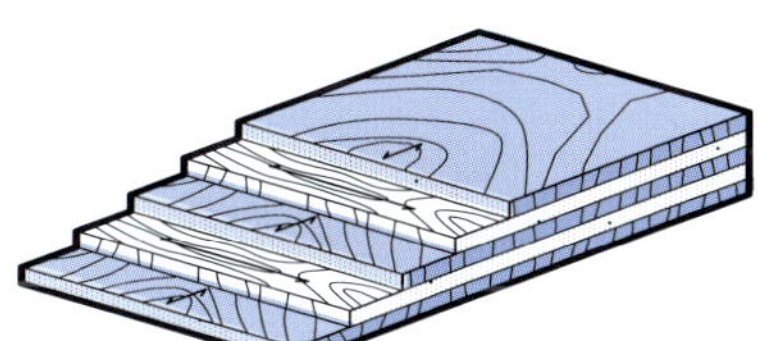

5-레이어 (5겹)

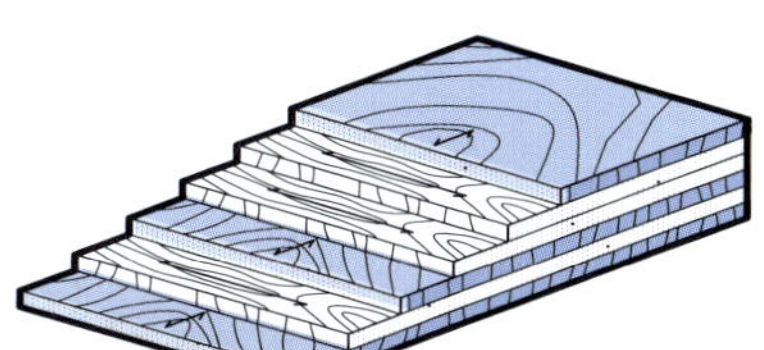

5-레이어 (6겹)

나무 종류 및 특성

물푸레나무 white Fraxinus Americana			
단단함		H	
주요 사용처		트림, 가구제작	
색		아이보리 화이트에서 연한 갈색까지	
페인트	n/a	투명도.	뛰어난

자작나무 Betula alleghaniensis			
단단함		H	
주요 사용처		트림, 판넬, 가구제작	
색		흰색에서 어두운 적색까지	
페인트	뛰어난	투명도.	좋은

버터넛 Juglans cinerea			
단단함		M	
주요 사용처		트림, 판넬, 가구제작	
색		옅은 갈색	
페인트	n/a	투명도.	뛰어난

삼나무 western red Thuja plicata			
단단함		S	
주요 사용처		트림, 외부 및 실내용 판넬	
색		흰색에 가까운 적갈색	
페인트	n/a	투명도.	좋은

S= 무른, M=중간, H=단단한, VH=매우 단단한, n/a=일반적으로 사용하지 않음
마무리: 페인트와 투명도

밤나무 Castanea dentate			
단단함		M	
주요 사용처		트림, 판넬	
색		회갈색	
페인트	n/a	투명도.	뛰어난

마호가니(MAHOGANY) Hond. Sweitenia macrophylla			
단단함		M	
주요 사용처		트림, 프레임, 판넬, 가구제작	
색		짙은 황금 갈색	
페인트	n/a	투명도.	뛰어난

단풍나무 Acer saccharum			
단단함		VH	
주요 사용처		트림, 판넬, 가구제작	
색		흰색에서 적갈색까지	
페인트	뛰어난	투명도.	좋은

오크 English brown Quercus robur			
단단함		H	
주요 사용처		베니어 판넬, 가구제작	
색		가죽 빛의 갈색	
페인트	n/a	투명도.	뛰어난

나무 종류 및 특성

오크 red　Quercus rubra			
단단함		H	
주요 사용처		트림, 판넬, 가구제작	
색		붉은 황갈색에서 갈색까지	
페인트	n/a	투명도.	뛰어난

오크 white　Quercus alba			
단단함		H	
주요 사용처		트림, 판넬, 가구제작	
색		잿빛 황갈색	
페인트	뛰어난	투명도.	뛰어난

피칸(PECAN)　Carya species			
단단함		H	
주요 사용처		트림, 판넬, 가구제작	
색		갈색 줄무늬가 있는 적갈색	
페인트	n/a	투명도.	좋은

소나무 east. or north. white　Pinus strobes			
단단함		S	
주요 사용처		트림, 프레임, 판넬, 가구제작	
색		아이보리 화이트에서 분홍색까지	
페인트	좋은	투명도.	좋은

S= 무른, M=중간, H=단단한, VH=매우 단단한, n/a=일반적으로 사용하지 않음
마무리: 페인트와 투명도

로즈우드(ROSEWOOD)	Dalbergia nigra		
단단함	VH		
주요 사용처	베니어 판넬, 가구제작		
색	적색, 갈색, 검정색이 섞임		
페인트	n/a	투명도.	뛰어난

티크(TEAK)	Tectona grandis		
단단함	H		
주요 사용처	트림, 판넬, 가구제작		
색	황갈색에서 짙은 갈색까지		
페인트	n/a	투명도.	뛰어난

호두나무	Juglans		
단단함	H		
주요 사용처	트림, 판넬, 가구제작		
색	초콜릿처럼 짙은 갈색		
페인트	n/a	투명도.	뛰어난

제브라우드(ZEBRAWOOD)	Brachystegea fleuryana		
단단함	H		
주요 사용처	트림, 판넬, 가구제작		
색	짙은 갈색 위의 황금색 줄무늬		
페인트	n/a	투명도.	뛰어난

나무 조이너리

가장자리 이음

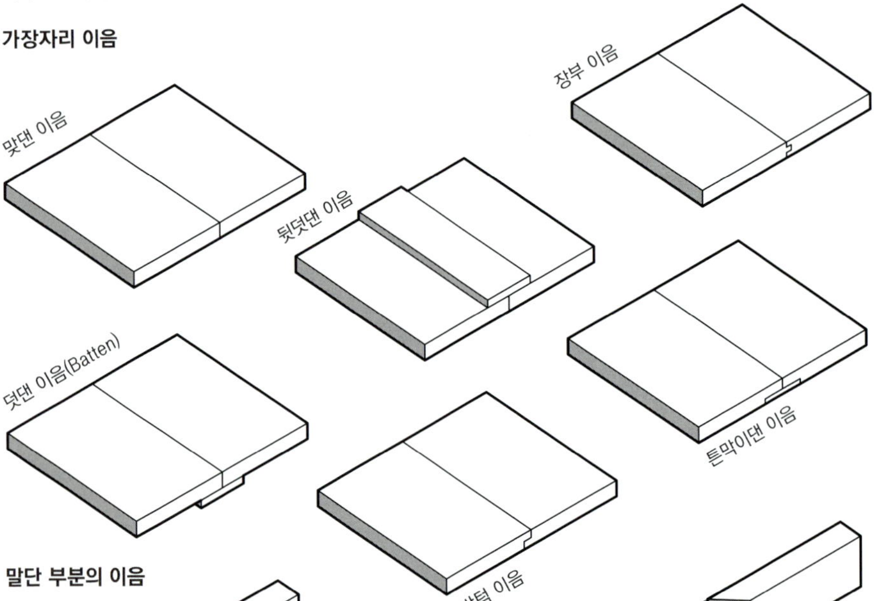

말단 부분의 이음

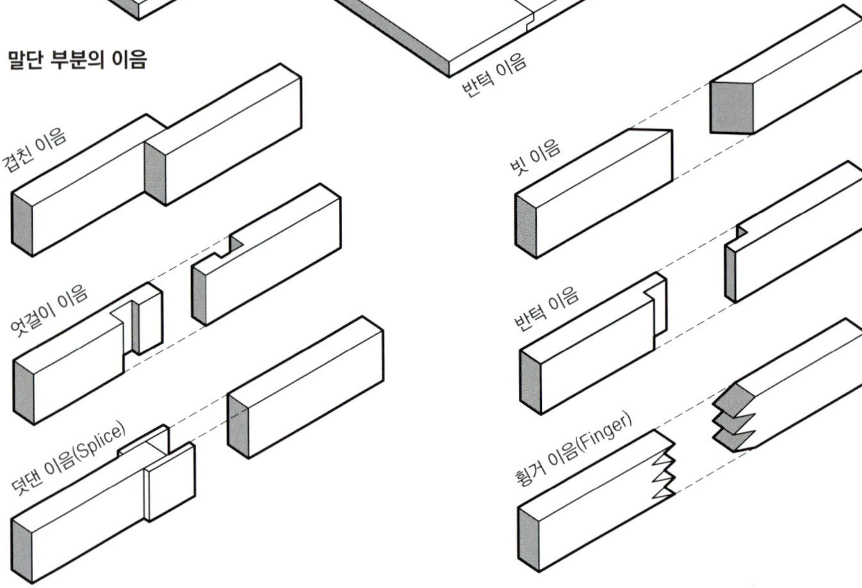

맞춤 (연귀)

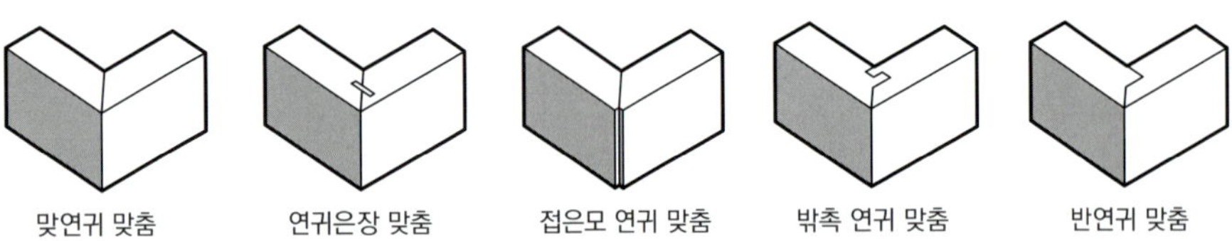

맞춤

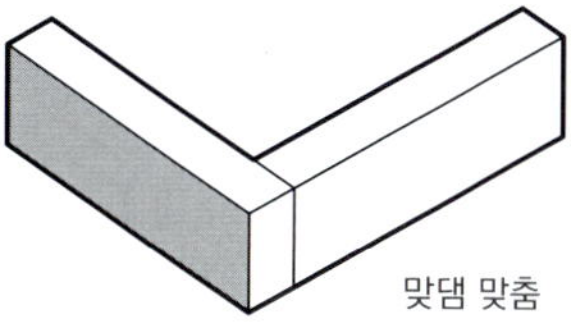

맞댄 맞춤

맞춤 (주먹장)

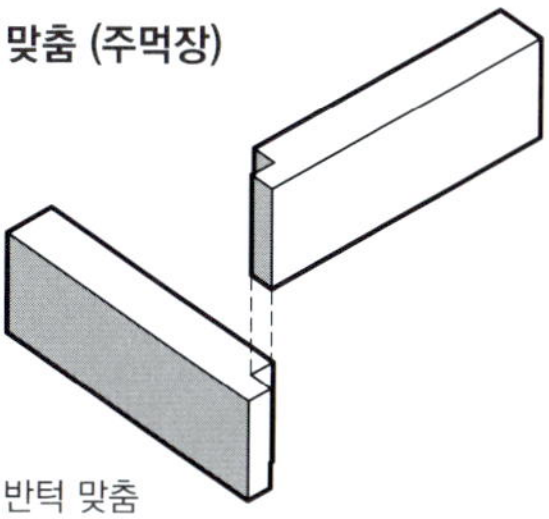

반턱 맞춤

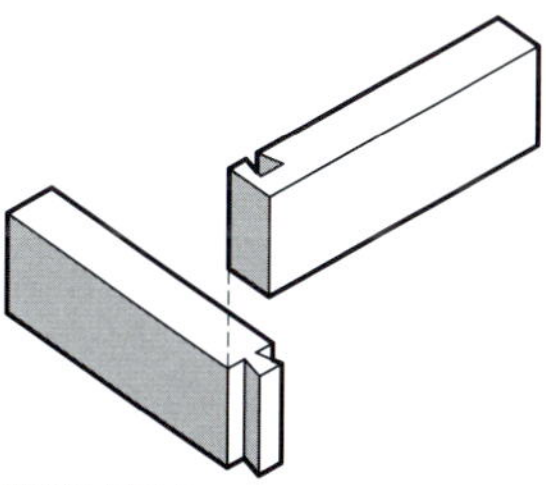

주먹장 통맞춤

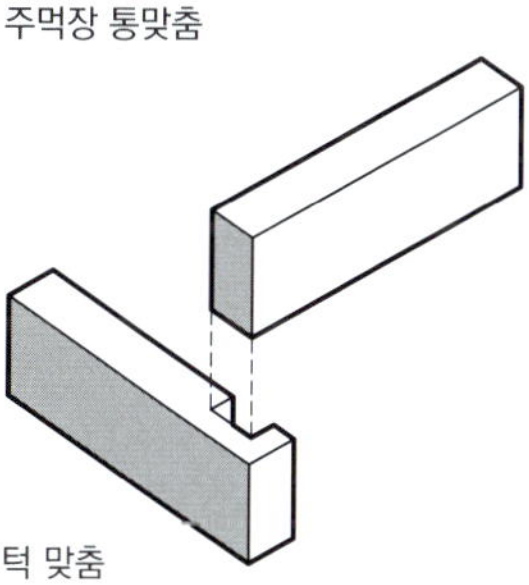

턱 맞춤

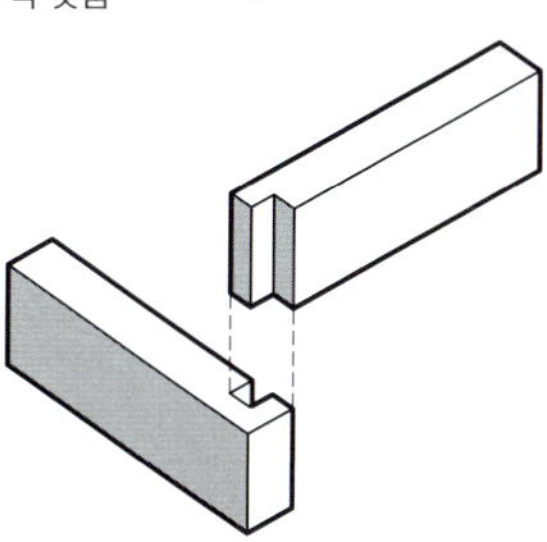

통과 반턱 맞춤

맞춤 (장부)

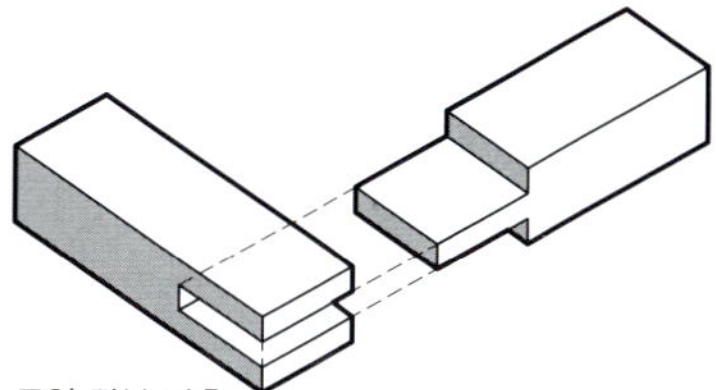

트인 장부 맞춤

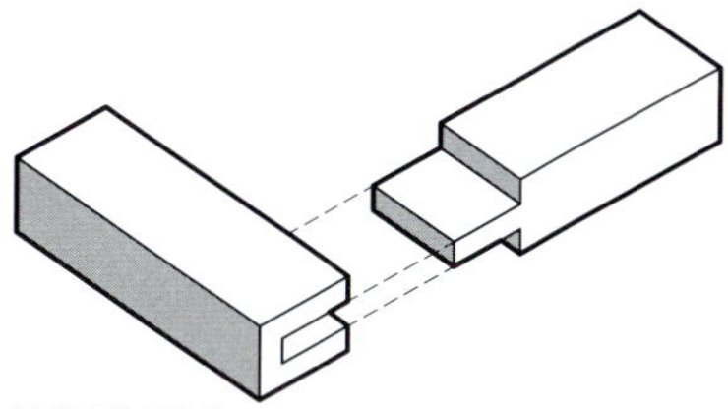

막힌 장부 맞춤

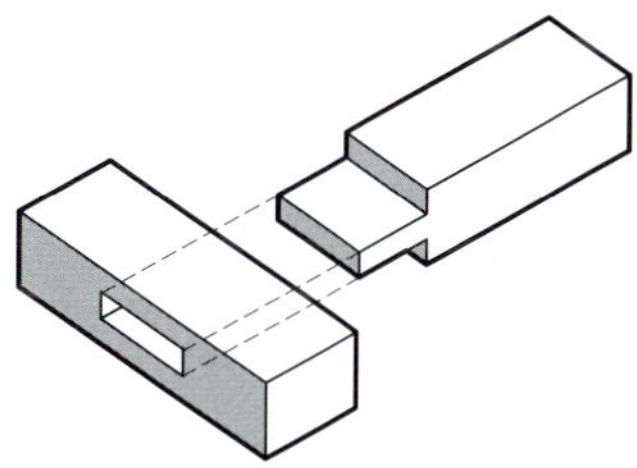

내닫이 장부 맞춤

맞춤 (겹침)

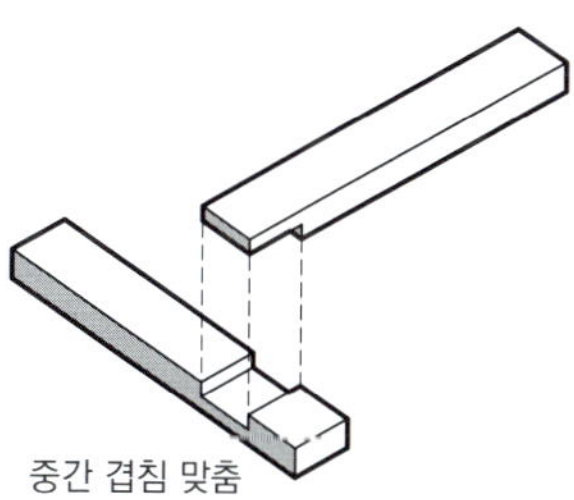

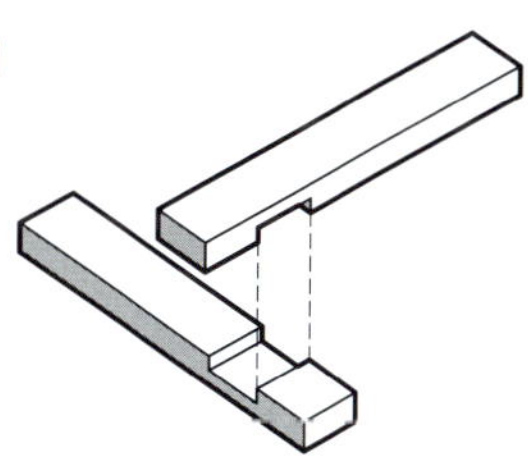

중간 겹침 맞춤

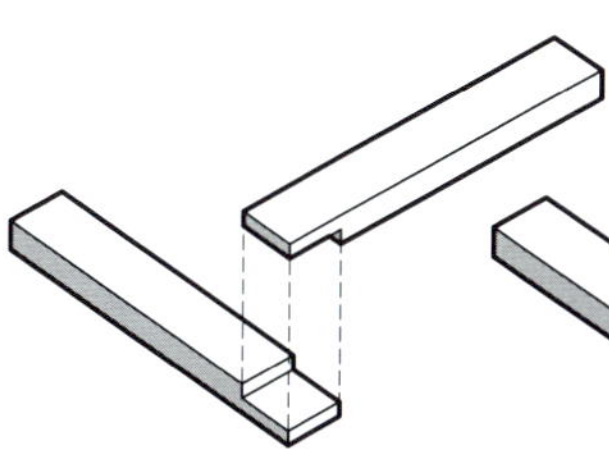

말단 겹침 맞춤

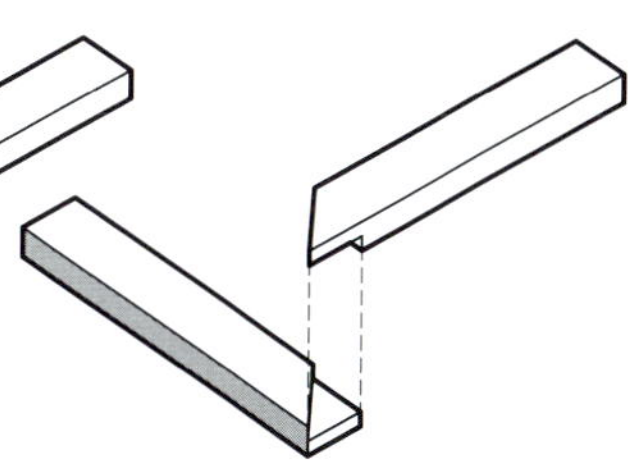

반연귀 겹침 맞춤

Chapter 2: 조적과 콘크리트

조적

조적조 건물은 과거에 비해 더 빨라지고 더 튼튼해졌으며 더 효율적이 되었다. 그러나 시공의 기본적인 원칙은 옛날과 거의 변하지 않았다. 조적조의 재료에는 벽돌, 석재 그리고 콘크리트 블록이 있으며 이것들은 모두 땅에서 생산된 것이기 때문에 땅 속에 묻히는 기초, 도로 포장 재료, 벽에 적합하다. 조적의 특성인 내구력 때문에 내화 및 물과 공기의 부식에 잘 견뎌야 하는 곳에 사용된다.

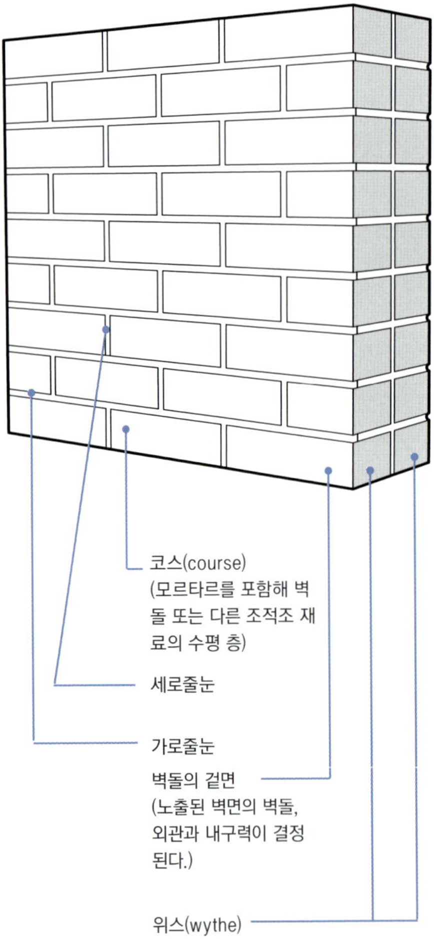

벽돌

작은 크기의 벽돌은 벽, 바닥 그리고 천장에 사용 가능한 유용한 재료이다. 매우 높은 온도에서 구워진 점토 벽돌은 훌륭한 내화 성능을 지니고 있다.

벽돌 등급
(건물과 표면 마감)

SW : 혹독한 풍화 작용(물이 모일 수 있는 곳)

MW : 적당한 풍화 작용

NW : 적은 풍화작용

벽돌 종류 (표면 마감)

FBS : 노출된 외부와 내부 벽에 일반적으로 사용. 만약 건축가가 지정하지 않았다면 고정값으로 선택되는 가장 일반적인 타입

FBX : 고도의 기계적 마무리, 더욱 한정된 색, 그리고 최소한의 크기 변화가 요구되는 노출된 외부와 내부 벽에 특별히 사용

FBA : 크기, 색 그리고 질감이 균일하지 않아도 되는 노출된 외부와 내부 벽에 특별히 사용

벽돌 제조

채굴과 저장 : 점토는 채굴해서 수 일 동안 저장할 수 있는 원자재로서 어떠한 기후에서도 기능을 발휘할 수 있다. 점토의 3가지 기본 종류로는 표면(surface) 점토, 혈암(shale) 점토 그리고 내화 점토가 있다.

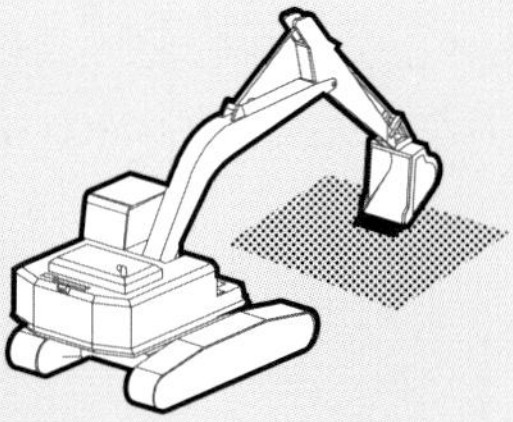

준비 : 점토를 으깨고 가루로 만든다.

제작 과정

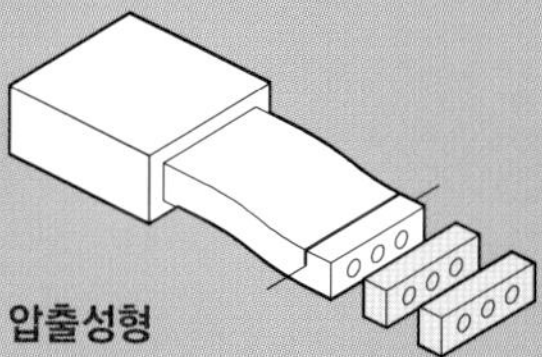

압출성형

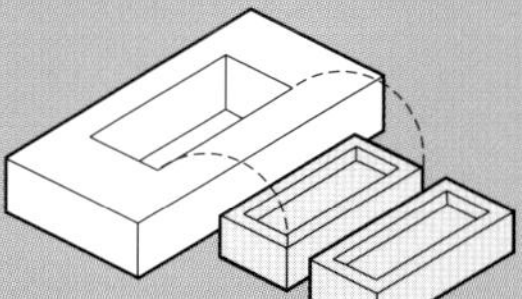

성형

압출성형 과정 : 점토는 최소량의 물과 섞인 후 "이겨진다"(완전히 섞이게 된다). 점토는 진공상태가 되는 것처럼 공기층이 제거된다. 그 다음 점토는 사각형의 틀을 통과하면서 압출성형 된다. 그리고 자르는 철선에 의해 벽돌 형태로 잘리는 커팅 테이블 위를 가로질러 가게 된다.

성형 과정 : 젖은 점토는 사각형의 거푸집 속에서 압착되며 틀에 점토가 달라붙는 것을 막기 위해 물 또는 모래가 사용된다. 달라붙지 않게 물로 적신 벽돌은 매끄러운 표면을 가지게 되는데 이것은 틀에 점토를 채워 넣기 전에 물에 살짝 담금으로서 만들어진다. 모래가 묻은 또는 모래 거푸집의 벽돌은 광택이 없는 표면을 가지는데 이것은 벽돌 형태를 갖추기 전에 틀에 모래를 뿌려줌으로서 만들어진다.

건식 고압 성형 과정 : 점토는 최소량의 물과 섞인 후 금속 틀에서 기계 압축된다.

건조 과정

형체를 갖춘 벽돌은 저온 가마에서 하루나 이틀 동안 건조된다.

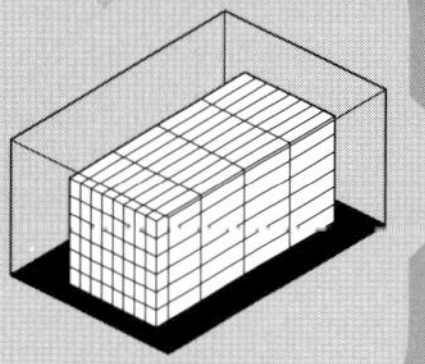

굽기 과정

불연속로(periodic kiln)에서는 벽돌을 쌓고, 불을 때고, 식히고, 꺼낸다. 연속의 터널로에서 벽돌은 기동차(railcar)로 터널을 통과하게 되는데 오랫동안 다양한 온도로 불이 지펴지는 이곳을 완전히 타고 난 다음에 나오게 된다. 굽기는 40에서 150시간이 소요된다.

그스름 불질(water-smoking) 및 건조 : 점토에서 남아있는 수분이 제거된다.

산화 및 유리화 : 온도는 이들 각각의 과정을 거치는 동안 1,800℉ (982℃) 와 2,400℉(1,316℃)에 도달한다.

플래싱(flashing) : 벽돌에 다양한 색을 내기 위해 불이 조절된다.

벽돌은 초벌 굽기 또는 특별한 추가 굽기 과정에서 역시 광택이 나게 된다.

벽돌 구성단위

상대적 비례

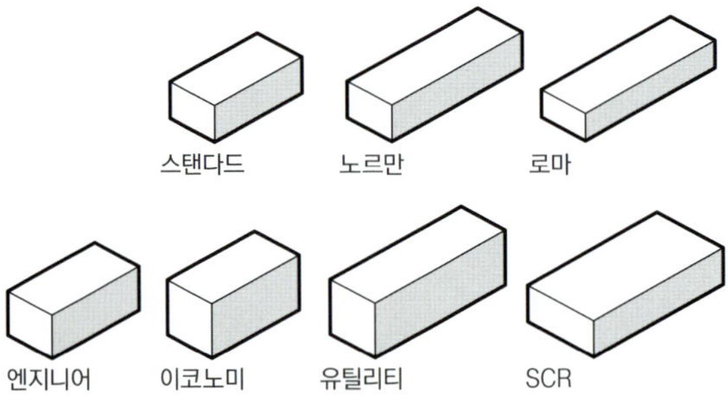

벽돌의 공칭치수는 각각의 모르타르 줄눈이 포함된 실재 벽돌 치수(길이, 두께 그리고 높이)에서 나온다. 일반적인 모르타르 줄눈은 10mm와 13mm 이다.

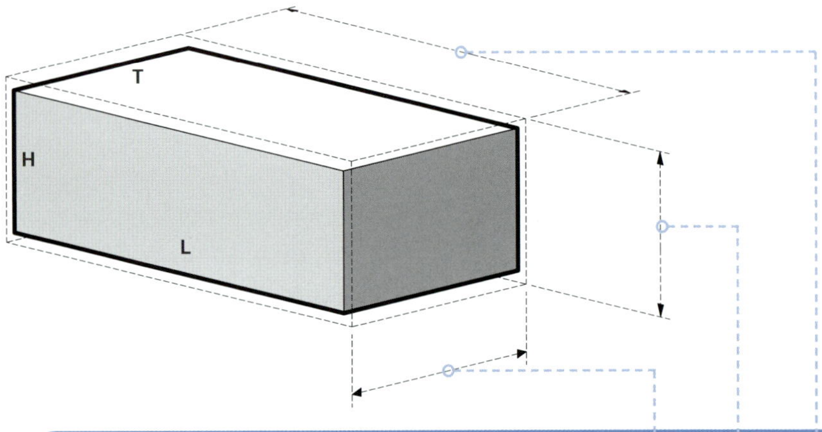

표준 크기

유형	줄눈크기 in. (mm)	벽돌두께=T in. (mm)	벽돌높이=H in. (mm)	벽돌길이=L in. (mm)	세로 켜=(C) in. (mm)	공칭 T in. (mm)	공칭 H in. (mm)	공칭 L in. (mm)
스탠다드	3/8 (10) 1/2 (13)	3 5/8 (92) 3 1/2 (89)	2 1/4 (57) 2 3/16 (56)	7 5/8 (194) 7 1/2 (191)	3C = 8 (203)	4 (102)	2 2/3 (68)	8 (203)
노르만	3/8 (9.5) 1/2 (12.7)	3 5/8 (92) 3 1/2 (89)	2 1/4 (57) 2 3/16 (56)	11 5/8 (295) 11 1/2 (292)	3C = 8 (203)	4 (102)	2 2/3 (68)	12 (305)
로마	3/8 (9.5) 1/2 (12.7)	3 5/8 (92) 3 1/2 (89)	1 5/8 (41) 1 1/2 (38)	11 5/8 (295) 11 1/2 (292)	2C = 4 (102)	4 (102)	2 (51)	12 (305)
엔지니어	3/8 (9.5) 1/2 (12.7)	3 5/8 (92) 3 1/2 (89)	2 13/16 (71) 2 11/16 (68)	7 5/8 (194) 7 1/2 (191)	5C = 16 (406)	4 (102)	3 1/5 (81)	8 (203)
이코노미	3/8 (9.5) 1/2 (12.7)	3 5/8 (92) 3 1/2 (89)	3 5/8 (92) 3 1/2 (89)	7 5/8 (194) 7 1/2 (191	1C = 4 (102)	4 (102)	4 (102)	8 (203)
유틸리티	3/8 (9.5) 1/2 (12.7)	3 5/8 (92) 3 1/2 (89)	3 5/8 (92) 3 1/2 (89)	11 5/8 (295) 11 1/2 (292)	1C = 4 (102)	4 (102)	4 (102)	12 (305)
SCR	1/2 (12.7)	5 1/2 (140)	2 1/8 (54)	11 1/2 (292)	3C = 8 (203)	6 (152)	2 2/3 (68)	12 (305)

조적조의 SI 치수 참조

공칭높이 (H) x 길이 (L)	세로 켜 (C)
50 x 300 mm	[2C = 100]
67 x 200 mm 67 x 300 mm	[3C = 200]
75 x 200 mm 75 x 300 mm	[4C = 300]
80 x 200 mm 80 x 300 mm	[5C = 400]
100 x 200 mm 100 x 300 mm 100 x 400 mm	[1C = 100]
133 x 200 mm 133 x 300 mm 133 x 400 mm	[3C = 400]
150 x 300 mm 150 x 400 mm	[2C = 300]
200 x 200 mm 200 x 300 mm 200 x 400 mm	[1C = 200]
300 x 300 mm	[1C = 300]

융통성을 위한 허용 가능한 대체 길이

200 mm	(100 mm)
300 mm	(100 mm, 150 mm, 200 mm, 250 mm)
400 mm	(100 mm, 200 mm, 300 mm)

오리엔테이션

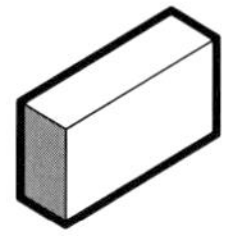
로우락

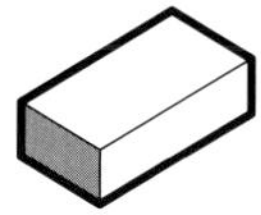
헤더

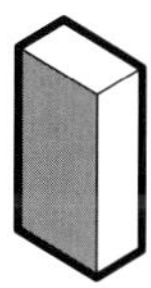
세일러

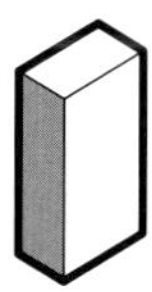
솔져

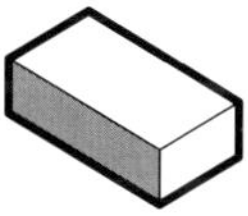
스트레쳐

샤이너

쌓기방식 종류

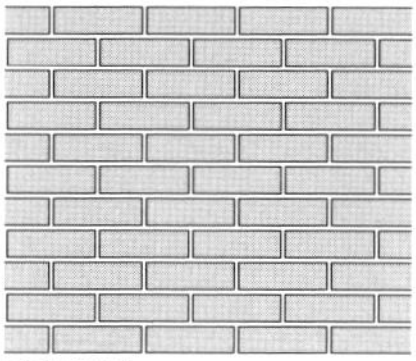
길이쌓기

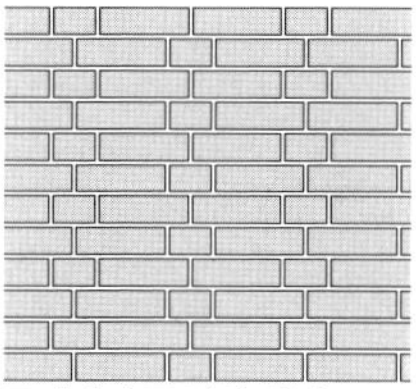
플레미시 두 길이 쌓기

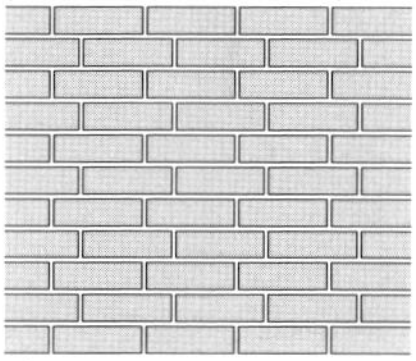
1/3 길이 쌓기

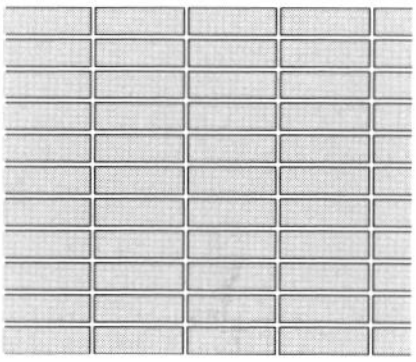
통줄눈 쌓기

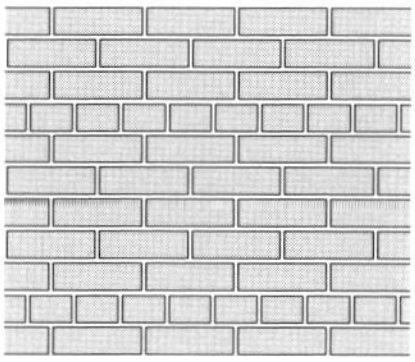
미식 쌓기

플레미시 쌓기

표준 벽돌의 켜

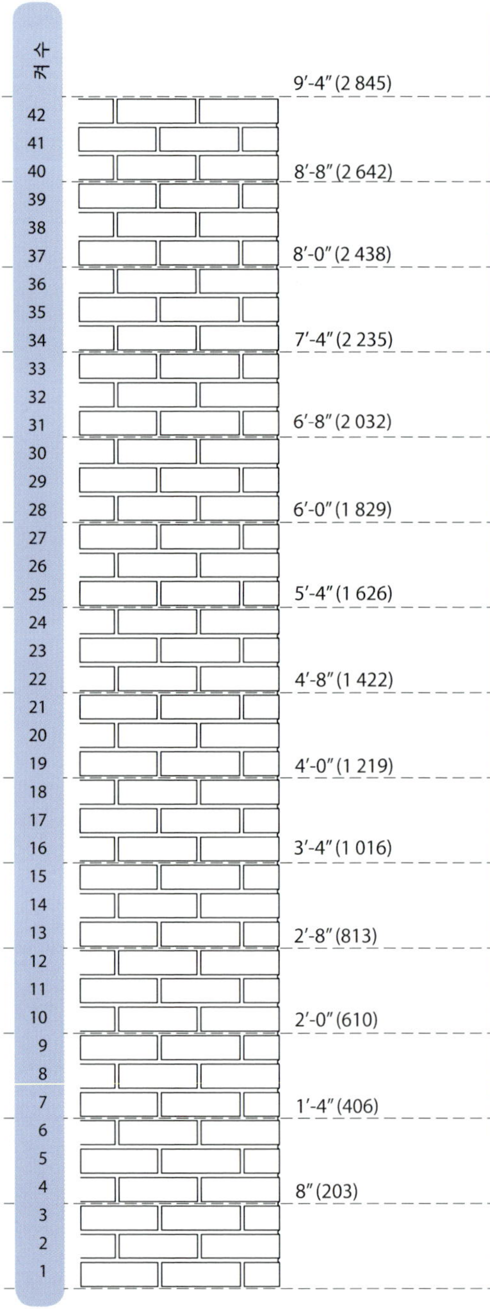

켜 수
9′-4″(2 845)
42
41
40
8′-8″(2 642)
39
38
37
8′-0″(2 438)
36
35
34
7′-4″(2 235)
33
32
31
6′-8″(2 032)
30
29
28
6′-0″(1 829)
27
26
25
5′-4″(1 626)
24
23
22
4′-8″(1 422)
21
20
19
4′-0″(1 219)
18
17
16
3′-4″(1 016)
15
14
13
2′-8″(813)
12
11
10
2′-0″(610)
9
8
7
1′-4″(406)
6
5
4
8″(203)
3
2
1

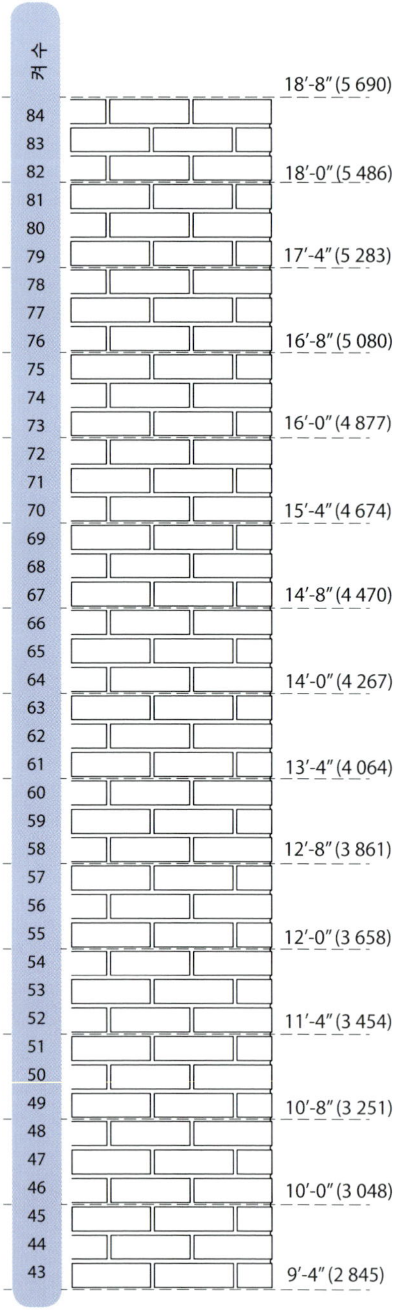

켜 수
18′-8″(5 690)
84
83
82
18′-0″(5 486)
81
80
79
17′-4″(5 283)
78
77
76
16′-8″(5 080)
75
74
73
16′-0″(4 877)
72
71
70
15′-4″(4 674)
69
68
67
14′-8″(4 470)
66
65
64
14′-0″(4 267)
63
62
61
13′-4″(4 064)
60
59
58
12′-8″(3 861)
57
56
55
12′-0″(3 658)
54
53
52
11′-4″(3 454)
51
50
49
10′-8″(3 251)
48
47
46
10′-0″(3 048)
45
44
43
9′-4″(2 845)

모르타르

모르타르는 조적조의 부재들을 붙이는 역할을 하고 울퉁불퉁한 표면들 사이에서 쿠션과 방수 역할을 한다. 모르타르는 포틀랜드시멘트, 소석회, 쇄석(일반적으로 모래)과 물로 구성된다.

M : 고강도(지면 아래쪽의 조적조, 혹독한 추위나 높은 측면 또는 압축 하중에 영향을 받는 조적조)

S : 중-고강도(보통의 압축 하중을 받거나 높은 휨 접착 강도가 요구되는 조적조)

N : 중간 강도(일반적으로 사용되며 지면 위쪽의 조적조)

O : 중-저강도(비내력의 실내 벽과 파티션의 조적조)

치장줄눈

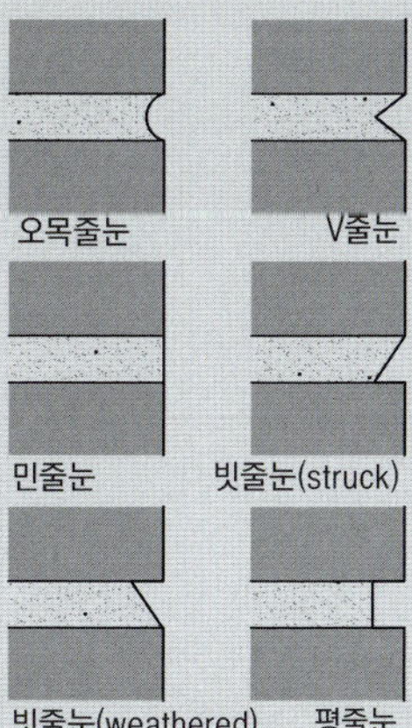

색

벽돌은 많은 질감과 패턴을 가지고 있다. 벽돌과 모르타르는 다양한 색을 지니고 있어 유용하게 사용된다(특별히 토속적으로 생산된 것일지라도).
벽돌과 모르타르의 색 조정은 다양한 품질을 만들어내는 효율적인 방법이다. 예를 들면, 벽돌 색에 모르타르를 맞추는 것은 벽을 더욱 일체식 구조로 보이게 한다.
마찬가지로 모르타르가 어두울수록 더욱 어두운 느낌의 벽을 만들게 되고, 모르타르가 밝은 색일수록 더욱 밝은 느낌의 벽을 만들게 된다. 실물 크기의 모형은 색 조합 실험에 유용하다.

콘크리트 조적 구성단위

CMU(이른바 콘크리트 블록)는 벽돌과 같이 유용한 재료이다. 크게 속이 비어 있고 나를 수 있는 구성단위 부재로서 큰 덩어리 형태이다. 속이 빈 부재의 중심부는 그라우트와 철근으로 채워질 수 있으며 단독 또는 다른 피복 재료를 위한 지지물로서 조적조 내력벽 구조의 기본요소가 된다. 벽돌과 같이 CMU는 모르타르 줄눈을 포함한 공칭치수를 가진다. 8인치 공칭 블록의 높이는 벽돌 3장과 같다.

전형적인 표준 크기 (W x H x L)

4″ 블록

4 x 8 x 16
(102 x 203 x 406)

3 5/8 x 7 5/8 x 15 5/8
(92 x 194 x 397)

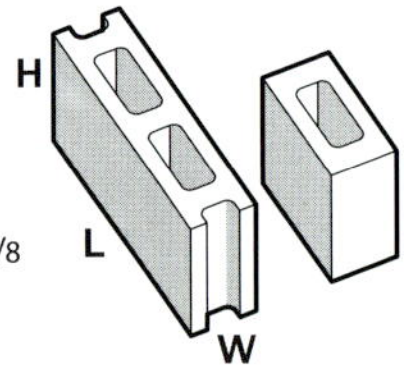

4 x 8 x 8
(102 x 203 x 203) 공칭

3 5/8 x 7 5/8 x 7 5/8
(92 x 194 x 194)

6″ 블록

6 x 8 x 16
(152 x 203 x 406)

5 5/8 x 7 5/8 x 15 5/8
(143 x 194 x 397)

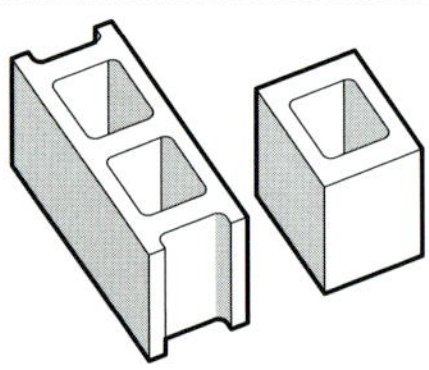

6 x 8 x 8
(152 x 203 x 203)

5 5/8 x 7 5/8 x 7 5/8
(143 x 194 x 194)

8″ 블록

8 x 8 x 16
(203 x 203 x 406)

7 5/8 x 7 5/8 x 15 5/8
(194 x 194 x 3 97)

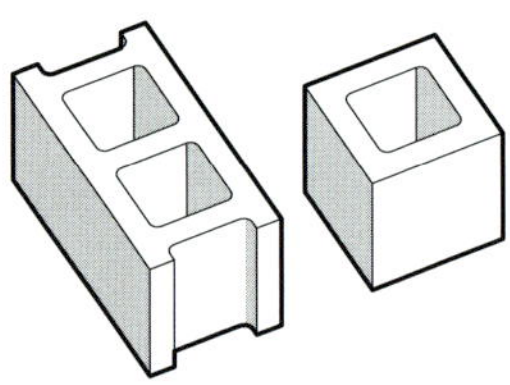

8 x 8 x 8
(203 x 203 x 203)

7 5/8 x 7 5/8 x 7 5/8
(194 x 194 x 194)

10″ 블록

10 x 8 x 16
(254 x 203 x 406)

9 5/8 x 7 5/8 x 15 5/8
(244 x 194 x 397)

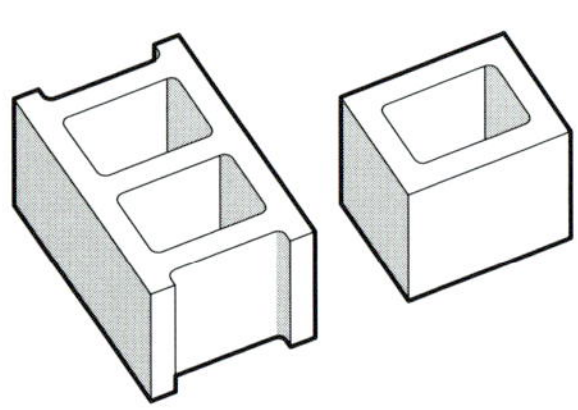

10 x 8 x 8
(254 x 203 x 203)

9 5/8 x 7 5/8 x 7 5/8
(244 x 194 x 194)

12″ 블록

12 x 8 x 16
(305 x 203 x 406)

11 5/8 x 7 5/8 x 15 5/8
(295 x 194 x 397)

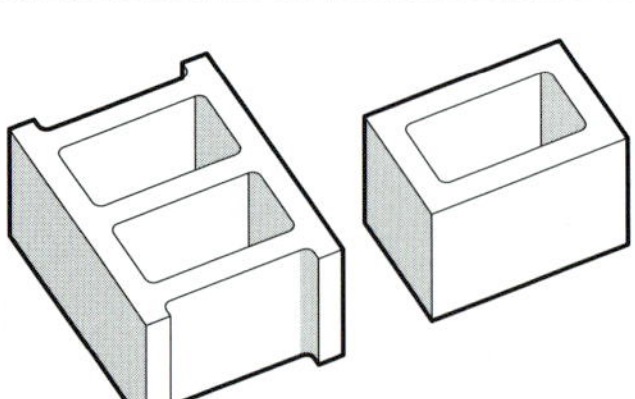

12 x 8 x 8
(305 x 203 x 203)

11 5/8 x 7 5/8 x 7 5/8
(295 x 194 x 194)

모든 크기는 높이 4″(102)에, 8″(203), 12″(305), 또는 24″(610)의 길이가 가능하다.

다른 형상들

스크린

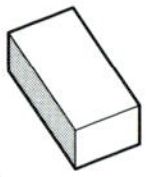

벽돌

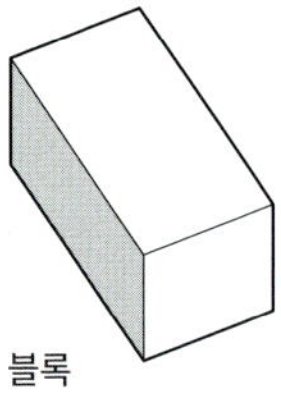

속찬 블록

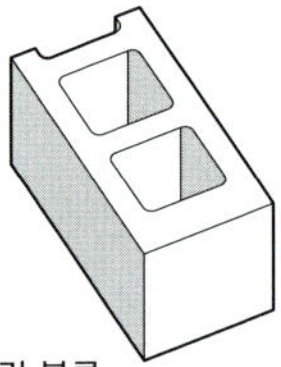

모서리 블록

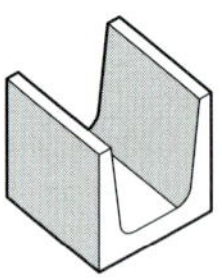

인방 블록

CMU 생산품

CMU를 생산하기 위해서는 딱딱한 콘크리트 혼합물을 거푸집 속에 채워 넣고 진동을 가한다. 젖은 블록을 거푸집에서 꺼낸 후에 증기로 양생한다.

CMU의 내화성능은 콘크리트에 사용된 혼합물의 형태와 블록의 크기에 따라 다양하다.

CMU 등급

N : 지면의 위와 아래쪽에 일반적으로 사용

S : 지면의 위쪽에만 사용. 기후에 노출되지 않는 벽에 좋으며, 만약 외부에 사용한다면 벽에 피복을 해야 한다.

CMU 종류

I: 갈라짐을 발생하는 수축 부위에 사용되기 때문에 습기가 조절된다.

II: 습기가 조절되지 않는다.

CMU 중량

표준 : 125 lb. per cu. ft. (pcf) (2000 kg/㎥) 보다 더 무거운 콘크리트로 만들어진다.

중간 : 105-25 pcf (1680-2000 kg/㎥) 무게의 콘크리트로 만들어진다.

경량 : 105 pcf (1680 kg/㎥) 또는 이보다 적은 무게의 콘크리트로 만들어진다.

장식용 CMU

콘크리트 블록은 많은 다양한 형상, 표면 질감, 그리고 색으로 쉽게 제작된다. 수많은 표준 장식용 구성단위 부재들이 있으며 이들은 주문에 의해 디자인 될 수도 있다.

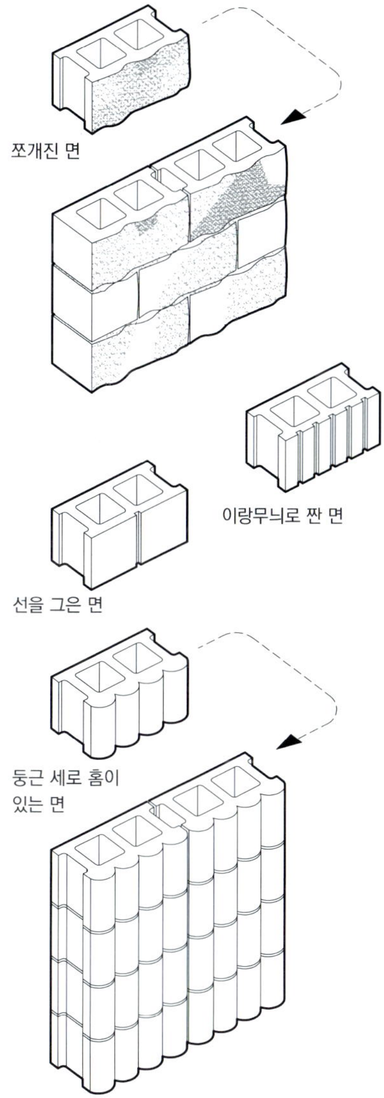

콘크리트

콘크리트는 쇄석 혼합물(모래와 자갈), 포틀랜드시멘트, 물로 이루어져 있다. 이들 성분들이 거의 모든 곳에서 발견되기 때문에 전 세계적으로 콘크리트를 건설재료로 사용하고 있다. 철근과 함께 사용하면 콘크리트는 구조적으로 더욱 튼튼해지며 화재와 부식에도 강하다. 또한 거의 모든 형태로 만들어질 수 있다.

구성

쇄석 : 모래와 자갈의 혼합물.

자갈의 크기는 가루 크기에서 $2^1/_2$″까지 다양하지만 사용되는 장소의 두께의 1/4를 초과하지 못한다(4″두께의 슬래브에서 자갈의 크기는 1″를 넘지 못한다). 둥근 조각이 좋으며 큰 자갈일수록 비용이 효율적인 콘크리트를 만들 수 있고 수축으로 인한 문제 발생이 적다.

포틀랜드시멘트 : 석회, 실리콘, 알루미늄, 철, 적은 양의 다른 성분과 최종의 분쇄 과정에서 첨가되는 석고와의 화학적인 조합.

정확한 성분은 장소의 특성에 따라 다양하다. 포틀랜드시멘트는 5가지 기본 종류가 있다.

물 : 깨끗하고 불순물이 섞이지 않아야 한다.

공기 : 혼합물에서 무수히 많은 아주 작은 공기 방울은 콘크리트 혼합물의 4번째 구성요소이다. 공기는 콘크리트를 더 가볍게 하고 얼고 녹을 때 더 잘 견디게 한다. 따라서 추운 기후에서 유용하게 사용된다.

포틀랜드시멘트 종류

포틀랜드시멘트의 국제공용 표준은 없다. 미국은 포틀랜드시멘트용 ASTM C-150 표준시방서를 사용하고 있고 많은 다른 나라에서도 사용하고 있다.

Type I : 표준, 일반적으로 사용

Type IA : 표준, AE제

Type II : 적절히 황산염에 저항, 교량과 말뚝박기에 이상적이며 열이 발생할 때 사용

Type IIA : 적절히 황산염에 저항, AE제

Type III : 초기에 고강도를 얻기 위한 빠른 경화, 주로 겨울과 긴급한 작업 때 사용

Type IIIA : 초기에 고강도, AE제

Type IV : 경화가 늦으며 낮은 열 발생, 열 발생의 비와 양을 최소화해야 할 때 사용

Type V : 황산염에 강하게 저항, 많은 알칼리 물질을 함유한 토양과 수심이 깊은 곳에 사용

사이트캐스트(SITECAST) 콘크리트 구조

사이트캐스트 콘크리트 구조는 건물의 대지에 거푸집을 만드는 것으로 만들고자 하는 어떠한 형상의 거푸집도 만들 수 있다. 그러나 건물을 완성하기 위해 거푸집을 설치하는 것, 콘크리트를 보강하고 타설하는 것, 콘크리트를 양생하는 동안 기다리는 것, 거푸집을 철거하는 등의 시공 및 시간적인 면에서 사이트캐스트 콘크리트 구조가 프리캐스트 콘크리트 또는 철골 구조 보다 더 늦다.

콘크리트 주물

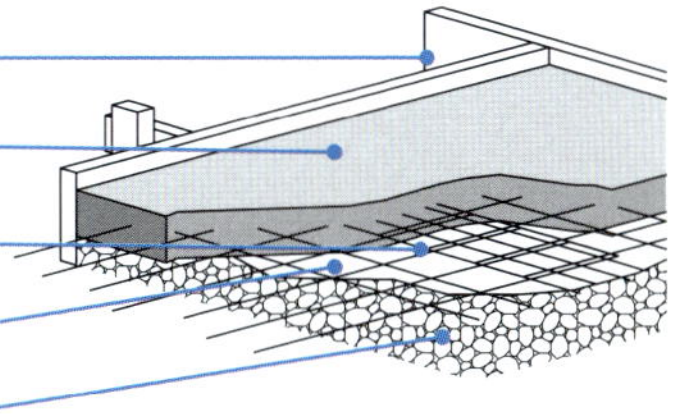

슬래브형 기초

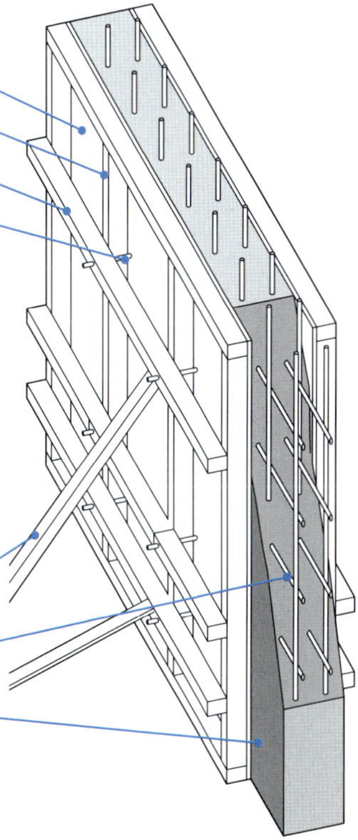

벽

콘크리트 거푸집에는 물리적 강성을 높이고 갈라짐 또는 불규칙한 정착을 방지하기 위하여 와이어 메쉬 또는 철근을 사용한다. 일반적으로 철근의 크기는 #3에서 #18이며 이것의 크기, 간격 그리고 개수는 기둥, 슬래브, 보의 종류 및 크기에 의해 결정된다.

바닥 슬래브, 기초, 플레이트, 벽, 기둥, 빔, 거더는 보통 거푸집에 합판을 사용하지만 금속이나 섬유판을 이용하기도 한다. 거푸집은 재사용될 수 있으므로 프로젝트에서 기둥과 보 크기의 규격화를 통해 거푸집 비용을 줄일 수 있다.

콘크리트 타설 및 양생 시에 거푸집을 지탱하기 위하여 거푸집의 구멍에 긴결재를 삽입하고 죔쇠로 단단히 고정시킨다. 거푸집이 제거된 후에 튀어나온 끝부분을 잘라낸다.

벽과 슬래브에 타설된 콘크리트에는 규칙적인 신축줄눈을 설치해야 하는데 콘크리트가 양생되기 전에 만든다. 신축줄눈은 다른 부위의 잠재적 균열을 줄이고 하중으로 인한 균열 또는 변위가 발생할 수 있는 연약한 부위에 설치하는 갈라진 틈의 선이다.

타설과 양생

콘크리트를 타설할 때, 재료의 분리(쇄석은 아래로, 물과 시멘트는 위에 놓이는 과정)가 발생할 수 있는 무리한 다지기는 하지 말아야 하고 갑작스럽게 수직으로 떨어뜨리지 않도록 주의해야 한다. 이런 이유로 수직으로의 운반에는 드롭 슈트(drop chute)를 사용한다. 콘크리트가 믹서에서 거푸집까지 너무 먼 거리로 운반되어야 할 때는 호스를 통해서 펌핑되어야 한다.

콘크리트는 시멘트와 물의 화학반응인 수화작용에 의해 양생된다. 이것이 충분히 양생되는데 일반적으로 28일이 소요되며 이 시기 동안은 수분을 유지해야 한다. 표면에 물 또는 양생된 혼합물을 뿌리거나 시트로 덮음으로서 수분을 유지할 수 있다.

혼화재

필요로 하는 다양한 효과를 내기 위하여 콘크리트에 첨가되는 성분들.

경화촉진제 : 더 빨리 양생되도록 촉진한다. (양생이 늦어지는 추운날씨에 사용)

공기연행제 : 비빔 콘크리트의 워커빌리티를 증가시킨다. 동결융해로 인한 손실을 줄이고 단열 콘크리트와 같이 가볍게 만든다.

고로슬래그 : 효과면에서 플라이애시와 유사하다.

착색제 : 물들이고 착색한다.

부식 방지제 : 보강 철근의 부식을 줄인다.

섬유계 혼화재 : 작은 유리, 철 또는 폴리프로필렌 섬유가 보강재로 들어간다.

플라이애시 : 비빔 콘크리트의 워커빌리티를 개선시키며 또한 강도와 황산염에 대한 저항력을 증가시킨다. 투과성, 온도의 상승 및 소요되는 물의 양을 감소시킨다.

포졸란 : 워커빌리티를 개선하고 양생하는 동안의 내부 온도를 감소시킨다. 그리고 황산염에 의해 일어나는 반응을 감소시킨다.

지연제 : 천천히 양생되도록 하여 비빔 콘크리트로 작업하는 시간을 더 많이 가지도록 해준다.

실리카 흄 : 아주 낮은 투과성을 지닌 극도로 높은 강도의 콘크리트를 생산한다.

고성능 가소제 : 어려운 부위에 콘크리트를 타설하기 위하여 딱딱한 콘크리트를 흐르는 액체로 바꾸는 고성능 감수제.

감수제 : 혼합하는데 있어 더 적은 물로 더 좋은 워커빌리티를 만든다.

철근

철근의 보강이 없는 콘크리트는 거의 구조적으로 사용이 불가능하다. 다행히도 철과 콘크리트는 화학적으로 적합하며 온도에 따른 변화 치수가 유사하다.

마감

콘크리트는 다양한 방법으로 마감될 수 있다. 거의 모든 종류의 공간에서 어떠한 표면에도 사용되어진다.

캐스트 : 거푸집이 제거된 후의 콘크리트 상태. 종종 합판의 나뭇결 모양이 남아있기도 하다.

블라스트 : 시멘트, 모래, 쇄석의 노출된 정도를 말하는 것으로, 샌드 블라스트 된 표면의 다양한 정도.

화학적으로 지연된 것 : 쇄석을 노출하기 위하여 표면에 바르는 화학약품.

기계적으로 파쇄된 것 : 연장을 쓰는 것으로 망치질, 공기드릴 그리고 스케일링으로 다양하게 쇄석의 노출면에 효과를 내는 것.

광택을 내는 것 : 광택 내는 화합물을 첨가하든지 그렇지 않든지 내구성이 강한 기계로 표면을 고광택으로 윤을 내는 것.

실 : 깨짐(동결융해에 의한 손상, 잘못된 배수구 또는 통풍구에 의해 부서진 것), 먼지, 백화현상(물속에 녹아있던 염분이 콘크리트 밖으로 스며 나와 표면위에 퇴적되면서 발생하는 희게 되는 현상), 얼룩, 제빙 소금 그리고 마모로부터 콘크리트를 보호하는데 도움을 주는 아크릴계 합성수지.

색

착색된 콘크리트는 많은 디자인 기회를 제공하며 일반적으로 아래의 둘 중 하나의 방법으로 이루어진다.

전체 착색 : 현장에서 색이 섞이거나 비빔 콘크리트에 첨가되며 어느 경우에나 콘크리트 속에서 완전히 섞이게 된다. 많은 양의 콘크리트에 첨가되기 때문에 색은 흙빛과 파스텔 색으로 제한된다. 일단 양생되면 표면에 색을 강화하는 광택과 보호층을 만드는 얇은 피막이 생긴다.

Dry-shake 칼라 하드너 : 칼라 하드너는 기존 콘크리트 위에 새롭게 마감되며 표면을 평평하게 하고 내구성이 강한 표면을 만든다. 색이 콘크리트 상부 면에 집중되기 때문에 색이 밝고 매우 짙은 톤이 가능하다. 풍부한 색을 더 강하게 하기 위하여 양생 후에 실러(Sealer)를 첨가한다.

모든 것이 자연의 재료에서 나오는 것이기 때문에 마감색에서 변화는 일어날 수 있다. 시멘트의 기본색은 이러한 범위 내에서 결정된다.

철근 : 철근에는 3, 4, 5, 6, 7, 8, 9, 10, 11, 14, 18의 크기가 있다. #8과 이보다 작은 것의 공칭 직경은 철근 숫자의 1/8 인치에 해당한다. 즉, #3은 3/8″(9.52)이다. #9와 이보다 큰 것의 공칭 직경은 약간 더 크다.

와이어 메쉬 : 2″-12″(51-305) 간격으로 원형 철근 또는 철선이 격자형으로 만들어진 철근. 흔히 기초 슬래브에 사용되며 프리캐스트에도 종종 사용된다. 중요하게는 벽과 구조용 슬래브에 사용되기도 한다

Chapter 3: 금속

금속은 구조재 강철에서 얇은 금속판 덕트에 이르기 까지 또는 석고보드 벽의 스터드에서 페인트 도료로 사용되는 산화물에 이르기 까지 수많은 프로젝트와 건물의 구성요소로 많은 역할을 담당한다. 많은 종류의 금속은 산화물 광석과 같이 자연에서 발견되며 채굴된 후 불순물과 다른 요소들로부터 분리되는 정제와 추출의 과정을 거친다. 금속은 철과 비철금속이라는 2가지 넓은 범주로 나뉜다.

철금속은 일반적으로 강하고, 자원이 풍부하며 쉽게 정제되지만 녹슬어 버리는 경향이 있다. 비철금속은 작업이 용이하며 부식에 견딜 수 있는 얇은 산화막이 형성되어 있다.

금속 특성 바꾸기

화학적 순수성이나 자연적 형태로는 대부분의 금속은 그다지 강하지 않다. 건설공사나 특정한 기능에 적합하게 하기 위해서 여러 방법들을 통해 금속의 특성을 바꾸어야만 한다.

합금

합금을 만들기 위해서 금속은 항상 다른 금속, 즉 다른 성분들과 섞인다. 예를 들면, 철은 소량의 탄소와 혼합되어 강철이 된다. 일반적으로 합금은 본래의 금속 성분 보다 더 강해지며 강도와 워커빌리티가 개선되고 자신을 보호하는 산화막을 가지게 된다.

열처리된 금속

담금질 : 강철은 적절한 비율의 열이 가해지고 천천히 냉각되면서 더 단단하고 강한 금속이 된다.

풀림 : 강철과 알루미늄 합금은 때때로 매우 높은 온도로 열이 가해지고 천천히 냉각되는데 이것은 작업이 용이해지도록 금속을 유연하게 만드는 과정이다.

냉간 가공된 금속

실온에서 금속을 얇게 펴고 두들기고 잡아 늘여 더 강하게 만들 수 있으나 변화된 결정 구조 때문에 쉽게 부서진다. 냉간 가공된 금속은 풀림을 통해 성질이 뒤 바뀔 수 있다.

냉간 압연 : 금속이 롤러 사이에서 압착된다.

잡아 늘이기 : 점점 더 작은 구멍을 통과한 잡아 늘어진 금속은 철선과 프리스트레스 콘크리트에 사용되는 케이블을 만든다. 이것은 강철 보다 5배의 구조적 강도를 낸다.

코팅된 금속

산화피막 : 표면을 개선하기 위하여 제한된 색과 경도의 얇은 산화막을 전기 분해로 알루미늄에 첨가하였다.

전기 도금 : 외관을 개선하고 산화로부터 보호하기 위하여 크롬과 카드뮴을 강철 위에 코팅하였다.

아연 도금 : 부식을 방지하기 위하여 강철에 아연을 코팅하였다.

다른 코팅들 : 코팅에는 페인트, 래커, 파우더, 불소 중합체 그리고 자기 법랑들이 있다.

주조

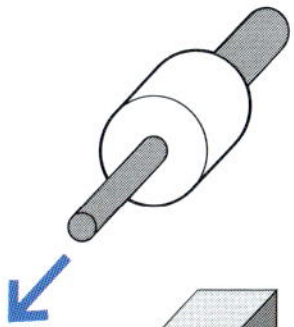

잡아 늘이기

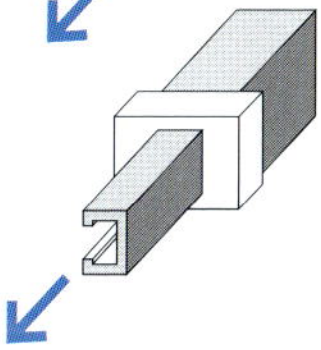

압출 성형

단조

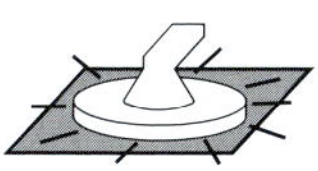

갈기

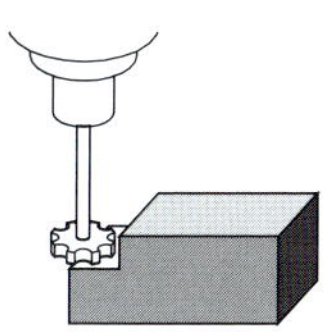

기계 가공

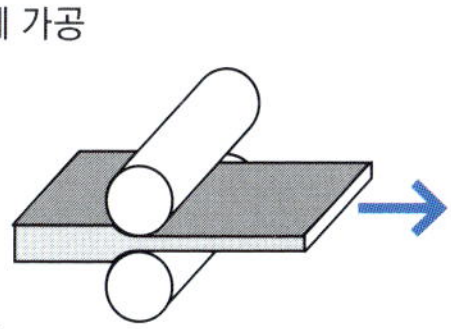

압연

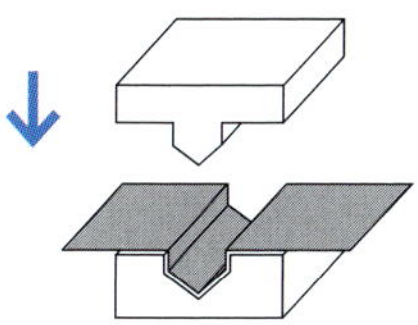

틀로 찍어내기

제작 기술

주조 : 용해된 금속을 거푸집에 부어넣는다. 금속 제품은 약하지만 수도꼭지 또는 철물과 같이 다양한 형태로 만들어질 수 있다.

잡아 늘이기 : 금속을 점점 작아지는 구멍으로 잡아당겨 철선을 만든다.

압출 성형 : 열이 가해진(용해된 것이 아니다) 금속이 형틀을 통과하면서 짜내 진다. 단면 형상을 지닌 금속 조각이 만들어진다.

단조 : 금속이 유동성이 생길 때 까지 열이 가해지면서 필요한 형상으로 구부려 진다. 이것은 금속에 결을 주어 구조적 성능을 개선하는 과정이다.

갈기 : 마감된 표면을 평평하게 하기 위하여 기계로 금속을 갈고 광택을 낸다.

기계 가공 : 원하는 형상으로 금속을 잘라낸다. 이것은 구멍을 뚫고, 회전하는 기구를 이용해 평평하게 깎고, 원통형의 형상을 만들기 위해 선반으로 깎고, 톱질하고, 자르고, 구멍을 뚫는 과정이 있다. 시트형 금속은 제동기 위에서 전단되고 접혀 잘린다.

압연 : 금속이 롤러 사이에서 압착된다. 냉간 압연과는 다르게 열간 압연은 금속의 강도를 증가시키지는 못한다.

틀로 찍어내기 : 시트형 금속에 형상과 질감을 내기 위해 한 쌍의 거푸집 사이에서 압착시킨다.

금속 연결하기

용접 : 높은 온도에서 가스 불꽃 또는 전기 아크가 접합할 2개의 금속을 녹이고 이것은 용접봉에 첨가된 금속과 함께 접합부로 흘러 들어가게 된다. 용접된 부분은 접합된 금속처럼 튼튼하며 골조공사에도 사용된다.

납땜 : 낮은 온도에서 이루어지는 과정으로 접합할 두 금속은 녹지 않고 낮은 용융점에서의 땜질로 접합된다. 황동 또는 청동은 경납땜(brazing)에, 납 주석 합금은 연납땜(soldering)에 사용된다. 구조적 접합부에는 너무 약하기 때문에 납땜은 설비 배관과 지붕재로 사용된다.

기계적 방식 : 금속에 나사, 볼트, 리벳을 삽입하기 위해 구멍을 뚫는다.

겹치고 접기 : 시트형 금속은 이러한 결합방식으로 접합된다.

금속 종류

철금속

주철 : 높은 압축 강도와 진동을 흡수할 수 있는 성능을 지니고 있으나 잘 부서진다. 창살이나 계단 부재로는 적합하나 골조공사에는 적합하지 않다.

가단 주철 : 틀에 넣어 재가열하고 워커빌리티를 개선하기 위하여 아주 천천히 냉각시켜 만든다. 사용하는 곳은 주철과 유사하다.

연강 : 탄소가 적게 함유된 보통의 구조용 강철.

스테인레스 스틸 : 다른 금속들과 합금하여 만든다. 주로 부식에 저항하기 위해 크롬 또는 니켈이 첨가되고 바닷물과 같이 최대의 저항력이 요구될 때는 몰리브덴이 첨가된다. 비록 연강 보다 단단해 기계용으로 적합하지만 플래싱, 두겁대, 패스너, 앵커, 철물을 포함해 광택이 없는 마감에서 미러 마감의 마감재로 널리 사용된다.

강철 :탄소(탄소는 강도를 증가시키지만 유연성과 용접 성능을 떨어뜨린다)가 소량 함유된 철로서 구조용 재료, 스터드, 조이스트, 패스너, 그리고 장식 작업에 사용된다.

연철 : 높은 내식성을 가지고 있으며 무르고 작업성이 좋아 땅 속 작업에 적합하다. 대부분 주조하거나 바, 파이프, 시트, 그리고 장식 목적으로 만들어진다. 오늘날 강철과 같은 다른 금속으로 대치되고 있다.

강 합금

알루미늄 : 표면을 단단하게 한다.

크롬과 카드뮴 : 부식에 저항한다.

구리 : 대기 부식에 저항한다.

망간 : 단단함을 증가시키고 마모에 저항하는 것을 돕는다.

몰리브덴 : 종종 다른 합금과 섞인다. 부식에 대한 저항력과 인장 강도를 증가시킨다.

니켈 : 인장 강도를 증가시키고 부식에 저항한다.

규소 : 강도를 증가시키고 산화에 저항한다.

유황 : 연강의 기계 가공에 사용된다.

티타늄 : 스테인레스 스틸에서 입계 부식(intergranular corrosion)을 방지한다.

텅스텐 : 바나듐과 코발트와 함께 단단함을 증가시키고 마모에 저항한다.

알루미늄 합금 시리즈

단조(Wrought)		주조(Cast)	
시리즈	합금 성분	시리즈	합금 성분
1000	순수 알루미늄	100.0	순수 알루미늄
2000	구리	200.0	구리
3000	망간	300.0	규소에 구리 그리고/또는 마그네슘
4000	규소	400.0	규소
5000	마그네슘	500.0	마그네슘
6000	마그네슘과 규소	600.0	사용되지 않음
7000	아연	700.0	아연
8000	다른 성분	800.0	주석
		900.0	다른 성분
첫 번째 아라비아 숫자는 시리즈 번호, 두 번째는 합금의 변경번호, 세 번째와 네 번째는 임의의 식별명이다.		첫 번째 아라비아 숫자는 시리즈 번호, 두 번째와 세 번째는 임의의 식별명이다. 소숫점 이하의 번호가 0이면 주물, 1 또는 2면 잉곳(ingot)을 의미한다.	

비철금속

알루미늄 : 성분이 순수할 때 부식에는 잘 견디지만 무르고 강도가 떨어진다. 따라서 합금을 통해 강철의 1/3 밀도에서 열간 또는 냉간 압연으로 주조, 잡아 늘리기, 압출 성형, 단조, 틀로 찍어내기로 다양한 강도와 내구성을 가질 수 있다. 미리 마감으로 광택 낸 시트 또는 포일은 빛과 열의 반사율이 매우 높다. 이것은 커튼월의 구성요소, 설비공사, 플래싱, 지붕재, 창과 문의 프레임, 그릴, 사이딩, 철물, 배선공사 그리고 다른 금속의 코팅재로 사용된다. 금속도료에 알루미늄 분말이 첨가되면 이들 산화물은 사포에서 연마제 역할을 한다.

황동 : 구리, 아연 그리고 다른 금속들의 합금이며 고광택으로 윤을 낼 수 있다. 대부분 틈마개 재료, 장식 작업과 마감용 철물로 사용된다.

청동 : 구리와 주석의 합금으로 부식에 저항력이 있다. 틈마개 재료, 철물 그리고 장식용 작업에 사용된다.

카드뮴 : 아연과 유사하며 항상 강철 위에 전기도금 된다.

크롬 : 니켈과 같이 매우 딱딱하며 공기 중에서 부식되지 않는다. 종종 밝게 광택내기 위해 합금으로 사용되며, 도금재로 아주 뛰어난 재료이다.

구리 : 연성이 있으며 부식과 충격 그리고 재료의 피로에 저항성이 있다. 이것은 열적 그리고 전기적 전도성이 크며 주조, 잡아 늘이기, 압출 성형, 열간 또는 냉간 압연이 가능하다. 다른 재료들과 합금 형태로 전기 배선공사, 플래싱, 지붕재, 그리고 배관재료로 폭넓게 사용된다.

납 : 매우 밀도가 높고 내식성이 있으며 유연하고 무르며 작업이 용이하다. 대부분은 경도와 강도를 개선하기 위하여 합금으로 조합하여 사용한다. 포일과 시트는 방수재, 소리와 진동의 방지용 그리고 방사성 대한 보호막으로 사용된다. 또한 지붕재와 플래싱 또는 지붕재와 플래싱으로 사용하기 위한 구리 시트 보호용(납으로 덮인 구리)으로 사용된다. 기체와 입자가 매우 독성이 강해 일반적으로 잘 사용하지 않는다.

마그네슘 : 합금으로서 강하고 가볍다. 알루미늄에 강도와 내식성을 증가하기 위해 사용된다. 종종 비행기에 사용되지만 건설공사에 사용하기에는 너무 비싸다.

주석 : 무르고 연성이 있다. 강철 도금을 위해 포장 강판(80%의 납과 20%의 주석)으로 사용된다.

티타늄 : 밀도는 낮고 강도는 높다. 합금에 많이 사용되며 이들 산화물은 도료에서 납을 대신하여 이용된다.

아연 : 물과 공기에 내식성이 있지만 매우 잘 깨지며 강도가 낮다. 녹으로부터 보호하기 위하여 주로 갈바니 처리된 강철로 사용된다. 합금 형태로 다른 금속 위에 전기 도금된다. 플래싱, 지붕재, 철물 그리고 다이 캐스팅의 기능이 있다.

갈바닉 액션(GALVANIC ACTION)

갈바닉 액션은 아래의 금속들 사이에서 일어나는 부식 작용이다. 이것은 전기화학적으로 다른 2개의 금속들에서 일어난다. 2개 금속 사이의 전기적인 전도 경로이며 쉽게 부식되지 않는 금속에서 부식되는 금속으로 금속 이온이 이동하는 전도 경로이다. 갈바닉 계열(galvanic series)에서 재료의 호환성을 잘 이해함으로서 디자인에서 부식을 최소로 할 수 있다. 갈바닉 계열은 부식하는 것(양극의 또는 부식에 가장 잘 반응하는)에서부터 잘 부식하지 않는 금속(음극의 또는 부식에 거의 반응하지 않는)들을 나열하고 있다. 일반적으로 목록에서 2개의 금속이 멀리 떨어져 있을수록 더 부식이 잘된다. 그러므로 전기적인 접촉이 이루어지는 곳에서의 금속 조합은 가능한 목록에서 가까운 것 끼리를 선택하는 것이 좋다.

조건이 동일하지 않거나 합금의 구성성분 변화에 따라 금속의 순위는 다를 수 있음에 주의해야 한다. 금속을 어느 특정 부위에 사용하고자 할 때는 항상 금속제품 제조업자의 조언을 들어야한다.

갈바닉 계열

+ 양극	마그네슘, 마그네슘 합금
	아연, 아연 합금과 판금
	아연(용융 도금된), 아연도금강
	알루미늄(비 규소 주조 합금), 카드뮴
	알루미늄(단조한 합금, 규소 주조)
	철(단조한, 가단성의), 일반 탄소와 저합금강
	알루미늄(단조 합금-2000시리즈)
	납(순수한, 도금한), 납 합금
	주석 도금 ,주석-납 결합물
	크롬 도금
	고 함량의 황동과 청동
	황동과 청동
	구리, 저 함량의 황동과 청동, 은 결합물, 구리-니켈 합금
	니켈, 티타늄 합금, 모넬 메탈
음극	은
−	금, 백금

여기 일련의 목록은 단지 일반적인 정보일 뿐이지 금속의 양극성 지수는 고려하지 않았다. 각 금속의 양극성 지수(V)는 다른 금속들과의 공존 가능한 한계치를 고려해 좀 더 세심하게 결정된다.

정확한 양극성 지수의 숫자는 금속 제조업자로부터 얻을 수 있다.

게이지(GAUGES)와 밀(MILS)

시트형 금속 두께는 오랫동안 게이지(ga.)란 용어로 표현되었다. 이것은 무게(본래는 과세제도 때문에)를 기준으로 한 오래된 용어로, 시트의 정확한 두께를 의미하지는 않는다. 따라서 연강과 아연도금강의 시트 한 장은 게이지는 같지만 두께는 다르다. 게이지 숫자가 증가하면 시트는 더 얇아지며 1/4″(6) 또는 약 3 게이지 보다 두꺼운 시트는 평판으로 본다.

대부분의 강철 제조업자는 밀(mils)을 채택하고 있다. 이 간단한 체계는 밀로 정의하기 위하여 시트의 실제 두께를 반영하고 있다.

게이지에서 밀로 정확하게 변환하는 방정식은 없다. 그러나 단지 참고용으로 많은 일반적 밀 크기는 게이지 크기와 연관지어 생각할 수 있다.

게이지 참고 표

밀 (μm)	게이지 (ga.)	표준 강		아연 도금 강		알루미늄	
		in.	(mm)	in.	(mm)	in.	(mm)
	3	0.2391	(6.073)			0.2294	(5.827)
	4	0.2242	(5.695)			0.2043	(5.189)
	5	0.2092	(5.314)			0.1819	(4.620)
	6	0.1943	(4.935)			0.1620	(4.115)
	7	0.1793	(4.554)			0.1443	(3.665)
	8	0.1644	(4.176)			0.1285	(3.264)
	9	0.1495	(3.797)	0.1532	(3.891)	0.1144	(2.906)
118	10	0.1345	(3.416)	0.1382	(3.510)	0.1019	(2.588)
	11	0.1196	(3.030)	0.1233	(3.132)	0.0907	(2.304)
97	12	0.1046	(2.657)	0.1084	(2.753)	0.0808	(2.052)
	13	0.0897	(2.278)	0.0934	(2.372)	0.0720	(1.829)
68	14	0.0747	(1.879)	0.0785	(1.994)	0.0641	(1.628)
	15	0.0673	(1.709)	0.0710	(1.803)	0.0571	(1.450)
54	16	0.0598	(1.519)	0.0635	(1.613)	0.0508	(1.290)
	17	0.0538	(1.367)	0.0575	(1.461)	0.0453	(1.151)
43	18	0.0478	(1.214)	0.0516	(1.311)	0.0403	(1.024)
	19	0.0418	(1.062)	0.0456	(1.158)	0.0359	(0.912)
30 | 33	20	0.0359	(0.912)	0.0396	(1.006)	0.0320	(0.813)
	21	0.0329	(0.836)	0.0366	(0.930)	0.0285	(0.724)
27	22	0.0299	(0.759)	0.0336	(0.853)	0.0253	(0.643)
	23	0.0269	(0.683)	0.0306	(0.777)	0.0226	(0.574)
	24	0.0239	(0.607)	0.0276	(0.701)	0.0201	(0.511)
18	25	0.0209	(0.531)	0.0247	(0.627)	0.0179	(0.455)
	26	0.0179	(0.455)	0.0217	(0.551)	0.0159	(0.404)
	27	0.0164	(0.417)	0.0202	(0.513)	0.0142	(0.361)
	28	0.0149	(0.378)	0.0187	(0.475)	0.0126	(0.320)
	29	0.0135	(0.343)	0.0172	(0.437)	0.0113	(0.287)
	30	0.0120	(0.305)	0.0157	(0.399)	0.0100	(0.254)
	31	0.0105	(0.267)	0.0142	(0.361)	0.0089	(0.226)
	32	0.0097	(0.246)	0.0134	(0.340)	0.0080	(0.203)
	33	0.0090	(0.229)			0.0071	(0.180)
	34	0.0082	(0.208)			0.0063	(0.160)
	35	0.0075	(0.191)			0.0056	(0.142)
	36	0.0067	(0.170)				

33 밀은 구조용의 냉간성 형강 공사에 허용되는 가장 얇은 재료이다.

20 게이지는 다음과 같이 보통 2가지 두께로 구분된다.

비구조용 드라이월 스터드인 30 밀.

구조용 스터드인 33밀.

18 밀은 비구조용, 냉간성 형강 공사에 허용되는 가장 얇은 재료이다.

경량 게이지 프레임 (light-gauge framing)

금속 스터드는 일반적으로 내식성 있는 강철을 냉간 압연하여 만들고, 하중을 받거나 하중을 받지 않는 곳에서 바닥과 지붕 프레임 재료로 사용된다. 스터드는 위쪽과 아래쪽의 트랙 사이에서 16″(406) 또는 24″(610) 간격으로 설치된다. 석고보드와 함께 사용되는 금속 스터드는 가연성을 크게 줄이고 목재 스터드로 된 벽 보다 더 높게 만들 수 있다. 스터드 사이를 연결하거나 전기관 또는 배관 설비가 지나가기 위해 일정한 간격으로 녹아웃 또는 펀치아웃이 설치되어 있다.

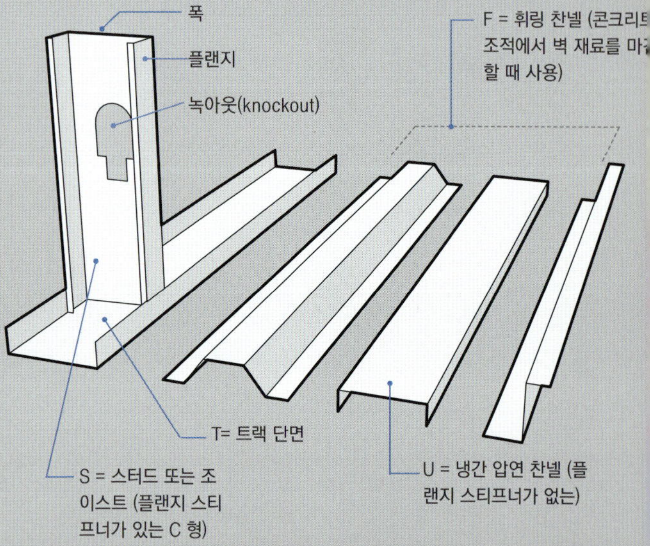

강 스터드 제조 협회(SSMA)에서는 경량 게이지 프레임 부재에 대한 명칭을 다음과 같이 붙이고 있다. 웨브 폭(1/100″) + S, T, U 또는 F 명칭 + 플랜지 너비(1/100″) + 최소 바탕 금속 두께(mils)

따라서, 250S 162-33 부재는 33밀(mils)에 플랜지 너비가 $1^{5}/_{8}$″(162/100″), 웨브 폭이 $2^{1}/_{2}$″(250/100″)인 스터드를 의미한다.

일반 금속 스터드 크기

비내력 스터드

폭 : $1^{5}/8$″ (41), $2^{1}/2$″ (64), 3 $^{5}/8$″ (92), 4″ (102), 6″ (152)
게이지[mils] : 25 [18], 22 [27], 20 [30]

비내력 커튼월 스터드

폭 : $2^{1}/2$″ (64), 3 $^{5}/8$″ (92), 4″ (102), 6″ (152)
게이지[mils] : 20 [30], 18 [43], 16 [54], 14 [68]
플랜지 : 1 $^{3}/8$″ (35)

구조용 C형 스터드

폭 : $2^{1}/2$″ (64), 3 $^{5}/8$″ (92), 4″ (102), 6″ (152), 8″ (203), 10″ (254), 12″ (305)
게이지[mils] : 20 [33], 18 [43], 16 [54], 14 [68]
플랜지 : 1 $^{5}/8$″ (41)

구조용 스터드 / 조이스터

폭 : $2^{1}/2$″ (64), 3 $^{5}/8$″ (92), 4″ (102), 6″ (152), 8″ (203), 10″ (254), 12″ (305)
게이지[mils] : 20 [33], 18 [43], 16 [54], 14 [68]
플랜지 : 2″ (51)

시트 두께 (실제 크기)

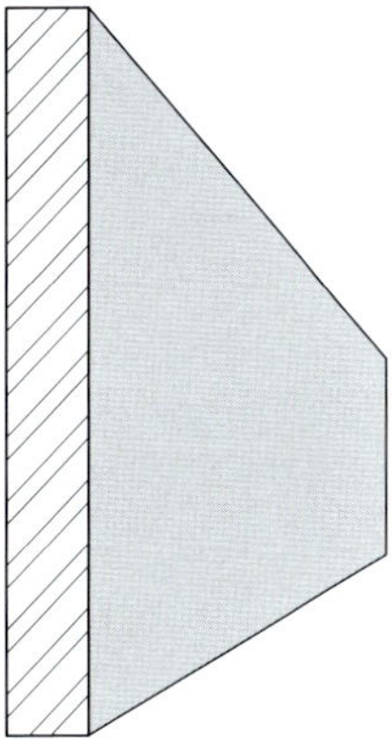
210 밀

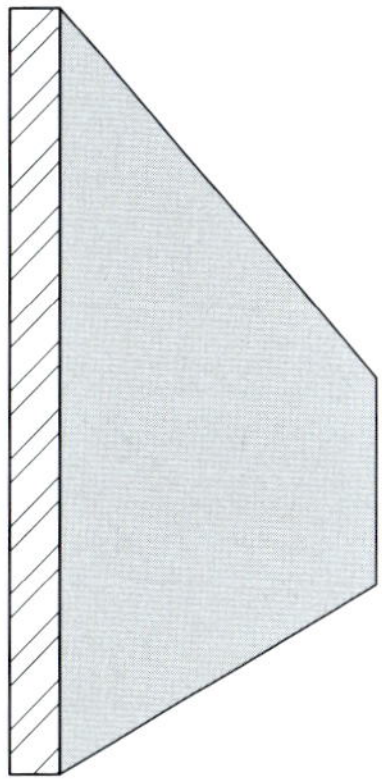
97 밀

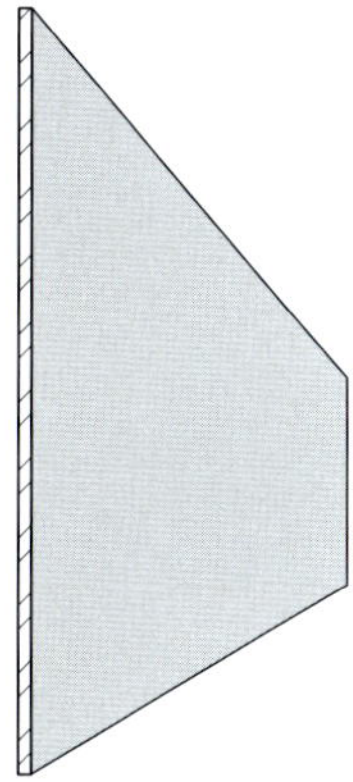
33 밀

18 밀

금속 지붕재의 겹침

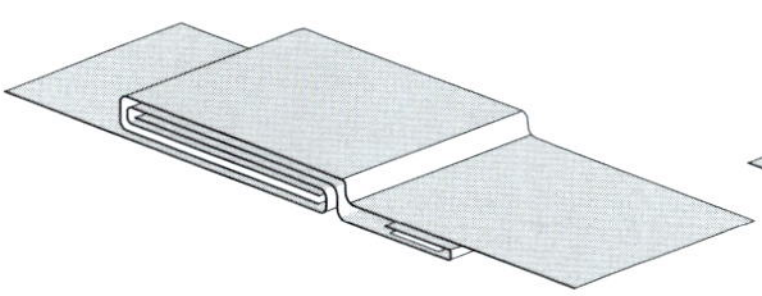
플랫 겹침

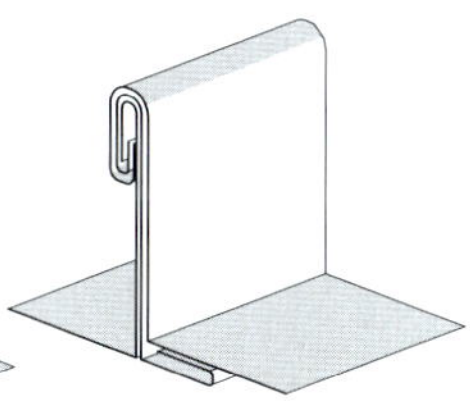
스탠딩 겹침

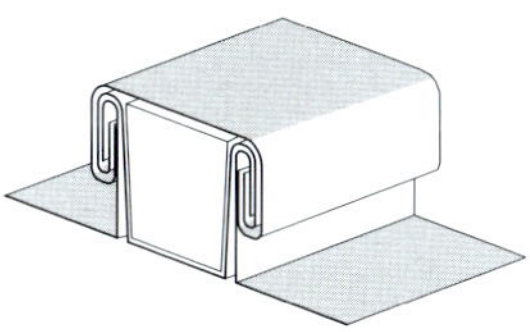
배튼 겹침

시트 형태

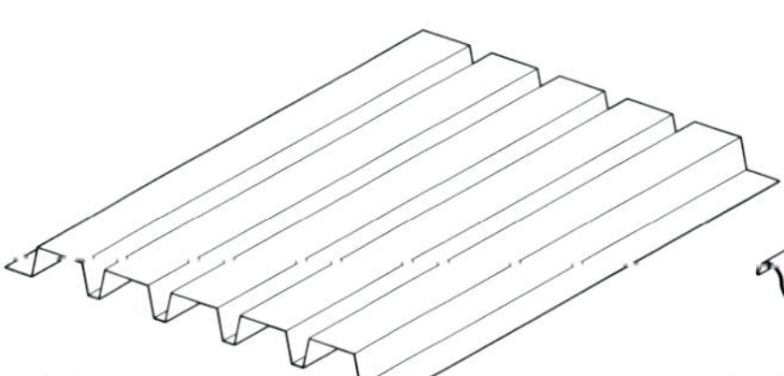
리브 데킹형

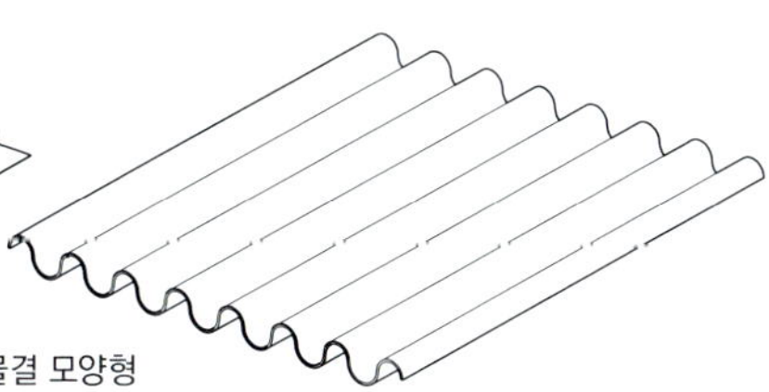
물결 모양형

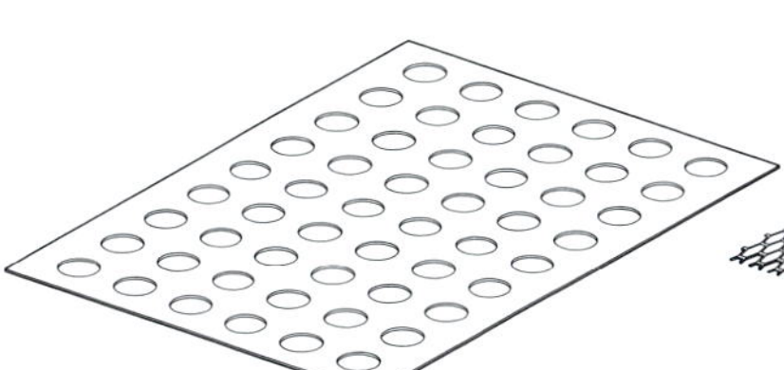
구멍 뚫린 형

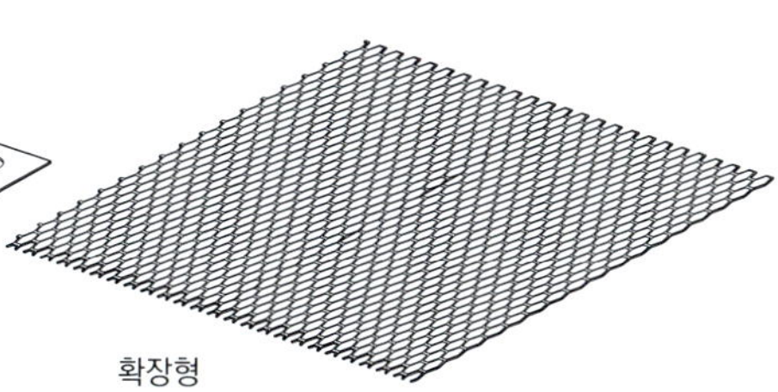
확장형

Chapter 4: 마감

인테리어 마감재는 보이고 만져지는 모든 재료와 표면을 망라한다.
재료의 선택과 시공 방법은 공간의 기능, 예측되는 통행량, 음향 효과, 내화 성능 그리고 미적 외관에 따라 달라진다.

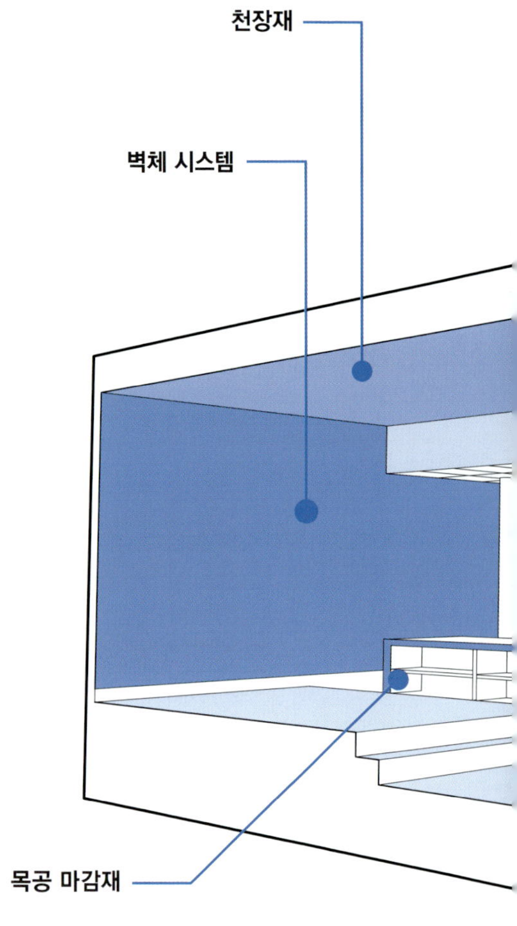

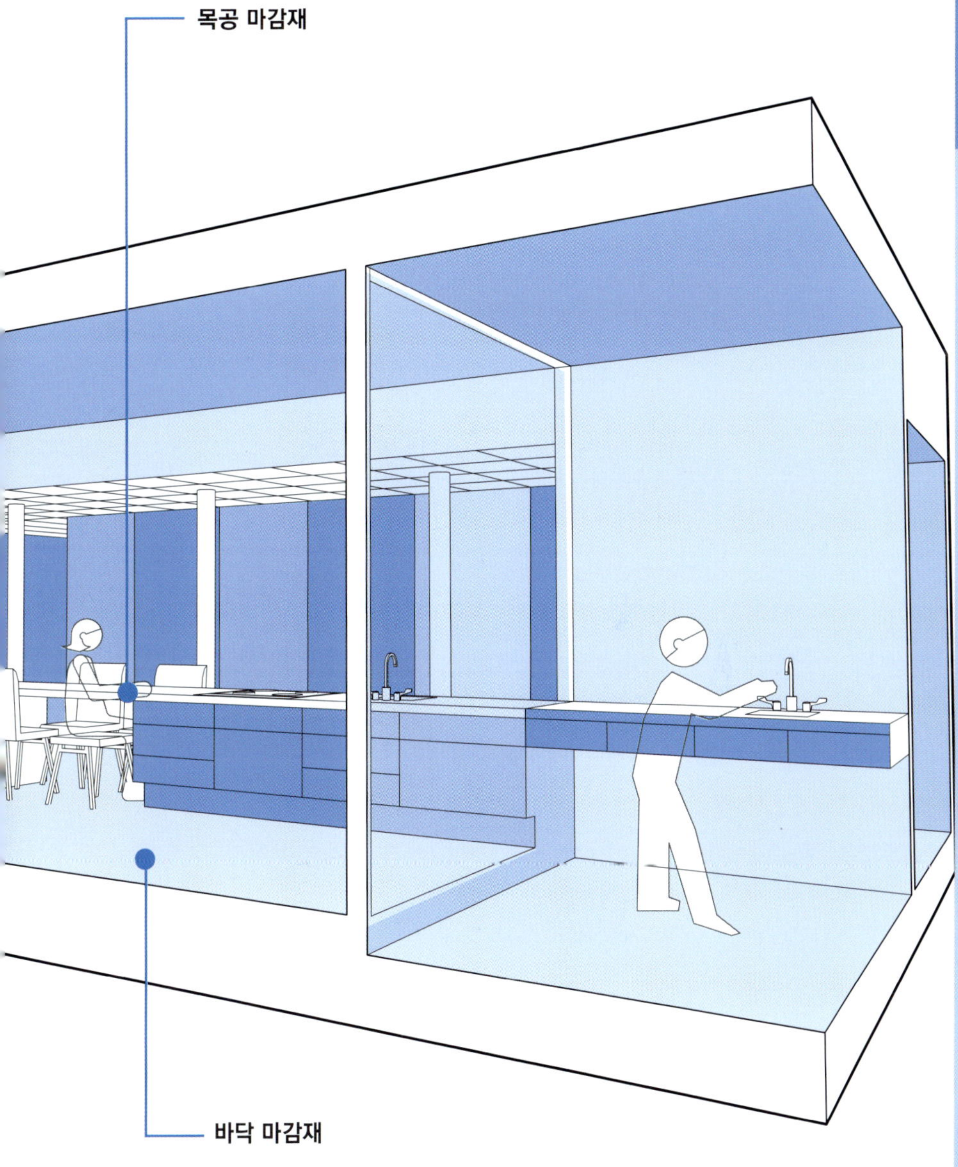
목공 마감재
바닥 마감재

벽체 시스템

석고보드

석고보드는 석고 월 보드(GWB), 드라이 월, 플라스터 보드, 시트록(sheetrock)과 같은 많은 이름으로 불린다. 석고보드는 설치하는데 많은 노동력, 시간 그리고 기술력을 요구하지 않으며 뛰어난 내화 및 방음 성능을 지니고 있기 때문에 아직까지는 회반죽을 대신할 값싼 재료이다.

자연적으로 생성되는 광물인 석고는 물, 전분 그리고 다른 요소들과 슬러리로 혼합될 때 화학적으로 만들어지며 석고보드를 만들기 위해 종이 면 사이에 채워진다. 석고보드가 화재에 노출될 때, 물은 증기로 방출되면서 물이 완전히 소멸될 때 까지 화재를 막는 방어막 역할을 한다. 석고가 완전히 재로 변했을 때도 이것의 잔여물이 화염으로부터 뒤쪽의 구조 부재를 보호하는 방어막 역할을 한다.

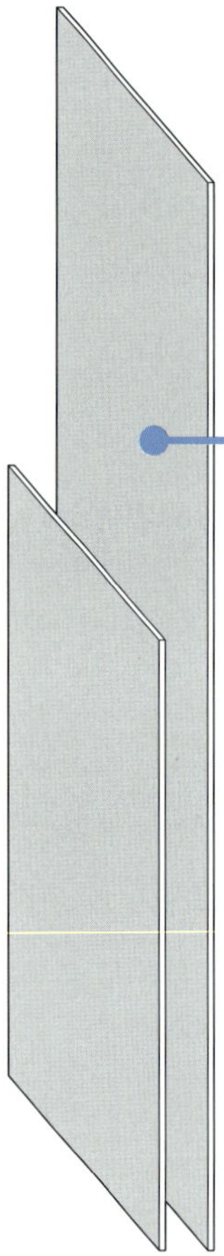

통상적 크기

판넬 크기는 비록 폭이 4′(1200), 높이가 8′(2439)에서 16′(4877)에 이르는 범위를 가지지만 보드 종류에 따라 매우 다양해질 수 있다.

또한 폭이 2′(610)와 2′–6″(762), 높이가 6′(1829)인 것은 미리 마감된 보드와 코어 보드에 이용할 수 있다.

SI 크기

표준 판넬 크기는 1200x2400mm이다.

다른 것으로는 600mm, 800mm 그리고 900mm가 있다.

판넬 종류

배킹 보드 (Backing board): 내화 및 방음 성능 개선을 위하여 여러 겹이 필요할 때 바탕 층으로 사용한다.

코어 보드 (Coreboard): 1″(25.4)와 2″(50.8)의 두꺼운 보드로 통기구 샤프트, 비상탈출 계단, 엘리베이터 샤프트, 수직 통로 등을 감싸기 위하여 사용한다.

뒤에 포일이 입혀진 보드 (Foil-backed): 외부벽에서 수증기를 차단하고 단열재 역할을 한다.

미리 마감된 보드 (Prefinished): 페인트, 종이 또는 플라스틱 필름과 같은 다양한 마감재로 덮여 있어 더 이상의 마감이 필요 없다.

통상 보드 (Regular): 가장 많이 사용한다.

X 타입 보드 (Type X): 중앙의 짧은 유리 섬유가 소석고의 잔여물을 보호해 내화 성능을 증가시키고 있다.

내수성 보드 (green board)): 바깥(다른 벽과 구분하기 위하여 밝은 초록으로 채색되어 있다)은 물이 스며들지 않게 처리한 종이가 발라져 있고, 중앙(X 타입 보드에서도 이용할 수 있다)은 방습 처리되어 있는 내수성의 보드이다. 내수성 보드는 젖는 장소에서 다른 비흡수성의 재료들과 타일의 바탕 재료로 사용한다.

보드 두께

1/4″ **(6.4)**
배킹 보드, 일부 음향 작업

5/16″ (8)
주택 제작에 사용

3/8″ (9.5)
2겹 마감용으로 사용

1/2″ (12.7)
가장 일반적인 두께. 스터드 간격이 24″(610)까지 사용

5/8″ (16)
구조적인 강도와 내화가 요구될 때 사용

1″ **(25.4)**
샤프트 벽에 사용하는 코어 보드

가장자리 종류

사각형

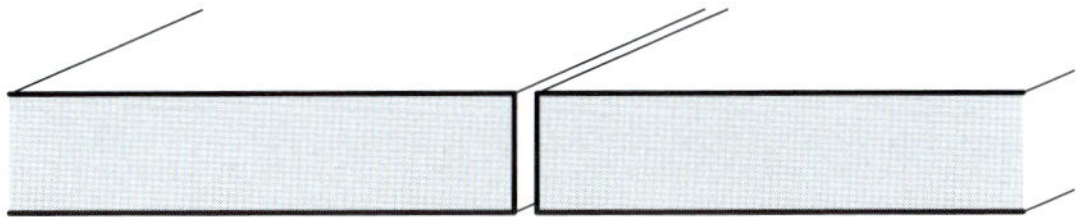

둥근형

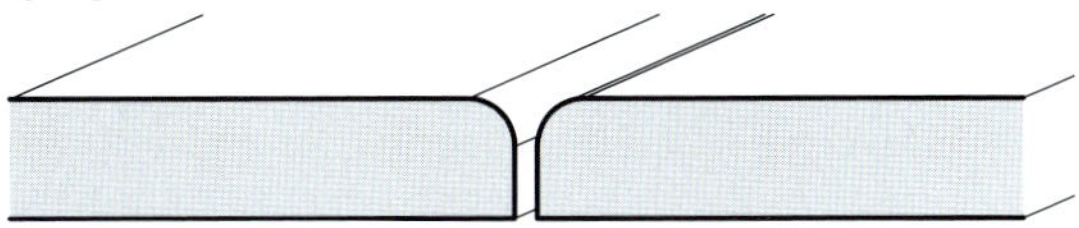

빗면형

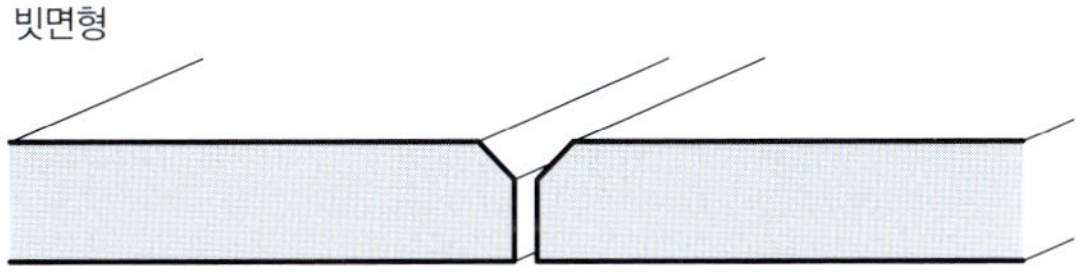

장부촉형

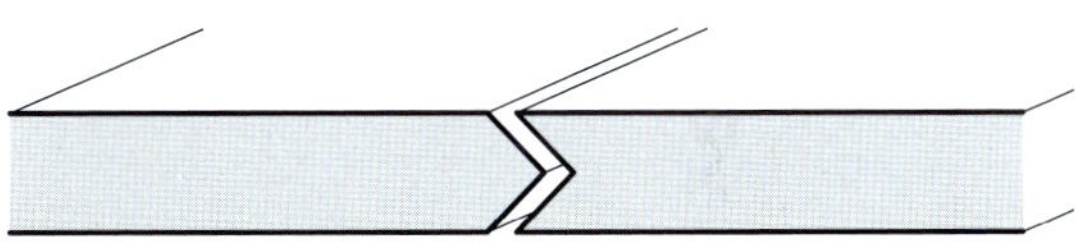

테이퍼드형

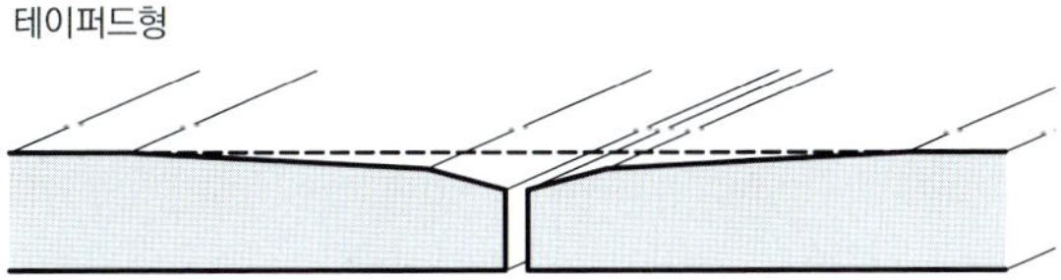

둥근 테이퍼드형

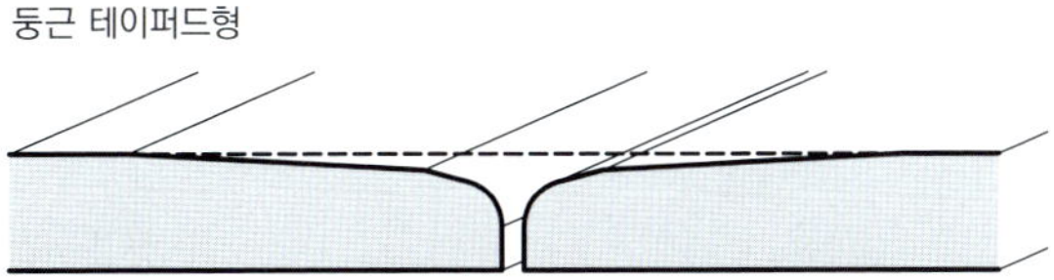

석고보드 파티션 벽 설치

석고보드는 못 또는 나사가 사용되는 목재 스터드 위 또는 나사를 사용하는 금속 스터드 위에 설치된다. 보드의 배치는 벽 높이와 다른 요인들에 의해 다를 수 있다.

일반적으로 보드 사이의 접합부는 마감하기가 어렵기 때문에 최소화하는 것이 좋다(보드의 전면, 후면 그리고 다양한 형태로 마무리되는 가장자리 부분들은 단지 종이로 마감된다). 만약 보드가 2층 또는 여러 층으로 설치된다면 이들 사이의 접합부는 늘어난 힘 때문에 흔들릴 수 있다.

접합부는 항상 다음과 같이 조인트 컴파운드와 테입으로 마감된다. 테입 처리된 가장자리 접합부 속에는 조인트 컴파운드 층이 평평하게 발라지고 그 다음에 섬유 보강 메쉬 테입이 넣어진다. 몇몇 테입 처리된 가장자리 접합부를 보면, 조인트 컴파운드는 V 형 홈을 메우기 위해 테입의 끝에서 끝까지 채워진다. 건조된 후, 조인트 컴파운드는 접합부를 완전히 매끈매끈하게 만들기 위해 더 많이 사용되고 주변 벽과 같은 높이가 되게 만든다. 보드 제조업자들은 더 많은 층의 조인트 컴파운드를 첨가할 것을 제안할 것이다.

전체 벽은 페인트 칠 전에 마지막으로 못 또는 나사 구멍을 메운 후 가벼운 샌딩 처리를 한다.

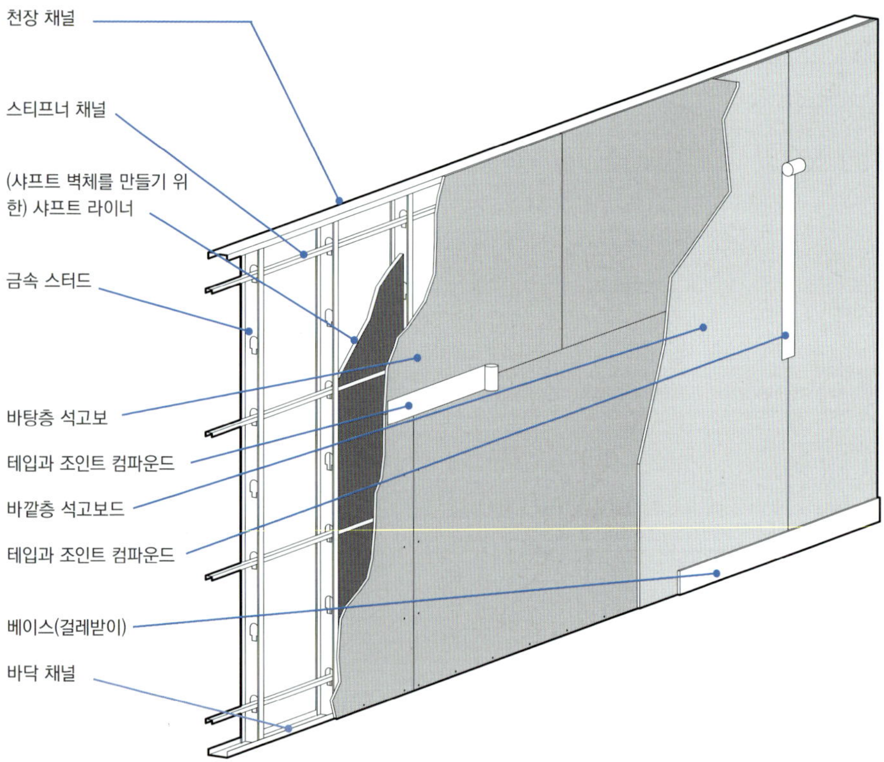

일반적인 석고보드 파티션 구성

3 5/8″ STC: 40–44 : (1 · 5/8″ 금속 스터드 양 면에 3/8″석고보드 1겹과 바깥층의 1/2″석고보드로 구성된다.)

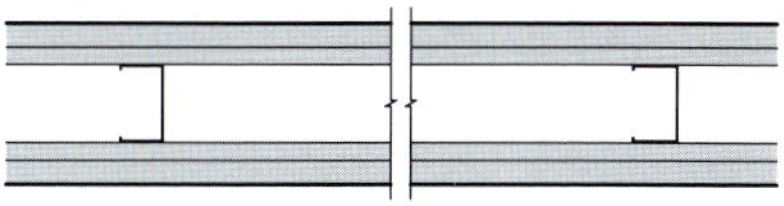

한 시간 내화 등급

4 7/8″ STC: 40–44 : (3 · 5/8″ 금속 스터드 양 면에 1겹의 5/8″ X 타입 석고보드로 구성된다.)

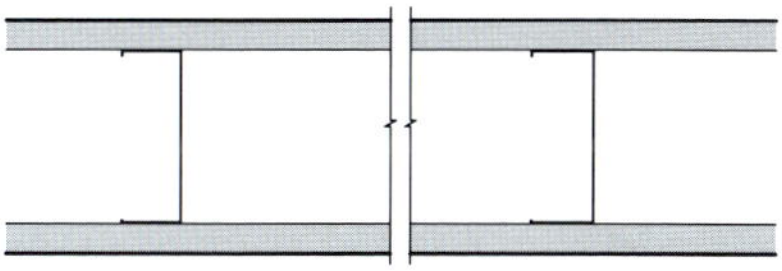

한 시간 내화 등급

5 1/2″ STC: 45–49 : (3 · 5/8″ 금속 스터드 양 면에 1겹의 5/8″ X 타입 석고보드가 있고 바깥층의 한쪽 면은 라미네이팅 컴파운드가 적용된 5/8″ 석고보드로 구성된다. 금속 스터드 사이의 빈 곳은 3 · 1/2″ 유리섬유 단열재가 놓인다.)

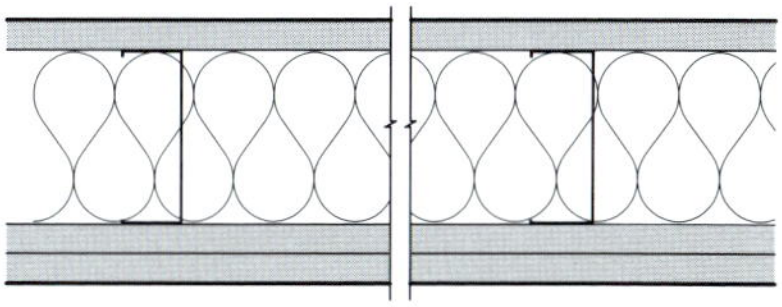

한 시간 내화 등급

6 1/4″ STC: 55–59 : (3 · 5/8″ 금속 스터드 양 면에 2겹의 5/8″ X 타입 석고보드가 있고 바깥층의 한쪽 면은 라미네이팅 컴파운드가 적용된 1/4″ 석고보드로 구성된다. 금속 스터드 사이의 빈 곳은 1 · 1/2″ 유리섬유 단열재가 놓인다.)

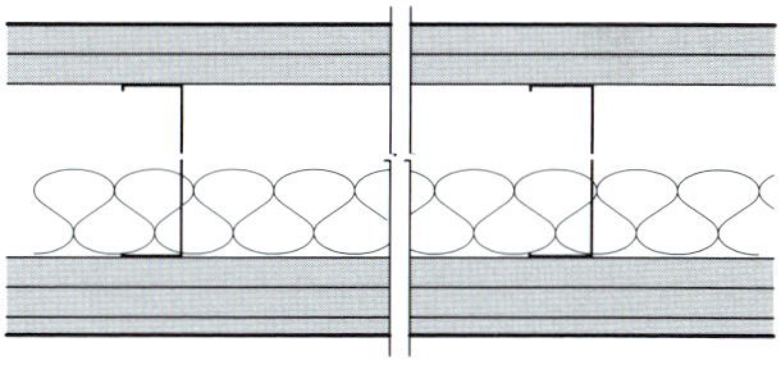

두 시간 내화 등급

강구조 부재의 내화재료

팽창성의 라텍스 페인트

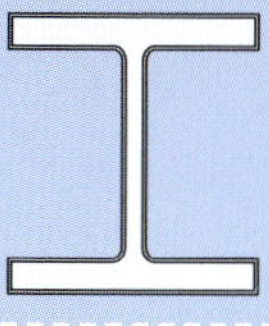

메탈 라스와 플라스터로 둘러쌈

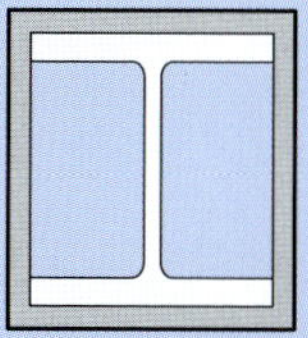

분무형 내화재료

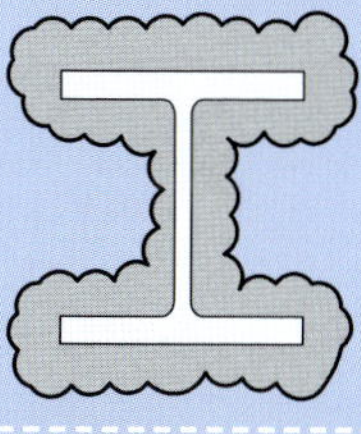

느슨하게 단열재가 채워지고 시트 메탈로 둘러쌈

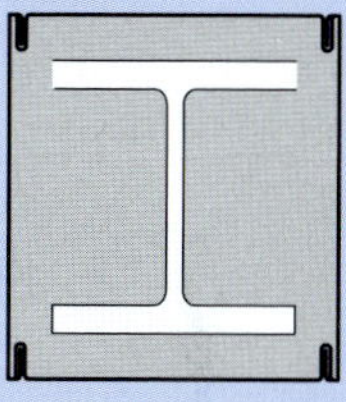

철근콘크리트로 둘러쌈

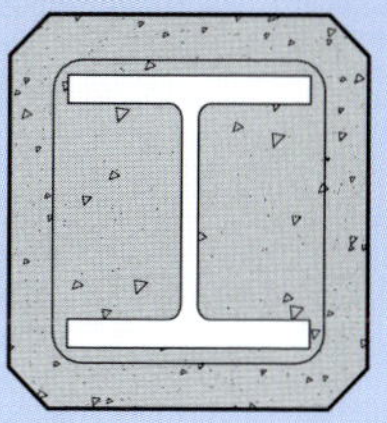

여러 겹의 석고보드로 둘러쌈

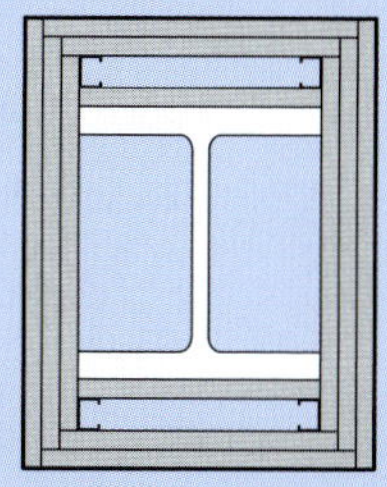

플라스터(회반죽)

오늘날 대부분의 플라스터는 석고를 바탕으로 하고 있다. 석고를 구운 후에 가는 분말 형태로 갈게 된다. 일단 다시 물과 함께 섞이면 본래 상태로 되돌아가게 되는데, 뛰어난 내화 성능을 지닌 플라스터로 경화된다. 이것은 쇄석과 섞어 사용할 수 있으며 손 또는 기계로 조적 벽 또는 라스 시스템(lath system)에 발라진다.

플라스터 종류

표준 플라스터 : 크랙을 줄이고 정착성을 높이기 위해 석회 퍼티를 섞은 것. 고품질의 마무리칠을 만들기 위해 마감용 석회를 섞을 수 있다.

석고 플라스터 : 모래 또는 경량의 쇄석을 사용한다.

고강도 초벌칠 : 고강도 마무리칠 아래에 사용한다.

킨즈 시멘트 : 매우 강하고 크랙에 잘 견디는 고강도의 마감재이다.

몰딩 플라스터 : 몰딩 장식과 코니스에 적합한 빠른 경화성을 가지고 있다.

스터코 : 포틀랜드 시멘트-석회 플라스터로 외부 벽이나 습기가 있는 곳에 사용한다.

목질 섬유 또는 펄라이트 쇄석을 지닌 : 내화 성능이 좋으며 경량이다.

라스 구성

메탈 라스 위 플라스터

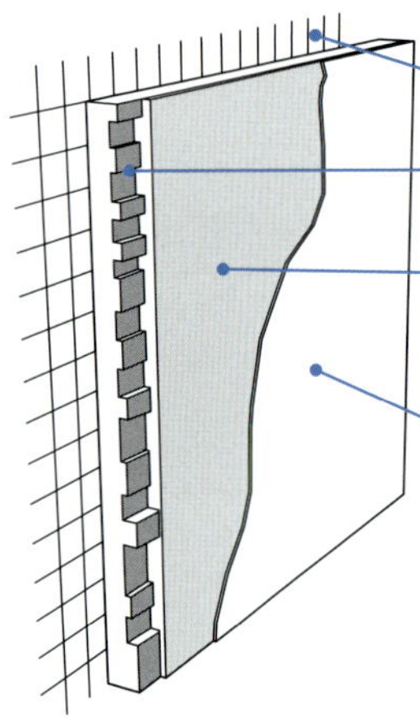

3회 마감 플라스터

메탈 라스 : 메탈 또는 (강철) 메시가 깔린다.

초벌칠 : 그 다음의 마감을 위해 거칠게 흙손으로 바르고 긁어 거친 표면을 만든다.

재벌칠 : 라스와 단단해진 초벽 마감 위에 사용한다. 긴 직선자를 이용하여 평평하게 한다.

정벌칠 : 매끈매끈 하거나 질감이 나는 매우 얇은(1/16") 바깥 층

3겹 층의 전체 두께는 대략 5/8"(16)이고 훌륭한 내화성능과 내구성을 제공한다.

석고 라스 위 플라스터

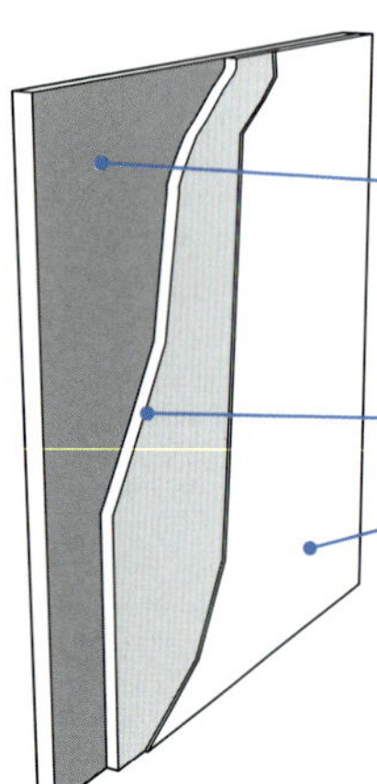

2회 또는 3회 마감 플라스터

석고 라스 : 바깥쪽에는 플라스터에 부착할 흡수성 종이 시트가 있고 안쪽에는 코어를 보호할 방수층이 있는 경화된 석고 플라스터 코어

재벌칠

정벌칠

만약 석고가 스터드에 부착된다면 플라스터의 2회 마감만으로도 충분히 단단해지지만, 스터드 없이 석고의 양쪽이 플라스터인 견고한 플라스터 벽은 3회 마감이 필요하다. 한 쪽 면의 전체 플라스터 두께는 1/2"(13)이다.

베니어 플라스터

베니어 플라스터는 비싸지 않고 노동력이 많이 들지 않는 플라스터 시스템이다.
이 작업은 일반적인 석고보드 벽 시스템과 유사하며 매우 밀도가 높은 베니어 플라스터의 표면을 만들기 위해 매끈하고 평평하게 처리된다. 이 플라스터는 빠르게 연속적으로 2번 칠해지며 스킴 코트(skim coat)로 불리는 두 번째 칠은 매우 빨리 건조된다. 전체 플라스터 두께는 약 1/8″(3) 이다.

조적 위의 플라스터

플라스터는 벽돌, 콘크리트 블록, 양생된 콘크리트 그리고 석재 벽에 직접 칠해질 수 있다. 벽은 작업 중에 플라스터가 건조되는 것을 막기 위해 먼저 수분으로 축여야 한다. 일반적으로 3번의 칠이 필요하며, 비록 거친 조적 표면이 두께에 영향을 미치지만 플라스터의 전체 두께는 5/8″(16)이다. 만약 습기 또는 물방울이 있거나 단열을 위해 공기층이 필요한 곳과 같이 직접 플라스터를 사용하기에 적합하지 않은 곳에서는 벽에 부착된 훠링채널(furring channel) 위에 플라스터와 라스가 사용된다

벽 구성

플라스터와 라스는 트러스 스터드, 강철 스터드 또는 나무 스터드, 게다가 훠링 스트립(furring strip)에 사용될 수 있다. 약 2″(51) 두께의 견고한 플라스터 벽은 때때로 고가의 장소에 사용된다. 이들은 일반적으로 금속 러너에 의해 천장과 바닥에서 지지되고, 메탈 메시 또는 석고 라스의 양쪽에 플라스터가 칠해진다.

나무 라스는 더 싸고 더 내구성 있는 라스 종류들의 유행으로 오늘날 거의 사용하지 않는다.

트림(TRIM) 형상

천장 몰딩

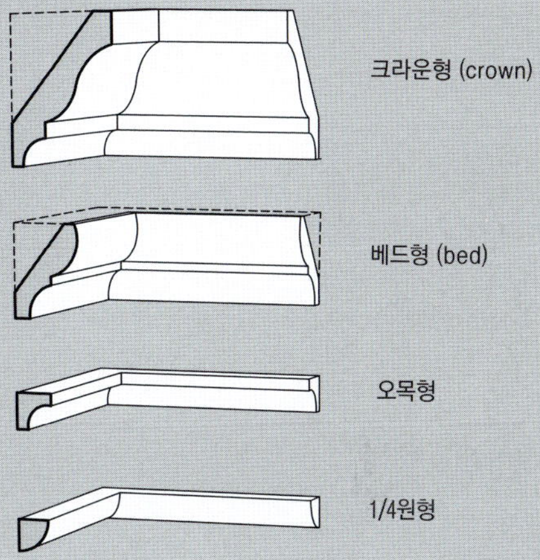

일반 몰딩

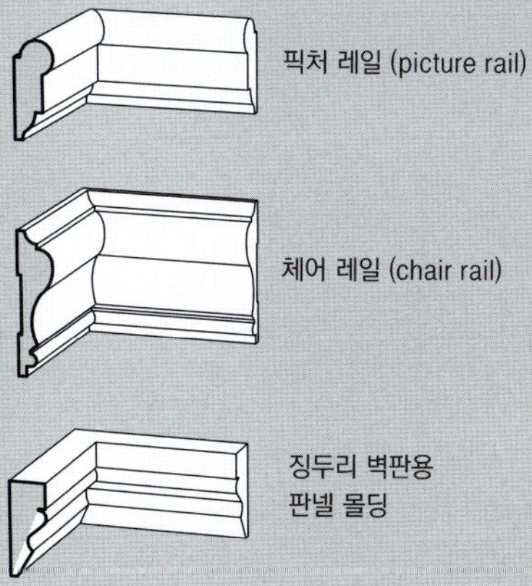

굽도리널

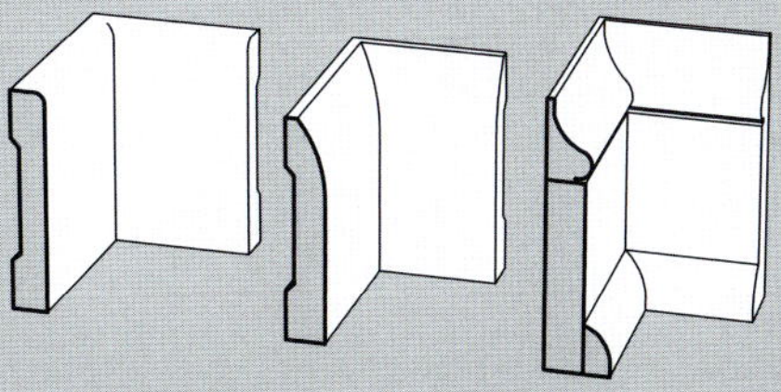

바닥 마감

바닥은 발길, 가구, 먼지 그리고 물로부터 마모와 혹사를 받게 된다.
바닥 마감 재료는 그것들이 견디어야 할 통행량과 공간의 기능에 따라 조심스럽게 선택되어야 한다. 바닥 마감재의 종류와 설치 방법은 다양하다. 여기서는 주거와 상업 용도에 사용되는 가장 일반적인 몇몇 샘플을 보여준다.

카펫

울, 나이론, 폴리프로필렌 그리고 폴리에스터 등이 카펫의 섬유조직이다. 나이론이 포함된 것이 가장 널리 사용된다. 벨벳, 액스민스터, 윌턴, 촘촘한 것, 짠 것, 털로 된 것, 니들 펀치(needle punched) 등 다양한 제작 유형들이 있다. 설치 방법에는 꺾쇠를 이용한 잡아 늘이기, 직접 접착제로 붙이기 그리고 이중으로 접착제 붙이기가 있다.

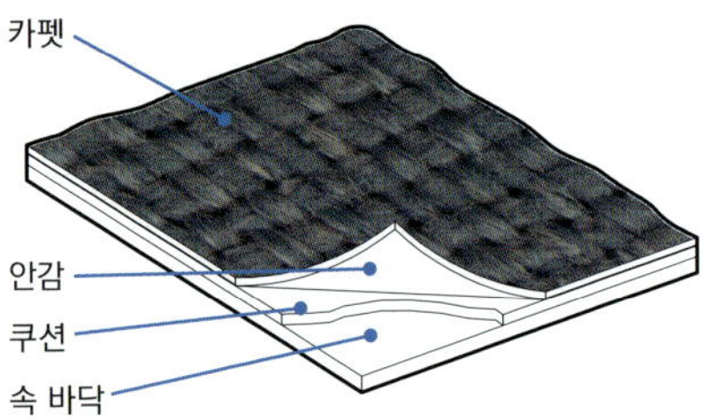

탄성 바닥재

비닐 시트, 균질의 비닐 타일, 비닐 합성 타일(VCT), 코르크 타일, 고무 타일, 그리고 리놀륨이 일반적인 종류이다. 바닥재는 ±/8″(3) 두께의 시트 또는 타일 중 하나의 형태로 콘크리트 또는 나무로 된 속 바닥에 접착제로 붙여진다. 대부분은 이음매가 없는 일체화된 걸레받이와 함께 설치된다.

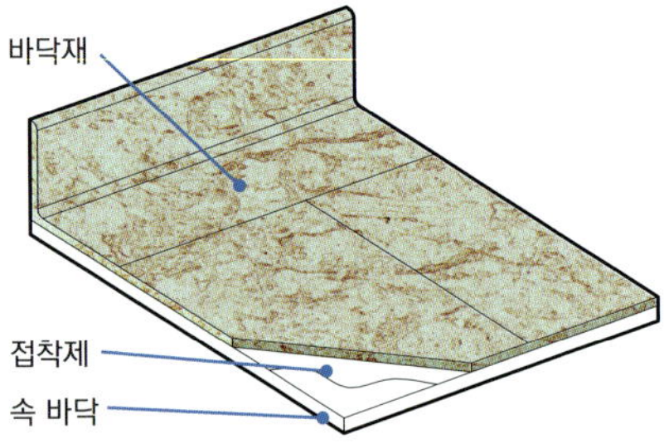

나무

나무는 설치 방법뿐만 아니라 폭과 두께가 다양하다. 오크, 피칸 그리고 단풍나무가 가장 일반적이지만 거의 모든 나무가 바닥재 판으로 제작될 수 있다. 두꺼운 보드일수록 더 하중이 많이 작용하는 장소에 설치된다.

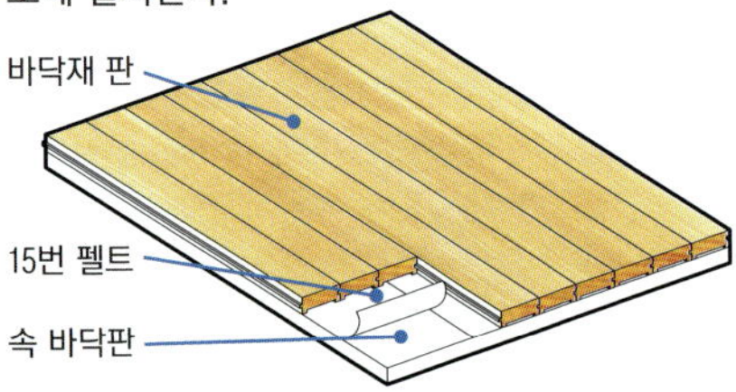

세라믹 타일과 쿼리 타일

두꺼운 설치 장소의 경우, 타일은 25mm의 포틀랜드 시멘트 모르타르 위에 설치된다. 얇은 설치 장소의 경우, 타일은 3mm 모르타르, 라텍스 포틀랜드 시멘트 모르타르, 유기화합물 접착제 또는 개선된 에폭시 에멀젼 모르타르 위에 설치된다.

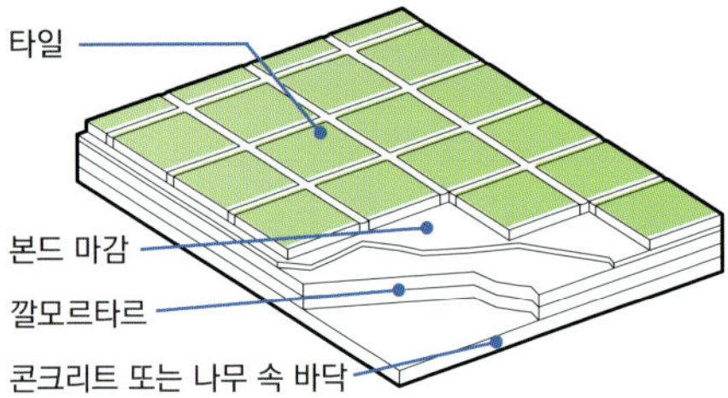

테라초

테라초는 부어넣거나 콘크리트 모체(에폭시, 폴리에스터, 폴리아크릴레이트, 라텍스 또는 전기적 도체)와 돌 조각의 혼합 재료로 된 프리캐스트로 제작된다.

외관은 표준(작은 조각 크기)부터 베네치안(큰 조각 사이로 작은 조각들이 있는 것)까지, 팔라디아나(큰 무작위의 두꺼운 대리석 조각들 사이에 작은 조각들이 있는 것)부터 러스틱(감춰진 모체 속에 노출된 조각들이 일정한 질감을 나타내고 있는 것)에 이르기까지 다양하다.

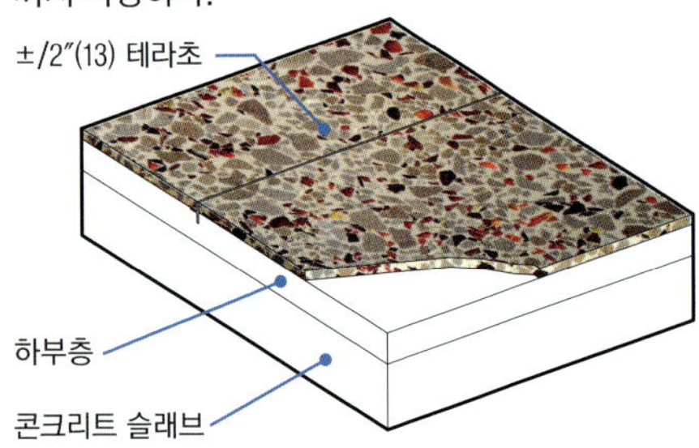

천장

부착된 천장재

석고보드, 플라스터, 금속 그리고 다른 재료들을 조이스트, 서까래 그리고 콘크리트 바닥판에 직접 부착할 수 있다. 부착된 천장재는 벽체 시스템과 유사한 방법으로 시공된다.

매달려 있는 천장재

매달려 있는 천장재 시스템에 석고보드, 플라스터 또는 섬유질보드의 판넬들이 가장 흔히 사용되지만 거의 모든 재료가 가능하다. 보통 금속 C형 찬넬이 구조체로부터 행거 와이어에 의해 격자형으로 매달리게 되고 여기에 석고보드와 플라스터가 지지된다.

구조체와 매달려 있는 천장재의 사이 공간을 플리넘(plenum)이라고 부르는데, 이곳은 설비공사, 배관공사, 수도관과 다른 설비를 위한 공간으로 사용된다.

일반 판넬 크기 (mm)	
12 x 12	(305 x 305)
12 x 24	(305 x 610)
24 x 24	(610 x 610)
24 x 48	(610 x 1 219)
24 x 60	(610 x 1 524)
20 x 60	(508 x 1 524)
30 x 60	(762 x 1 524)
60 x 60	(1 524 x 1 524)
48 x 48	(1 219 x 1 219)

음향용 천장 타일(ACT)로 알려진 섬유질 판넬은 음을 흡수하는 능력이 뛰어나며 미네랄과 유리 섬유로 만들어진 경량의 보드이다. 이것들은 행거 와이어에 매달려 노출되거나 들어가 있거나 또는 숨겨진 격자형의 T형 금속에 의해 지지된다.

좋은 ACT는 매우 높은 소음 감소율(NRC)를 가지고 있다. 이것은 도달하는 대부분의 소리를 흡수한다는 것을 의미한다. 석고보드와 플라스터는 반대로 NRC가 매우 낮다. 경량의 판넬은 소리가 통과하는 경향이 있어 플리넘 공간에서 음향적인 프라이버시는 한계가 있다.
음향재를 접합시킨 복합 판넬은 이러한 문제를 완화시킬 수 있다. 음향 판넬에 구멍 뚫린 금속, 마일라(Mylar) 그리고 텍텀(tectum)과 같은 재료들을 포함할 수 있다.

천장 타일은 쉽게 제거될 수 있어 설비와 시스템의 유지를 위한 플리넘 공간으로의 접근을 용이하게 한다.

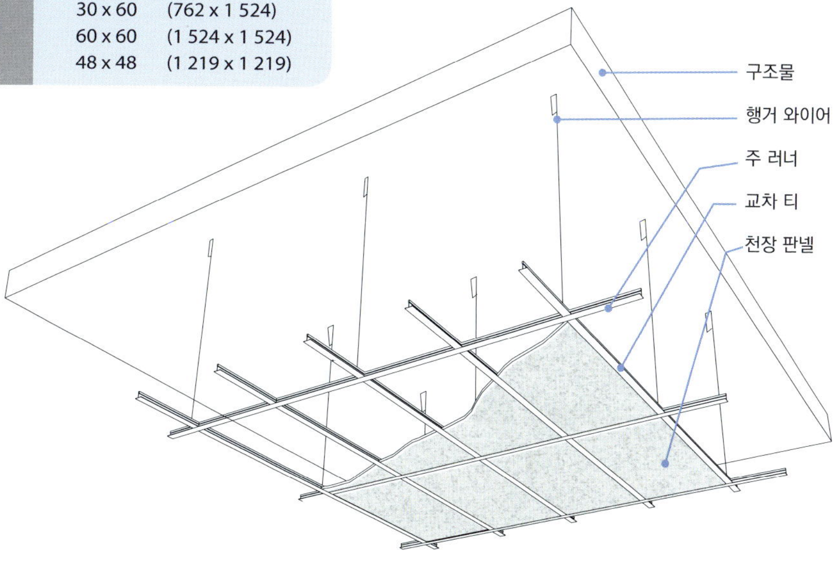

목공 마감

건물에서 목재로 된 실내 마감 구성요소를 목공제품이라고 부르고 이들의 설치를 목공 마감이라 부른다. 목공제품에 사용되는 목재는 통재와 합판이 다양하게 결합되나 일반적으로 프레임에 사용되는 것보다 좀 더 높은 품질을 요구한다. 목공제품은 가구제작과 관련이 있으며 이들 구성을 케이스워크(casework)라 불린다.

일반적인 카운터 상판

플라스틱 라미네이트

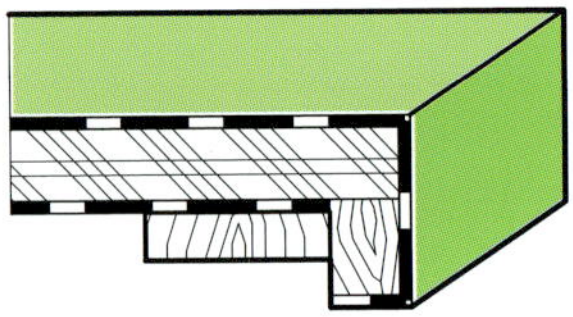

플라스틱 라미네이트 카운터는 라미네이트를 파티클보드 대(臺)에 붙여 만들며 백스플래쉬(backsplash)와 전면 모서리를 둥글게 처리를 함으로서 완성된다.

이것은 접착제를 사용해서 보통 1/16″(1.6) 두께의 얇은 시트형의 P-lam으로 만들 수 있다. 장식용 플라스틱 라미네이트는 종이 시트에 나무결 패턴 또는 다른 이미지들이 인쇄되어 있다.

석재

화강암, 동석, 대리석 또는 점판암의 단단한 석재 카운터 상판은(일반적으로 얇은 시멘트 토대 위에 고정된다) 튼튼하고 내구성이 좋아 일반적인 주방 또는 욕실의 마모되는 곳에 적합한 재료이다.

밑바탕재는 일반적으로 두 겹의 합판 또는 파티클보드이다. 석재의 두께는 종류에 따라 다르나 일반적으로 3/4″(19)에서 1 5/16″(33) 사이이다. 그라우트 석재(Grouted stone) 타일은 더 가볍고 저렴하게 사용할 수 있는 재료이다.

단단한 표면

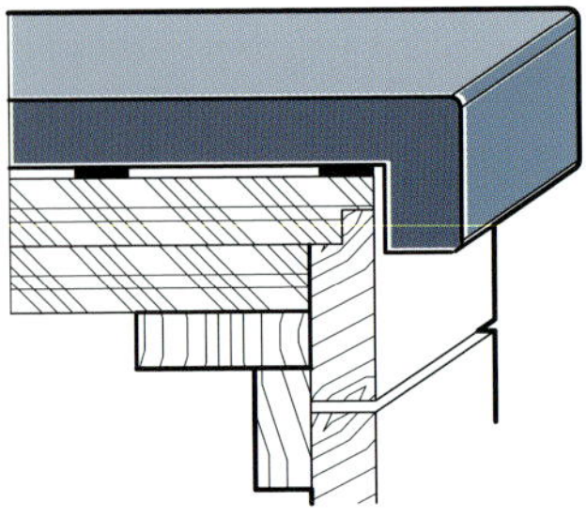

단단한 표면(solid surface)의 일반적인 구성은 폴리머(아크릴계 수지 또는 불포화 폴리에스테스 수지), 알루미늄 3수화물 충진제, 도료(착색제), 그리고 촉매이다.

단단한 표면의 재료는 작은 구멍이 없고 균질하며(모든 방향에서 동일한 모습을 나타내는) 강하고 자외선에 안정적이고 표면이 단단하다. 이것은 물, 충격, 화학 물질, 오염 및 높은 온도에도 강하다. 게다가 샌드 페이퍼질이나 갈아냄으로써 처음 마감했을 때처럼 수리할 수 있다.

단단한 표면의 재료는 매우 다양하며 다양한 색상, 질감, 패턴들을 만들 수 있다.

목재 기반 보드의 종류

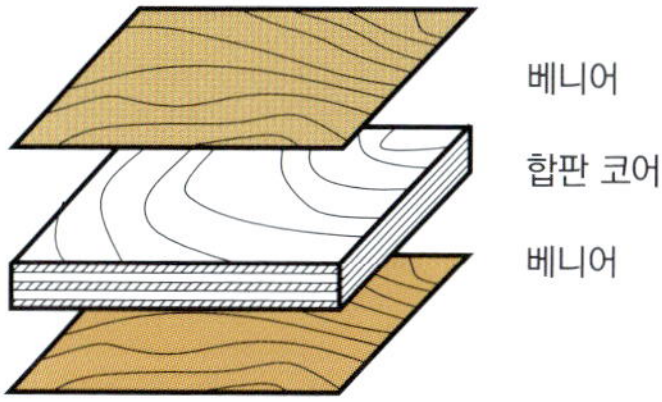

베니어 코어 경재 합판(VC) : VC는 나뭇결이 있는 표면 베니어로 마감된 일반적인 합판(일반적으로 전나무)이다. 이것은 비교적 가볍고 다루기 쉽다.

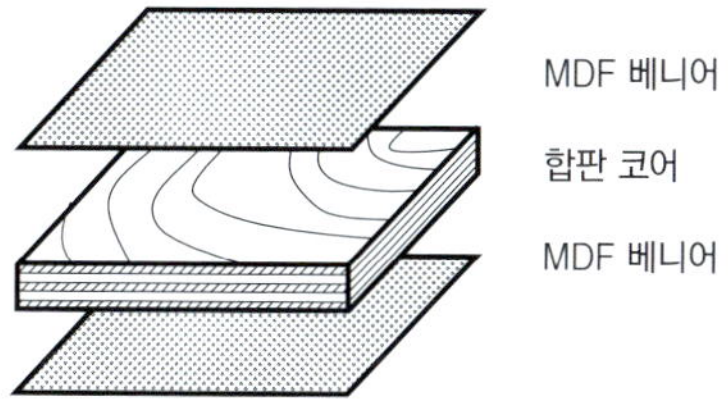

중밀도(MDO) 및 고밀도(HDO) 오버레이 합판 : MDO와 HDO는 일반적으로 MDF가 표면 마감재인 합판이다. 전체가 MDF인 합판 보다 무게는 적지만 VC 보다 부드럽고 안정된 표면을 갖는다.

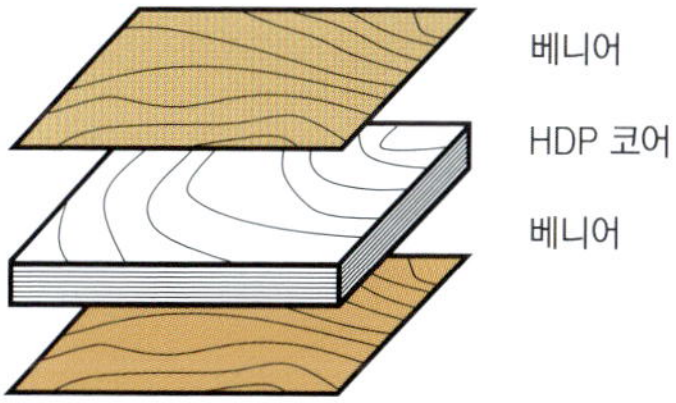

고밀도 합판(HDP) : HDP는 일반 합판보다 결이 많고 빈틈이 적다. 내구성과 안정성이 좋아 가구제작에 적합하며 일반적으로 자작나무(발트해) 또는 단풍나무(애플비)로 만들어진다.

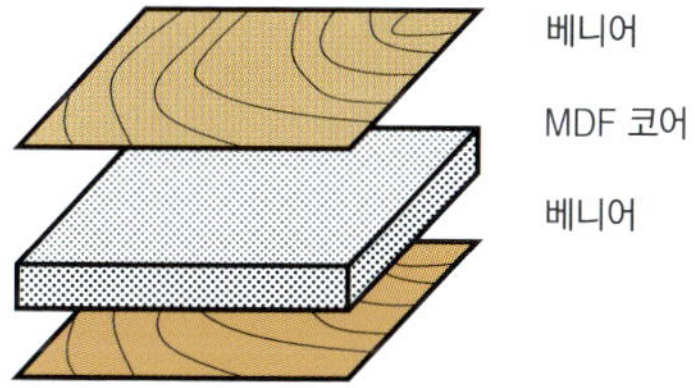

중밀도 섬유질 코어 경재 합판(MDF) : MDF는 가는 목재 가루와 접합재의 혼합물을 열압착 해 판넬로 만든 것이다. MDF는 가구제작과 선반재료로 적합하지만 매우 무겁다.

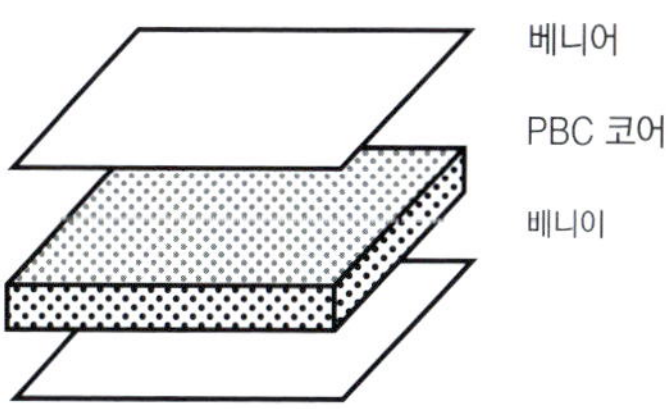

파티클보드 코어 합판(PBC) : PBC는 굵은 목재 가루와 접합재를 열압착해 판넬로 만든 것이다. 이것은 MDF 보다 더 굵은 가루를 사용하기 때문에 전체가 MDF인 합판 보다 무게가 적게 나간다. 표면이 거칠기 때문에 많은 다른 제품들의 이상적인 기본 물질(基質)이 된다.

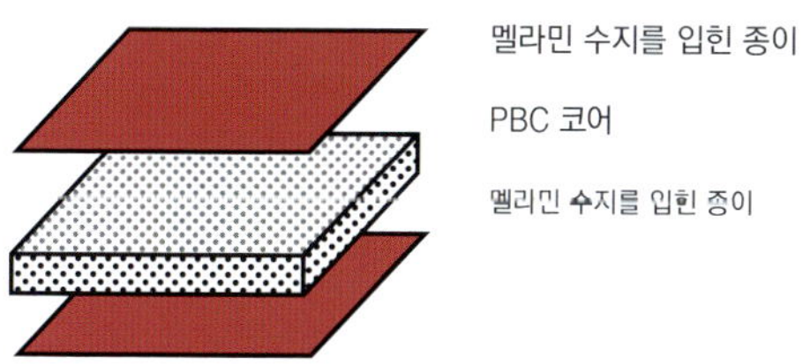

멜라닌 : 멜라민은 열로 녹인 포화수지 종이 마감재와 파티클보드 코어로 구성되어 있다. 비록 이름이 종이 또는 보드가 아닌 종이 라이너의 수지와 관련이 있지만 전체 제품을 일반적으로 멜라민이라 한다. 멜라민은 가구제작에 사용하기에 이상적이며 다양한 색상이 생산된다. MDF가 기본 물질(基質)이 될 수 있다.

구조 및 시스템 2.

한 사람이 건물의 모든 것을 디자인하기는 어렵다. 건물이 세워지고 제대로 된 기능을 발휘하기 위한 시스템을 만들기 위해서는 많은 전문적인 팀의 도움이 필요하다. 이들 시스템의 조절은 초기부터 시작해서 건물이 완성된 이후까지 계속된다. 건물은 늘 변화하는 유기체여서 디자인하는 동안 더 좋은 시스템에 적응하기 위하여 성장하거나 수축하게 되는데, 이는 건축가와 자문하는 사람 사이의 끊임없는 의사소통 속에서 진행되며 이것은 건물이 형상을 갖추고 크기가 정해지며 디자인되고 세련되는 과정이다.

적재적소에 적합한 시스템을 찾기 전까지 많은 결정들이 미뤄진다. 예를 들면, 사전 법률 분석이전에 재료, 구조, 용도, 건물의 배치가 알려져야만 한다. 왜냐하면, 이러한 분석은 더 넓은 계단, 더 많은 복도 또는 스프링클러 시스템의 세세한 규정들에 대한 필요성과 같은 새로운 정보가 발생할 수도 있기 때문이다. 더 넓은 계단과 더 많은 복도는 공간의 배열에 영향을 미치게 될 것이고 (또는 값비싼 피복 재료가 적게 사용되어야 하는 이들 건물의 크기에 총체적인 변화를 발생시킬지도 모른다) 더 많은 스프링클러는 더 많은 배관 계통의 설비 시설들을 수반해야 할 것이기 때문이다. 이러한 상호 타협의 과정은 디자인하는 동안 계속되며, 결국 이것은 시스템, 공간 그리고 재료 사이의 만족스러운 공존에서 결정된다.

Chapter 5: 구조 시스템

건물의 구조요소(기초, 벽, 골조)들은 지진과 바람과 같은 측면(수평)의 하중과 중력(수직의 힘)에 저항함으로써 건물을 지탱하게 된다. 건물의 구조 시스템에서 가장 중요한 요소는 기초와 골조이다. 기초와 골조 시스템은 건물의 용도, 요구되는 높이, 대지의 토양 상태, 건축법, 그리고 이용 가능한 재료들을 포함해서 많은 요인들을 수반하게 된다. 건물의 구조요소들은 건물에 가해지는 힘과 안정성 사이의 절충점 없이는 제거될 수 없다.

하중

건물 구조에 가해지는 모든 응력은 인장이나 압축 어느 쪽이든 줄일 수 있다. 건물의 구조는 모든 고정하중과 다양한 활하중을 포함해서 건물의 무게가 아래로 누르는 힘과 같은 힘으로 밀어 올려야 한다.

인장(tension) : 잡아당기고 늘리는 힘

압축(compression) : 누르고 밀고 압력을 가하는 힘

고정하중(dead load) : 건물 자체의 구조물, 외피, 설비, 그리고 다른 고정된 요소들로 만들어지는 고정되고 움직이지 않는 하중.

활하중(live load) : 거주자, 가구, 눈, 얼음, 비와 같은 움직이고 일시적인 하중.

풍하중(wind load) : 횡방향 하중에 영향을 미치는 바람의 압력뿐만 아니라 지붕에서 발생할 수 있는 위로 밀어 올리거나 아래로 누르는 압력.

기타 하중 : 충돌 하중, 충격파, 진동 그리고 지진 하중.

구조 전문용어

아치 : 수직하중을 축방향력으로 전환함으로써 수직하중을 지지하는 구조 장치.

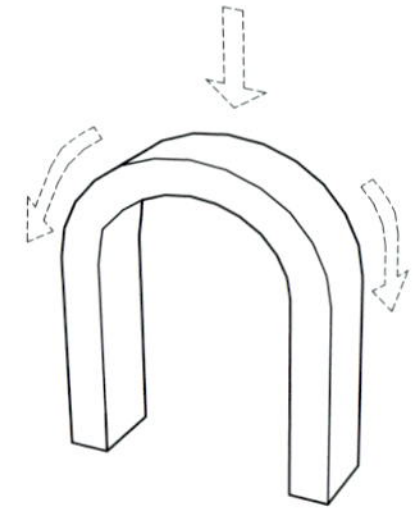

축방향력 : 구조 부재나 조립부품의 길이 방향의 축(부재 축)을 따라 가해지는 힘의 결과로 나타나는 내부 힘의 체계.

빔(beam) : 벽과 기둥의 끝을 지지하고 개구부를 가로지르는 수평의 선형 부재.

버트레스(buttress) : 볼트의 바깥쪽으로 향하는 압력에 견디고 그것을 강화하기 위하여 벽에 기대어 만들어지는 수직의 덩어리.

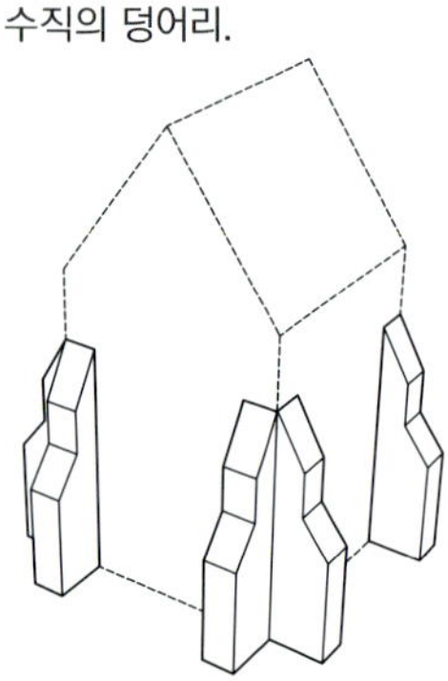

캔틸레버 : 지주의 끝단 너머로 확장된 수평의 빔 또는 슬래브.

기둥 : 압축력을 담당하는 수직의 구조 부재

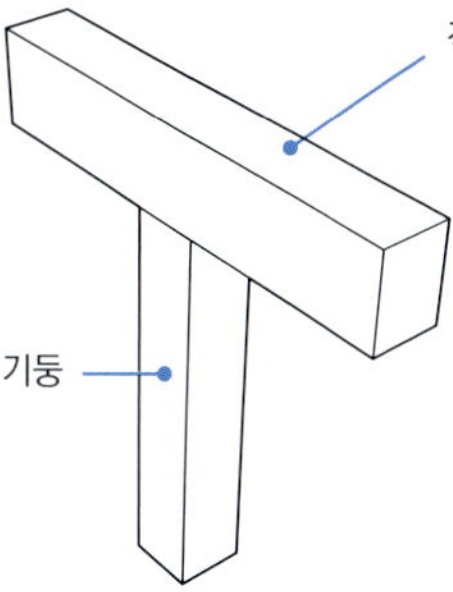

돔 : 평면상으로 아치가 한 바퀴 돌아간 것으로 뒤집어진 사발 형태로 되어 있다.

거더(girder) : 다른 빔들을 지지하는 매우 큰 수평의 빔.

인방 : 창문과 출입구 같이 벽에 있는 개구부 사이를 가로지르는데 사용되는 빔. 인방은 개구부 상부의 벽 하중을 지지하고 분산시킨다.

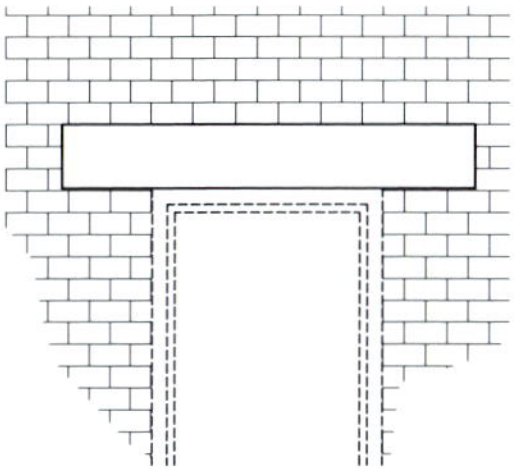

프리스트레싱(prestressing) : 프리텐션(pre-tensioning; 콘크리트 양생 이전에 강재에 외부 인징을 가하여 늘어난 강재 가닥 주위로 콘크리트를 붓는 것) 또는 포스트 텐션 (post-tensioning; 콘크리트 양생 후에 콘크리트 구조 부재를 고강도 강재로 인장을 주는 것)으로 콘크리트 구조 부재에 미리 압축 응력을 가하는 것.

옹벽 : 측면의 토압에 저항하고 지면에서의 갑작스런 변화들을 조절하는 데 사용되는 벽.

전단력 : 구조 부재나 조립부품의 길이 방향의 축(부재 축)에 수직으로 가해지는 힘의 결과로 나타나는 내부 힘의 체계.

지주(Shoring) : 임시의 수직 또는 경사진 지지물.

슬럼프 실험 : 아직 굳지 않은 콘크리트 또는 플라스터를 특수한 크기의 금속 원추형 거푸집에 넣고 나중에 원추형 거푸집을 제거한 후 자체의 무게에 의해 내려앉도록 내버려 두는 실험. 시공을 위한 재료의 워커빌리티 지표는 거푸집의 높이와 내려앉은 콘크리트 혼합물의 높이 사이의 거리에 의해 결정된다.

변형도 : 사물의 한 지점에 발생된 변형의 양.

응력 : 사물의 한 지점에서 발생하는 내부 힘의 양.

볼트 : 돌출된 아치

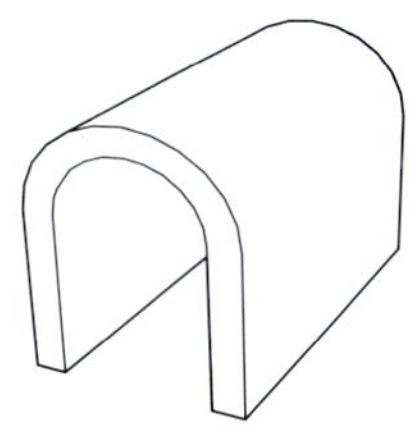

볼트

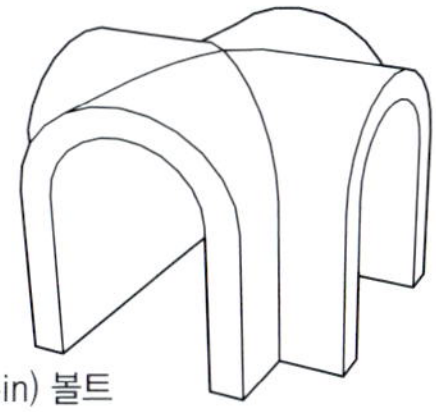

그로인(groin) 볼트

> **재료**
>
> 구조 틀로는 나무, 중량의 목재, 콘크리트, 조적, 철재 또는 이들 조합으로 만들어진다.

지정 시스템

지정 시스템은 건물의 크기와 높이, 지표 아래 토양의 특성과 지하수의 상태, 건설 방법 그리고 환경적인 제반사항을 포함한 많은 요인들을 반영해 선택한다.

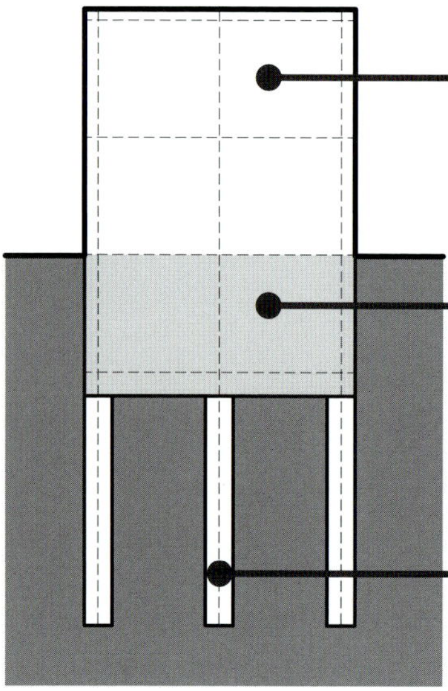

상부구조

골조 시스템과 외장재로 구성된 건물의 지면 위 부분

하부구조

지면 아래의 건물 부분 (사람이 살 수도 있다.)

지정

지면 아래에 있는 구조 시스템의 요소로 건물의 하중을 토양으로 전달한다.

얕은 지정

건물 하중을 하부구조의 내력벽 또는 기둥의 기초에 전달한다.

깊은 지정 보다 비싸지 않고 일반적으로 하부구조 아래의 토양 상태가 좋을 때 사용한다.

깊은 지정

하부구조 아래로 토양 상태가 좋은 지점에 건물의 하중을 전달한다.

더 좋은 상태의 토양 또는 암반을 찾기 위하여 아래로 더 깊이 뚫는다.

얕은 지정 시스템

기초

콘크리트 기초는 내력벽과 같은 줄기초 또는 독립기초의 하중을 분산하기 위하여 기둥에 덧댄 형태로 만든다.

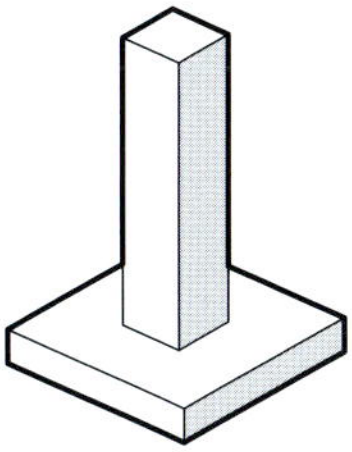

독립기초

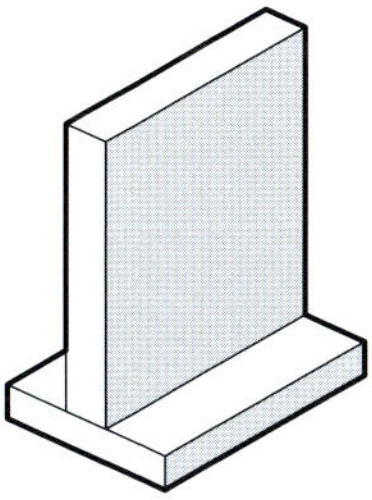

줄기초, 연속기초

슬래브형 기초

1층 또는 2층의 구조물에 사용된다. 이 값싼 기초는 테두리를 두껍게 만들고 지면에 연속 슬래브를 만든다.

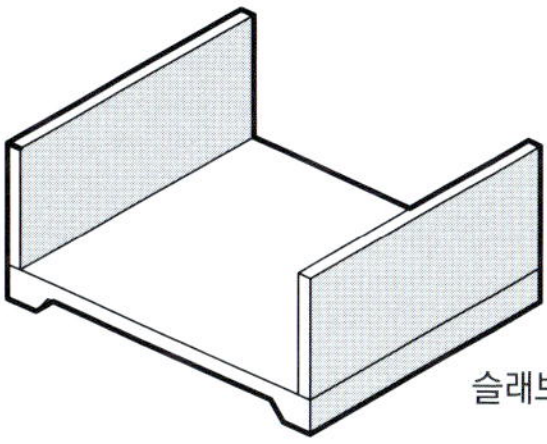

슬래브형 기초

온통 기초

이 기초 시스템에서(뗏목기초로 알려져 있다) 전체 건물은 큰 연속 기초에 의해 지지된다. 이것은 종종 특별한 토양 또는 특별한 디자인 조건을 해결하기 위하여 사용된다. "플로우팅 (Floating)"온통 기초는 때때로 연약한 토양에 사용된다. 건물의 총 중량과 같은 양의 토양이 제거된 지점에 플로우팅 기초가 설치된다.

깊은 지정 시스템

케이슨("구멍 뚫린 기둥"으로 생각할 수 있다)을 만들기 위하여 건물의 하부구조 아래를 바위, 촘촘한 자갈 또는 단단한 흙이 나올 때까지 구멍을 뚫거나 판다(굴착으로 알려진 과정). 케이슨이 단단한 토양에 도달하게 되면, 기초와 같이 지지부의 역할을 하기 위하여 때때로 끝을 확대 굴착하고 구멍에 콘크리트를 채워 넣는다. 케이슨은 지름이 18″(457)에서 6′(1,829)이다.

말뚝

말뚝은 케이슨과 유사한데 뚫거나 붓는 것이 아니라 때려 박는 것이다. 이것은 콘크리트, 철재, 목재 또는 이들 재료의 조합으로 만든다.
말뚝을 다발로 빈틈없이 때려 박는다. 그런 후에 잘라내고 2~25개의 그룹으로 캡을 씌운다. 건물의 기둥들은 말뚝 캡의 상단부에 지지된다. 내력벽은 말뚝에 벽의 하중을 전달하고 말뚝 캡 사이를 가로지르는 철근콘크리트 지중보에 의해 지지된다.

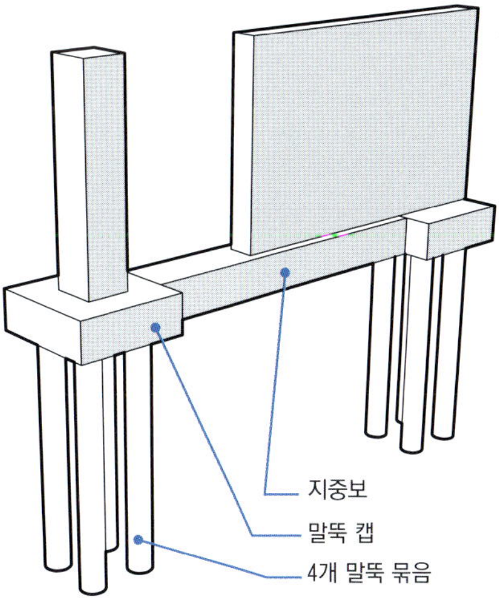

경량 목구조

경량 목구조 공법은 내부와 외부의 마감을 위한 구조물과 뼈대를 만들기 위하여 나무 평기둥, 바닥장선, 서까래, 기둥과 보의 시스템으로 구성되어 있다. 나무는 비교적 값이 싸고 시공을 빨리 할 수 있는 건물 재료이다. 샛기둥과 마루장선의 일반적인 간격은 중심에서 12″(305), 16″(406), 24″(610)이다. 이들 치수들은 석고 텍스와 합판과 같은 일반적인 벽, 바닥, 천장 재료의 단위 치수와 관련 있다. 미국에서 완전히 SI 컨버젼(전환)이 이루어진다면 이들 건물 재료들의 단위 크기는 변화를 겪게 될 것이고 프레임 치수는 세계 어느 곳에서도 사용되는 미터법의 계획 그리드로 바뀌게 될 것이다.

외장재는 일반적으로 합판이며 이것은 스터코, 사이딩 또는 벽돌과 석재 입면의 밑바탕 역할을 한다. 단열재는 샛기둥 사이에 놓이게 된다. 다층의 건물에서 가장 일반적인 구조 방법은 플랫폼 구조이다. 건물의 층들은 동시에 세워지게 되는데 각 층의 바닥은 벽이 그 위에 세워질 수 있는 플랫폼(壇)의 역할을 한다. 발룬 구조에서 평기둥은 토대에서 지붕까지 연속적이다. 중간 바닥장선은 층간 경계선에서 장선받이와 연결되고 샛기둥에 부착된다. 발룬 구조는 오래된 주거에서 유행하던 것으로 오늘 날에는 거의 사용하지 않고 있다.

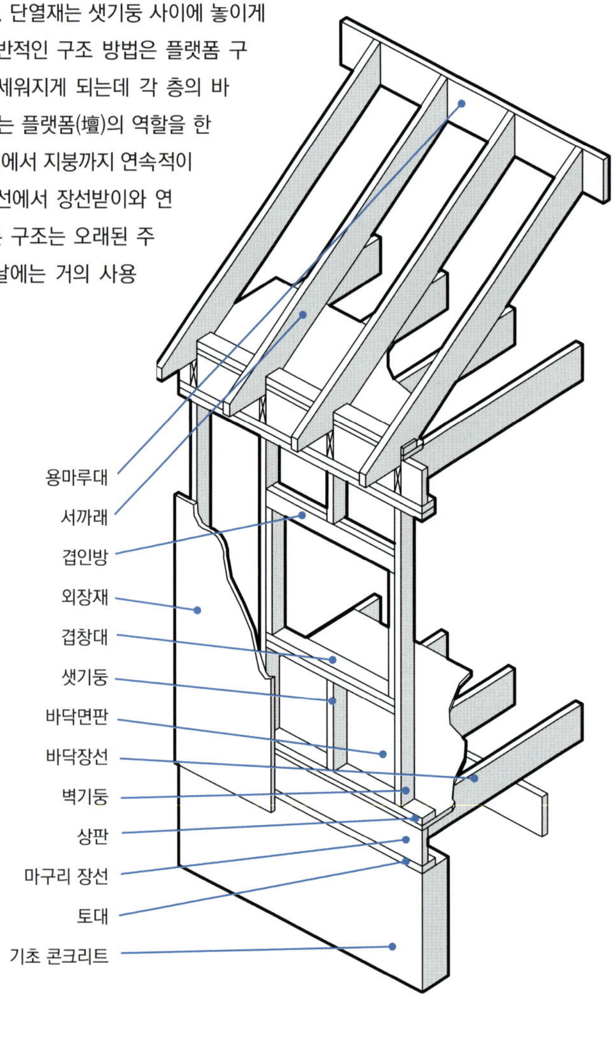

중량 목구조

중량 목구조 공법은 노출된 나무의 미적 아름다움의 장점을 가지고 있는 한편 경량 목구조 보다 더 큰 내화 성능과 구조적 강도를 얻기 위하여 특별히 설계된 최소 치수의 가공 목재를 사용한다. 높은 수준의 방화 성능을 위하여 중량 목구조에서는 시공 디테일, 정착하는 것, 목재의 취급을 엄격히 통제하고 있다.

덱

바닥 덱 판재는 바닥 보 사이를 수직으로 건너지르고 바닥 마감재는 이 위에 놓이게 된다. 이 판재가 딴혀 쪽매붙임일 경우는 최소 3″(76) 두께가 되어야 하고 모서리에 못을 사용할 경우는 최소 4″(102)가 되어야 한다. 마루판은 1/2″-1″(13-25) 두께가 되어야 한다.

바닥

거더와 빔은 나무를 켜거나 집성 목재를 사용한다.

이것들은 폭 6″(152) X 높이 10″(254) 이상의 것을 사용해야 한다.

트러스 부재는 최소 8″(203) x 8″(203) 이상의 것을 사용해야 한다.

부패

구조 부재는 방부 처리되거나 자연적으로 내구력이 있는 목재의 심재부를 사용하여야 한다.

기둥

기둥은 나무를 켜거나 집성 목재를 사용한다.

바닥 하중을 지지하는 부위는 최소한 폭 8″(203) x 높이 8″(203) 이상의 것을 사용해야 한다.

지붕과 천장의 하중을 지지하는 부위는 최소한 폭 6″(152) x 높이 8″(203) 이상의 것을 사용해야 한다.

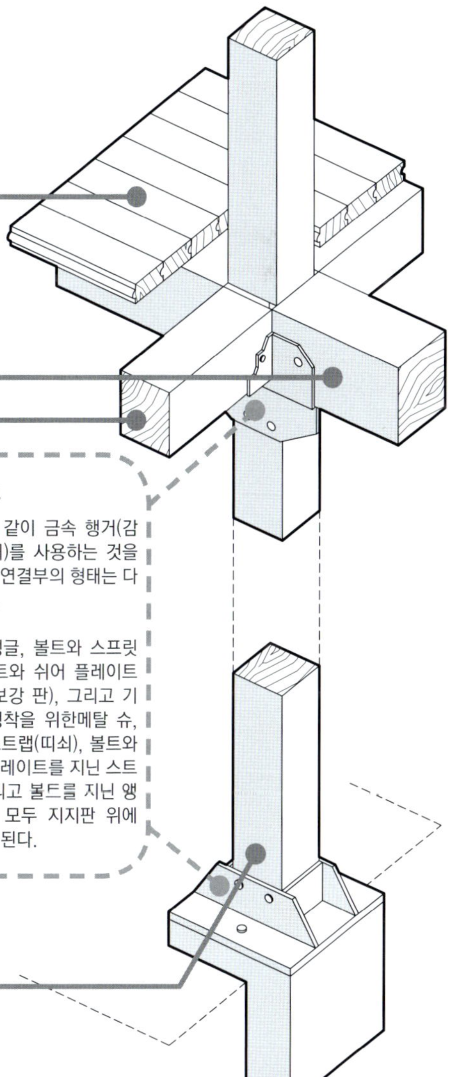

접합부

그림과 같이 금속 행거(감잡이 쇠)를 사용하는 것을 포함해 연결부의 형태는 다양하다.

금속 앵글, 볼트와 스프릿 링, 볼트와 쉬어 플레이트(전단 보강 판), 그리고 기둥의 정착을 위한메탈 슈, 앵커 스트랩(띠쇠), 볼트와 쉬어 플레이트를 지닌 스트랩, 그리고 볼트를 지닌 앵글들이 모두 지지판 위에 놓이게 된다.

콘크리트 바닥 및 지붕 시스템

하중의 용량, 스팬 그리고 비용이 늘어나는 순으로 1방향 슬래브(one-way solid slab) (지점을 평행하게 가로질러 양끝을 연결한다), 2방향 플랫 플레이트(two-way flat plate) (빔, 드롭 플레이트 또는 기둥 주두 등을 사용하지 않지만 다양한 응력에 오히려 더 강하다), 2방향 플랫 슬래브(two-way flat slab) (빔 대신에 드롭 패널 또는 기둥 주두를 양쪽 모두 또는 어느 한쪽에 사용한다), 1방향 장선 슬래브(one-way joist), 와플 슬래브(waffle slab), 1방향 빔·슬래브(one-way beam and slab) 그리고 2방향 빔·슬래브(two-way beam and slab)의 다양한 시스템들이 있다. 2방향 시스템은 정사각형의 비율을 가지며 4변에 의해 지지된다. 1방향 시스템은 1: 〉1.5의 비례를 가지고 2변에 의해 지지된다.

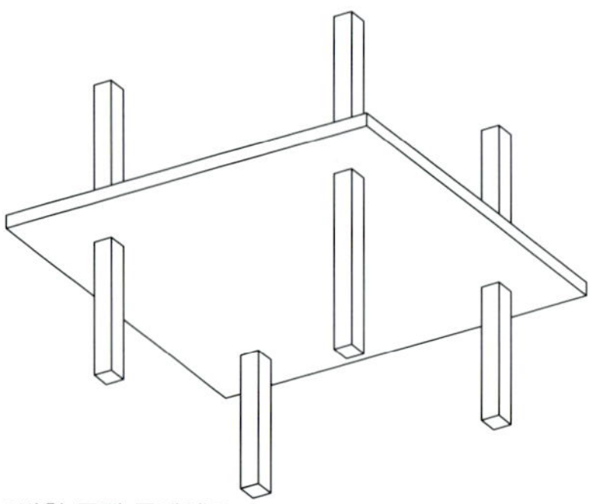

2방향 플랫 플레이트

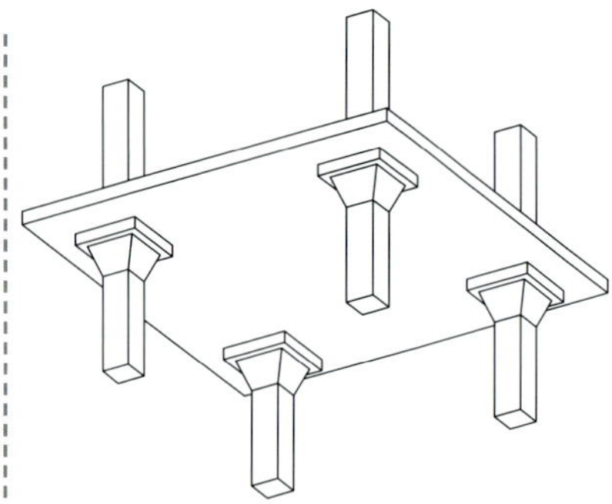

2방향 플랫 슬래브

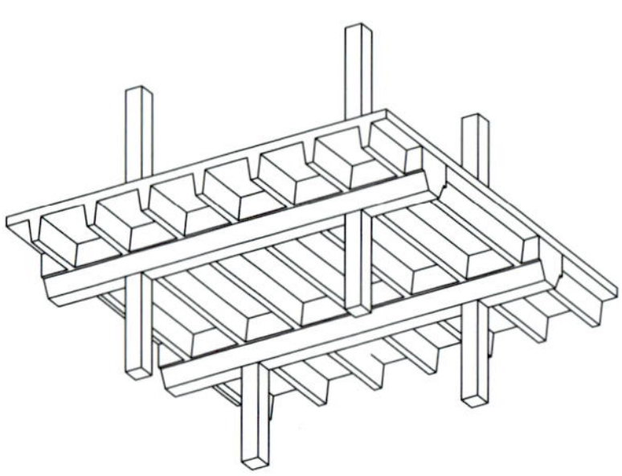

1방향 장선 슬래브

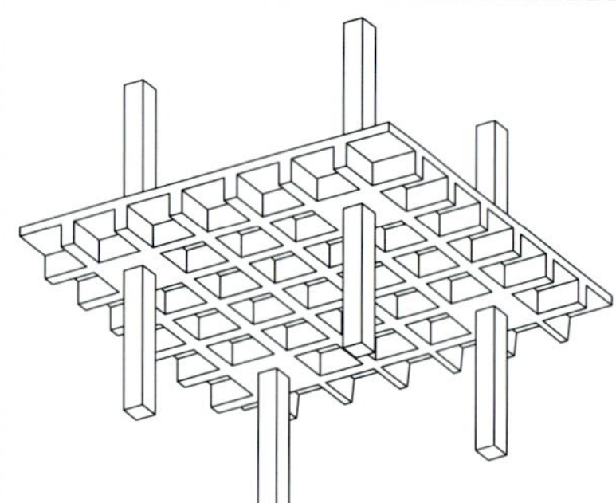

2방향 와플 슬래브

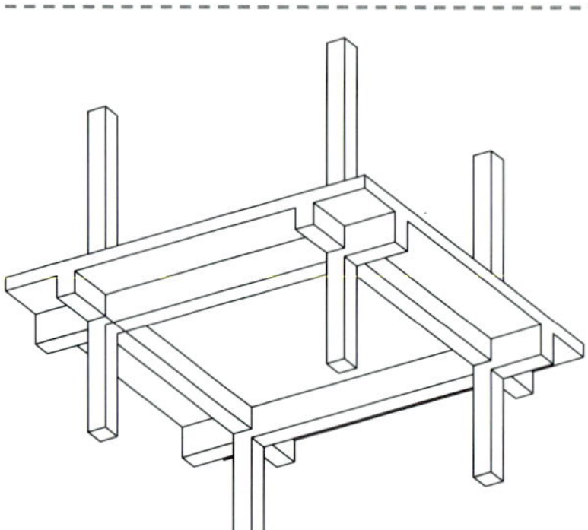

플랫 빔·슬래브

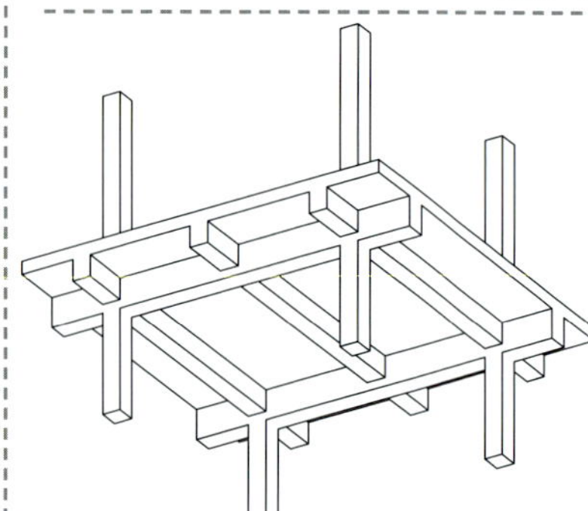

1방향 빔·슬래브

모멘트 골조

고정된 뼈대가 횡력에 저항한다.

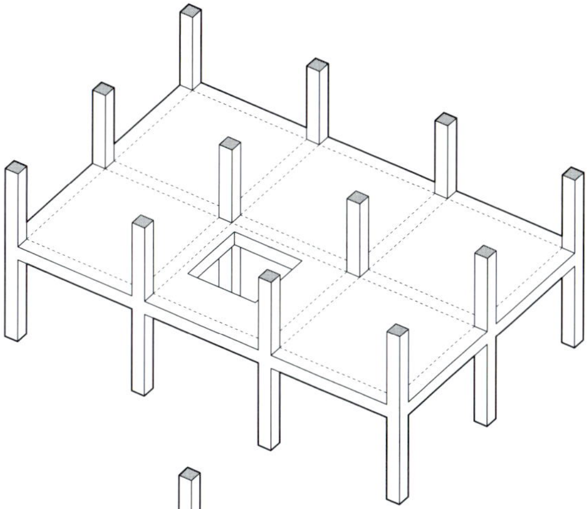

가새 골조

내부 구조물이 연약한 골조를 보강한다.

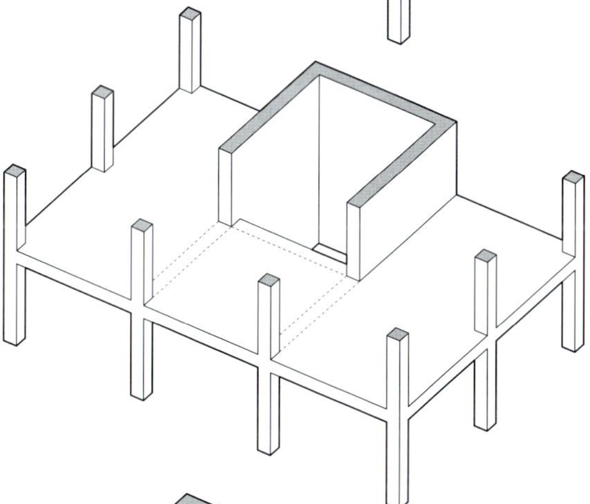

튜브

외부벽은 구조적 안정성을 증가시킨다

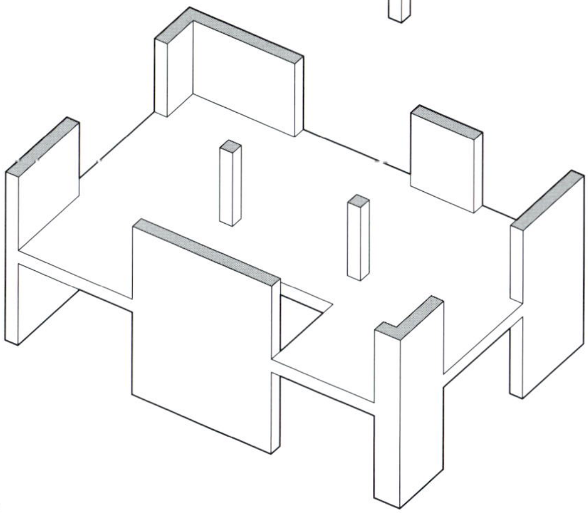

프리캐스트 콘크리트 구조

슬래브 상세

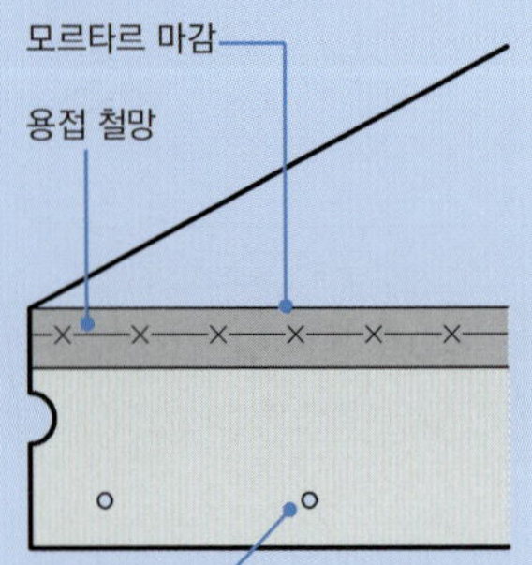

속빈 슬래브 종류

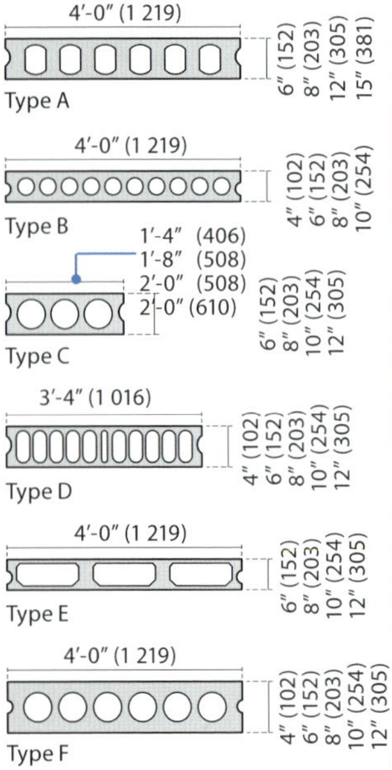

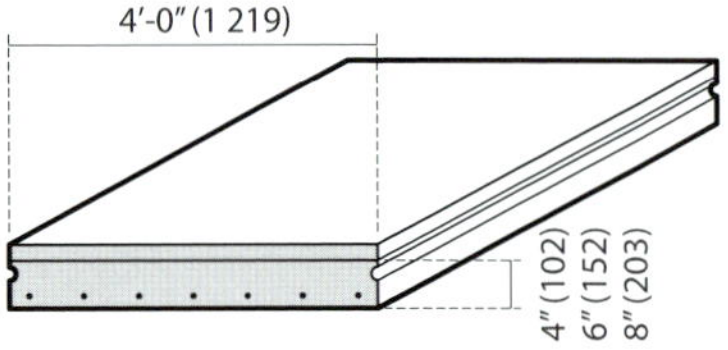

속찬 플랫 슬래브

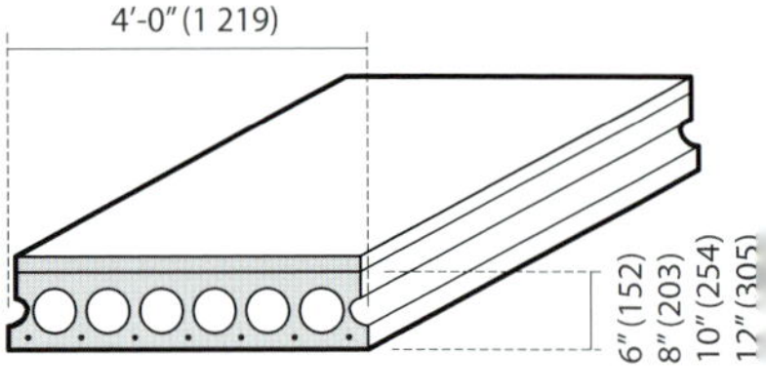

속빈 슬래브

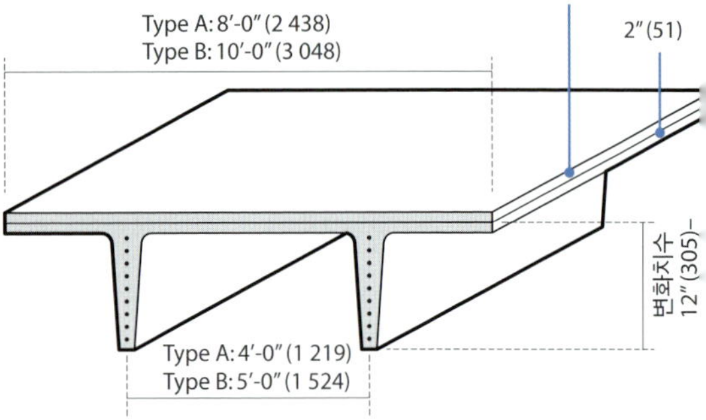

스템(Stemmed) 덱, 이중 T형(D

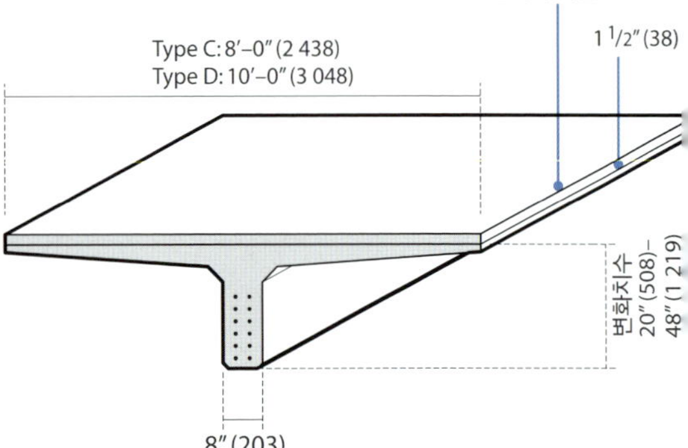

스템(Stemmed) 덱, 단일 T형(S

속빈 슬래브 구조 시스템

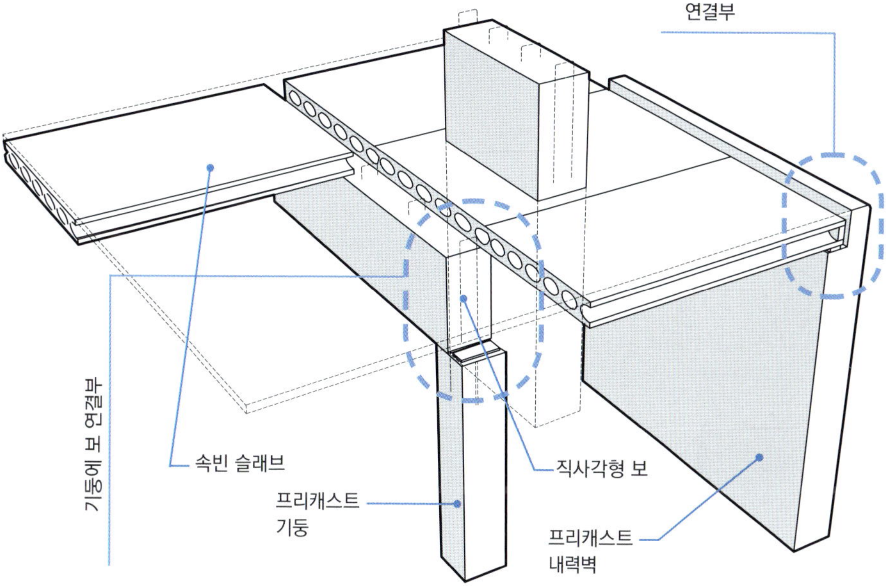

스템(Stemmed) 덱 DT 구조 시스템

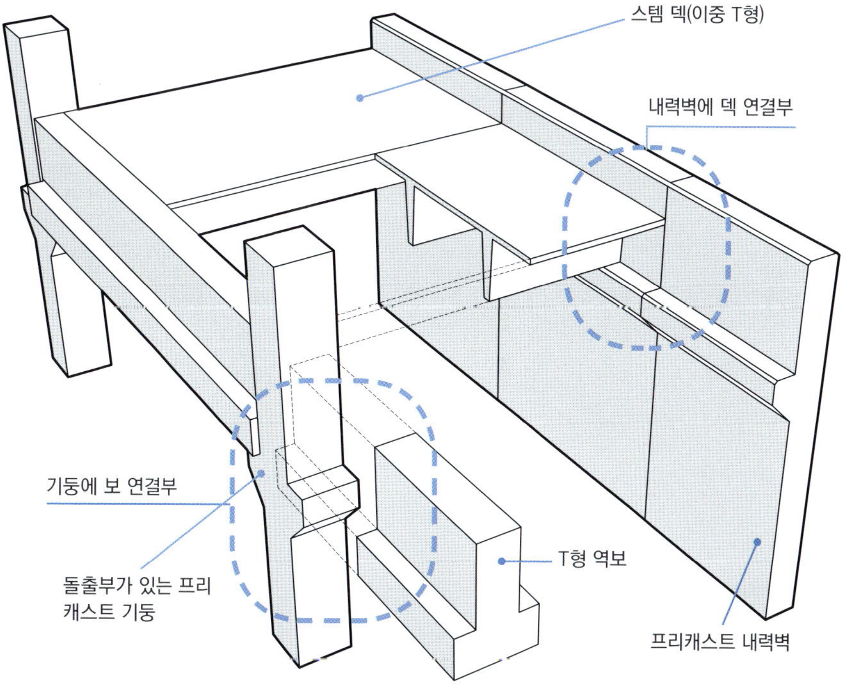

강 구조

구조용 형강 명칭

	형재	설명
W	H형강 (Wide-flange)	보와 기둥으로 사용되며 열간 압연된 2방향으로 대칭인 H형 모양
HP	H형강 (Wide-flange)	플랜지와 웨브가 같은 공칭치수의 두께를 가지며 높이와 너비가 같은 열간 압연된 H형 모양. 종종 지지 말뚝으로 사용된다.
S	미국 표준 보 (American Standard beam)	열간 압연된 2방향으로 대칭인 모양으로 AASM* 표준 치수에 의해 생산된다. 일반적으로 H형강으로 대치되며 이것이 구조적으로 더 효율적이다.
M	여러 가지 종류의 (Miscellaneous)	W와 HP형으로 분류되지 않으며 2방향으로 대칭인 모양
L	ㄱ형강 (Angle)	등변과 부등변의 ㄱ형강
C	미국 표준 C형강 (American Standard channel)	열간 압연된 C형 모양이며 AASM* 표준 치수에 의해 생산된다.
MC	C형강 (channel)	다양한 모양의 열간 압연된 C형강
WT	T형강 (Structural tee)	W형에서 분할되거나 잘려 열간 압연된 T형 모양
ST	T형강 (Structural tee)	S형에서 분할되거나 잘려 열간 압연된 T형 모양
MT	T형강 (Structural tee)	M형에서 분할되거나 잘려 열간 압연된 T형 모양
TU	강관 (Tube)	정사각형 또는 직사각형의 속이 빈 구조용 강철 부재로 보 또는 기둥으로 사용 되거나 가새로 사용된다.

*AASM : 미국철강생산협회(Association of American Steel Manufactures)

형강의 실례

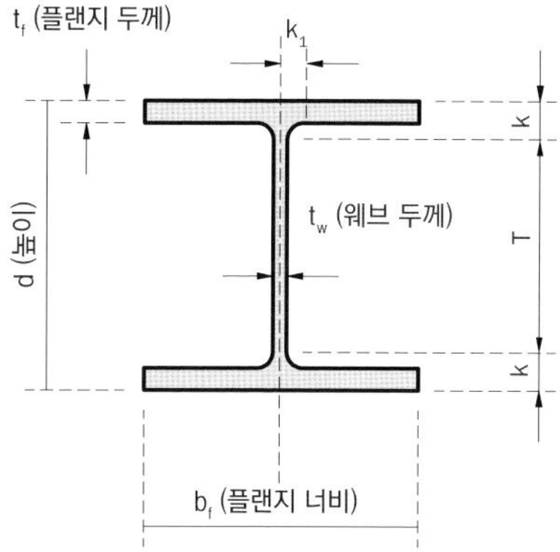

H형강 (Wide-flange)
W8X67

8*=높이 공칭치수(인치)
67**=피트 길이 당 무게(파운드)

8*=203.2mm
67**=30390.7g

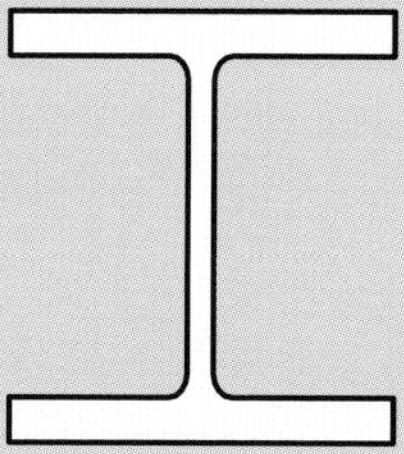

H형강 (Wide-flange)
HP12X84

12*=높이 공칭치수(인치)
84**=피트 길이 당 무게(파운드)

12*=304.8mm
84**=38101.8g

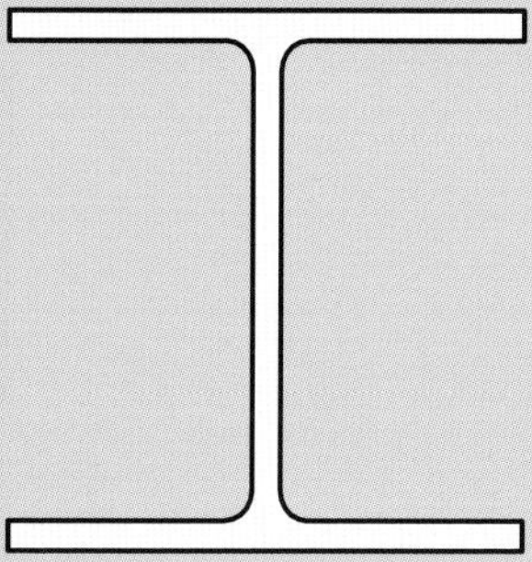

미국 표준 (American Standard)
S8X18.4

8*=높이 공칭치수(인치)
18.4**=피트 길이 당 무게(파운드)

8*=203.2mm
18.4**=8346.1g

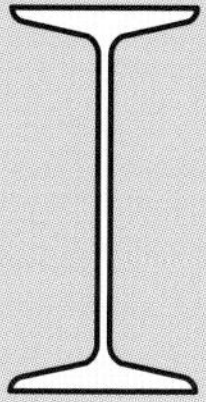

여러 가지 종류의 (Miscellaneous)
M10X8

10*=높이 공칭치수(인치)
8**=피트 길이 당 무게(파운드)

10*=254mm
8**=3628.7g

ㄱ형강 (Angle)
L6X4X7/8

6과 4*=한 변의 높이 공칭치수(인치)
7/8**=한 변의 두께 공칭치수(인치)

6과 4*=152.4mm와 101.6mm
7/8**=22.2mm

C형강 (channel)
MC7X22.7

7*=높이 공칭치수(인치)
22.7**=피트 길이 당 무게(파운드)

7*=177.8mm
22.7**=10296.5g

T형강 (Structural Tees)
WT25X95

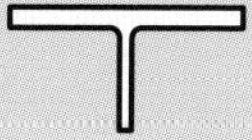

ST15X3.75

강관 (Tube)
TU2X2X1/8

강구조 접합부

강철은 강도에 비해 비교적 가볍고 빨리 건설할 수 있지만 정밀하게 시공하여야 한다. 강구조 공사에는 기둥, 빔, 거더, 인방, 트러스 그리고 수많은 연결 부재로 쓰이는 구조용 형강들의 조합으로 이뤄진다.

강구조 접합의 강도와 완결성은 강철 자체만큼이나 중요하다. 왜냐하면 접합이 잘못되면 실패한 시스템이 되기 때문이다. 강구조 접합에서는 부재들의 연결부에 ㄱ형강, 플레이트, T형강들을 사용한다.

기둥에 보의 웨브를 연결하는 접합을 프레임 접합이라고 불린다. 이것은 모든 수직(전단력) 하중을 보에서 기둥으로 보낸다. 만약 보의 플랜지 또한 기둥에 접합된다면 보에서 기둥으로 휨 모멘트를 전달하게 될 것이다.

프레임 접합 : 기둥의 플랜지에 앵글을 연결시켜 빔의 웨브를 볼팅 하는 전단 접합.

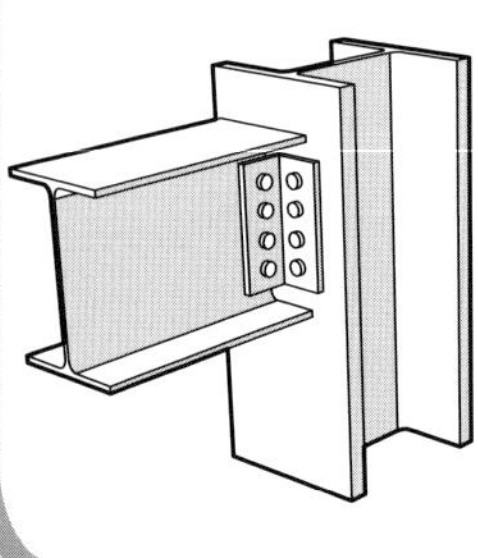

용접 모멘트 접합 : 빔의 웨브와 플랜지에 그루브 용접(groove welds) 하여 기둥과 보를 모멘트 접합한다.

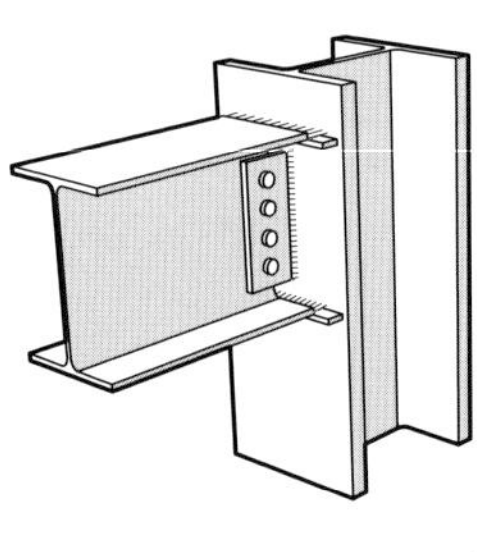

트러스 디자인

절점 부분

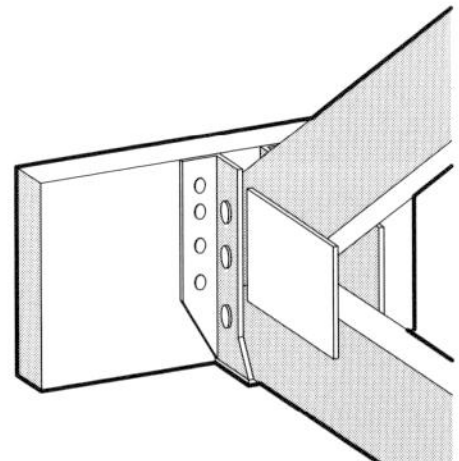

경량목재

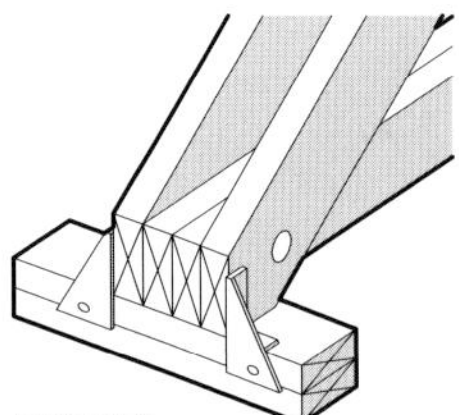

중량목재

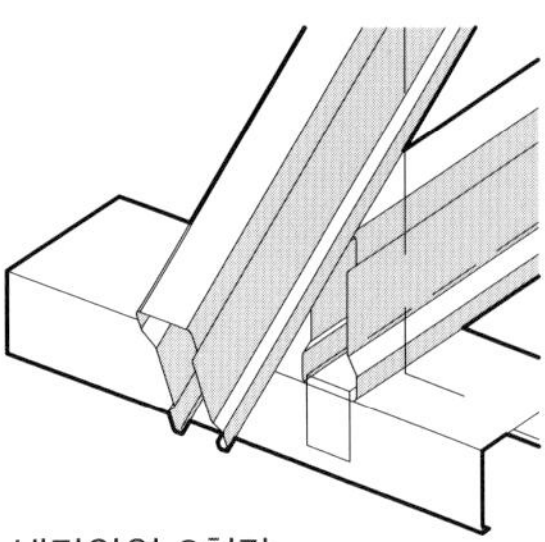

냉간압연 C형강

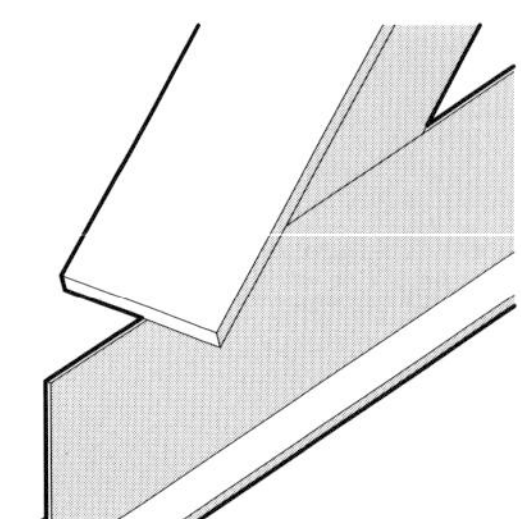

용접강

트러스는 긴 스팬에 걸친 하중을 지지하기 위하여 삼각형의 단위로 짜여진 구조 형식이다.

구조 부재들의 뼈대는 비 축방향력을 줄이고 구성 부재에 축방향력만 작용하게 한다.

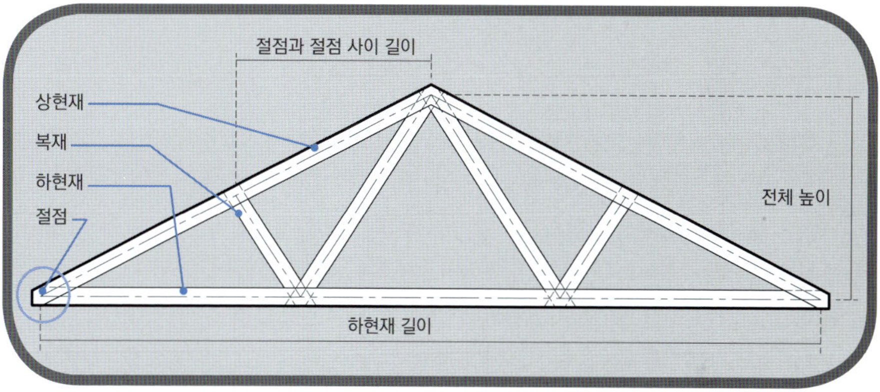

트러스 종류

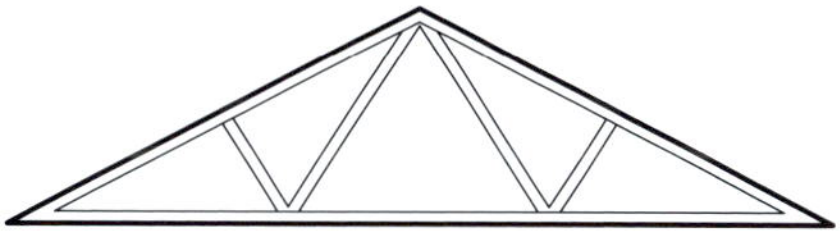
벨기에 트러스

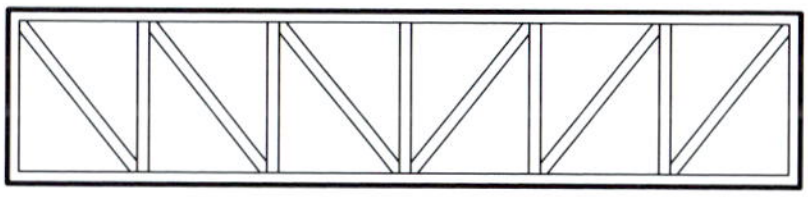
평평한 프랫 트러스

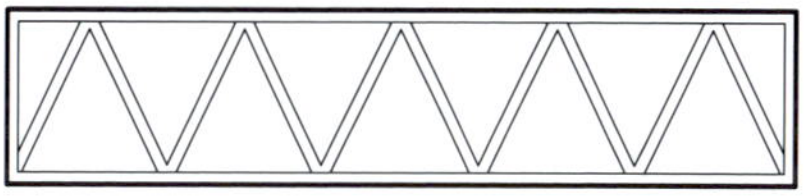
와렌 트러스

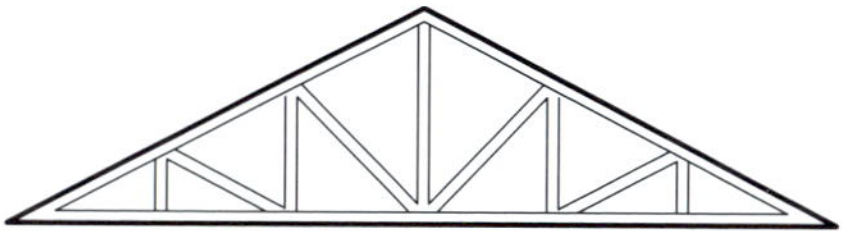
피치 하우 트러스

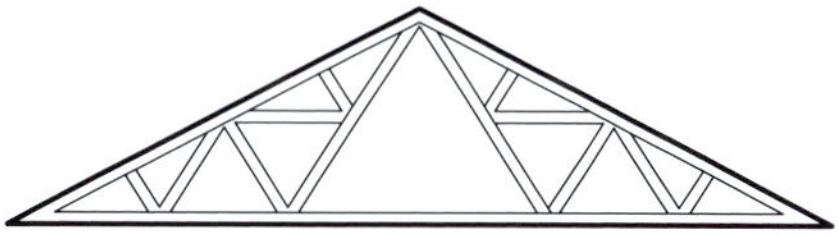
핑크 트러스

평평한 하우 트러스

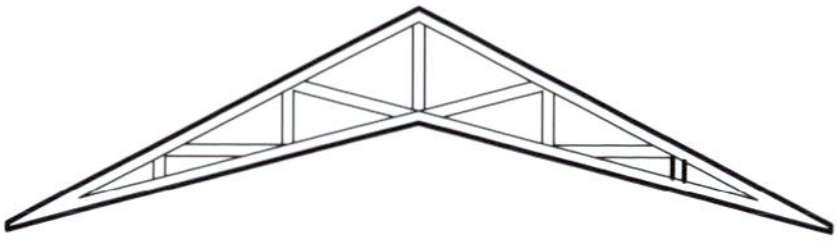
가위 모양의 트러스

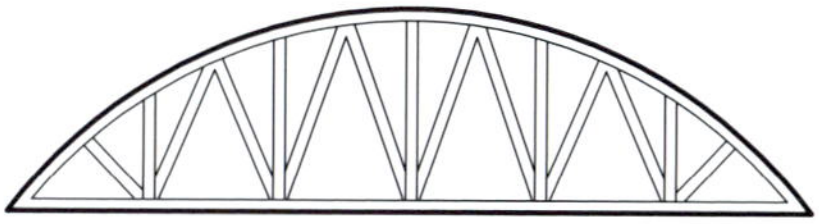
보스트링 트러스

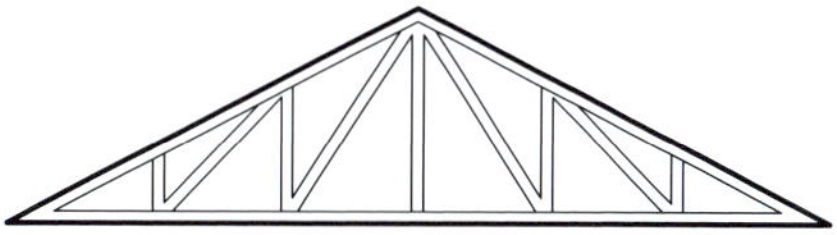
피치 프랫 트러스

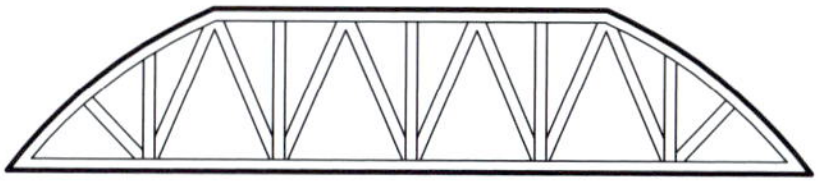
개량형 보스트링 트러스

Chapter 6: 기계 시스템

건물의 기계 시스템에는 열, 환기, 공조, 냉방, 급배수, 방화, 소음 줄이기 등이 포함된다. 이들 모두는 건축적, 구조적 그리고 전기적 디자인들과 통합되어야 한다.

에너지 분배 시스템

전공기 방식(All-air Systems) : 냉 · 난방장치를 통한 공기는 중앙의 팬에 의해 직접 덕트 라인으로 실내에서 순환된다.

공기 · 수 방식(Air and Water Systems) : 냉 · 난방장치를 통한 공기는 각 실로 공급된다. 또한 각각의 배출구에서 대기의 온도를 조절하기 위해 차갑고 더운물이 관을 통해 각 실로 보내진다.

전수 방식(All-water Systems) : 덕트 라인이 없는 방식으로 공기가 중앙이 아니라 각 실 안에서 순환된다. 차갑고 더운 물이 각 실로 공급된다. 물을 이용한 배관이 공기를 사용하는 덕트 보다 훨씬 작기 때문에 전수 방식은 매우 콤팩트한 구성이 된다.

공기 덕트 : 차갑고 더운 공기를 실로 실어 나르고 온풍 난방기 또는 공기 조절 시스템으로 되돌리는 관.

ASHRAE : 미국 냉 · 난방 공조 기술자협회.

공간벽 : 2겹의 조적벽으로 형성된 속이 빈 벽으로 이들 사이의 공기층이 단열 효과를 제공한다.

체이스 벽(Chase wall) : 전기 배선 또는 배관 파이프가 들어 간 공간벽.

폐쇄 루프(Closed loop) : 공기를 밀폐하기 위한 칠러(chiller) 시스템의 증발기.

건구(Dry bulb) : 주위의 외부 온도.

퍼니스(Furnace) : 따뜻한 공기를 만들고 천연가스, 오일 연료, 전기로 작동되는 장치. 소규모 상업시설 또는 주거시설에 주로 사용된다.

열 펌프 : 열원에서 히트 싱크(heat sink)로 열에너지를 전달해 따뜻해지거나 냉각되는 장치.

HVAC : 난방, 환기, 공기 조절.

IAQ : 실내 공기 질.

루버 : 구조체 속으로 비나 햇빛을 제외한 공기 또는 시야만 통과할 수 있도록 수평의 조각을 지닌 개구부.

플리넘(Plenum) : 냉 · 난방 시스템을 위한 구획된 공간으로 보조 천장과 실재 천장사이를 말한다.

개방 루프(Open loop) : 공기를 개방하기 위한 칠러(chiller) 시스템의 응축기.

복사열 : 따뜻한 방을 만들기 위해 바닥, 천장 또는 벽에 전기 코일, 온수 또는 증기관을 묻은 난방 시스템.

샤프트 : 엘리베이터, 덕트, 배관이 지나는 밀폐된 수직의 모든 공간(항상 내화벽으로 되어 있다).

가변풍량 방식(VAV) : 쾌적한 실내 온도를 확보하기 위하여 공기를 일정한 온도로 유지한 채 송풍량을 조절하는 에어 핸들링 시스템.

습구(Wet bulb) : 외부 공기 온도와 상대습도의 조합, 즉 상대습도가 높으면 냉각탑이 대기 중으로 물을 증발시키기 어려워진다.

HVAC 시스템

실내공간의 난방, 환기, 공기 조절을 위한 시스템은 건물 유형, 프로그램, 비용, 기후, 건물의 크기에 따라 매우 다양하다. 난방, 냉방, 순환의 기본 원리와 구성요소는 모든 시스템에서 유사하다.

냉각탑 : 증발에 의해 열 교환이 이루어지는 옥외 재순환 시스템.

공기조화기(AHU) : 팬 또는 송풍기, 가열 코일 또는 냉각 코일, 조정기, 응축물이 배수되는 팬과 에어 필터를 포함한 장치.

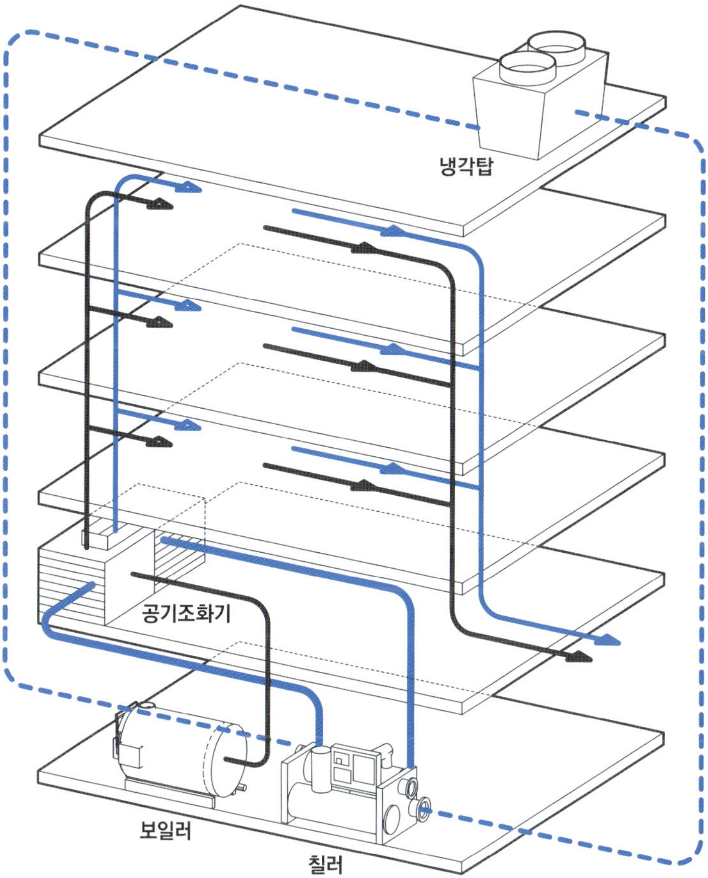

보일러 : 연료(천연 가스, 기름, 나무, 석탄)를 연소함으로써 발생하는 열로 난방하기 위하여 뜨거운 물 또는 증기를 생산하기 위한 탱크.

칠러(Chiller) : 공기, 냉각제, 물 그리고 증기를 열로 전환시키고 냉난방을 위한 열교환기(증발기, 응축기, 압축장치 시스템).

기계적 분배 종류

팬코일 유닛

팬코일 유닛(FCUs)에는 냉각 또는 가열 코일과 팬이 있다. 일반적으로 뜨겁거나 찬 물이 중앙 보일러와 칠러에서 유닛으로 보내진다. 실의 공기가 유닛으로 빨려 들어가고(반송 공기) 팬에 의해 코일 위로 지나게 된다. 그런 다음 공기가 가열되거나 냉각되어 실로 공급된다(공급 공기). FCUs는 수평 또는 수직으로 벽, 천장 또는 단독으로 설치될 수 있다

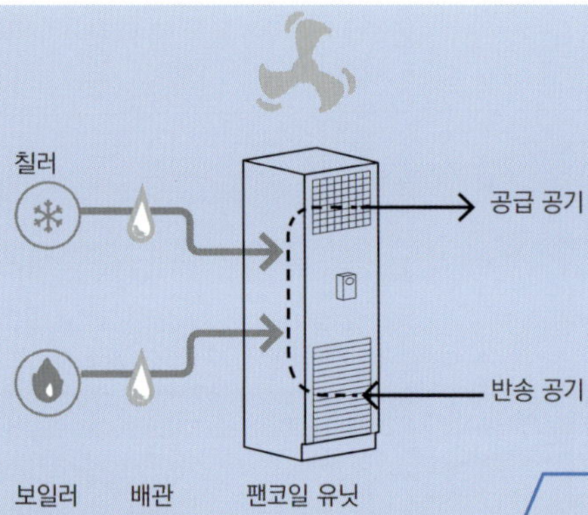

2 배관(2-Pipe) : 1개의 공급과 1개의 되돌아오는 배관이 있는 시스템. 계절 변화에 따라 뜨겁고 찬 것이 바뀌어야만 한다.

4 배관(4-Pipe) : 뜨거운 것이 공급되고 되돌아오는, 찬 것이 공급되고 되돌아오는 배관이 있는 시스템. 언제든지 가열과 냉각이 전환될 수 있어야 한다.

수직 스택 (Vertical Stack) : 벽에 숨기거나 단독으로 설치할 수 있다.

수평 콘솔 : 바닥에 설치하며 종종 외벽에도 설치한다.

수직 스택-덕트 (Vertical Stack – ducted) : 벽에 숨기거나 단독으로 설치할 수 있다.

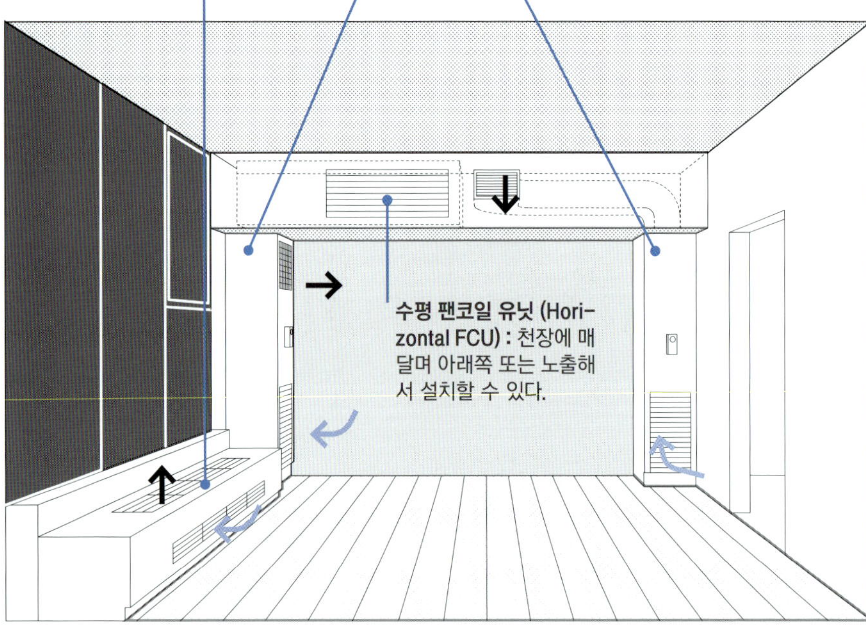

강제 공기 덕트 시스템

덕트 시스템은 건물 전체에 따뜻하고 찬 그리고 신선한 공기를 제공하면서 동시에 공기를 필터링하고 제습한다.

순환수식 시스템 (HYDRONIC SYSTEMS)

순환수식 시스템은 난방은 제공하지만 일반적으로 냉방은 제공하지 않는다. 온수는 중앙 열원에서 방열기 쪽으로 난방이 필요한 공간 전체에 배관을 통해 순환된다. 방열기는 벽 또는 바닥에 설치된다. 배관 역시 바닥 시스템으로 설계되며 일관된 복사열을 제공한다. 열원에는 보일러, 온수, 태양열 에너지가 있다.

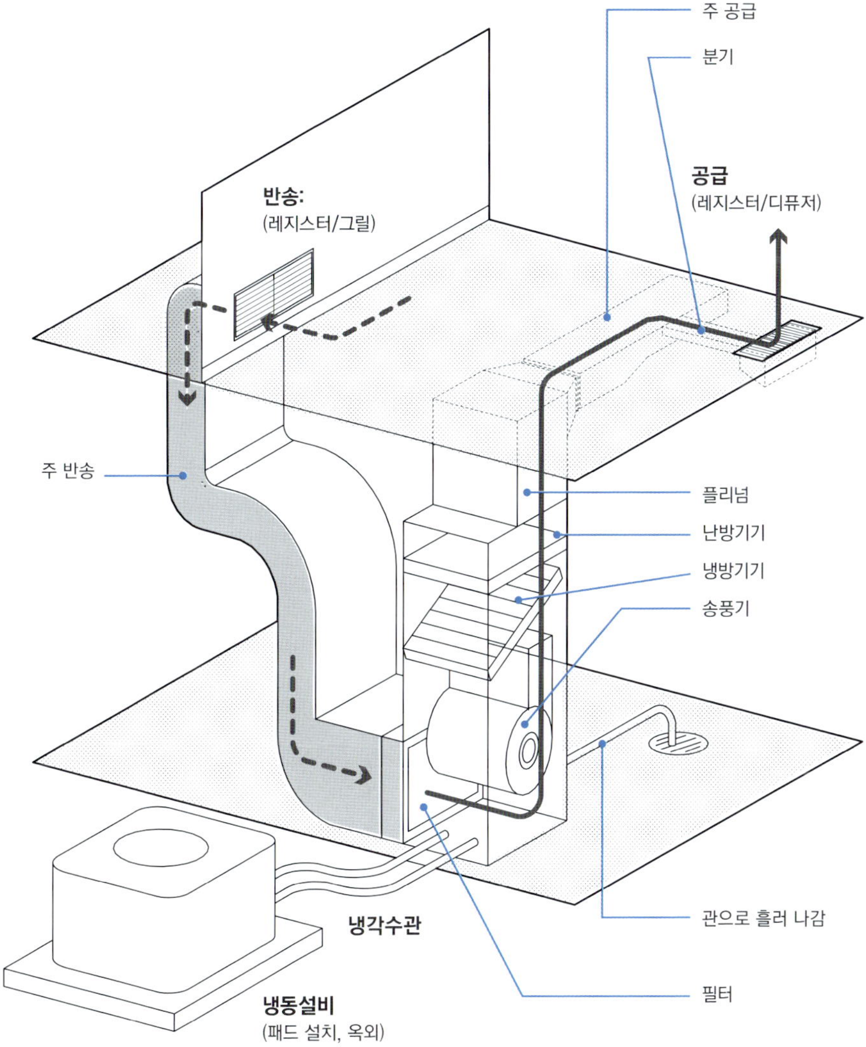

강제 공기 퍼니스(FORCED AIR FURNACE) : 일반적인 주거용 난방 및 냉방 시스템.

지속가능한 디자인

지속가능한 디자인의 문제는 변화하는 세상에 적응하고 배우고 성장하기 위한 건축적 요구를 더 명확히 해준다. 건축은 본질적으로 관성(慣性)의 대상이다. 건물은 수년에 걸쳐 디자인되고 실현되며 건축가, 엔지니어, 건설업자는 수년 동안 훈련을 받는다. 이것은 오랫동안 지속될 수 있는 건물을 만들기 위한 디테일과 솜씨를 습득해 가는 과정이다. 오늘날 건축은 신속하고 경제적 건설을 위해 자주 경제적인 압력을 받는다. 비록 환경과 조화되지 못하고 세월을 견디지 못하는 일회성의 건물을 만들 위험은 있지만 기술과 공학의 발전은 이런 경제 논리를 가능하게 한다. 지속가능한 디자인은 미래 세대의 시스템을 손상시키지 않고 현재의 요구를 충족시킬 수 있는 방안을 제안한다. 건축가는 건물이 환경과 삶을 함께 담아 낼 수 있는 새로운 시스템과 방법을 이해하고 구현하도록 점점 더 강하게 강요받는다. 그 결과 주변 환경과 자원을 감소시키는 대신에 건설시장은 강화되었다.

리드 디자인 (LEED DESIGN)

LEED(Leadership in Energy and Environmental Design) 친환경 건축 인증제도는 고성능의 지속가능한 건물을 개발하기 위한 자발적이며 전국적으로 인정된 표준이다. LEED는 미국 친환경 건축협의회(USGBC)에서 개발했으며 관련 건축 단체들의 모든 사람들이 참여했다. LEED의 진보적인 인증 레벨-인증, 실버, 골드, 플래티넘-은 다양한 수준의 건물 성능과 지속가능성을 반영한다. 인증을 원하는 프로젝트는 LEED의 검토를 위해 문서를 등록하고 제출해야 한다.

LEED의 주요 목표 중 하나는 지속가능성 측정의 공통된 표준을 수립하고 통합 설계 관행을 촉진하는 동시에 "친환경 건축"의 이점에 대한 인식을 제고하는 것이다. 친환경 건축은 효율적이고 생태학적으로 인식 가능한 방식으로 에너지를 사용하고 사용자의 건강에 부정적인 영향을 최소화하는 건물이다.

상호의존 선언 (DECLARATION OF INTERDEPENDENCE)

1993년에 UIA(국제건축연맹)와 AIA(미국건축학회)는 환경 및 사회적 지속가능성에 대한 실천과 책임의 주요 문제를 다룬 "지속가능한 미래를 위한 상호의존 선언"에 서명하였다. 기존에 구축된 환경을 지속가능한 표준에 맞추는 것 이외에도 지속가능한 디자인을 실행할 수 있는 관행, 절차, 제품, 서비스 및 표준을 개발하고 개선하는 것의 중요성을 강조한다. 또한 디자인에 대한 지속가능한 접근 방식의 이점과 필요성에 관해 건축 단체, 고객 및 일반 대중 모두에게 교육을 실시한다.

마찬가지로 건축가, 조경가 및 엔지니어 연합은 지속가능성의 공동 목표에 전념하는 다 분야 협력체로서 환경디자인 전문가협의회(ICED)구성했다.

전문용어

광전지(Photovoltaics) : 태양 에너지를 전기로 변환하여 배터리에 저장하고 전기시스템에 전력을 공급하는 데 사용되는 태양 전지판.

내재 에너지 (Embodied energy) : 수송을 포함해 건물 건립과 관련된 모든 공정에서 소비되는 모든 에너지.

보수적 해체 (Conservative disassembly) : 건물의 파괴적 해체(대부분의 건물 재료가 폐기물로 부서지는 것)에 대한 대안으로 철거 전에 건물 재료의 재사용을 적극 검토한다.

상류에/하류에(Upstream/downstream) : 하류에서 일어나는 일에 영향을 미치는 상류에서의 원인과 결과의 예.

수명주기 분석(LCA) : 제품 수명주기의 모든 단계(자원 추출, 제조, 현장 건설, 점유/유지 보수, 철거, 재활용/재사용/폐기)에 대한 정량적 평가 시스템. 이것은 시작, 재고 분석, 영향 평가 및 개선 평가의 4단계를 통해 재료 또는 시스템의 효과를 분석하는데 사용된다.

수소염화불화탄소(HCFC) : CFCs의 대안으로 오존층에 반응하는 염소를 적게 배출하며 대기 중에서 수명이 짧다. CFCs와 HCFC에 대한 대안들을 여전히 찾는 중이다.

순환수식 난방 (Hydronic heating) : 뜨거운 물이 열을 흡수했다가 시간이 지남에 따라 고르게 방사시키는 바닥 온수 난방 시스템.

염화불소탄소(CFCs) : 냉매 및 에어로졸로 사용되며 오존층을 파괴시키는 것으로 알려진 화학 물질.

오수 : 화장실, 주방 싱크대, 식기 세척기에서 나오는 사용한 물.

오염되고 버려진 지역(Brownfields) : 환경오염으로 인해 재개발이 제한된 버려지고 활용되고 있지 않은 상업 및 산업 부지.

재생 가능한(Renewable) : 상대적으로 빠른 자연적 과정을 통해 생성되는 자원.

재활용 : 사용자의 변화하는 요구에 대응하여 건물의 기능을 변경함.

중수 : 깨끗한 물을 필요로 하지 않는 관개 또는 기타 용도에 적합한 욕조, 샤워시설, 세탁기 및 화장실의 폐수.

패시브 솔라 시스템(Passive solar) : 에너지 효율이 높은 새료 및 적절한 대지 내 배치를 통해 자연적으로 건물을 냉방과 난방을 하는 기술.

휘발성 유기 화합물(VOC) : 페인트, 코크, 접착제에서 발견되고 유독 가스를 발생시키는 고휘발성의 탄소 기반 화학물질.

지침

고성능의 단열재와 창호를 사용하여 에너지 효율을 높일 수 있는 설계를 하십시오.

패시브 솔라 난방, 주광 조명, 자연 냉방과 같은 재생 가능한 에너지원을 이용한 건물을 설계를 하십시오.

재료의 낭비를 최소화할 수 있는 표준 크기로 설계를 하십시오.

CFCs와 HCFC가 포함된 재료를 피하십시오.

중량 목재, 목공예, 배관기구와 같은 건물 재료들을 재활용 하십시오.

가능하면 운송비와 공해를 줄이기 위해 지역에서 생산된 재료를 사용하십시오.

내재 에너지가 낮은 재료를 사용 하십시오. 대충이지만 실제에 근거한 방법 : 럼버(lumber), 벽돌, 콘크리트, 유리섬유는 상대적으로 낮은 내재 에너지를 가지고 있다. 반면에 팀버(timber), 세라믹, 강철은 상대적으로 높으며 유리, 플라스틱, 알루미늄은 매우 높다.

열용량의 많은 양이 단열이 잘된 패시브 건물에서 난방과 냉방 요구를 현저히 줄일 수 있는 것과 같이 운영하는 에너지를 낮추는데 도움이 된다면 종종 내재 에너지 수준을 더 높이는 것은 정당화될 수 있다.

높은 단계의 VOC를 함유한 물질을 피합시오,

에너지와 물 소비를 줄이십시오.

외부 오염과 환경 영향을 최소화 하십시오.

자원 고갈을 줄이십시오.

내부 오염과 건강에 부정적인 영향들을 최소화 하십시오.

Chapter 7: 전기 시스템

조명은 생활공간을 아주 멋있게 꾸미는 좋은 수단이다. 건축가는 조명 디자이너로부터 조명을 어떻게 공간의 기능과 디자인에 최적으로 활용할 수 있을지에 대한 기술적 측면에서의 전문적인 자문을 제공받아야 하기 때문에 종종 조명 디자이너들과 밀접하게 작업하게 된다. 조명 디자이너는 프로젝트를 위한 조명 시방서를 제공하고 천장도와 전기도면에서의 수많은 디자인 정보들을 조정한다.

조명 전문용어

가스 방전식 전조등(HID) : 수은 증기, 금속 할로겐 화물, 고압 나트륨 그리고 저압 나트륨 광원.

고출력(HO) : 높은 전류에 작동하고 더 많은 빛을 생산하는 램프 또는 안정기.

광학 기기 구성 부분(optics) : 조명설비의 구성요소. 반사체, 굴절기, 렌즈, 루버 등 또는 발광 기능의 루미네어.

굴절기(refractor) : 빛의 파장을 굴절시킴으로써 빛의 출력 방향을 바꾸는 루미네어의 구성요소.

네이드(Nadir) : 루미네어 바로 아래의 기준 방향.

다운라이트 : 대부분의 광원이 아래로 향하도록 완전히 매입, 반 매입 또는 직부형으로 된 천장 설비. 금속제 용기(can), 하이햇(high-hat) 또는 들어간 다운라이트로 다양하게 불린다.

램프 : 전구 내부에 빛을 생산하는 구성요소.

럭스(LX) : 조도를 측정하는 미터법 단위. 1 럭스= 0.093 피트 촉광. 1 피트 촉광=10.75 럭스.

레이 인 트로퍼(Lay-in troffer) : 천장 격자 속에 설치하는 형광등.

렌즈 : 빛이 통과함으로써 빛의 방향적 특성이 바뀌는 투명 또는 반투명의 구성요소.

루멘(Lumen) : 램프의 전체 빛의 양을 측정하는 단위.

루미네어 : 램프(들)로 구성된 조명 장치(설비로도 불린다)로서 조명을 배치하고 램프를 설치하면서 전원에 연결하는데 필요한 부분.

반사율 : 표면에 투사하는 빛 가운데 표면에서 반사된 빛 양의 비율(어두운 카펫의 반사율은 20%이고, 깨끗한 흰색 벽은 50~60% 이다).

반사체(reflector) : 방사하는 빛의 일부를 방향 바꾸게 하는 것으로 램프를 덮는 루미네어의 구성요소.

반투명의 : 가시광선의 일부가 통과 하는 재료의.

발광 다이오드(LED) : 전압이 작동할 때 반도체 다이오드는 빛을 발산한다. 이것은 도형·기호·문자와 같이 전기적 디스플레이에 사용된다.

배플(Baffle) : 어떤 각도에서 빛의 분산을 조정하는 불투명 또는 반투명의 구성요소.

백열등 : 전류가 흐르는 전도성의 와이어 필라멘트를 가진 전구. 광원으로서 가장 일반적 타입.

불투명한 : 가시광선이 투과하지 못하는 재료의.

산광기 : 반투명의 플라스틱 또는 유리 부품. 고정된 광원을 보호하고 전달되는 빛을 흩뿌리고 발산시킨다.

색온도 : 켈빈(Kelvins)으로 측정되며 광원의 색상황을 표시. 색온도가 3,200K 이하이면 따뜻하고 4,000K 이상이면 차가운 것을 의미한다.

안전인증 시험기관(UL) : 공공의 안전을 위해 제품을 시험하는 독립적인 조직.

안정기 : HID 램프 또는 형광등이 작동될 수 있는 시동 전압을 제공하는 장치. 램프가 작동될 때 전류를 제한하고 조절한다.

암페어(amp) : 전기의 전류를 측정하는 단위. 초당 1 쿨롱(coulomb)과 같다.

에너지 : 전력 단위로 킬로와트(kwh)로 측정된다.

연색지수(CRI) : 사물의 외관 색에 광원이 미치는 효과를 결정하는 1에서 100까지의 크기. 등급 1은 색상 변화가 최대임을 의미하고 등급 100은 색상 변화가 없음을 나타낸다.

자연광 보정 : 자연광에서 램프의 출력량을 줄이는 에너지 절약형 광전지 시스템.

자외선(UV) : 눈에 보이는 보랏빛 광선 보다 더 높은 주파수와 더 짧은 파장의 눈에 보이지 않는 복사에너지.

전구 : 빛을 퍼지게 하는 장식 유리 또는 플라스틱(가소성 물질) 덮개.

전기장 발광 : 균일한 밝기와 긴 램프 수명을 제공하면서 거의 에너지를 소비하지 않는 조명 기술로 출구 표지판에 이상적이다.

전반 조명(Ambient lighting) : 전체 공간을 위한 일반적인 조명.

조도 : 어떤 주어진 지점에서 표면의 단위 면적당 광속. 일반적으로 빛의 세기로 불린다. “Foot-candle” 또는 “Lux”로 표현된다.

조명률(CU) : 광원의 광속에 대한 작업면 광속의 비율.

직집 글레어 : 광원을 직접 봄으로써 발생하는 눈부심(glare).

촉광(CP) : 특정 방향에 대한 광원 광도의 측정단위.

칸델라(Candela) : 특정 방향에 대한 광원 광도의 SI 단위. 또한 “candle”로 불린다.

콤팩트 형광등 : 백열등 대안으로 사용되는 소형 형광 램프. 쌍둥이 관(twin-tube), PL, CFL, BIAX로도 알려져 있다.

투명한 : 투사하는 가시광선의 대부분을 통과시키는 재료의.

트로퍼(troffer) : 매입된 형광등 설비.

피트 촉광(FC) : 표면에 닿는 빛의 세기를 측정하는 영국식 단위. ft²당 1 루멘(lumen)과 같다.

형광등 : 아르곤, 크립톤 또는 다른 불활성의 가스로 채워진 튜브관. 가스에 전기적 전류를 흐르게 하면, 자외선의 방사 에너지인 아크를 생산하고 이것은 램프 벽 내부의 형광 물질에 의해 가시 광선으로 방사한다.

휘도 : 표면에서 단위 면적당 빛의 밝기. 통상적으로는 “footlambert”로, 미터법으로는 “candela”로 표시된다.

IALD : 세계조명 디자이너 협회.

IESNA : 북미조명기술사회.

RCR(room cavity ratio) : 방의 표면과 빛의 상호작용 방식을 결정하는 데 사용되는 방 크기의 비율.

T12 램프 : 직경 12/8″인 형광등 램프에 대한 산업용 표준 명칭. T8 과 T10 도 유사하게 불린다.

조명설비와 유형

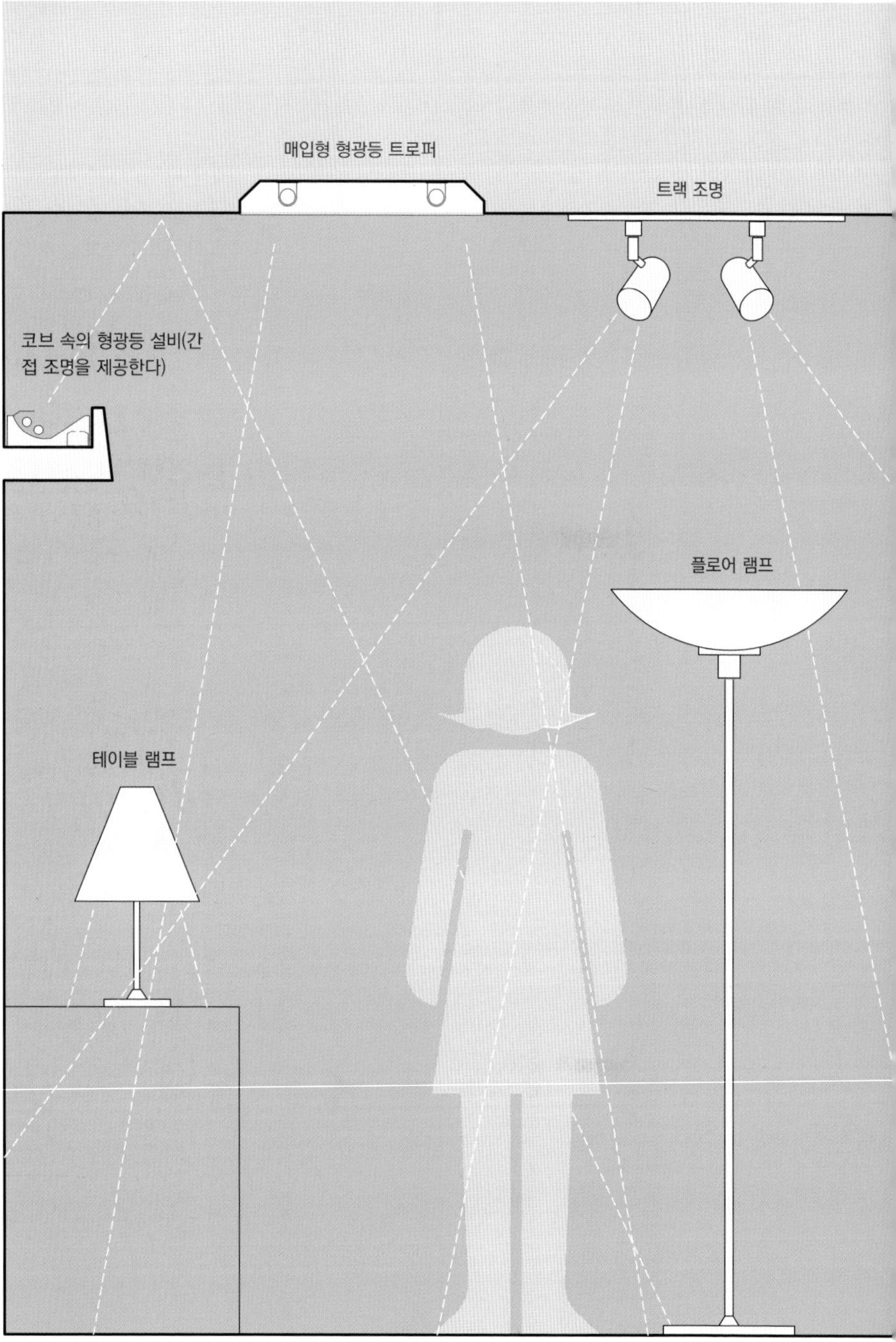

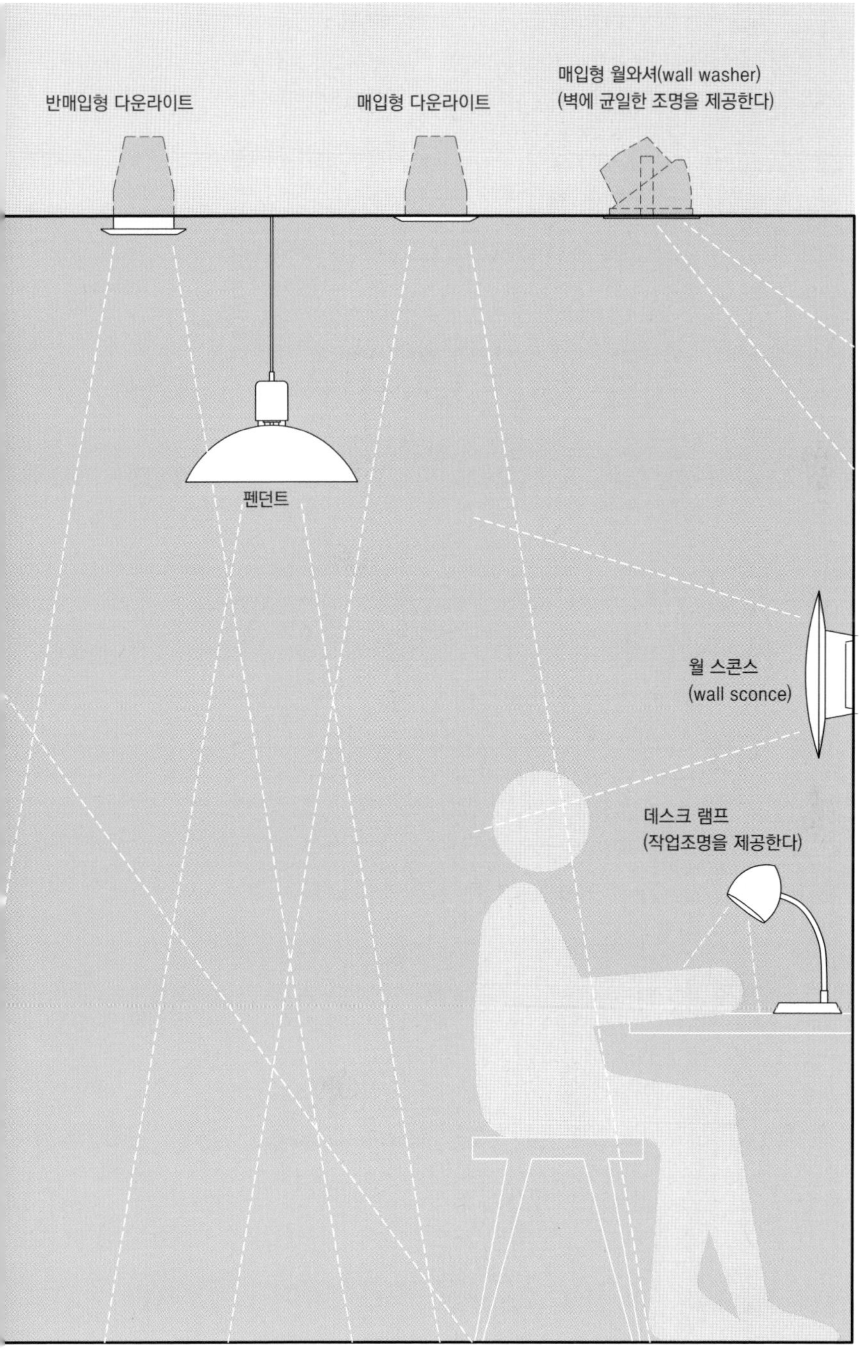
반매입형 다운라이트
매입형 다운라이트
매입형 월와셔(wall washer)
(벽에 균일한 조명을 제공한다)
펜던트
월 스콘스
(wall sconce)
데스크 램프
(작업조명을 제공한다)

일반 전구 유형

형광등은 긴 밀봉된 유리관으로 내부에 형광물질 가루가 코팅되어 있다. 형광 전구는 수은을 함유하고 있으며 수은은 양쪽 끝의 전극에서 생성된 에너지에 의해 액체에서 기체로 변환된다.

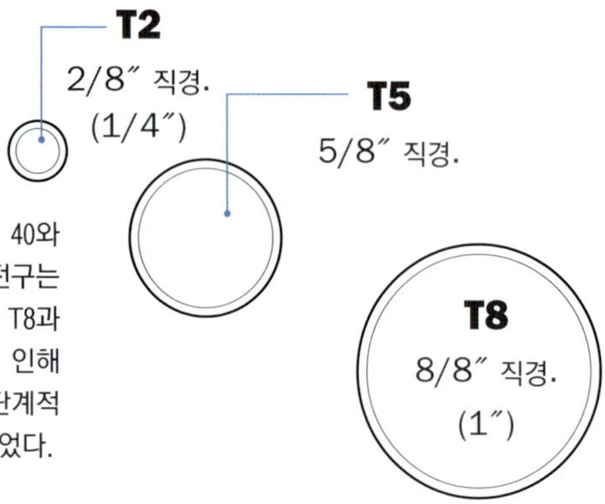

형광등은 길이, 직경, 와트수, 작동 방법이 다양하다. 길이는 12″(일반적으로 48″)씩 증가하며 직경은 1/8″모듈로 표시된다..

일반적으로 40와트인 T12 전구는 더 효율적인 T8과 T5 램프로 인해 미국에서 단계적으로 사용되었다.

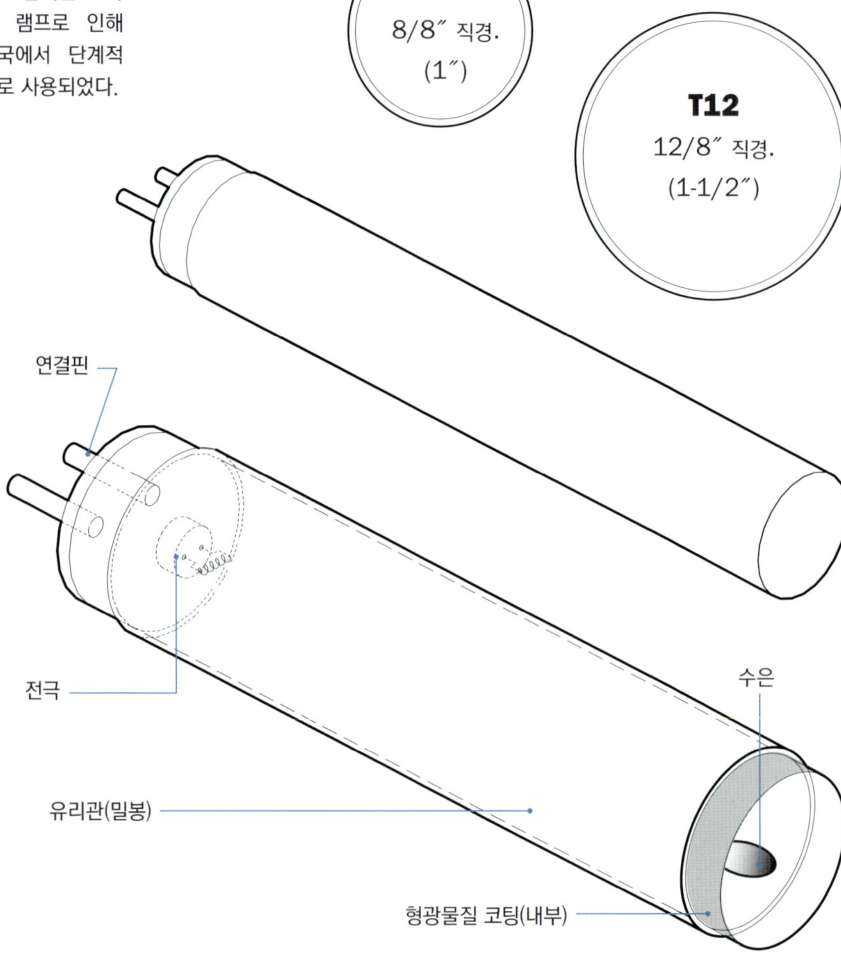

전구는 일반적으로 글자 또는 유형과 모양을 나타내는 글자, 그리고 전구의 최대 직경을 1/8″로 표시하는 숫자로 식별된다.

백열등

A시리즈 백열전구는 오랫동안 '대표적인'다 용도의 전구 유형이었다.
가장 일반적인 크기는 A19(2-3/8″직경)이다.

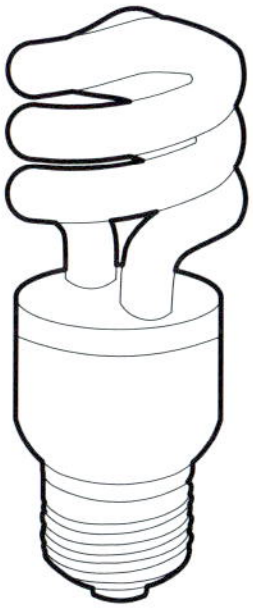

CFL(Compact Fluorescent Lamp)

CFL은 백열전구를 대체하기 위해 고안된 형광등으로 동일한 설비에 설치된다. 형광 튜브는 일반적인 백열전구와 같은 볼륨으로 접히고 구부러져 있다. CFL은 비록 함유된 수은을 안전하게 처리하는 것이 어렵지만 백열등 보다 전력 소모가 적고 수명이 길다.

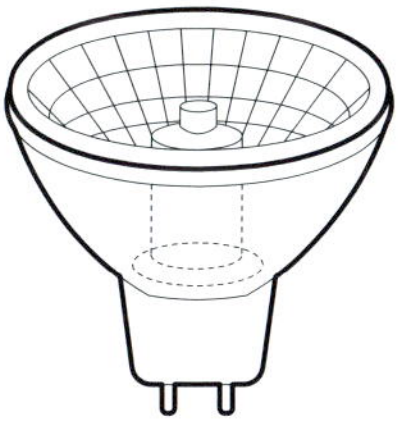

MR(Multi-faceted Reflector)

MR 램프의 내부 표면에는 작은 면이 있으며 반사 코팅으로 덮여 있다. 빛은 싱글엔드(single-ended)형의 석영 할로겐 필라멘트 캡슐에 의해 생산된다.

일반적인 크기는 MR16(2″직경), MR11(1-3/8″직경), MR8(1″직경)이다.

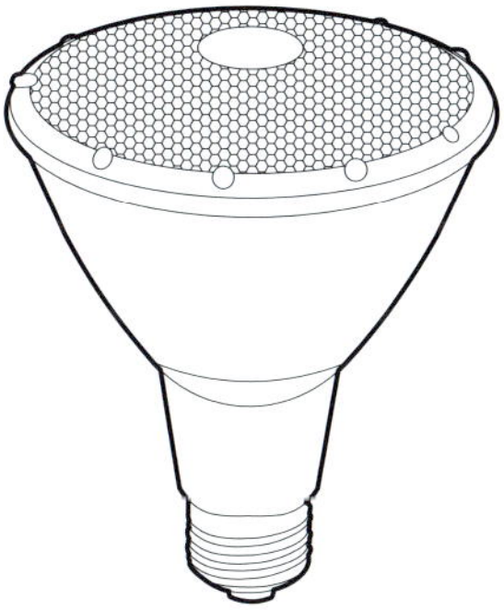

PAR(Parabolic Aluminized Reflector)

PAR은 전구, 반사체와 렌즈를 하나의 장치에 포함하여 특정 작업과 설치를 위해 빛을 만들고 집중시킬 수 있다. 빛은 밀봉된 백열성의 광선이다. 크기는 PAR 16(2″직경), PAR 30(3-3/4″직경), PAR 38(4-3/4″직경), PAR 64(8″직경) 등 다양하다.

Chapter 8: 배관 및 소방 시스템

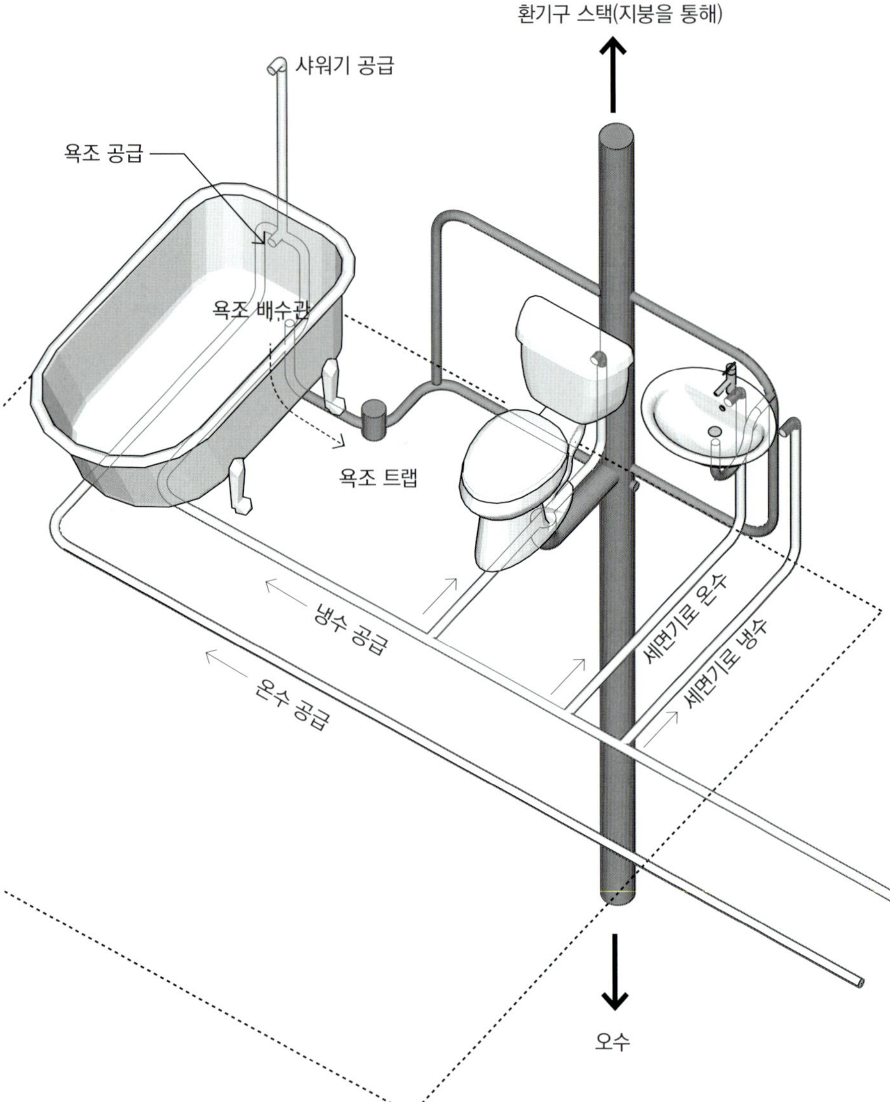

일반적인 욕실 배관 레이아웃

배관

공급

급수 :
흰색 플라스틱 (PVC)
1/2″-1″직경

급수 또는 가스 공급 :
구리
1/2″-1″직경

급수 :
아연도금강
1/2″-1″직경

가스 공급 :
흑색 철
1/2″-1″직경

배출

배수 및 환기 :
검은색 플라스틱
1-1/2″+ 직경

배수 및 환기 :
주철
1-1/2″+ 직경

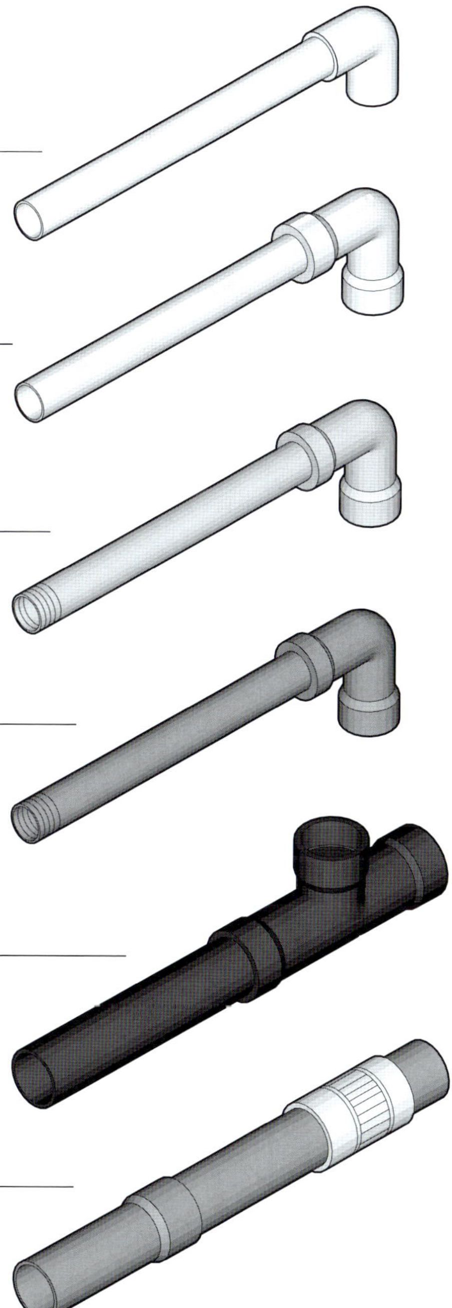

소방 시스템

자동 스프링클러와 같은 소방 시스템을 설치하면 건물 면적과 높이 제한이 완화될 수 있다. IBC 202에 의하면 능동적인 소방 시스템은 "화재 감지, 경보 발령, 화재 진압 또는 제어, 연기 및 화재 제품의 제어 또는 관리에 사용되는 승인된 장치, 장비 및 시스템 또는 시스템의 조합"으로 정의된다. 이것은 거주자의 안전을 위해 건물의 수동적인 시스템(내화구조)과 연동하도록 되어 있다. 한 시스템이 엄격할수록 다른 시스템의 요구사항은 줄어들지만 비용이나 편의성 때문에 타협해서는 안 된다.

IBC는 구조에 상관없이 특정 크기와 수용인원 이상의 건물에 대해 능동적인 시스템을 요구한다. IBC 903에서는 사용자 그룹과 방화구역(방화벽, 내화벽, 외벽 또는 내화성능을 지닌 건물의 수평부재들에 의해 둘러싸인 총 바닥면적)을 기준으로 요구사항을 설정하고 있다. IBC 904에 의하면 필요 시 대체 소화 시스템을 사용할 수 있도록 하고 있으며 사례로는 도서관, 박물관 또는 통신시설이 있다. 이곳은 스프링클러 시스템을 사용할 경우 지속적인 물로 인해 내용물이 손상을 입을 수 있는 장소이기 때문이다. 최근까지 할론 1301 가스가 화재 진압용으로 널리 선호되었으나 오존층에 유해한 것으로 입증되어 다른 방안으로 대체되고 있다.

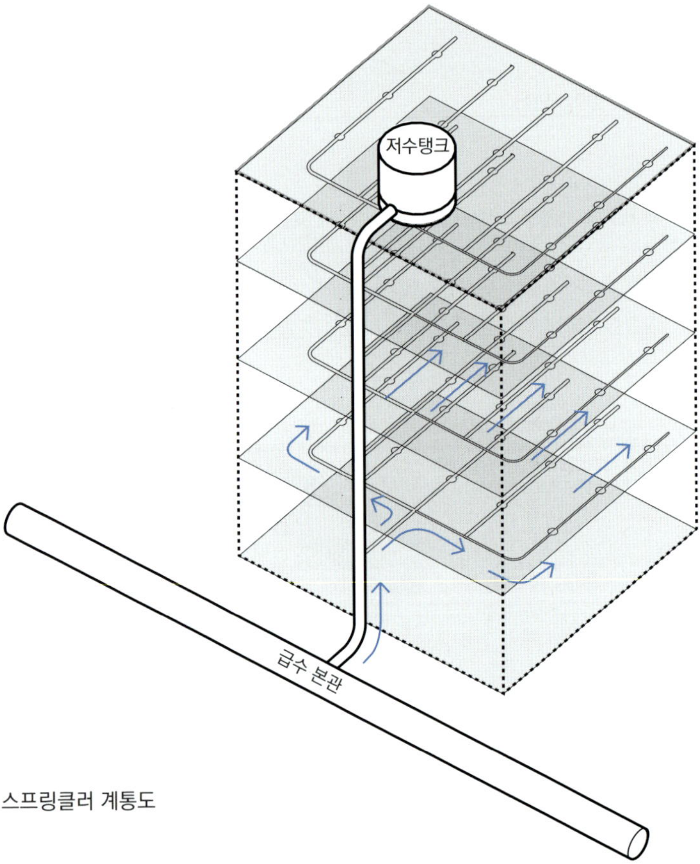

스프링클러 계통도

스프링클러 헤드 설치 종류

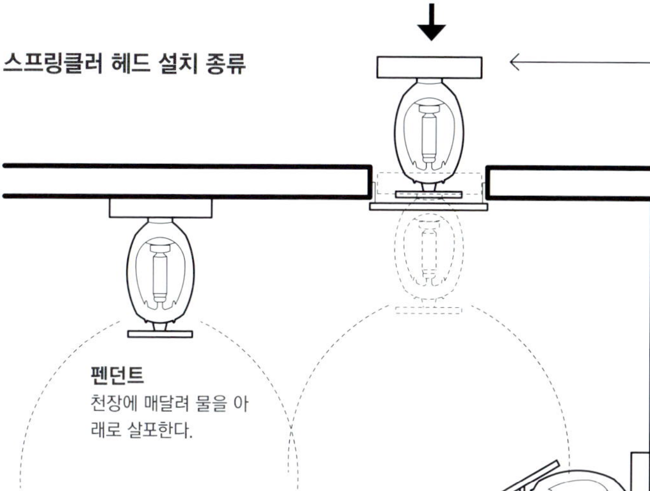

은폐된 펜던트
스프링클러 헤드는 천장에 오목하게 들어가 있으며 스프링클러가 작동하기 전까지 주위 온도가 20 ° F에 도달하면 떨어지는 장식용 캡으로 덮여 있다. 물을 원형 모양으로 아래로 살포한다.

펜던트
천장에 매달려 물을 아래로 살포한다.

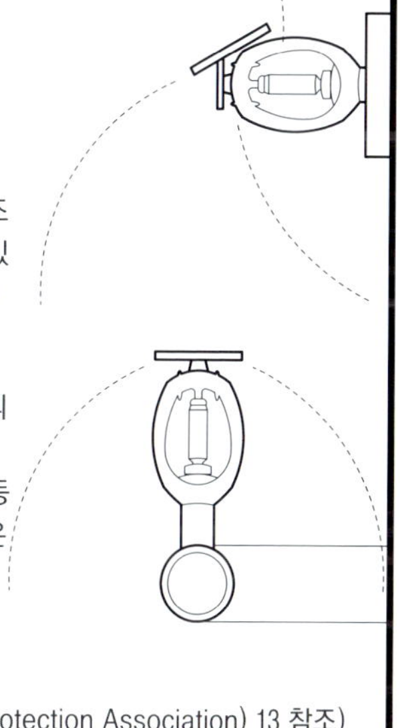

측벽
스프링클러를 천장에 설치할 수 없을 때 벽에 설치할 수 있다. 두 개의 디플렉터(deflector)가 벽을 등지고 물을 살포한다.

수직
수직 스프링클러 헤드는 천장 설치가 불가능하거나 기계실 또는 창고와 같이 장애물에 의해 충분한 범위 확보가 어려울 때 공급 배관의 꼭대기에 설치된다.

작동 방법

퓨저블 링크(Fusible Link) : 두 개의 금속 조각이 열에 민감한 금속 합금으로 융합되어 있다가 융점에 도달하면 두 금속이 분리되면서 스프링클러가 작동한다.

유리 전구(Glass Bulb) : 액체로 채워진 유리 전구가 팽창하여 충분한 온도에 도달하면 파열되면서 뚜껑이 떨어지고 스프링클러가 작동한다. 액체의 색은 액체가 팽창 할 수 있는 온도 범위를 나타낸다.

반응 온도 (국립 소방 협회(National Fire Protection Association) 13 참조)

구분	스프링클러 작동 온도	유리 전구 색	퓨저블 링크 색
보통	135°F – 170°F	오렌지색(135°F) 빨간색(155°F)	검정색; 색 없음
중간	175°F – 225°F	노랑색(175°F) 녹색(200°F)	흰색
높음	250°F – 300°F	파란색	파란색
매우 높음 (extra high)	325°F – 375°F	자주색	빨간색
최고 높음 (very extra high)	400°F – 475°F	검정색	녹색
극히 높음 (ultra high)	500°F – 575°F	검정색	오렌지색

Chapter 9: 건물 차폐 시스템

건물의 차폐 시스템은 많은 기능을 제공한다. 외부로 부터 내부를 분리해 보호할 뿐만 아니라 내부와 외부의 습기, 열과 환기 제어의 가장 효과적인 수단이면서 건물의 외관을 형성하고 있다.

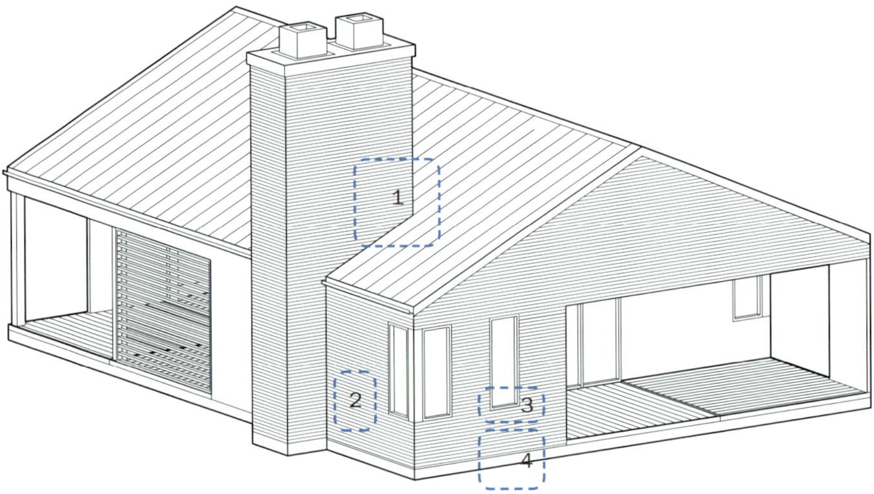

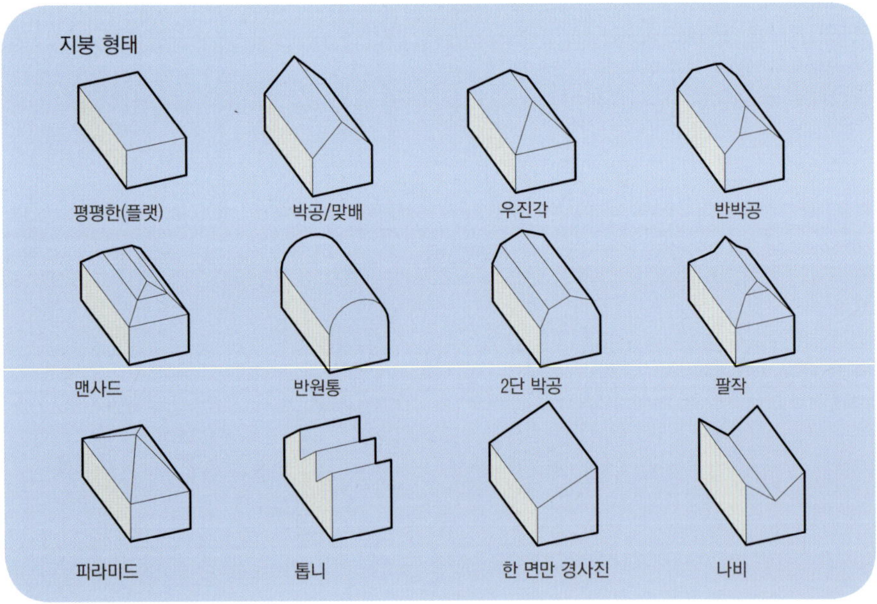

플래싱

플래싱은 건물 외부의 여러 곳에 설치되어 물을 신속하고 효율적으로 하수도로 배출한다.
플래싱은 일반적으로 얇은 박판 금속(구리, 알루미늄, 스테인리스강 또는 아연도금강) 또는 고무와 같은 기타 불침투성 재료를 사용한다. 플래싱의 재료는 일반적으로 플래싱이 노출(금속이 선호됨) 또는 은폐되는지 그리고 다른 재료와 접촉할 가능성이 있는지에 따라 달라진다.

1. 지붕
플래싱은 굴뚝이나 환기구와 같이 돌출된 부분을 감싸 이음매에 물이 스며들지 않게 한다.

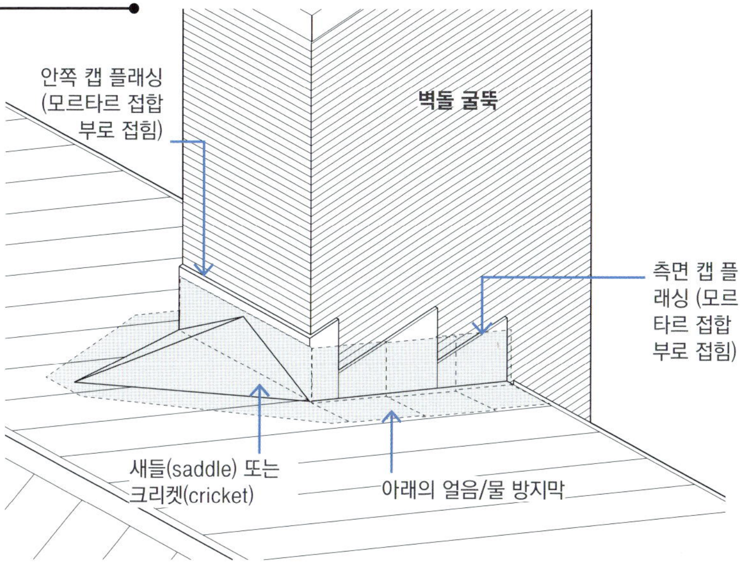

2. 벽
플래싱은 물이 벽에 스며들지 못하게 하거나 공간벽 사이에 들어간 물을 우회하게 할 수 있다.

3. 창틀
문과 창문 같은 벽에서의 단절 부위는 물의 침투에 취약하다.

4. 베이스(걸레받이)
중력은 물이 플래싱의 경사면을 따라 벽 아래 물구멍으로 빠져나가게 한다.

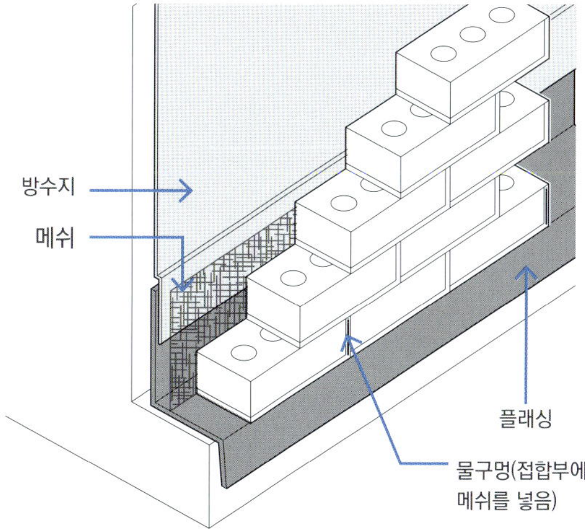

지붕 시스템 종류 : 가파른 경사면

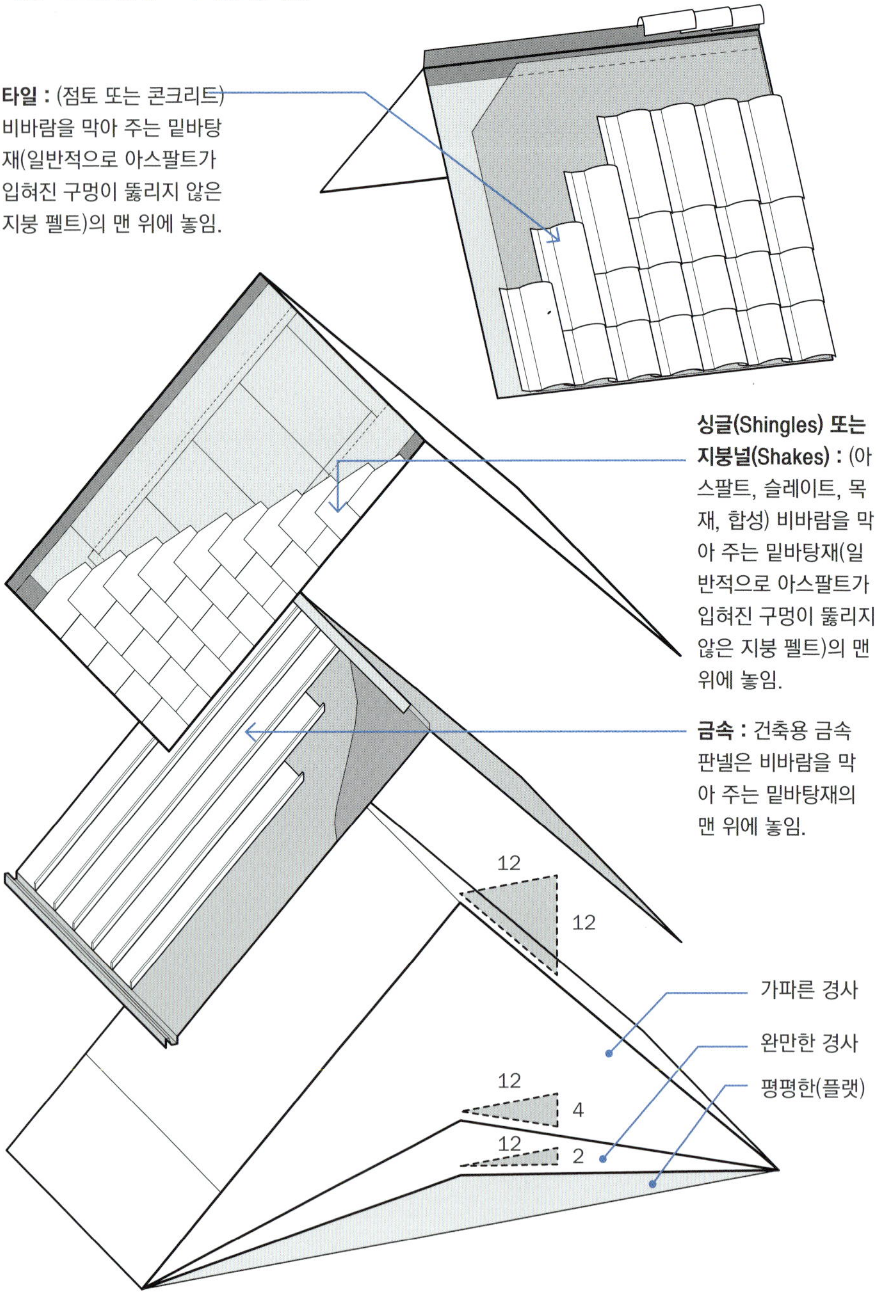

지붕 시스템 종류 : 평평한(플랫) 및 완만한 경사면

구조용 금속 판넬: 비바람을 막아 주는 밑바탕재의 위에 놓임.

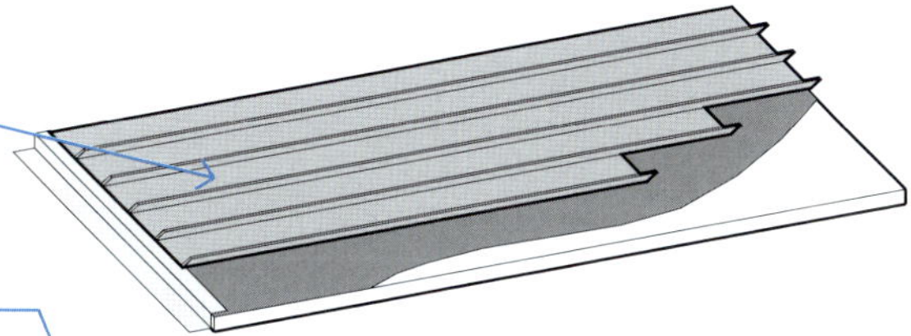

한 겹 막 : 열가소성 또는 열경화성의 막은 공장에서 제조된다. 설치방법은 완전히 부착하거나 기계적으로 고정 또는 바닥을 다지는 재료로 고정한다. 여기에 표시된 것은 막이 단열재에 완전히 접착되어 있는 것으로 기계적으로 접착면에 고정한다.

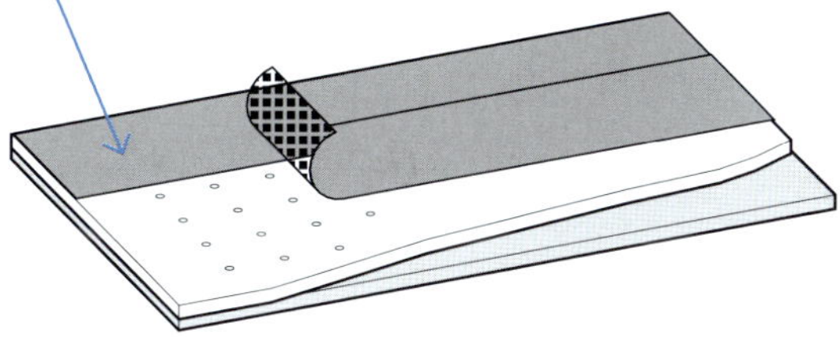

고분자 역청 시트 막(MB) : 여러 층으로 구성되며 대부분 2겹 시스템으로 완전히 부착한다.

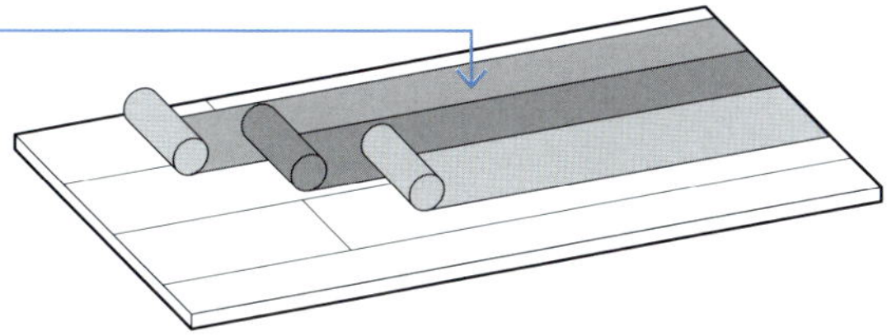

SPF (스프레이 폴리우레탄 폼 보드) : 밑바탕 층은 단단한 수성연질발포폼(spray foam insulation)이며 그 위에 고무와 같은 성질을 가진 비바람을 막아 주는 피복재를 뿜칠 한다. 내구성과 심미적인 이유로 모래 또는 광물질 알갱이 층이 첨가될 수 있다.

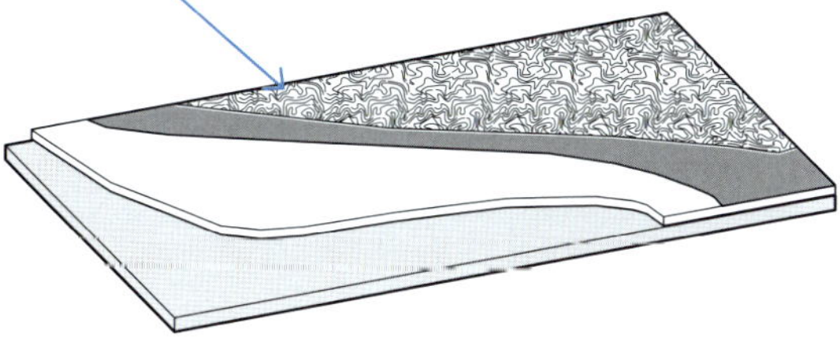

BUR (조립 지붕) : 막을 만들기 위해 역청(아스팔트, 콜타르, 또는 열을 가하지 않는 접착제) 및 보강 섬유(지붕에 이는 펠트)가 번갈아가며 도포된다. 때로는 '타르 및 자갈'지붕이라고도 하며 자갈이나 다른 광물질이 첨가될 수 있다.

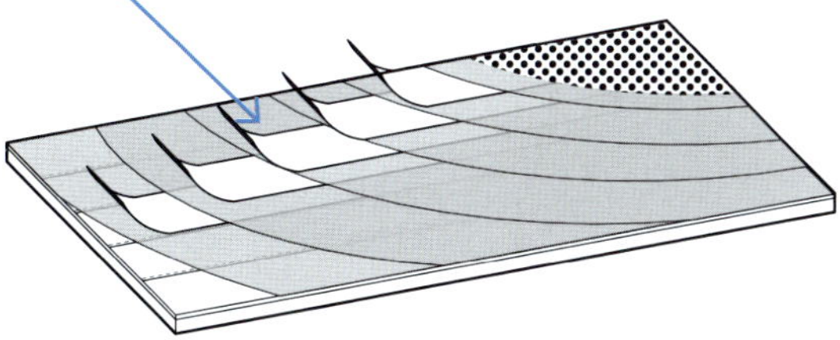

석재

건축물 재료로서 석재는 두 가지 다른 방법으로 사용된다. 벽돌 또는 콘크리트 블록과 같이 조적조의 구성단위 부재로 모르타르와 함께 설계대로 설치된다. 또는 얇게 지지벽과 구조틀에 부착되는 비내력 베니어(veneer) 면에 부착되기도 한다. 석재의 색, 질감, 패턴은 조적조의 구성단위 부재의 디테일과 디자인, 외장재 시스템에 따라 매우 다양하다.

석회석

사암

퇴적암(sedimentary rock)

(자연 현상 또는 바람에 의해 퇴적된 암석)

석회석(limestone): 색은 거의 흰색, 담황색, 회색으로 한정되어 있다. 비록 나중에 공기 중에서 건조되더라도 채석될 때는 다공질이며 젖어 있다. 수분이 빠지면 돌은 더욱 단단해진다. 벽과 바닥 표면에 적합하며 표면에 광택을 낼 수는 없다.

사암(sandstone): 색은 담황색에서 적색의 초콜릿 브라운에 이른다. 대부분의 건물에 적합하지만 고강도의 표면 광택은 어렵다.

화강암

화성암(igneous rock)

(용해된 상태에서 퇴적된 암석)

화강암(granite): 입자의 크기 범위가 넓고 색은 회색, 검은색, 갈색, 적색, 핑크색, 담황색 그리고 녹색이 있다. 단면은 작은 구멍조차 없으며 매우 단단하다. 지면과 외기에 노출된 곳에 적합하다. 많은 질감을 가지며 고강도의 광택을 낼 수 있다.

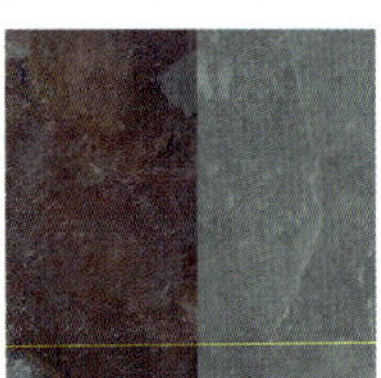
점판암

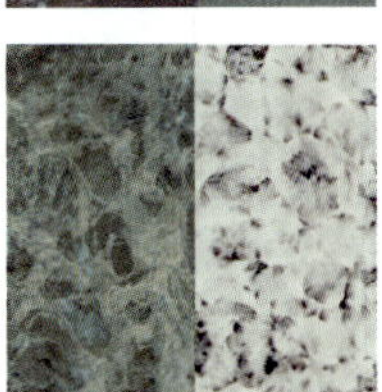
대리석

변성암(metamorphic rock)

(퇴적암과 화성암이 열과 압력에 의해 또 다른 종류로 변화된 암석)

점판암(slate): 색은 적색과 갈색에서 자주색과 검은색 쪽의 회색기가 있는 녹색에 이른다. 시트 모양의 자연적 형태로 포장재, 지붕재 그리고 베니어 판넬로 사용된다.

대리석(marble): 색과 패턴이 매우 다양하다. 색은 흰색, 검은색, 푸른색, 녹색, 적색 그리고 핑크색이며 이들 사이의 톤을 가지고 있다. 건축용 석재로 적합하지만 거의 대부분 고강도의 광택을 내게 된다. 그리고 베니어 판넬로 사용된다.

석재를 이용한 조적조에는 거친 돌(부정형으로 채석된 조각돌), 다듬은 돌(큰 것으로는 석재, 작은 경우는 치장돌로 불리는 사각형 형태로 채석된다) 그리고 포장용 판석(얇은 판 모양의 포장용 돌로 부정형이거나 다듬어져 있다)도 있다.

조적의 패턴

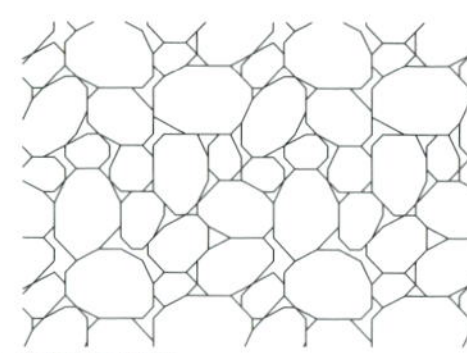
막돌 허튼층쌓기

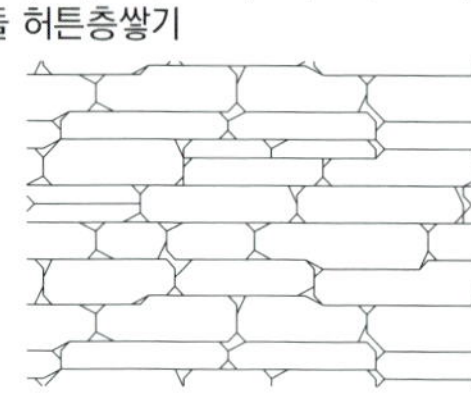
막돌 바른층쌓기

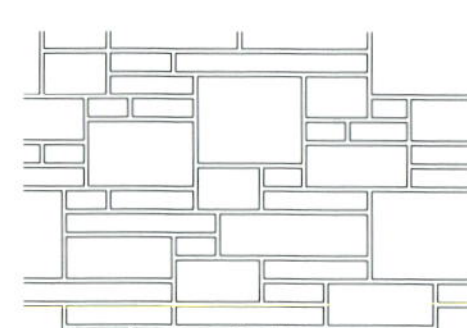
다듬돌 허튼층쌓기

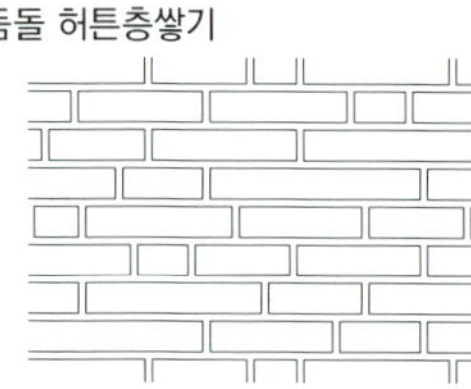
다듬돌 바른층쌓기

조적식 내력벽

보강되거나 그렇지 않거나 많은 다른 특징들을 지닌 내력벽으로 벽돌, 콘크리트 블록 그리고 석재 벽이 만들어진다. 하나의 조적 형식보다는 여러 형식(복합된 벽)들이 같이 사용되거나 또는 속이 차 있거나 공간 벽 형식으로 사용된다.

보강

보강된 조적조는 더 얇고 더 높이 쌓기 위하여 일체 벽 시스템으로 만들어진다.

복합된 벽

복합형식의 조적조는 조적 단면(wythe)에 석재 단판 또는 벽돌로 된 콘크리트 블록 지지물을 사용하고, 이 2겹은 철근으로 수평 보강되어 있다.

조적조 타이는 조적 단면과 함께 결합되거나 지지되고 있는 나무, 콘크리트, 또는 스틸 지지 구조물에 결합된다. 앵커는 지지 구조물에 조적 구성단위 부재를 결합시킨다.

공간벽

공간벽은 최소 51mm의 공기층으로 분리된 안팎의 조적 단면(wythe)을 가지고 있다. 조적조 타이는 두 단면을 함께 지지한다. 만약 빗물이 바깥 단면을 통과하게 된다면 이것은 바깥 단면의 안쪽 표면에서 아래로 떨어져 금속 플래싱 아래에 모이게 되고 눈물 구멍을 통해 바깥으로 빠져나가게 된다.

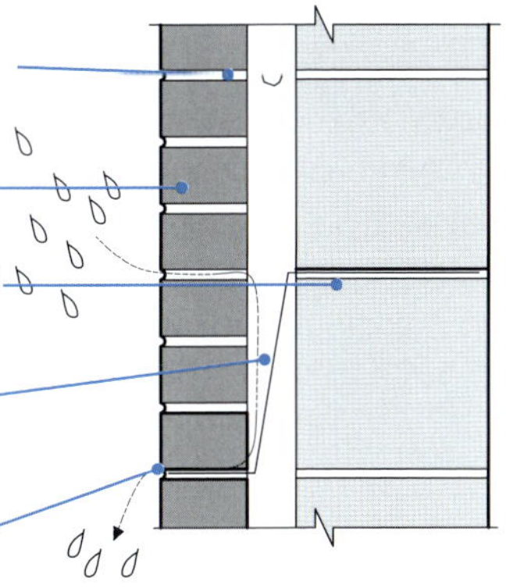

일반적인 벽 구성

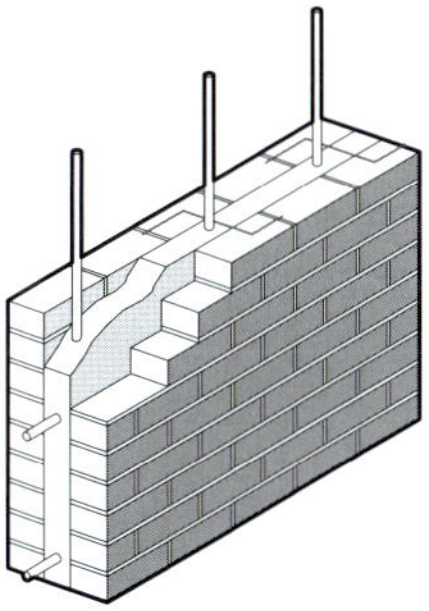

콘크리트와 철근으로 보강된 2중 단면(Doublewythe)의 벽돌 벽

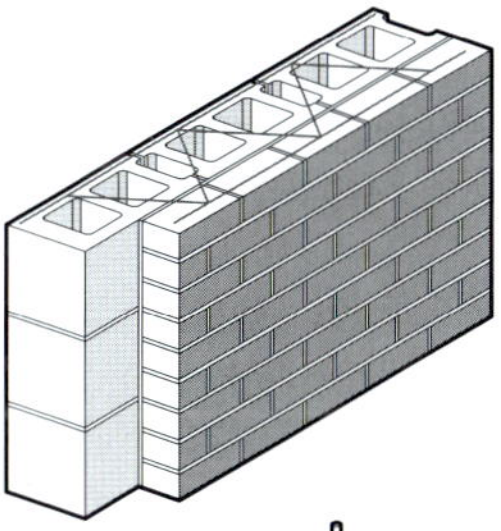

CMU에 의해 지지된 벽돌 벽으로 Z형 타이에 의해 서로가 연결되어 있다.(CMU는 보강될 수도 있고 그렇지 않을 수도 있다.)

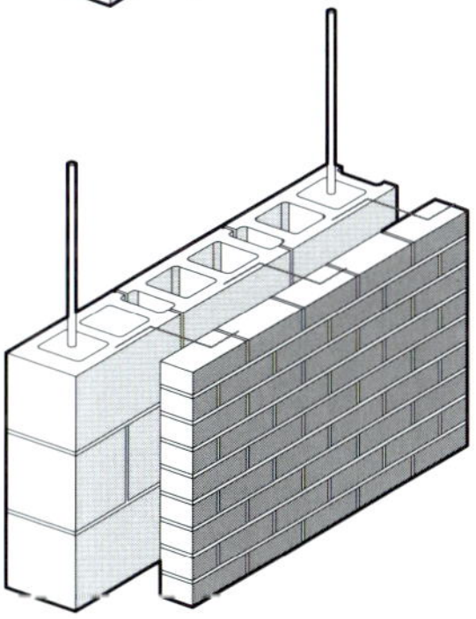

벽돌과 CMU로 된 공간 벽(CMU벽은 보강된다.)

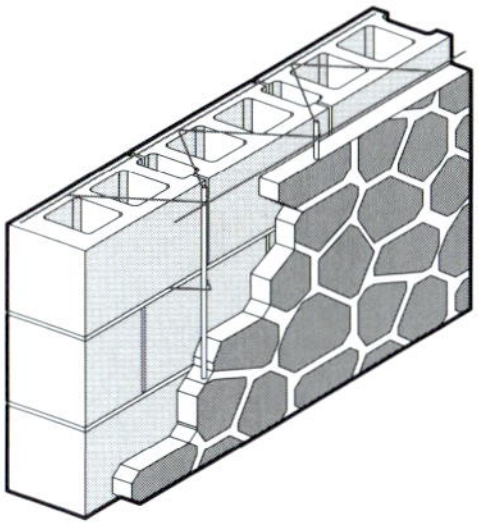

CMU에 의해 지지된 석재 판으로서 조정 가능한 석재 타이로 서로 연결 되어 있다.

외부 벽

특정 구조 부위에 부착되는 재료의 종류에 따라 고정시키는 시스템이 바뀌게 되므로 외장 마감재와 지지물 시스템은 대부분 바뀔 수 있지만 여기서는 일반적인 구성을 보여준다.

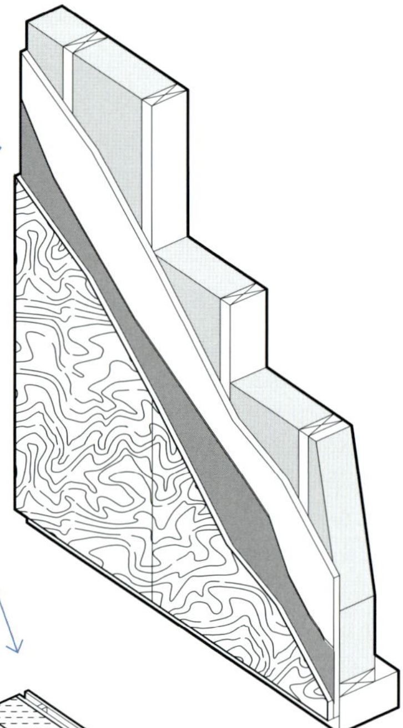

목재 스터드 벽

사이에 단열재가 있는 목재 스터드 ;
비바람에 견디는 막을 지닌 외장 피복재 ;
외부용 등급의 합판(보호 물질이 칠해져 있음)

SIP (구조용 단열재) 벽

SIP (양쪽 측면에 OSB의 얇은 막을 가진 폼 코어(foam-core)로 단열된) ;
비바람에 견디는 막 ;
외장 사이딩

금속 스터드 벽

사이에 단열재가 있는 금속 스터드 ;
비바람에 견디는 막을 지닌 외장 피복재 ;
알루미늄 복합 재료(ACM)

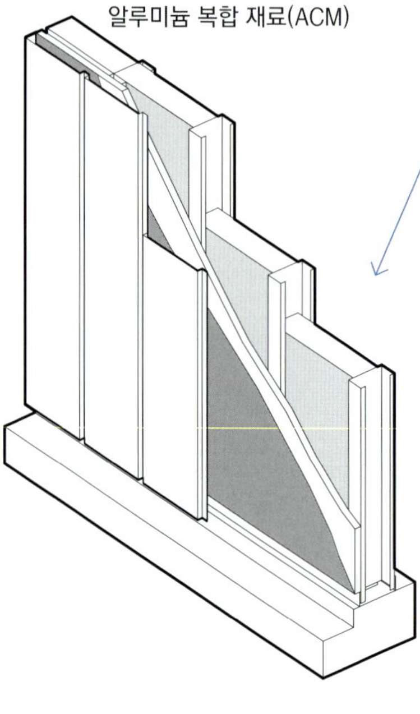

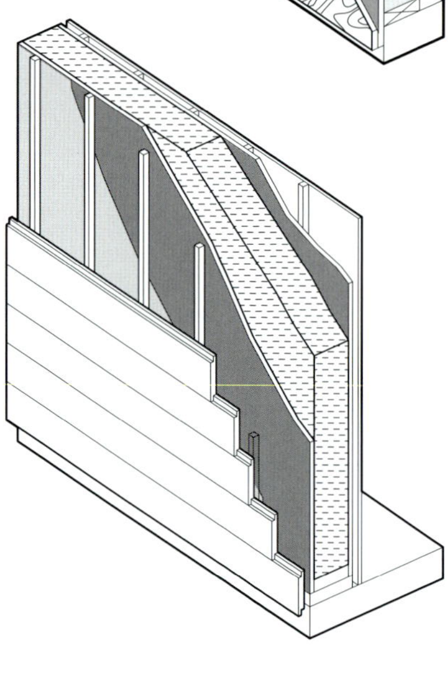

건물의 바깥 표피는 내부와 외부를 분리시키는 수직의 외피이며 효과적으로 물을 들어가지 않게 하고 원하는 실내 온도를 유지시키는데 기여해야 한다. 대부분의 벽 공사에는 구조 요소, 단열재, 방수벽 및 외장 마감재가 포함된다. 건물의 크기와 높이 등 많은 요인들에 의해 CMU, 콘크리트 및 스터드와 같은 지지물은 하중을 견디거나 구조 프레임 내에서 충전재로 역할을 하게 된다.

복합벽

보강된 CMU 지지물 ; 단단한 단열재 ; 최소 1″ 공기층 ; CMU에 연결된 벽돌(또는 다른 조적)

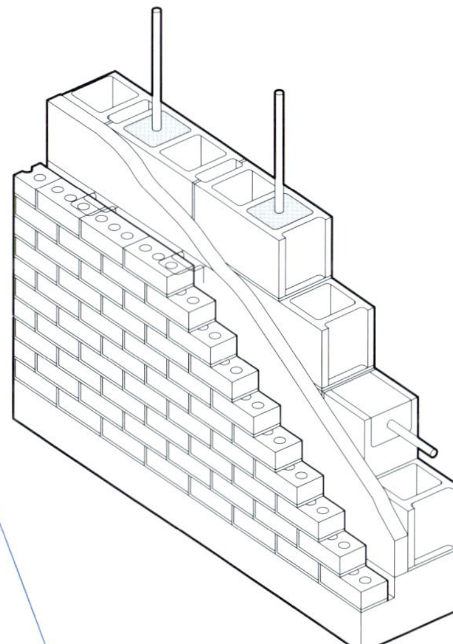

UHPC 콘크리트 벽

콘크리트 타설 또는 프리 캐스트 콘크리트 벽 ; 초고성능 콘크리트(UHPC) 프리캐스트 판넬(특별한 질감이 나게 만듦)

스터코 벽

콘크리트 또는 조적 벽 ; 2겹의 스터코

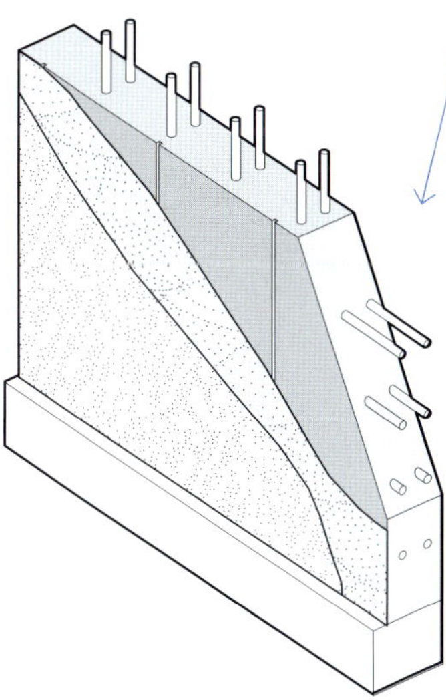

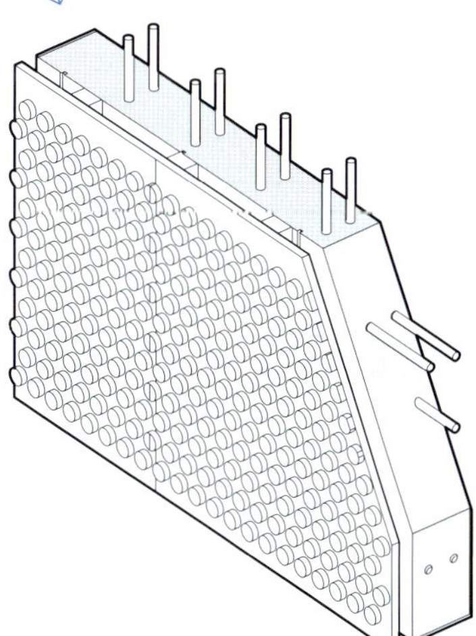

창문과 유리공사

가스가 채워진 유닛: 공기층에 공기 대신에 가스가 채워진 단열유리로 열전도율 U 값을 감소시키기 위하여 사용된다.

가시광선: 빛으로서 인간의 눈으로 인지되는 태양 에너지의 일부분.

강화유리: 특별하게 열처리된 고강도 안전 유리.

건조제: 투명한 투과성의 물질로 공기로부터 수증기를 용해하고 습기를 흡수하기 위하여 단열 유리의 공기층에 사용된다.

결로/응축: 유리와 같은 차가운 표면에 접촉하면서 공기 중의 수증기가 액체로 진행되는 것, 응 축되고 흐릿한 효과(a foggy effect)를 만든다.

그릴: 창유리 사이 또는 그 위에 만들어진 장식 그리드로, 유리를 실제로 나누는 것이 아니라 먼틴 바처럼 보인다.

대류(對流): 공기의 흐름에 의한 열의 이동.

라이트(lite): 창 또는 문에 달린 유리 유닛. 새시 또는 먼틴 바에 의해 고정된다. 때때로 가시광선과 혼동을 피하기 위하여 "lite"로 쓰인다. 또한 한 장의 창유리(pane)로 불린다.

먼틴 바: 길고 가느다란 조각으로 새시에 있는 유리판을 분리시킨다.

멀리언: 수평 또는 수직의 부재로 새시 또는 2개의 인접한 창유리를 함께 지지한다.

방사율: 복사에너지 형태로서 에너지를 흡수하고 내뿜기 위한 표면의 상대적인 능력.

복사: 햇빛에 의해 열이 바디에서 방출되는 과정.

새시: 창유리를 지지하는 틀과 유리가 끼워진 유리 생산품.

열관류율: R 값에 상대되는 것으로 열전도 계수의 값.

열성능: 열전달을 방해하는 유리 유닛의 성능.

유리공사: 유리를 창문틀에 끼우는 작업.

이슬점: 수증기가 응축될 때, 예측되는 온도.

이중의 밀폐된 유닛: 밀폐된 단열 유리로서 제1의 실과 제2의 외부 실로 구성된다.

자연 획득형 태양열: 재료를 통과하면서 자연적으로 획득된 태양열.

자외선: X 광선보다는 길고 가시광선보다는 파장이 짧은 복사에너지 형태.

전체 태양에너지: 자외선, 가시광선, 적외선의 파장으로 구성된 전체 태양 스펙트럼.

차폐계수: 3mm 투명유리에 대해, 특정 유리가 태양열을 획득한 비율로서, 유리를 통해 건물 내부로 들어온 태양에너지 전체 양의 상대적 수치. 3mm 투명유리는 1.0의 값을 가진다. 차폐계수의 값이 작을수록 태양열을 통과시키는 양이 더욱 작아진다.

코킹: 빈 곳을 채우는 실링재(실란트).

R 값: 재료의 양 측면 공기 온도의 차이 때문에 일어나는 열전달에 대한 전반적인 저항 값.

창문 종류

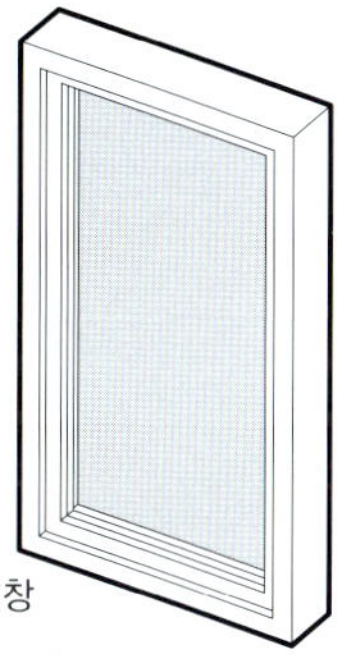
고정 창

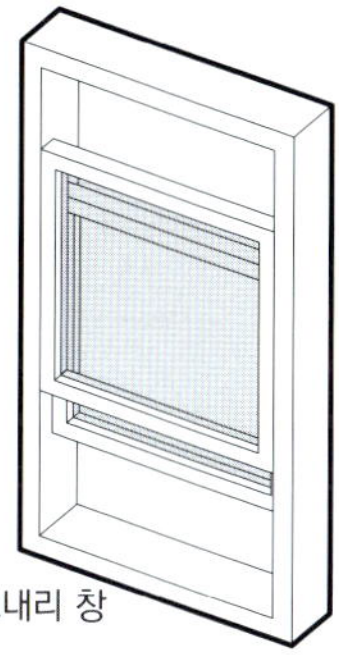
양쪽 오르내리 창

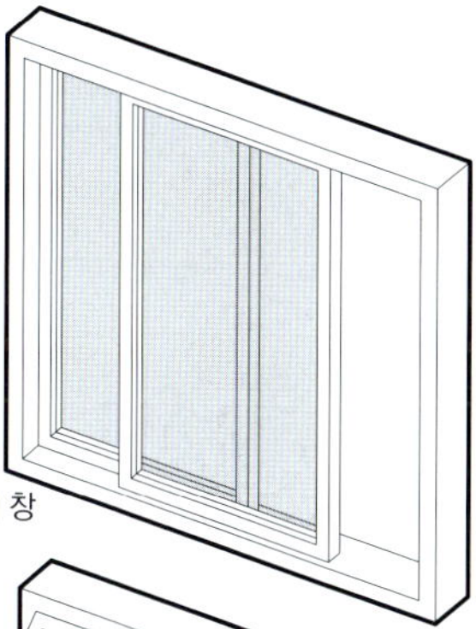
미닫이 창

외쪽 오르내리 창

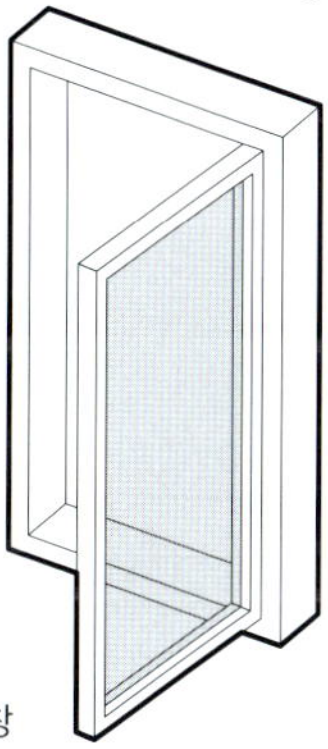
여닫이 창

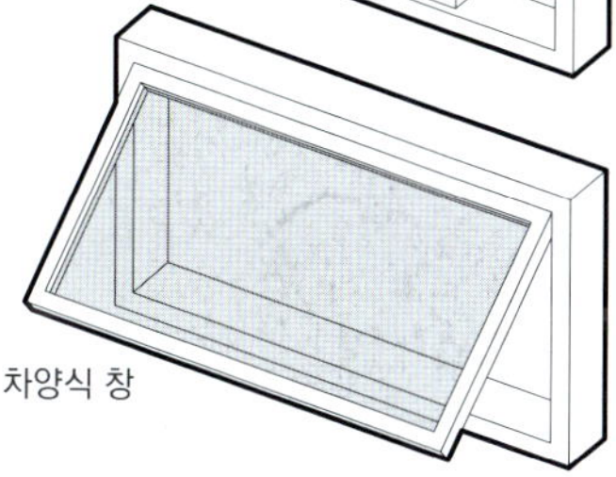
차양식 창

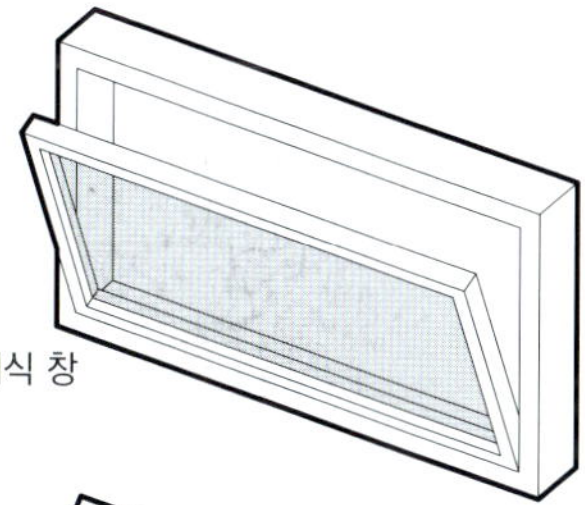
호퍼식 창

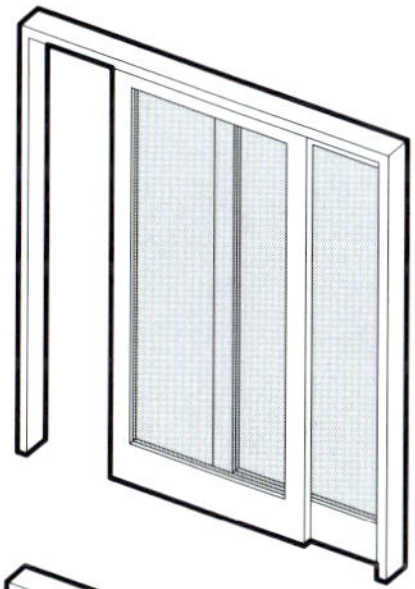
미닫이 문

천창

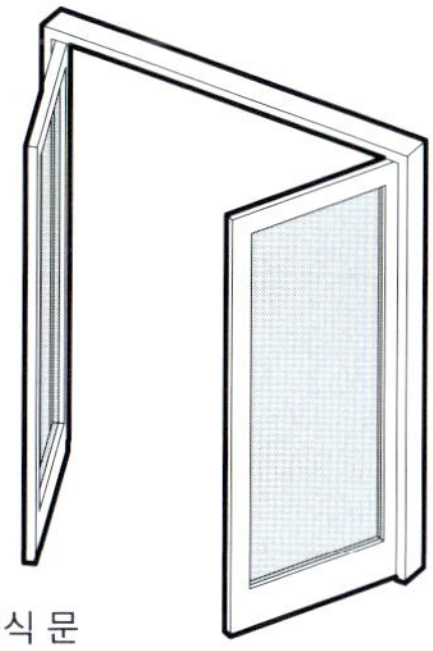
프렌치식 문

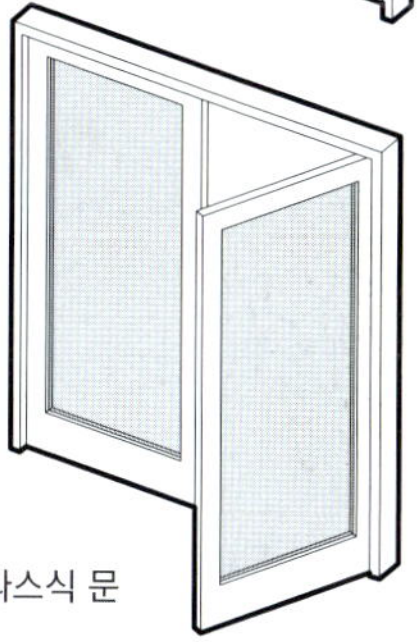
테라스식 문

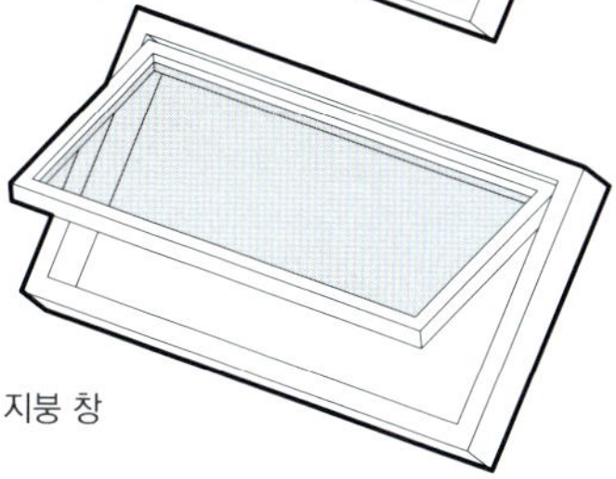
지붕 창

창문 크기

창문 제작자의 카탈로그에는 창호 형태와 표준 크기로 표현하고 있다.

구체 개구부(Mas Opg)는 벽돌, 블록 또는 석조 벽에 뚫려야 하는 개구부이다.

개략적 개구부(Rgh Opg)는 일반적인 기둥벽에 요구되는 개구부이다.

새시 개구부(Sash Opg)는 창문 자체의 크기이다. 그리고 Glass Size는 유리의 크기를 말한다.

구체 개구부(Mas Opg) 2′-8 1/2″
개략적 개구부(Rgh Opg) 2′-6 3/8″
새시 개구부(Sash Opg) 2′-4″
유리 크기(Glass Opg) 24″

3′-6 1/2″
3′-5 3/4″
3′-2″
16″

4′-2 1/2″
4′-1 3/4″
3′-10″
20″

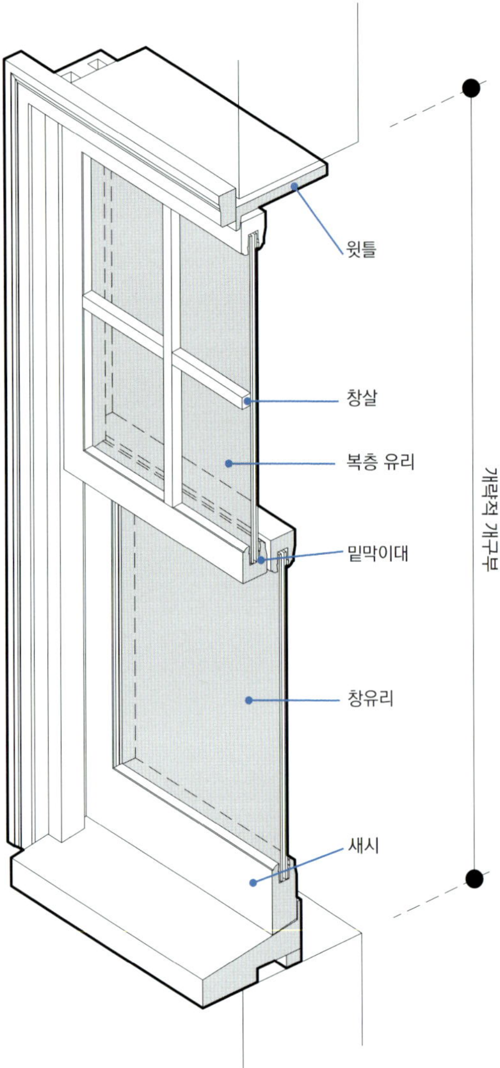

양쪽 오르내리창

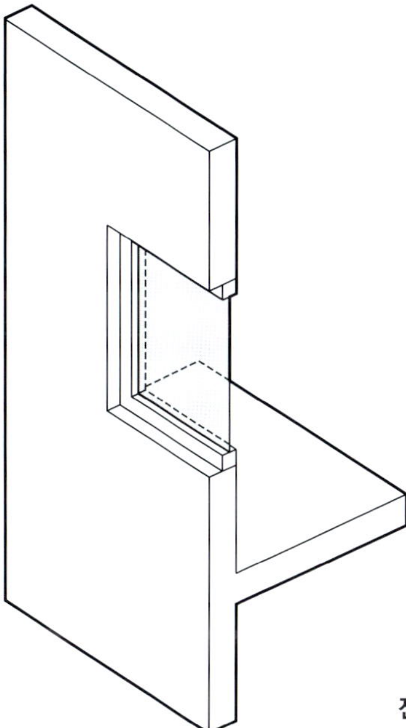

부분 창

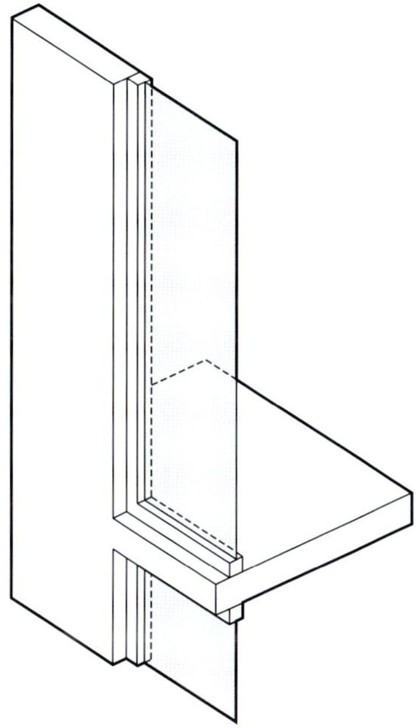

전체 창

벽면 전체가 창이며 창틀이
바닥에 있는 창문 시스템

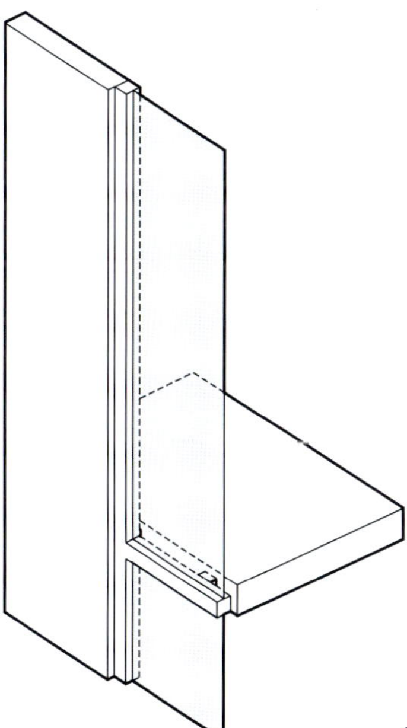

커튼월

위 아래층에 연속적으로 창이
설치되며 건물 구조체에 고정
된 창문 시스템

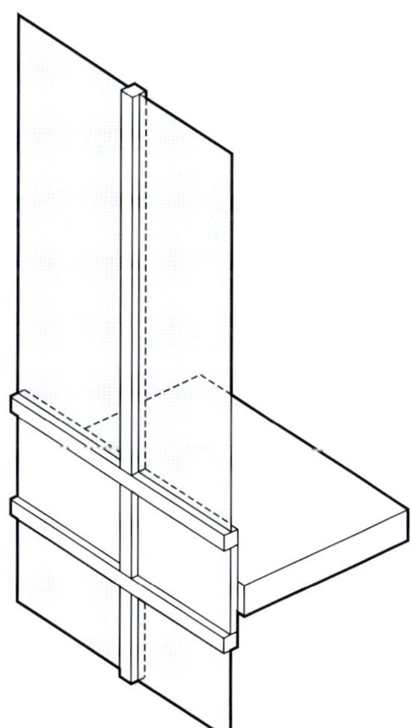

커튼월

바닥의 가장자리에 스팬드럴
판넬 설치

창문 고려사항

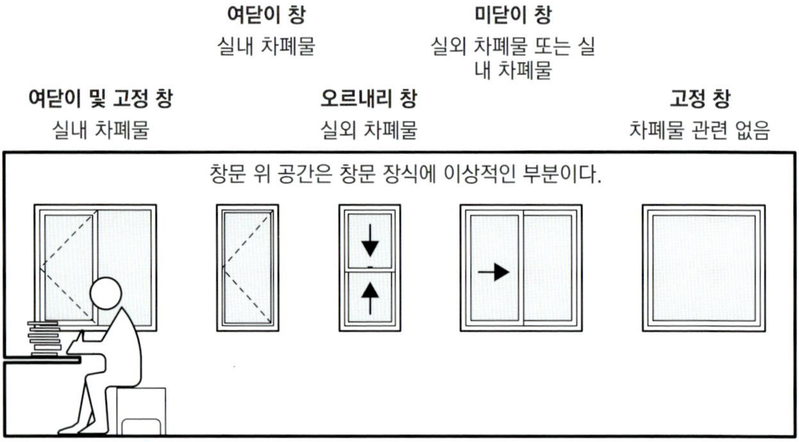
여닫이 창
실내 차폐물
미닫이 창
실외 차폐물 또는 실내 차폐물
여닫이 및 고정 창
실내 차폐물
오르내리 창
실외 차폐물
고정 창
차폐물 관련 없음
창문 위 공간은 창문 장식에 이상적인 부분이다.

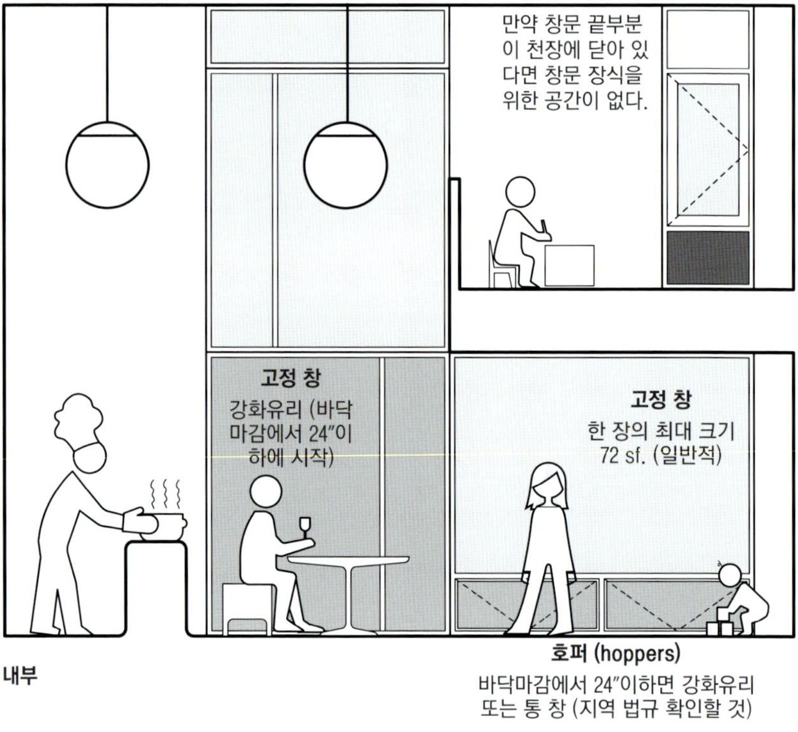
만약 창문 끝부분이 천장에 닿아 있다면 창문 장식을 위한 공간이 없다.
고정 창
강화유리 (바닥 마감에서 24″이하에 시작)
고정 창
한 장의 최대 크기 72 sf. (일반적)
호퍼 (hoppers)
바닥마감에서 24″이하면 강화유리 또는 통 창 (지역 법규 확인할 것)

내부

외부

유리와 유리공사

대부분의 건축에 사용되는 유리는 자연에서 발견되는 실리카, 석회, 탄산나트륨의 세 가지 중요한 천연재료로 이루어진다. 부수적인 재료들은 유리 제작 공정을 용이하게 하기 위하여 또는 유리의 특별한 특성을 부여하기 위하여 첨가될 수 있다. 이것들은 세 가지 기본적 카테고리 안에서 변칙적으로 사용된다. 소다석회 유리는 대부분 상업적으로 생산된 제품이다. 병, 유리 식기 또는 창에 사용되는 이것은 실리카, 소다, 석회의 혼합체로서 갑작스런 온도 변화에, 특히 높은 온도 또는 화학적 부식에 적절하게 저항하지 못한다. 납유리는 약 20%의 납 산화물을 포함하고 있다. 비록 갑작스런 온도 변화에 견디지 못할지라도 표면 자체가 부드러워 조각을 위한 절단과 조각에 이상적이다. 붕규산염 유리는 적어도 5%의 붕소를 함유한 산화물 혼합체인 일종의 규산염 유리와 관련 있으며 온도 변화와 화학적 부식에 저항력이 크다.

유리 제품

가장 일반적인 판유리는 플로트 유리이다. 적절한 무게를 지니며 소다 석회유리, 실리카 모래, 칼슘, 산화물, 소다와 마그네슘이 혼합되어 있다. 이것은 1,500℃ 용광로에서 녹여진다.
높은 점성을 지닌 채 녹은 유리는 끊임 없이 띠 형태로 주석이 녹은 용액을 가로질러 흘러간다. 왜냐하면 주석은 매우 유동적이다. 두 물질은 둘 사이에 완벽히 평평한 표면을 만들면서 서로 섞이지 않는다. 이때 유리는 용해된 주석을 남겨둔 채 유리 용해로로 진입하기 위해 충분히 차가워진다. 이것은 조성된 환경 속에서 천천히 차가워진다.
반쯤 용해된 유리는 미리 정해진 얇고 패턴화된 표면의 띠 형태로 만들어진 금속 롤러 사이에서 압착된다. 이 방법은 패턴화되고 주형의 유리를 생산하기 위해 가장 많이 사용되는 과정이다.

유리 두께

한 장의 크기, 바람 그리고 다른 하중들은 어떤 특별한 창을 위해 요구되는 유리 두께를 결정한다.

공칭 두께	실제 범위
3/32″ 한 겹 강화	0.085″–0.101″ (2.16–2.57)
라미네이트	0.102″–0.114″ (2.59–2.90)
1/8″ 두겹 강화	0.115″–0.134″ (2.92–3.40)
5/32″	0.149″–0.165″ (3.78–4.19)
3/16″	0.180″–0.199″ (4.57–5.05)
7/32″	0.200″–0.218″ (5.08–5.54)
1/4″	0.219″–0.244″ (5.56–6.20)
5/16″	0.292″–0.332″ (7.42–8.43)
3/8″	0.355″–0.406″ (9.02–10.31)
1/2″	0.469″–0.531″ (11.91–13.49)
5/8″	0.595″–0.656″ (15.09–16.66)
3/4″	0.719″–0.781″ (18.26–19.84)
1″	0.969″–1.031″ (24.61–26.19)
1 1/4″	1.125″–1.375″ (28.58–34.93)

유리 형태

유리블록: 유리블록은 조적 형태의 공사에 사용된다. 일반적으로 단위 형태는, 내부가 진공으로 되어 있고 두 개의 속이 빈반쪽을 봉합하여 만든다. 속이찬 블록, 일명 유리벽돌은 충격에 강하지만 속이 보인다. 태양열을 조절하기 위한 곳에서는 코팅되거나 무언가 삽입된다. 유리블록 벽은 모르타르, 금속앵커 그리고 타이를 사용하면서 다른 조적벽과 유사한 모습으로 만들어지고 인테리어 또는 외장 재로 사용된다.

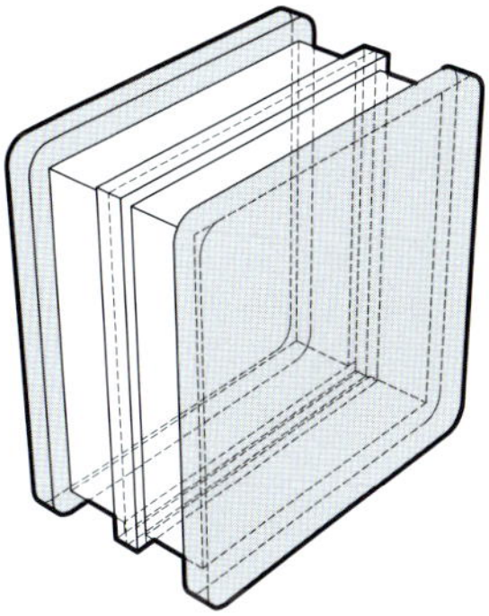

통상적인 크기
4 1/2″ x 4 1/2″
5 3/4″ x 5 3/4″(공칭 6″ x 6″)
7 1/2″ x 7 1/2″
7 3/4″ x 7 3/4″ (공칭 8″ x 8″)
9 1/2″ x 9 1/2″
11 3/4″ x 11 3/4″(공칭 12″ x 12″)
3 3/4″ x 7 3/4″ (공칭 4″ x 8″)
5 3/4″ x 7 3/4″(공칭 6″ x 8″)
9 1/2″ x 4 1/2″

두께: 3″–4″

SI 크기
115 x 115 mm
190 x 190 mm
240 x 240 mm
300 x 300 mm
240 x 115 mm

두께: 80–100 mm

주형 또는 채널 유리: U형 선형 유리채널은 가장자리에 금속 프레임을 노출시키면서 스스로 지지된다. 한 부분 또는 두 부분이 겹쳐지면서 사용되며 다양한 세기의 내구력, 음과 열의 단열 그리고 반투명의 효과를 만들어 낸다. 유리의 두께는 대략 6-7 mm 이다. 채널 폭의 범위는 230 mm에서 485 mm이다. 높이는 폭과 풍하중에 따라 다양하게 정해진다. 주형 유리는 수직 또는 수평으로, 내부 또는 외부에 그리고 곡선형의 표면에 사용된다. 이 유리는 철선, 색조 그리고 다른 성질을 포함해서 만들어진다. 두 겹으로된 채널은 자연적인 공기층을 형성하게 되고 이것은 에어로겔로 채워지게 되며 작은 구멍이 있는 격자 모양의 유리 가닥은 5%의 고체와 95%의 공기로 구성된 단열 물질 역할을 한다.

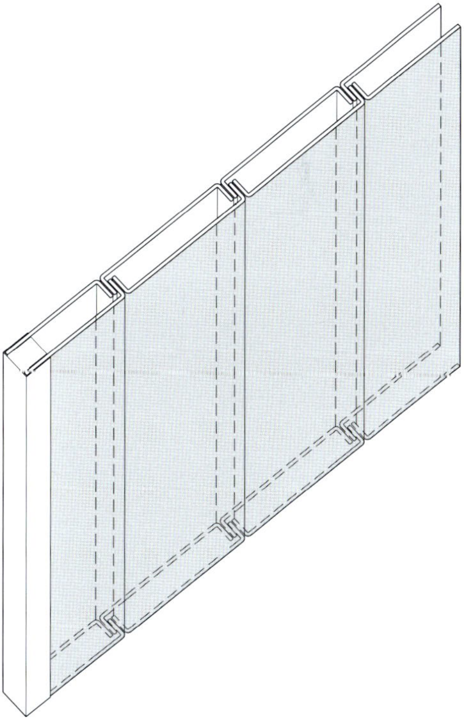

유리 종류

단열 유리: 2장 또는 그 이상의 판유리는 밀폐된 공기층을 감싸고 있고 건조제로 채워진 스페이서에 의해 분리된다. 여러 겹의 유리와 이들 공기층의 단열 유리 유닛은 철저히 난방 비율을 줄여준다. 로이 또는 다른 코팅 유리들은 열성능을 개선하기 위하여 1개 또는 그 이상의 유리층을 사용해야 한다. 음의 전달을 감소시킬뿐만 아니라 성능 개선을 위해 유리판 사이의 공간에 아르곤과 헥사플루오르 유황 가스가 채워진다. 이중의 단열 유리유닛(IGU)의 일반적인 두께는 25.4 mm인데, 유리두께 6 mm, 공기층 13 mm로 구성되어있다.

동그라미 속의 숫자는 외부 쪽의 1번에서 시작해서 유리표면의 개수를의미한다.

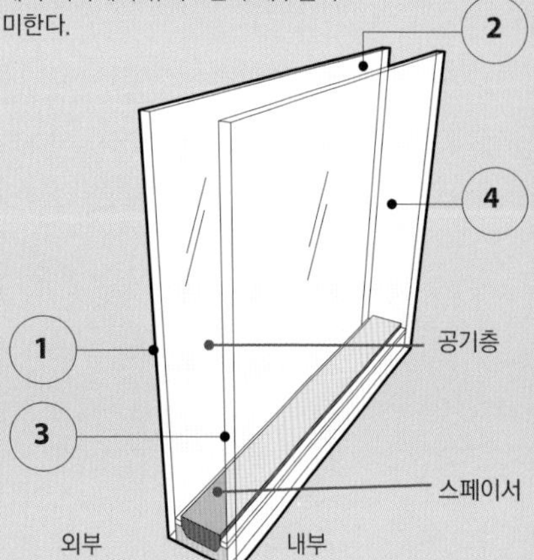

반사유리: 판유리가 태양열을 감소하기 위하여 금속 또는 금속 산화물로 코팅되어 있다. 코팅은 한 면에 유리 효과를 내게 되고 일반적으로 외부에 만들어진다. 차폐계수는 금속성 코팅의 밀도에 따라 달라지며 0.31에서 0.70 사이에 있다.

로이 유리: 낮은 방사율을 지니며 얇은 금속 산화물로 코팅된 맑은 플로트 유리이다. 복사열의 흐름을 차단함으로써 열관류율을 줄이고 열획득을 지연시키기 위하여 짧은 파장의 복사열을 막는다. 동시에 빛을 통과시키고 저반사, 열의 이동을 줄인다. 일반적으로 로이 유리는 커트유리, 접합유리, 강화유리로 제작된다. 이것은 소프트 코팅(진공 또는 스퍼터 코팅) 또는 하드 코팅 제품(pyrolitic)으로 생산된다.

바디-색유리: 다양한 색을 만들기 위해 화학적인 요소가 용해된 유리에 첨가된다. 가시광선 투과는 색에 의해 결정된다. 범위는 매우 어두운 색일 경우는 약 14%에서 밝은 색일 때는 75%의 범위이다. (맑은 유리는 약85%의 빛 투과율을 가진다.) 차폐계수는 0.50에서 0.75%의 범위인데 이것은 태양에너지가 50에서 75%가 통과함을 의미한다.

착색제	유리 색
황화나트륨	노란색
탄소와 황	갈색, 황갈색
세륨	노란색
크롬	녹색, 분홍색, 노란색
코발트	청색, 녹색, 분홍색
구리	청색, 녹색, 적색
철	청색, 갈색, 녹색
망간	자색
니켈	자색, 노란색
셀렌	분홍색, 적색
티타늄	갈색, 자색
바나듐	청색, 회색, 녹색

안전 유리

강화유리: 약 650℃에서 재가열되기 전에 서냉 유리는 재단된다. 만약 유리를 급랭하게 되면, 이것은 완전히 단단해져서 냉 유리보다 4배 강해진다. 파괴될 때는 날카로운 파편 대신에 사각형의 작은 알갱이로 잘게 부서진다. 만약 서서히 냉각된다면 서냉 유리보다 두 배의 강도를 가진다. 그리고 깨진 조각은 더 선형이다. 공정이 느릴수록 덜 비싸다. 강화유리는 바닥에서 천장 유리, 유리문, 스쿼시 코트의 벽, 강한 바람과 극한의 온도에 노출된 벽에 사용된다.

화학 강화유리: 높은 기계적 내구력을 높이기 위해 화학적 방법에 의해 표면 처리된 유리. 강화유리와 같은 유사한 특성을 지니고 있다.

접합유리: 2장의 유리 사이에 합성수지 또는 플라스틱의 중간층이 형성되어 있다. 이들은 열과 압력에 의해 접합되어 있다. 유리가 깨지면 접합된 중간층이 조각들을 함께 지지한다. 상부 유리공사, 계단 난간 그리고 가게 전면에 사용된다. 안전유리는 여러 겹의 유리와 비닐로 구성된다.

철망 유리: 반 용해된 유리의 두 띠 사이에 철망이 끼워져 있다. 한 쌍의 금속 롤러를 통과하면서 함께 압착된다. 유리가 깨질 때, 철망은 제위치를 지탱한다. 철망 유리는 종종 방화문의 창과 벽에 사용된다.

특별하고 장식적인 유리

광전지 유리: 유리판 사이의 특별한 수지 속에 태양전지가 끼워져 있다. 각각의 셀(전지)은 다른 셀과 전기적으로 연결되어 있고 태양에너지를 전기적 흐름으로 바꾼다.

X 선 보호 유리: 주로 의료용 또는 방사선을 이용하는 실에서 주로 사용한다. X 선 유리는 전리 방사선을 줄이는 높은 레벨의 납 산화물을 가지고 있다. 이것은 접합되어 있고 단판 또는 이중의 유리형태로 사용된다.

전기적 가열 유리: 폴리비닐 부티랄(PVB) 필름이 둘 또는 그 이상의 유리판 사이에 끼워져 있다. 전기적으로 전도성 철선이 유리를 가열하는 것으로, 수분이 많이 함유된 부분 또는 내부와 외부의 온도차가 큰 부분에 유용하게 사용된다.

자정 유리: 플로트 유리의 외부에 유기화합물 먼지를 분해하기 위하여 자외선에 반응하도록 촉매 코팅이 된 것이다. 친수성의 특징 때문에 먼지를 씻어내면서 판유리 아래로 비를 흘려내려 보낸다.

에나멜/스크린 프린트된 유리: 강화 또는 서냉되기 전에 특별한 광물질 안료가 유리 한쪽 표면에 발라져 있다. 장식의 목적 때문에 다양한 색과 패턴이 사용된다. 에나멜 유리 또한 햇빛을 전달하는 물질로 사용된다.

샌드블라스터 유리: 반투명의 표면은 유리 표면에 높은 속도로 모래를 뿜음으로써 만들어진다. 이때 장식적인 패턴 또는 다양한 깊이와 투명도가 만들어 지는데 이것은 힘과 모래의 종류에 따라 달라진다.

산화된 에칭 유리: 플로트 유리의 한쪽 면이 산화 에칭되어 있다. 이것은 샌드블라스터보다 매끄러운 마감이다.

반사 방지 유리: 플로트 유리에 매우 적은 양의 빛을 반사하게 하는 코팅 처리가 되어 있다.

표준 3.

치수와 도면

건축가의 개념이 충분히 반영된 디자인으로 전개되기 위해서는 지속적인 평가와 조사 그리고 실험이 요구된다. 즉, 갈겨 쓴 노트와 스케치들은 재빨리 검토되어 실제 스케일과 치수가 적용되어야 한다. 또한 평평한 면들은 점차 볼륨처럼 살아나고, 공간들은 내부와 외부에서 모두 검토되어야 한다. 그리고 개념들은 형태를 갖추기 위해 디자인 과정과 연계된 다양한 집단들과 의사소통해야 하며, 그 후 건축가는 작품의 제작과 제출과정에 착수하게 된다.

건축주에게 건축가의 생각을 전달하기 위해서 스케치나 마분지 모형, 컴퓨터 그래픽 모델링, 디지털 애니메이션 등과 같이 디자인을 이해시킬 수 있는 형식은 어떤 것이든 의사소통에 사용될 수 있다. 또한 이러한 자료들을 준비하는 과정에서 건축가들은 간혹 좀 더 발전된 연구와 작품의 제출을 고무하는 새로운 측면의 디자인을 발견하기도 한다.

건축공사를 위해 건축가들은 확실한 규정서류들을 마련한다. 치수가 기입된 도면들은 건물을 세우는 데 필요한 모든 것을 설명한다. 프로젝트의 규모에 따라 구조, 설비기술자로부터 전기기술자, 조명디자이너에 이르는 많은 분야의 전문가들이 포함될 것이다. 각각의 업계들은 또한 그들의 업무에 대한 구체적인 공사서류를 작성하고 전체를 위해 서로 협력한다. 어떠한 경우에도 도면과 시방서는 견고한 건축물을 보장받기 위해서 분명하고 정확해야 한다.

Chapter 10: 도량형

오늘날 전 세계에서 사용되고 있는 2개의 주요 측량 시스템은 미터 시스템과 야드 · 파운드 측량단위 시스템이다. 전자는 국제단위시스템으로 알려져 있으며, 일반적으로 모든 국가에서 표준단위로 사용되며 SI로 줄여서 쓰고 있다. 미국에서 현재 통용되고 있는 후자는 대영제국의 왕실 단위법으로 사용되었던 불규칙적인 시스템에 기초하고 있다.

미터법은 과학, 무역, 상업에서 보편적으로 통용되는 단위시스템이다. 미국은 1975년 미터 조약을 통해 상업과 무역에서 도량단위 시스템을 SI로 지정하였으나, 미국연방법에서는 아직 까지 SI를 공식 시스템으로 지시하지 않고 자발적으로 사용하도록 하고 있다. 미국국립미터법위원회(The American National Metric Counil: ANMC)와 미국미터법협회(The United State Metric Association: USMA) 를 포함해 몇몇 미국 정부기관들은 SI를 공식적인 측량시스템으로 하기 위해 노력하고 있다. 지금까지 건축, 공학, 건설업계에서는 미터법으로의 이행을 느리게 진행시켜 왔지만, 현재 연방정부가 자금을 제공하는 거의 모든 건설 프로젝트들은 SI단위를 따라야 한다.

측량단위: 야드-파운드 측량 단위데이터

야드-파운드 측량단위는 다양한 방식으로 나타낼 수 있다. 분수(1 1/2″)나 소수(1.5″ 또는 0.125′)를 포함하거나 혹은 특별한 상황에서도 보다 평범한 사용법을 요구하기도 한다. 예를 들어 면적 100ft.^{2}이라든가 부피 100ft.^{3}에서와 같이 면적이나 부피를 나타내는 지수가 약어로 사용될 수 있다는 것에 주의해야 한다.

길이 환산

야드-파운드 측량단위	야드-파운드 관련 단위
inch (in. or ")	1/12 ft.
foot (ft. or ')	12 in. 1/3 yd.
yard (yd.)	36 in. 3 ft.
rod (rd.), pole, or perch	16 1/2 ft. 5 1/2 yd.
chain	4 rd. 22 yd.
furlong	220 yd. *or* 40 rd. *or* 10 chains *or* 1/8 mi.
mile (mi.), statute	5,280 ft. *or* 1,760 yd. *or* 8 furlongs
mile (mi.), nautical	2,025 yd.

넓이 환산

야드-파운드 측량단위	야드-파운드 관련 단위
square inch (sq. in.)	0.007 (1/142) sq. ft.
square foot (sq. ft.)	144 sq. in.
square yard (sq. yd.)	1,296 sq. in. 9 sq. ft.
square pole	30 1/4 sq. yd.
acre	43,560 sq. ft. 40 rd. (1 furlong) x 4 rd. (1 chain)
square mile (sq. mi.)	640 acres

분수에서 소수로의 환산

분수	소수
1/32	0.03125
1/16	0.0625
3/32	0.0938
1/8	0.1250
5/32	0.1563
3/16	0.1875
7/32	0.2188
1/4	0.2500
9/32	0.2813
5/16	0.3125
11/32	0.3438
3/8	0.3750
13/32	0.4063
7/16	0.4375
15/32	0.4688
1/2	0.5000
17/32	0.5313
9/16	0.5625
19/32	0.5938
5/8	0.6250
21/32	0.6563
11/16	0.6875
23/32	0.7188
3/4	0.7500
25/32	0.7813
13/16	0.8125
27/32	0.8438
7/8	0.8750
29/32	0.9063
15/16	0.9375
31/32	0.9688
1/1	1.0000

미터법 변환

길이 변환 계수

관례	미터법
1 in.	25.4 mm
1 ft.	0.304 8 m *or* 304.8 mm
1 yd.	0.914 4 m
1 mi.	1.609 344 km

관례	미터법
1 sq. in.	645.16 mm^2
1 sq. ft.	0.092 903 m^2
1 sq. yd.	0.836 127 m^2
1 acre	0.404 686 ha *or* 4 046.86 m^2
1 sq. mi.	2.590 00 km^2

길이 변환 계수

관례	미터법
1 micrometer (μm)	0.0000394 in. *or* 0.03937 mils
1 mm	0.0393701 in.
1 m	3.28084 ft. *or* 1.09361 yd.
1 km	0.621371 mi.

면적 변환 계수

관례	미터법
1 mm^2	0.001550 sq. in.
1 m^2	10.7639 sq. ft. *or* 1.19599 sq. yd.
1 ha	2.47105 acres
1 km^2	0.368102 sq. mi.

측량단위: SI미터 단위데이터

국제도량형총회(불어 Conférence Générale des Poids et Mesures를 CGPM으로 줄임)는 미터단위의 사용 규칙과 글자형태에 대한 구체적인 법을 제정하였다. 건물을 측량하기 위한 추천단위는 밀리미터이다. 미터 단위는 견적과 대지측량을 포함해 큰 면적으로 제한된다. 킬로미터는 수송과 측량에 적용된다. 건축도면에서 밀리미터가 사용된 치수표시는 단위를 기입하지 않아도 된다.

단위명칭과 표시는 정식 명칭(예: newton은 N)에서 나온 표시를 제외하고, 소문자형식을 사용한다. 숫자 1과 소문자 i와의 혼동을 피하기 위한 예외로 liter는 L이다. 단위표시와 혼란을 피하기 위해 표시형식에서 대문자로 시작하는 M, G, T(mega-, giga-, tera-)만 제외하고 배수와 약수를 설명하는 접두사 또한 소문자지만 철자를 쓸 때 M, G, T 는 소문자를 유지한다. 단위명칭(millimeter는 mm, milliter는 mL)에 대해 접두사와 문자 사이에 공간을 두지 않는다. 숫자와 단위명칭 또는 표시 사이(예: 300 mm)에는 공간을 띄운다.

길이 환산(미터법)

밀리미터 (mm)	센티미터 (cm)	데시미터 (dm)	미터 (m)	데카미터 (dam)	헥토미터 (hm)	킬로미터 (km)
1	0.1	0.01	0.001	0.000 1	0.000 01	0.000 001
10	1	0.1	0.01	0.001	0.000 1	0.000 01
100	10	1	0.1	0.01	0.001	0.000 1
1 000	100	10	1	0.1	0.01	0.001
10 000	1 000	100	10	1	0.1	0.01
100 000	10 000	1 000	100	10	1	0.1
1 000 000	100 000	10 000	1 000	100	10	1

넓이 환산(미터법)

스퀘어밀리미터 (mm^2)	스퀘어 센티미터 (cm^2)	스퀘어 데시미터 (dm^2)	스퀘어미터 (m^2)	에어리스	헥타르 (ha)	스퀘어 킬로미터 (km^2)
1	0.0 1	0.001	0.000 001			
100	1	0.01	0.000 1	0.000 001		
10 000	100	1	0.01	0.000 1	0.000 001	
1 000 000	10 000	100	1	0.01	0.000 1	0.000 001
	1 000 000	10 000	100	1	0.01	0.000 1
		1 000 000	10 000	100	1	0.01
			1 000 000	10 000	100	1

미국과 캐나다는 점으로 소수를 표시하지만 다른 나라들은 콤마를 사용한다.(예: 5,00 vs 5.00) 이와 같은 이유로 콤마는 숫자그룹을 나누는 데 사용해서는 안 된다. 대신 숫자는 3자리 숫자그룹 사이에 공백으로 나누어야 한다.(예:1,000,000는 1 000 000으로 기록된다) 이 미터단위 협약은 이 책의 전반에 걸쳐 사용된다.

합성단위명칭

물리적 양	단위	기호
면	square meter	m^2
체적	cubic meter	m^3
밀도	kilogram per cubic meter	kg/m^3
속도	meter per second	m/s
각속도	radian per second	rad/s
가속도	meter per second squared	m/s^2
각 가속도	radian per second squared	rad/s^2
체적 흐름표	cubic meter per second	m^3/s
관성 능률	kilogram meter squared	$kg\ m^2$
일의 양	newton meter	N m
열 관류율	watt per square meter	W/m^2
열 전도율	watt per meter kelvin	W/m K
휘도	candela per square meter	cd/m^2

미터법 면적

용적과 같은 대지 SI미터단위는 길이 기초단위로부터 파생된다. 이것들은 기초단위인 거듭제곱으로 표시된다. (예: 평방미터=m^2=10^6mm^2)

평방센티미터는 건축에 추천되는 단위가 아니므로 평방밀리미터로 변환해야 한다.

헥타르는 대지와 담수의 측정에만 허용된다.

면적이 50x100mm와 같이 선형의 치수로 표현될 때 처음에 먼저 너비를 쓰고 다음에 깊이나 높이를 쓴다.

연성(軟性) 변환과 경성(硬性) 변환

야드-파운드 단위와 미터 단위의 변환은 "연성" 혹은 "경성"일 수 있다. 연성 변환의 경우, 12인치는 305밀리미터(304.8에서 반올림)와 같다. 같은 수인 12인치의 경성 변환은 300밀리미터와 같으며 조금 더 명확하고 합리적이다. 건설업계가 이루고자 하는 완벽한 미터법 이행의 궁극 목표가 바로 이 방식이다. 그러나 그 과정은 광범위한 것이어서 그리드를 계획하는 것이 통상적인 단위에 있어 어렵게 미터로 전환해야 하는 많은 건축물들에서는 불가피할 것이고 6인치는 150밀리미터(152대신), 24인치는 600밀리미터(610 대신)가 된다. 따라서 합리적인 미터그리드를 따르려면 돌담, 블럭, 그리고 천장 타일과 같은 규격제품의 실제크기가 변경되어야 한다.

이 책에서는 야드-파운드 단위와 SI단위 사이의 관계를 정확하게 나타내려고 노력하였다. 특별하게 언급되는 곳은 제외하고 쉬운 변환이 주로 사용되었으며 공간의 제약 때문에 보통 다음과 같이 기술한다. 1′-6″(457)

미터법 변환

피트와 미터 스케일 →

인치와 밀리미터 스케일 (1:1)

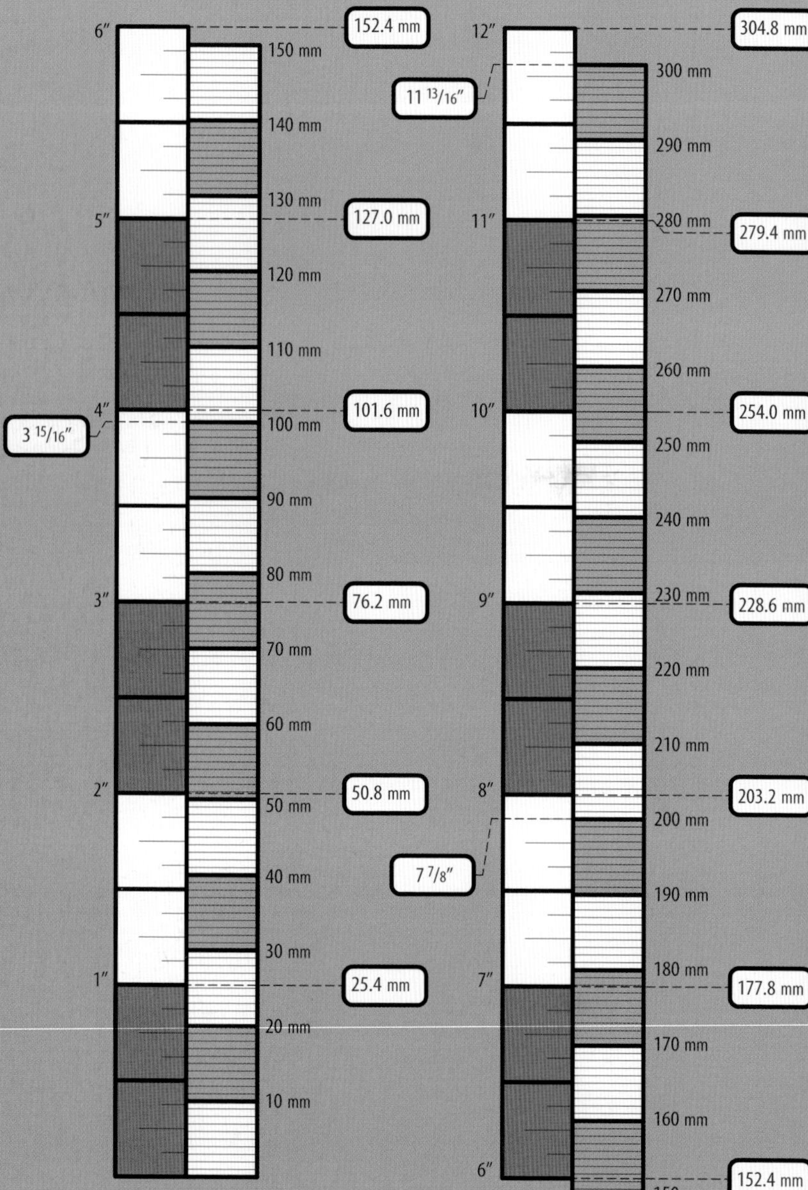

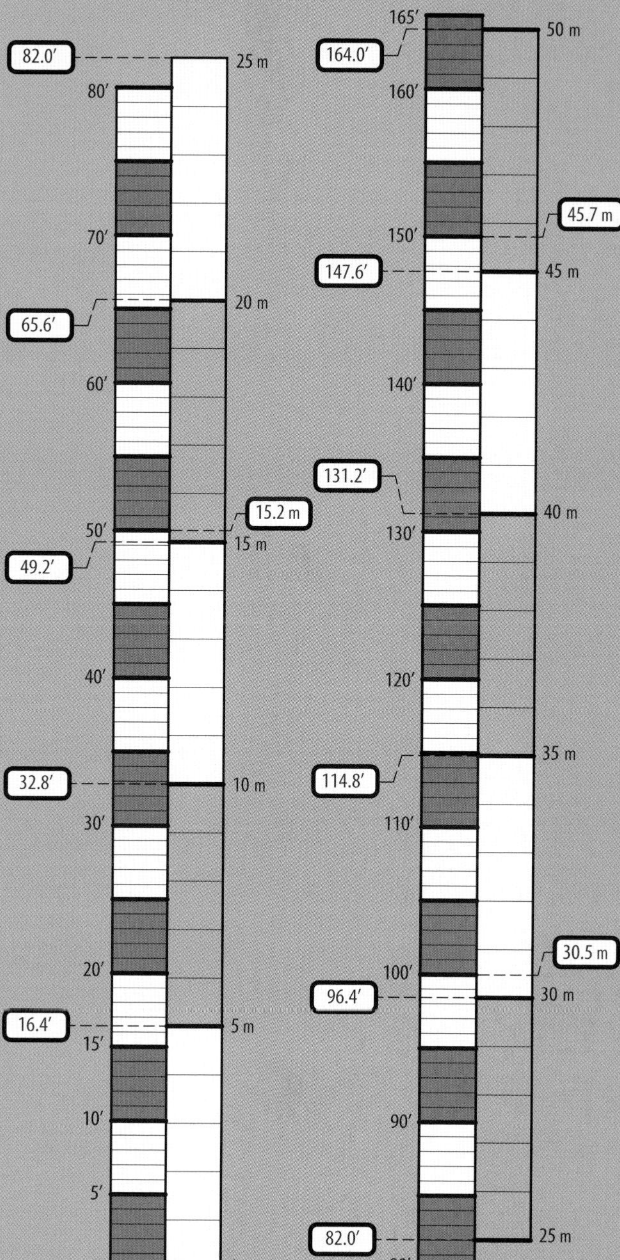

피트	인치
1	12
2	24
3	36
4	48
5	60
6	72
7	84
8	96
9	108
10	120
11	132
12	144
13	156
14	168
15	180
16	192
17	204
18	216
19	228
20	240
21	252
22	264
23	276
24	288
25	300
26	312
27	324
28	336
29	348
30	360
31	372
32	384
33	396
34	408
35	420

경사도와 백분율

주: 파란색 라인에 기입된 것은 자주 사용되는 기울기를 보여준다. 1:20 보다 더 완만한 경사는 손잡이가 필요없다. 램프에 적용가능한 장애인협회(ADA) 승인 최대 기울기는 1:12 이며, (ADA가 아닌) 법규 승인 최대 기울기는 1:8 이다.

각도	경사도	%	각도	경사도	%	각도	경사도	%
0.1	1:573.0	0.2	23.0	1:2.4	42.4	57.0	1:0.6	154.0
0.2	1:286.5	0.3	24.0	1:2.2	44.5	58.0	1:0.6	160.0
0.3	1:191.0	0.5	25.0	1:2.1	46.6	59.0	1:0.6	166.4
0.4	1:143.2	0.7	26.0	1:2.1	48.8	60.0	1:0.6	173.2
0.5	1:114.6	0.9	27.0	1:2.0	51.0	61.0	1:0.6	180.4
0.6	1:95.5	1.0	28.0	1:1.9	53.2	62.0	1:0.5	188.1
0.7	1:81.8	1.2	29.0	1:1.8	55.4	63.0	1:0.5	196.2
0.8	1:71.6	1.4	30.0	1:1.7	57.7	64.0	1:0.5	205.0
0.9	1:63.7	1.6	31.0	1:1.7	60.1	65.0	1:0.5	214.5
1.0	1:57.3	1.7	32.0	1:1.6	62.5	66.0	1:0.4	224.6
2.0	1:28.6	3.5	33.0	1:1.5	64.9	67.0	1:0.4	235.6
2.86	1:20.0	5.0	34.0	1:1.5	67.5	68.0	1:0.4	247.5
3.0	1:19.1	5.2	35.0	1:1.4	70.0	69.0	1:0.4	260.5
4.0	1:14.3	7.0	36.0	1:1.4	72.7	70.0	1:0.4	274.7
4.76	1:12.0	8.3	37.0	1:1.3	75.4	71.0	1:0.3	290.4
5.0	1:11.4	8.7	38.0	1:1.3	78.1	72.0	1:0.3	307.8
6.0	1:9.5	10.5	39.0	1:1.2	81.0	73.0	1:0.3	327.1
7.0	1:8.1	12.3	40.0	1:1.2	83.9	74.0	1:0.3	348.7
7.13	1:8.0	12.5	41.0	1:1.2	86.9	75.0	1:0.3	373.2
8.0	1:7.1	14.1	42.0	1:1.1	90.0	76.0	1:0.2	401.1
9.0	1:6.3	15.8	43.0	1:1.1	93.3	77.0	1:0.2	433.1
10.0	1:5.7	17.6	44.0	1:1.0	96.6	78.0	1:0.2	470.5
11.0	1:5.1	19.4	45.0	1:1.0	100.0	79.0	1:0.2	514.5
12.0	1:4.7	21.3	46.0	1:1.0	103.6	80.0	1:0.2	567.1
13.0	1:4.3	23.1	47.0	1:0.9	107.2	81.0	1:0.2	631.4
14.0	1:4.0	24.9	48.0	1:0.9	111.1	82.0	1:0.1	711.5
15.0	1:3.7	26.8	49.0	1:0.9	115.0	83.0	1:0.1	814.4
16.0	1:3.5	28.7	50.0	1:0.8	119.2	84.0	1:0.1	951.4
17.0	1:3.3	30.6	51.0	1:0.8	123.5	85.0	1:0.1	1,143.0
18.0	1:3.1	32.5	52.0	1:0.8	128.0	86.0	1:0.1	1,430.1
19.0	1:2.9	34.4	53.0	1:0.8	132.7	87.0	1:0.1	1,908.1
20.0	1:2.7	36.4	54.0	1:0.7	137.6	88.0	1:0.0	2,863.6
21.0	1:2.6	38.4	55.0	1:0.7	142.8	89.0	1:0.0	5,729.0
22.0	1:2.5	40.4	56.0	1:0.7	148.3	90.0	1:0.0	∞

기울기 계산	기울기 = $\frac{\text{수직거리 (V)}}{\text{수평거리 (H)}}$ = tangent m
	기울기 각도 = tangent m
경사도 계산	= 1 : $\frac{\text{수평거리 (H)}}{\text{수직거리 (V)}}$
% 계산	= 100 x Tangent (기울기) 또는 100 x V/H

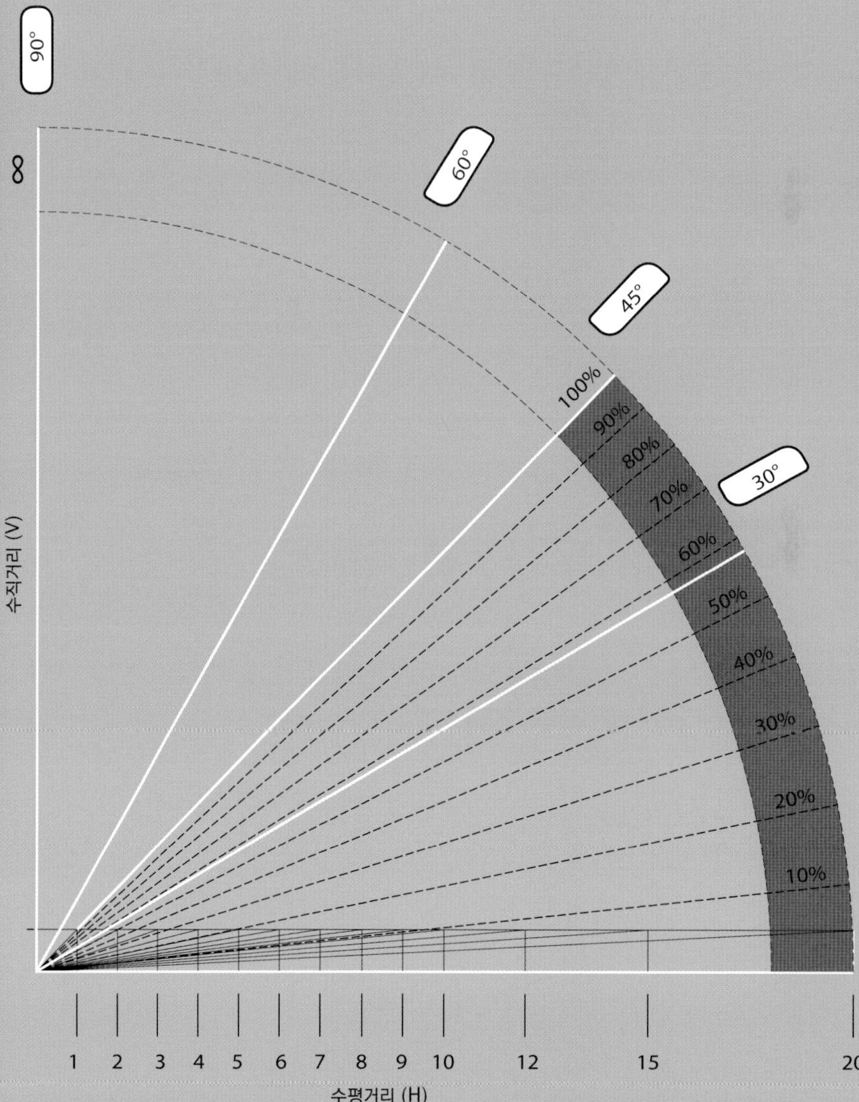

평면도형 공식

직사각형

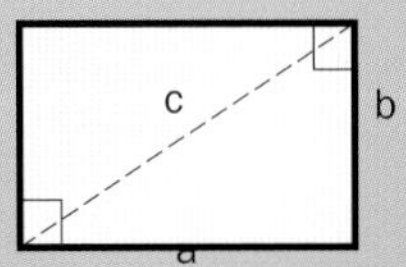

면적 = ab

둘레 = 2(a+b)

$a^2 + b^2 = c^2$

등변 삼각형
(정삼각형)

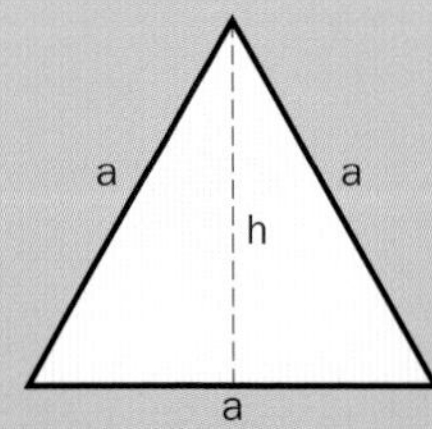

면적 = $a^2\frac{\sqrt{3}}{4} = 0.433\,a^2$

둘레 = 3a

$h = \frac{a}{2}\sqrt{3} = 0.866a$

평행사변형

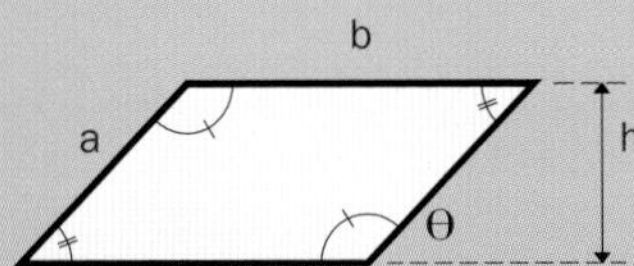

면적 = $ah = ab\sin\Theta$

둘레 = 2(a+b)

삼각형

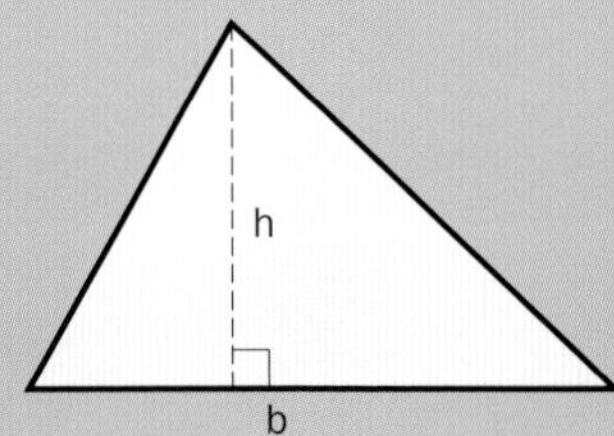

면적 = $\frac{bh}{2}$

둘레 = 각 변의 길이의 합

사다리꼴

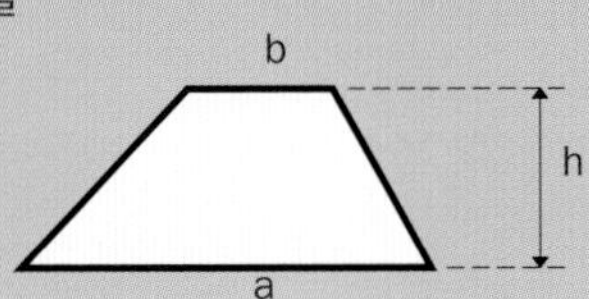

면적 = $\frac{(a+b)}{2}h$

둘레 = 각 변의 길이의 합

부등변 사각형
(불규칙 사변)

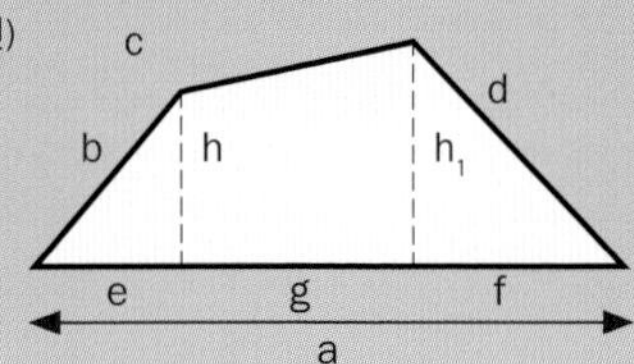

면적 = $\frac{(h + h_1)g + eh + fh_1}{2}$

둘레 = 각 변의 길이의 합

사변형

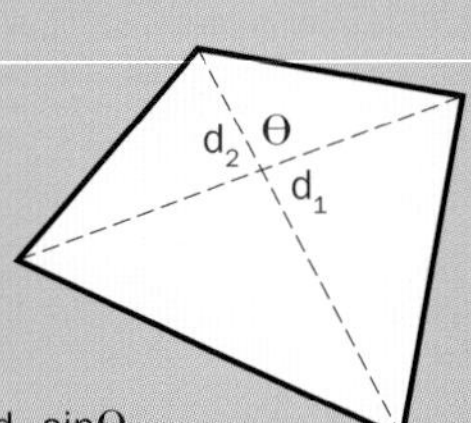

면적 = $\frac{d_1 d_2 \sin\Theta}{2}$

또는

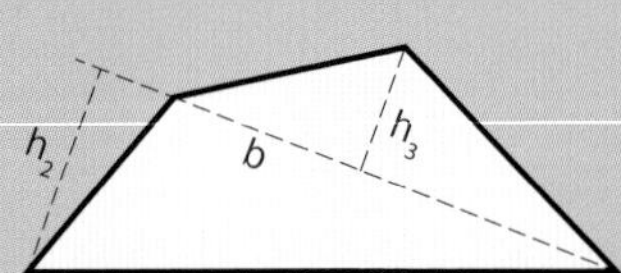

면적 = $\frac{bh_2}{2} + \frac{bh_3}{2}$

(두 개의 삼각형으로 나눈 뒤 각각의 면적을 더함)

정다각형
(각 변은 등변)

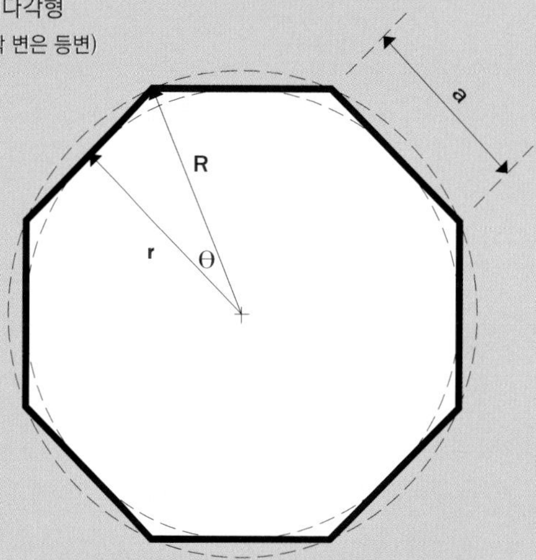

n = 면의 수

면적 = $\frac{nar}{2} = nr^2 \tan \Theta = \frac{nR^2}{2} \sin 2\Theta$

둘레 = n a

다각형	면의 수	면적
삼각형 (equilateral)	3	0.4330 a^2
사각형	4	1.0000 a^2
5각형	5	1.7205 a^2
6각형	6	2.5981 a^2
7각형	7	3.6339 a^2
8각형	8	4.8284 a^2
9각형	9	6.1818 a^2
10각형	10	7.6942 a^2
11각형	11	9.3656 a^2
12각형	12	11.1962 a^2

부피

각기둥과 원통형

부피 = 밑면의 면적 x 높이

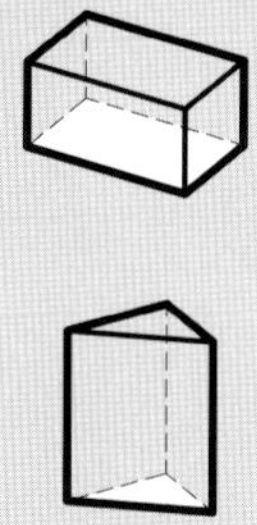

높이 (h) = 밑면으로부터 평행한 윗면까지의 수직거리, 면이 서로 평행하지 않은 경우의 높이 = 한 면으로부터 다른 한 면의 중심까지의 수직거리.

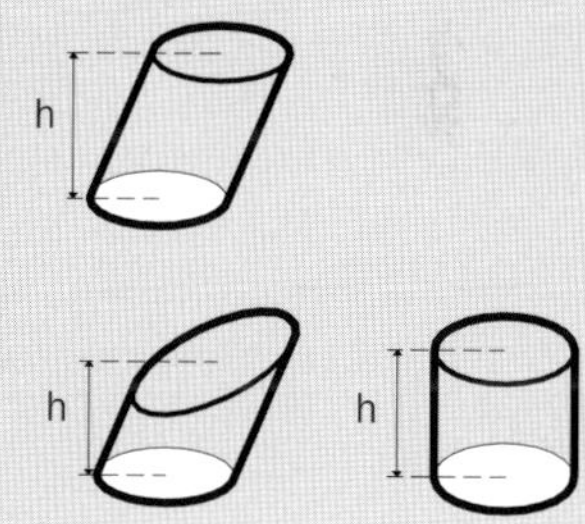

각뿔형과 원뿔형

부피 = 밑면의 면적 x 1/3 높이

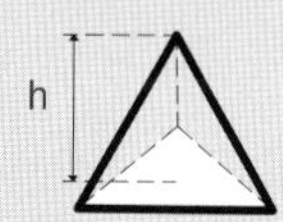

높이 (h) = 밑면으로부터 정점까지의 수직거리.

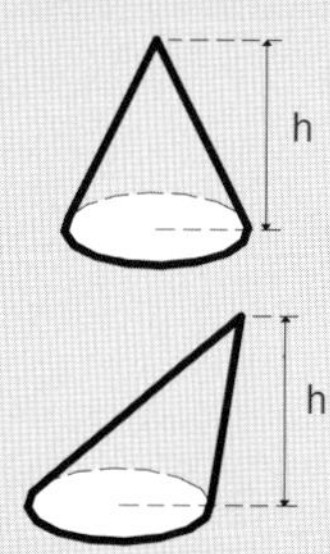

원

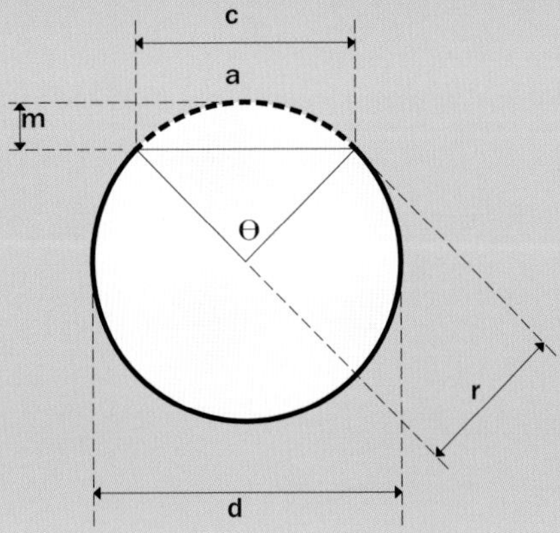

a = 호
r = 반지름
d = 지름
c = 코드
m = 거리
Θ = 각도
π = 3.14159

원주 = $2\pi r = \pi d = 3.14159\,d$

면적 = $\pi r^2 = \pi \dfrac{d^2}{4} = 0.78539 d^2$

호의 길이 a = $\Theta \dfrac{\pi}{180} r = 0.017453\,\Theta\, r$

$r = \dfrac{m^2 + c^2/4}{2m} = \dfrac{c/2}{\sin \frac{1}{2}\Theta}$

$c = 2\sqrt{2mr - m^2} = 2r \sin \frac{1}{2}\Theta$

$m = r \pm \sqrt{r^2 - \dfrac{c^2}{4}}$ 만약 각≥180°일 경우 +
만약 각< 180°일 경우 −

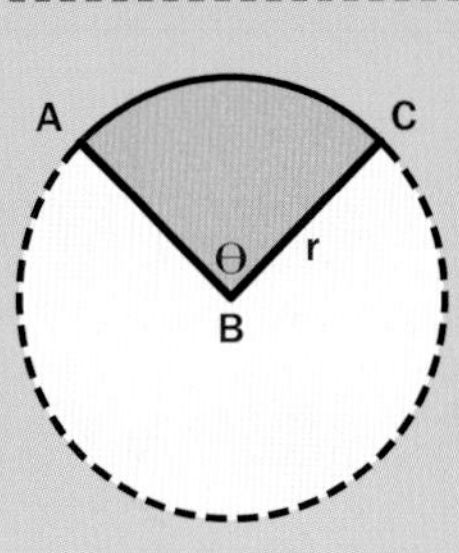

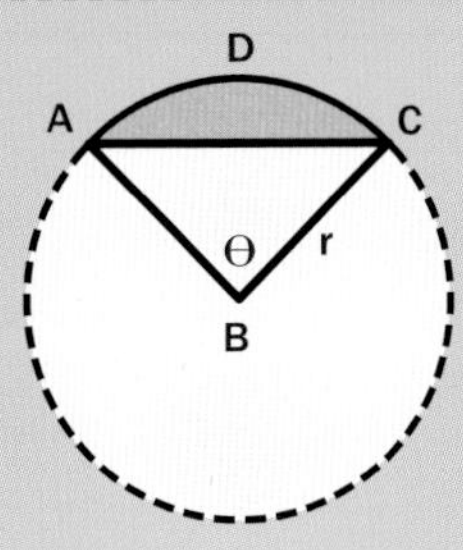

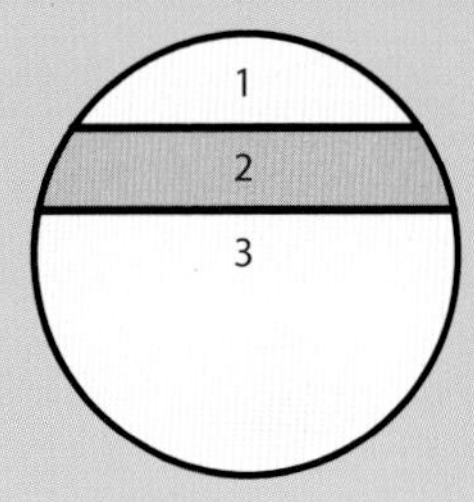

부채꼴

호의 길이 AC = $\dfrac{\pi r \Theta}{180}$

면적 ABCA = $\dfrac{\pi \Theta r^2}{360}$

또는

면적 ABCA = $\dfrac{\text{호의 길이 AC} \times r}{2}$

원호

면적 ACDA =

$\dfrac{r^2}{2} \times \left(\dfrac{\pi \Theta}{180} - \sin\Theta \right)$

r = 반지름
Θ = 각도
A, B, C, D = 점
π = 3.14159

원형대

면적 2 =
원의 면적 − 면적 1
− 면적 3

1 = 원호
2 = 원형대
3 = 원호

타원

주변길이 (근사치) =

$\pi\,[1.5\,(x + y) - \sqrt{x\,y}]$

(점 G를 타원의 중심이라고 가정하면, 좌표 (0, 0)은 (x, y)로, 점 B는 좌표(Bx, By)로 표시된다)

면적 ABFEA =
$(B_x \times B_y) + ab\,\sin^{-1}(B_x/a)$

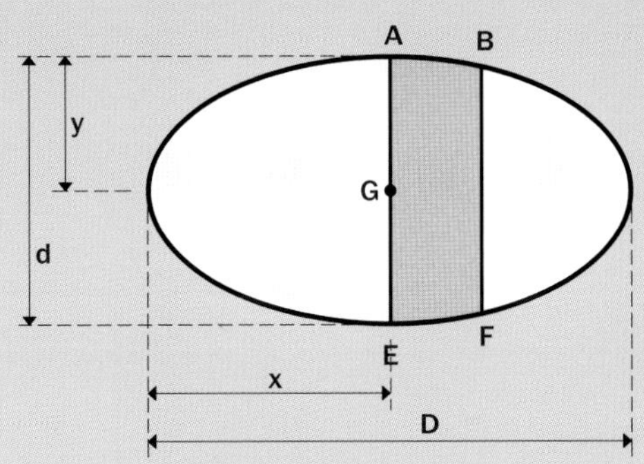

2차곡선 입체

구

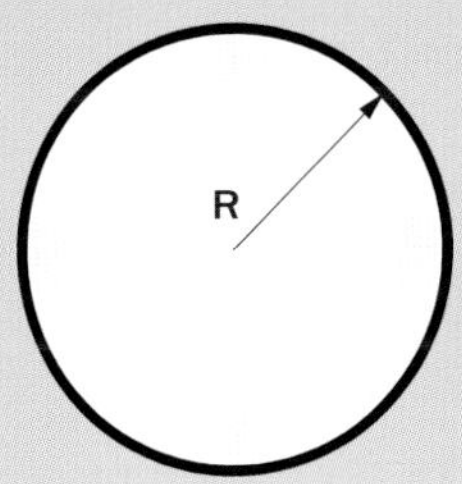

부피 $= \dfrac{4\,\pi\,R^3}{3}$

표면적 $= 4\,\pi\,R^2$

활꼴구

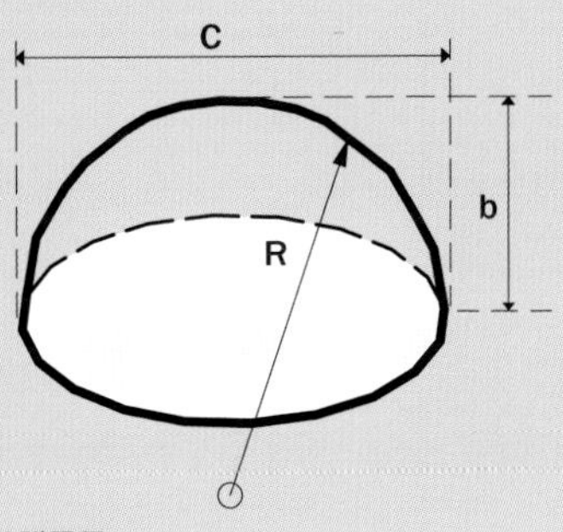

부피 $= \dfrac{\pi\,b^2\,(3R-b)}{3}$

(부채꼴 - 원뿔)

표면적 $= 2\pi R b$

부채꼴구

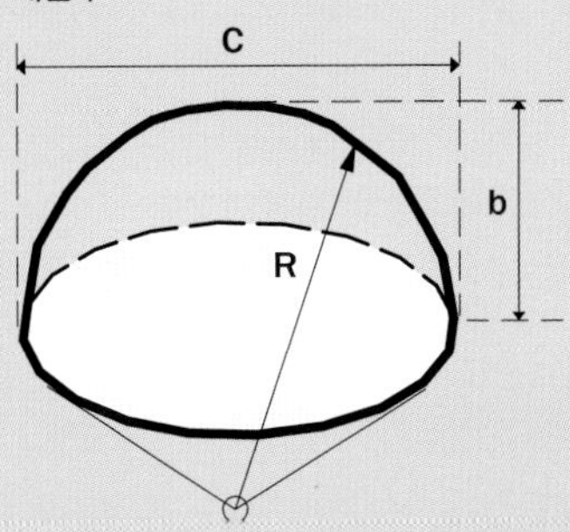

부피 $= \dfrac{2\pi\,R^2\,b}{3}$

표면적 $= \dfrac{\pi\,R(4b + C)}{2}$

(원호 + 원뿔)

타원체

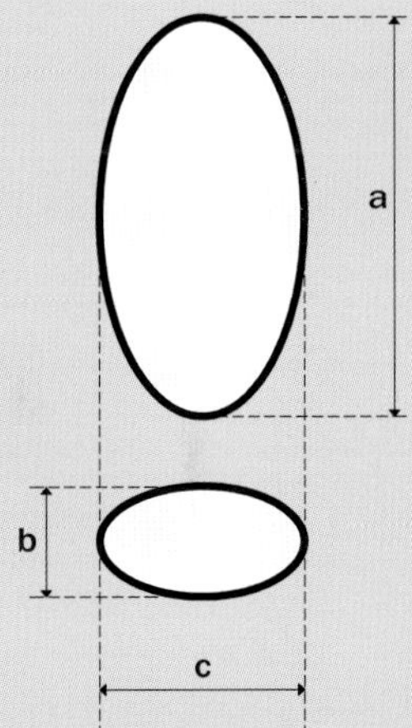

부피 $= \dfrac{\pi\,abc}{6}$

표면적 = 단순 방정식이 아님.

Chapter 11: 건축도면

건축가는 건물의 디자인을 완벽하게 설명하기 위해 8개의 기본도면을 한 세트로 사용한다.

평면도

건물의 수평면 보기로서 서로에게 그들의 관계를 보여준다. 평면은 수평단면도이고, 일반적으로 바닥에서 대략 3′-0″(915) 높이에서 건물이 잘린 것으로 묘사된다.

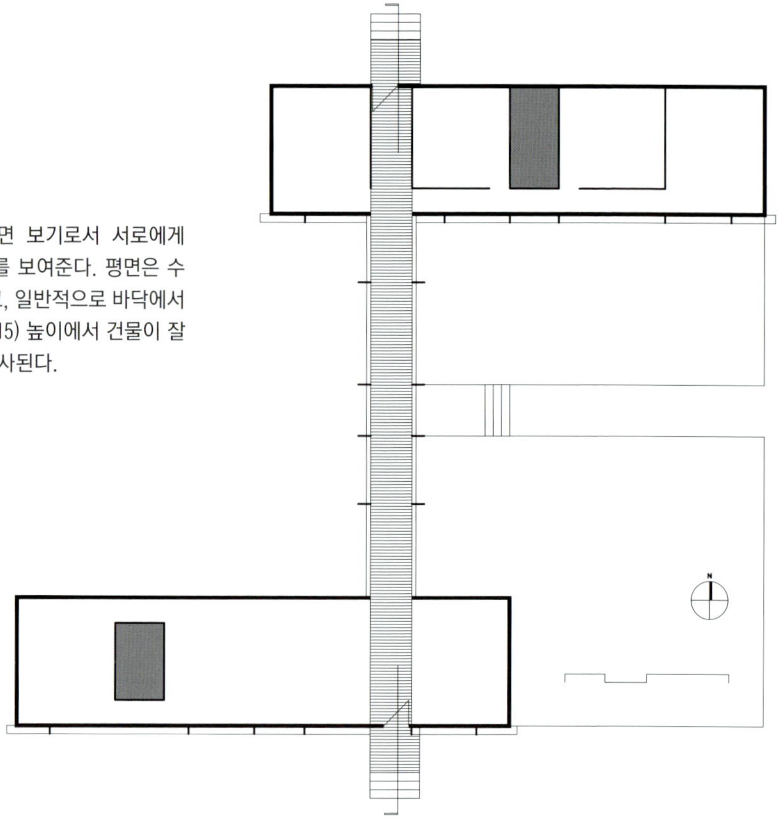

단면도

건물 구성요소를 관통해보는 수직절단 보기. 단면도는 수직평면도 역할을 하고 문, 창문 등의 높이정보를 포함하고 있다. 이 정보는 절단면보다 가는 선두께로 나타낸다.

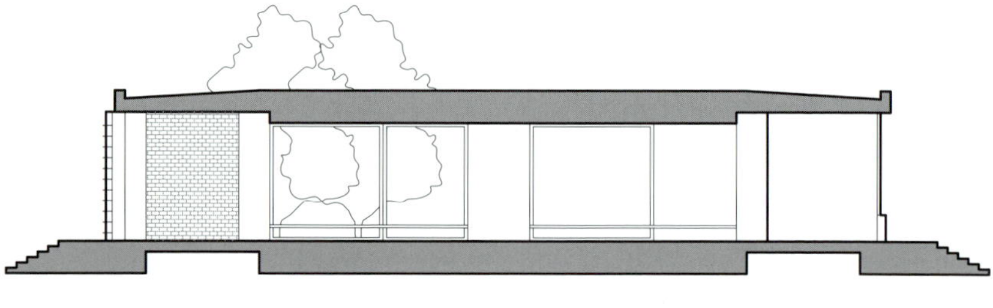

입면도

건물의 수직면 보기로서, 서로의 관계를 보여준다. 입면도는 선택된 평면으로부터 수직으로 보인다.

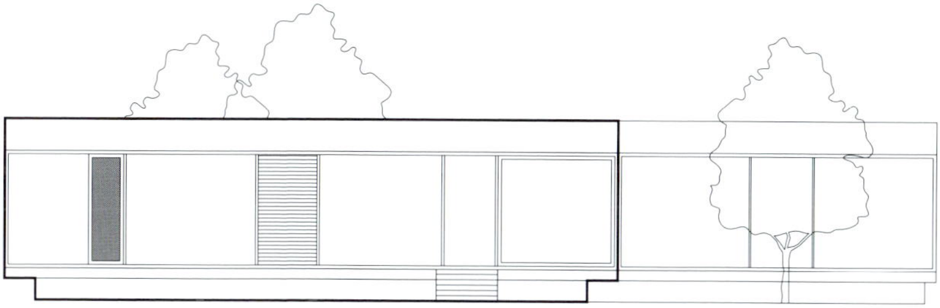

3차원 표현

투시도(스케일이 정해지지 않음), 엑소노메트릭, 아이소메트릭은 전통적인 평면도, 입면도 그리고 단면도가 할 수 없는 방법으로 건물과 공간을 묘사한다. 투시도는 특히 디자인된 건물 안에서 실제 적으로 경험하는 것처럼 전망을 만들어 내는 데 효과적이다.

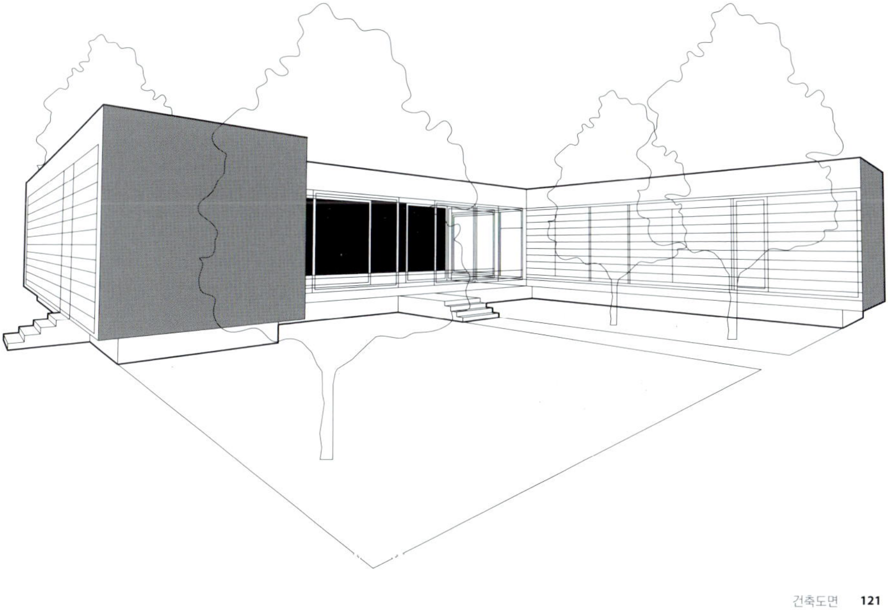

도면 이해하기

도면기호

기호와 참조표는 도면을 보기 위해 필요하다. 그것들은 도면을 보는 모든 사람에게 어디로 가서 특정 요소에 대해 더 많은 정보를 찾을 수 있는지를 알려준다.

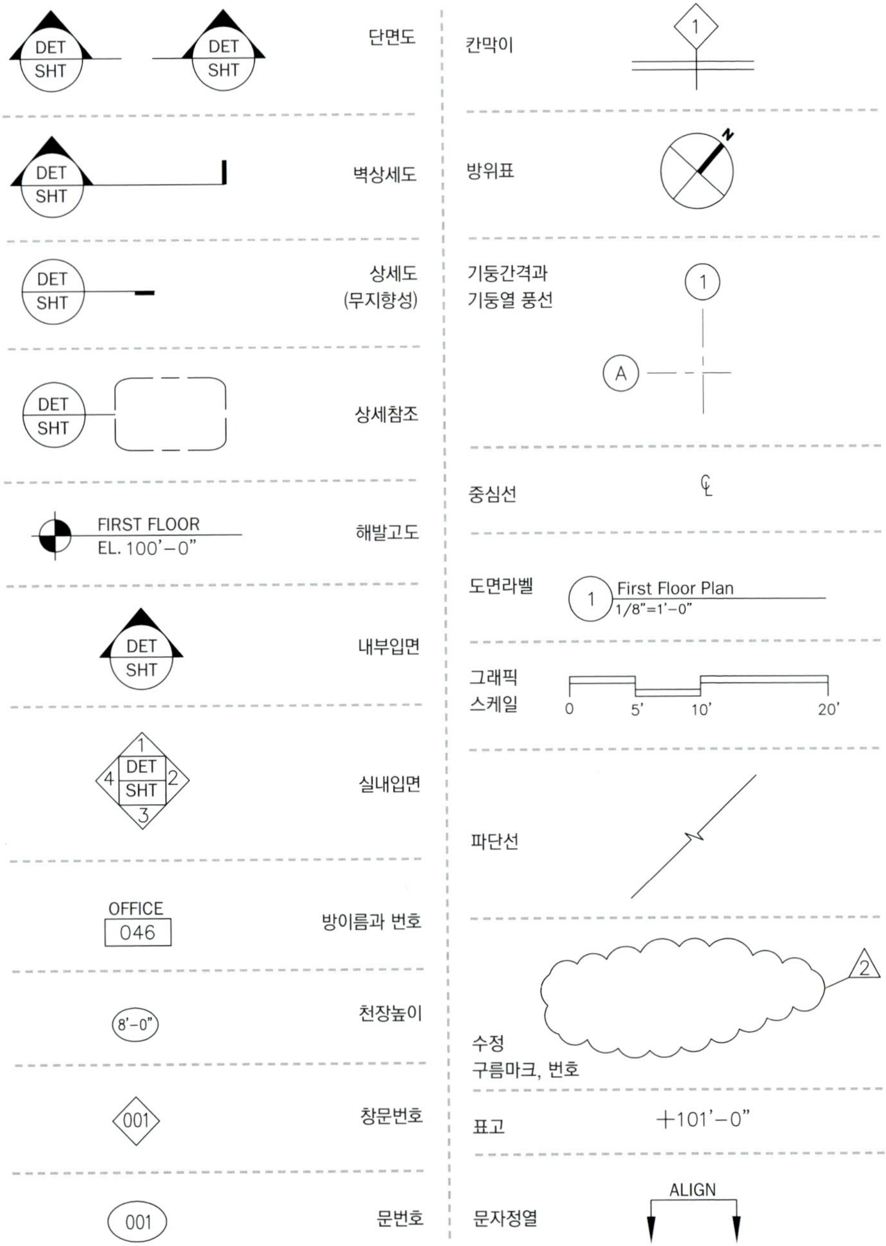

바닥평면도

전체적인 건물평면도는 보통 전체평면도를 볼 수 있도록 하나의 스케일로 그린다. 전체평면도의 모든 구성요소들은 더 큰 크기의 평면도, 상세도, 단면도, 입면도에 있는 것처럼 그 세트에 있는 다른 도면에 일치된다. 어떤 정보들은 일치되며 많은 도면 사이에서 상호 참조가 될 수 있다. 아래 평면도에 나오는 기호들은 다음 도면에 다시 나타난다.

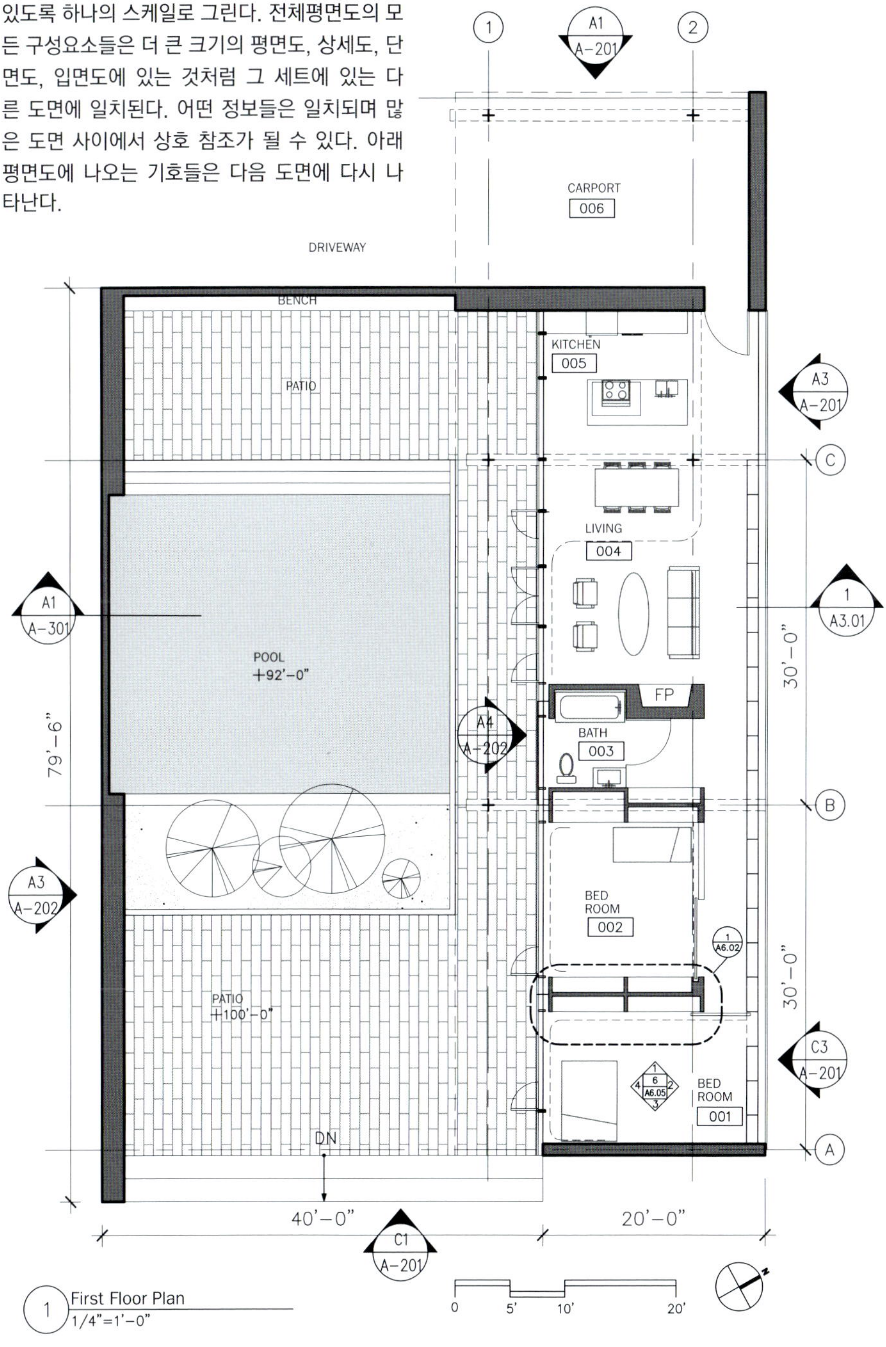

건물입면도

건물입면도는 외관건물의 상태를 묘사하면서, 재료와 중요한 수직치수를 나타낸다. 도면이 너무 커서 표준 시트에 맞지 않을 경우, 분리해서 같은 시트 또는 또 다른 시트에서 계속해야 한다. 그리고 도면의 정렬을 위해 매치라인을 사용한다.

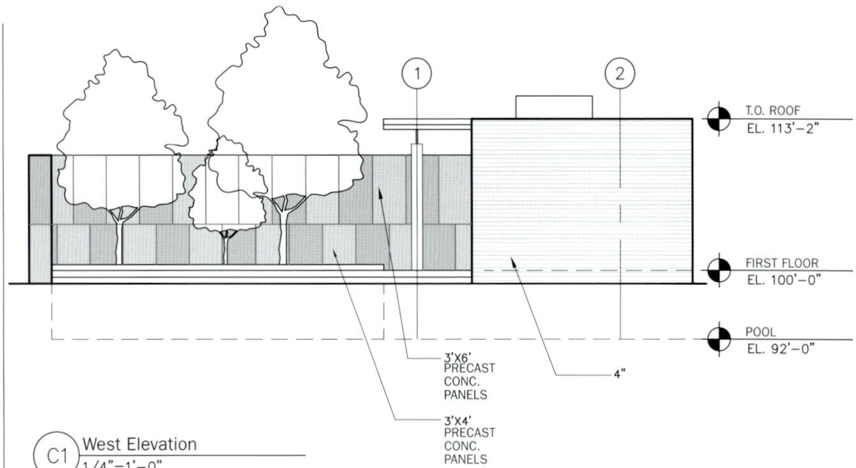

C1 West Elevation
1/4"=1'–0"

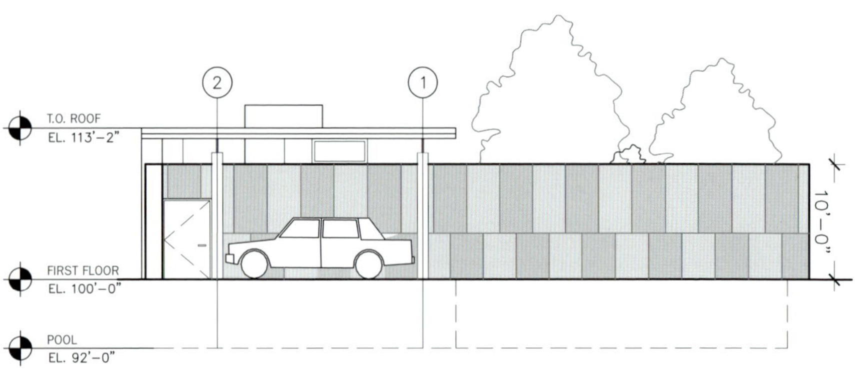

A1 East Elevation
1/4"=1'–0"

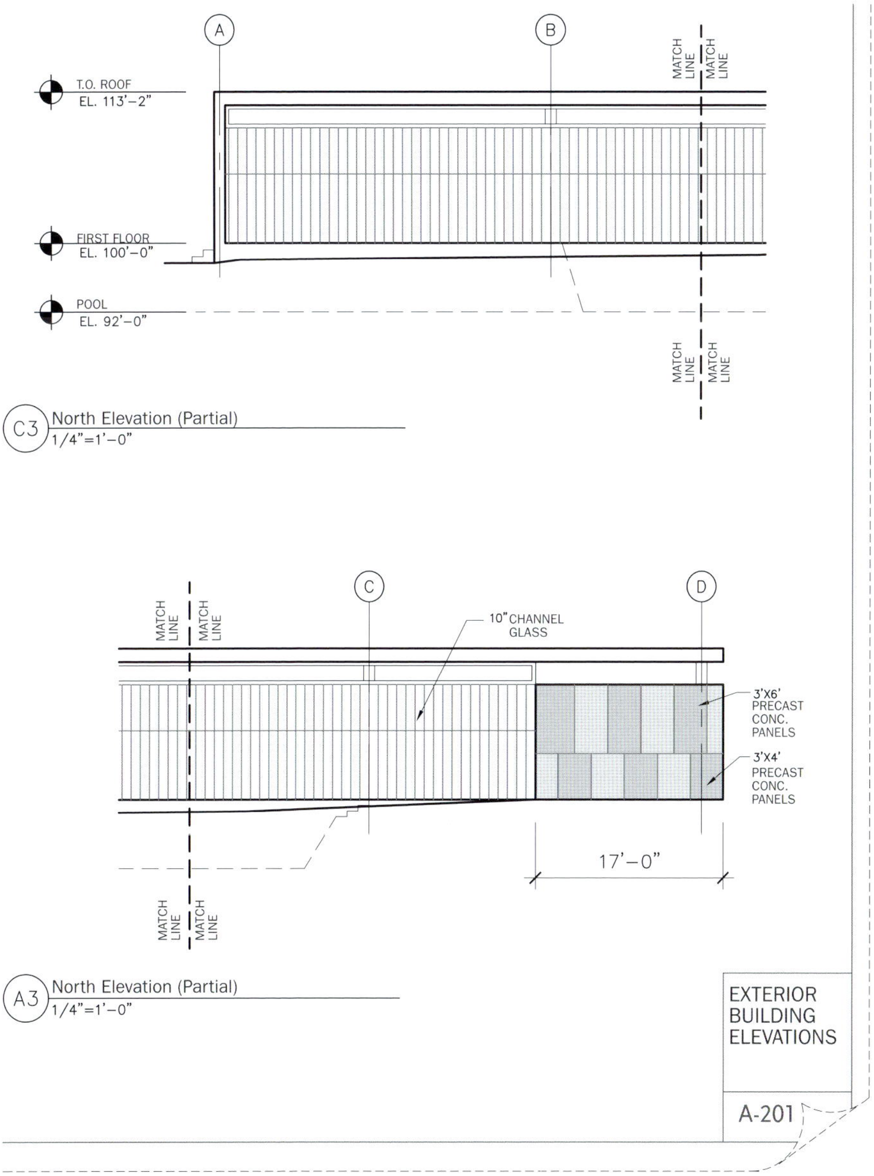

C3 North Elevation (Partial)
1/4"=1'–0"

A3 North Elevation (Partial)
1/4"=1'–0"

천장도

천장도는 거꾸로 된 바닥평면도로 생각할 수 있다. 왜냐하면 글자 그대로 천장의 평면도이기 때문이다. 천장도는 전등설비 배치와 종류, 천장높이와 재료, 천장면에 발견되는 그밖의 다른 것들을 설명하는데 사용된다. 천장도는 천장도에 구체적인 어떤 것뿐만 아니라 규정 요소와 표시들을 사용한다.

전등설비는 종종 전등설명서에 있는 설명을 언급하는 꼬리표를 지니고 있다.

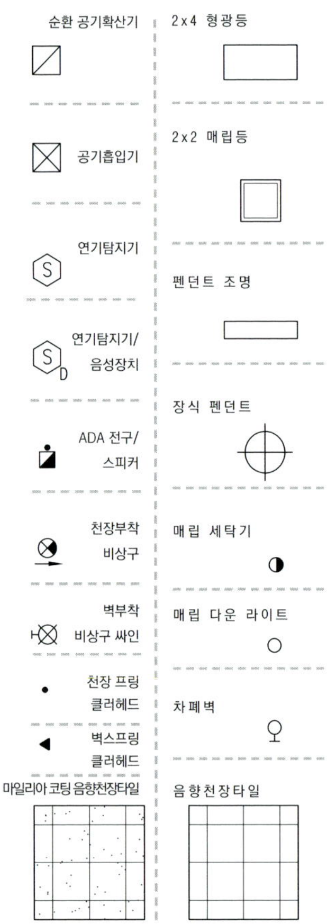

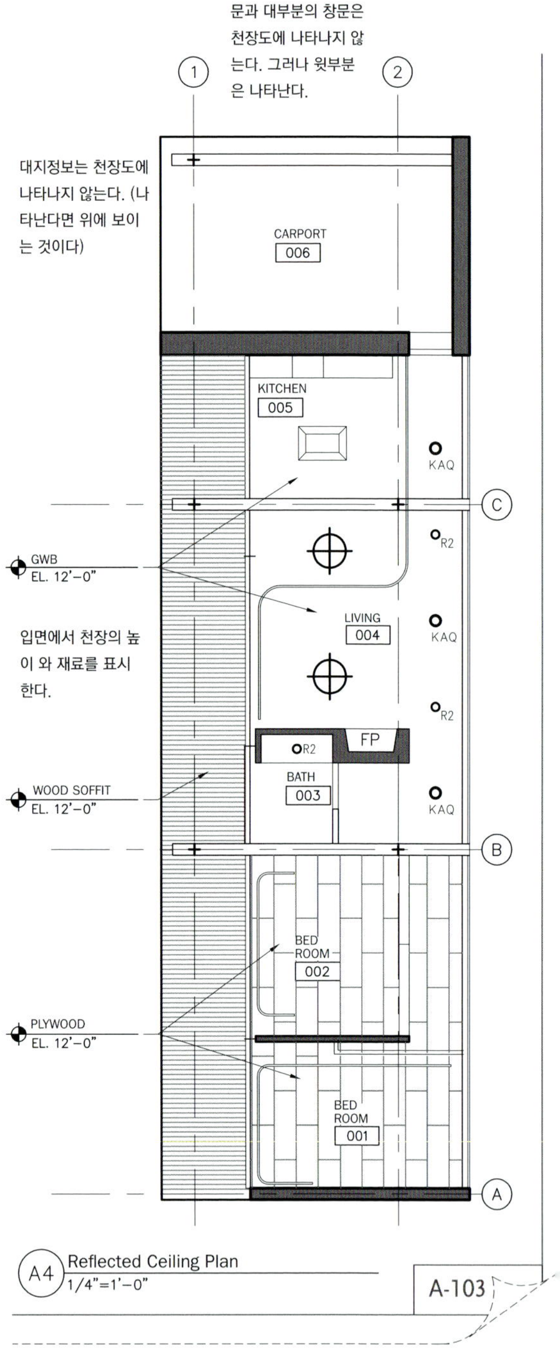

내부입면도

내부입면도는 더 많은 세부사항, 기록, 치수를 나타내는 것을 고려해야 하기 때문에 전체 건물 평면도보다 더 큰 크기로 그린다. 내부입면도는 건물 평면도부터 일치시키고 차례로 단면도, 가구공사의 평면상세도와 벽 단면도와 같이, 더 큰 크기의 정면도에 일치시킨다.

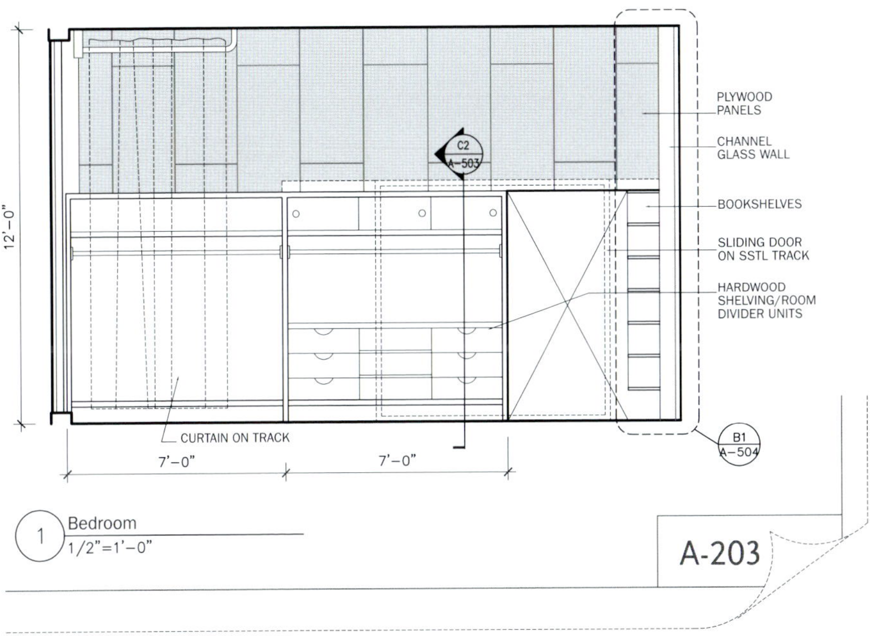

상세도

상세도는 11/2″=1′-0″,3″=1′-0″,6″=1′-0″와 같은 스케일로 그린다. 가끔 전체 크기로 그릴 때도 있고 많은 다른 도면들과 일치되도록 한다.

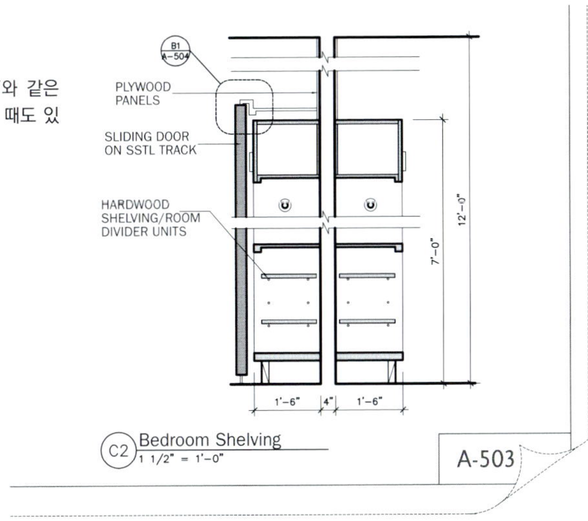

3차원 도면

평행투상도

평행투상도는 어떤 물체의 3차원적 특성을 투영시켜 표현한 그림이다. 이 도면들은 평면을 회전하거나 측면을 기울인 사영투상으로 분류될 수 있다. 또한 일반적으로 엑소노메트릭 또는 엑시오메트릭 도면으로도 언급된다. 투시도에서와는 달리 평행투상도에 투영된 선들은 지평선 상의 한 점으로 모이지 않고 평행하다.

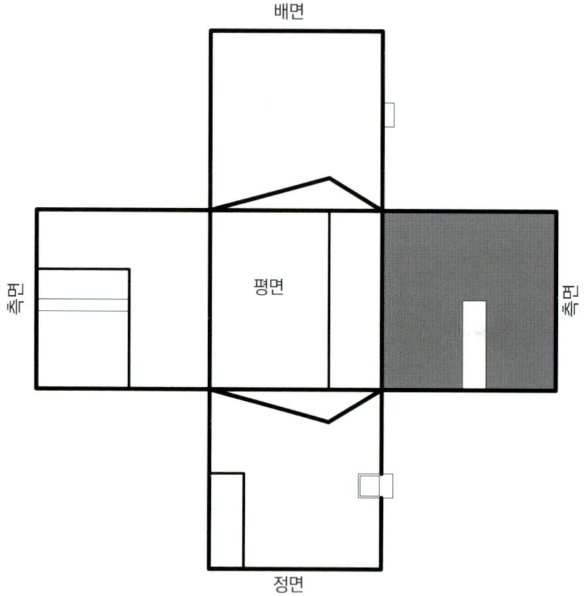

전개도

오블리크 (Oblique)

오블리크 도면은 하나의 면(평면 혹은 입면)이 직접적으로 화면에 그려진다. 투영된 선은 30° 혹은 45° 각도로 화면에 그려진다. 투영선의 길이는 반대쪽의 다이어그램에 보이는 바와 같이 결정된다.

디메트릭 (Dimetric)

디메트릭 도면은 물체가 회전되어 있어서 하나의 모서리가 화면에 접하는 것을 제외하면 오블리크 도면과 비슷하다.

아이소메트릭 (Isometric)

아이소메트릭 도면은 디메트릭 도면의 특별한 형태로서, 물체의 모든 축이 동시에 화면에서부터 회전되고 같은 각도(30°)로 투영이 유지된다. 모든 모서리는 같은 범위에서 틀어지고 정확히 1:1:1 비율을 유지한다.

트리메트릭 (Trimetric)

트리메트릭 도면은 물체의 평면이 회전되어 있어서 2개의 노출된 면이 화면 상에서 같은 각도에 있지 않다는 것을 제외하면 디메트릭 도면과 비슷하다.

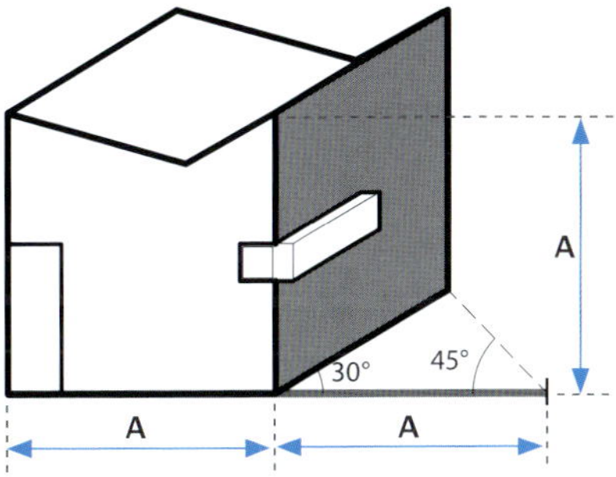

30° 오블리크

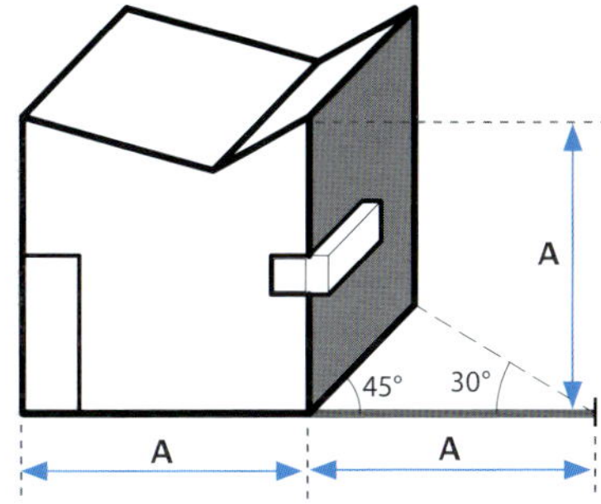

45° 오블리크

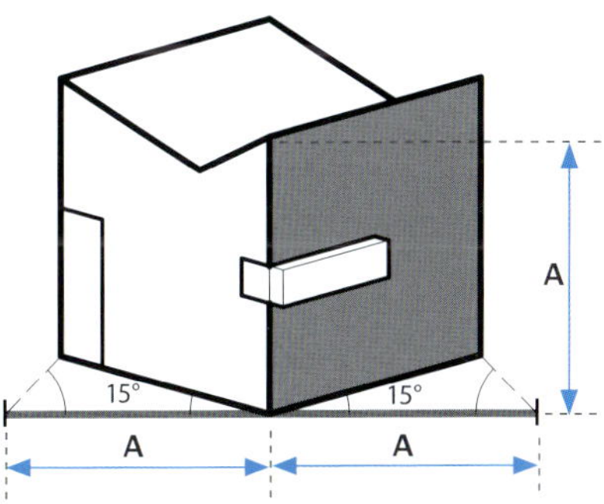

15° 디메트릭

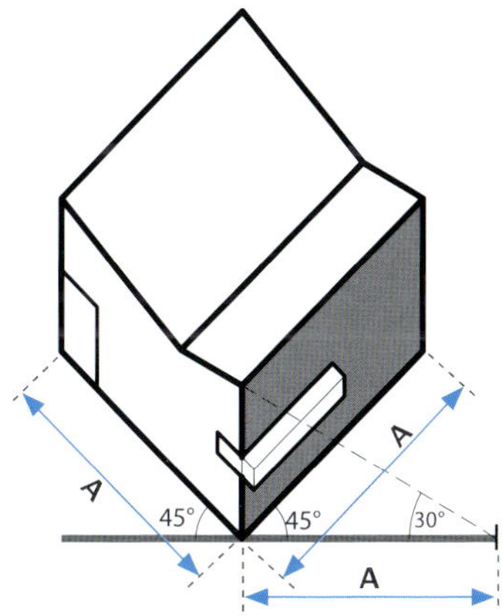

45° 디메트릭

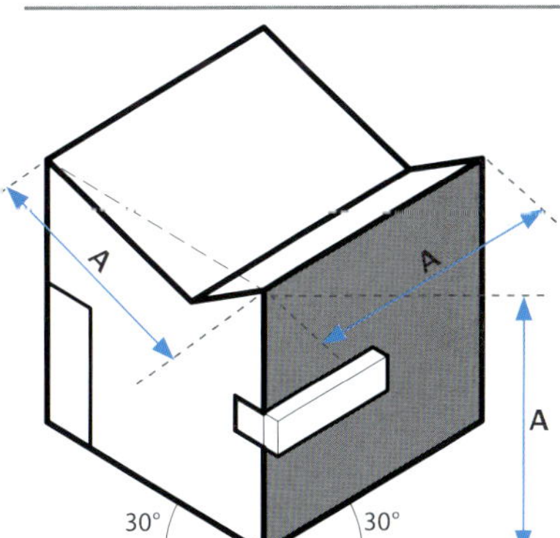

아이소메트릭
(30° 디메트릭)

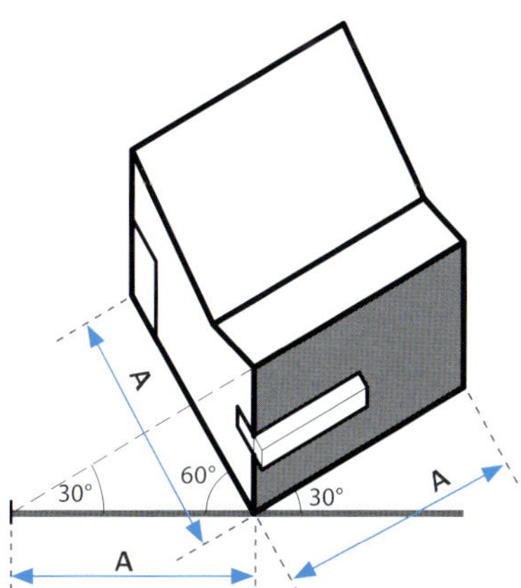

드리메트릭

2소점 투시도

정점(SP): 관찰자의 고정된 위치를 정한다.

화면(PP): 투영된 투시도 이미지를 기록하고 관찰자 시각의 중심에 수직선을 맞추는 평평한 2차원 표면. 화면은 투시도면에서 유일한 실제크기 면이다. 화면 뒤에 있는 물체들은 실제크기보다 더 작게 화면에 투영되고, 반면 관찰자와 화면 사이에 있는 것들은 실제크기보다 더 크게 화면에 투영된다.

측정선(ML): 화면에 위치해 있는 측정선은 투시도에서 유일한 실제크기 선이다. 이 선은 물체의 주요 수직치수가 투영될 수 있는 수직선이다.

수평선(HL): 화면과 관찰자의 눈을 통과하여 수평면과 교차하는 선.

소실점: 투시도에서 평행선이 만나면서 나타나는 점. 왼쪽(vpL) 오른쪽 소실점(vpR)은 정점에서 사물과 평행한 선이 화면과 교차하는 점에 의해 결정된다.

바닥선(GL): 화면과 지면이 교차하여 생기는 선.

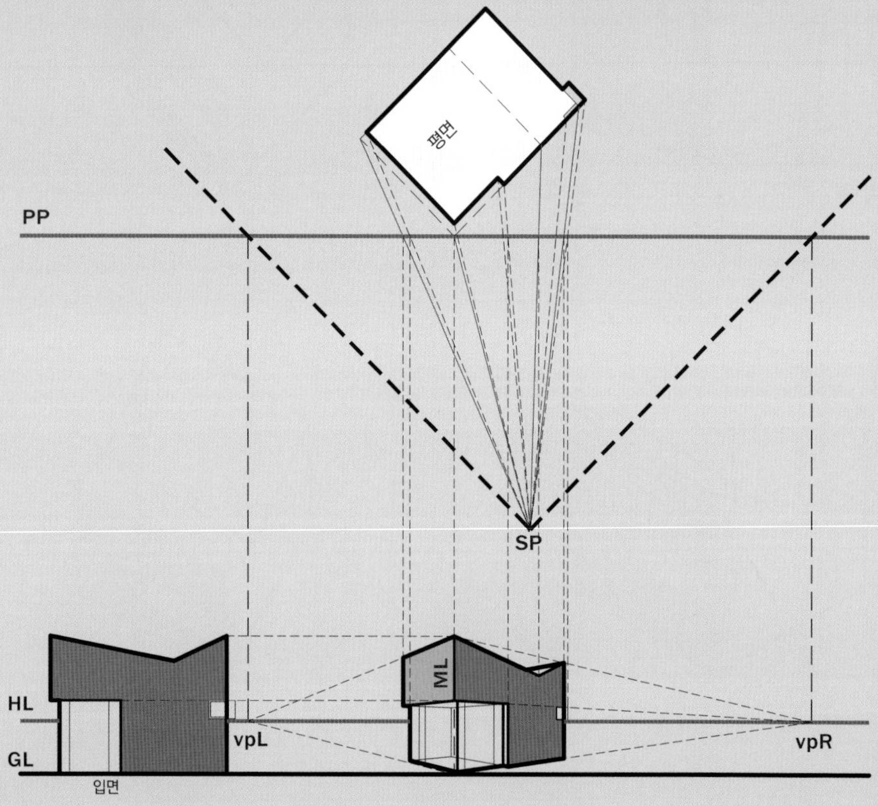

1소점 투시도

1소점 투시도는 하나의 소실점을 사용하며, 화면에 직각인 모든 모서리와 면은 한 점으로 사라진다. 이 점(C)을 위치시키기 위해 정점에서 수평선까지 수직선을 그린다. 화면과 평행인 건물 면은 소실점 없이 투시도에서 평행선으로 나타난다.

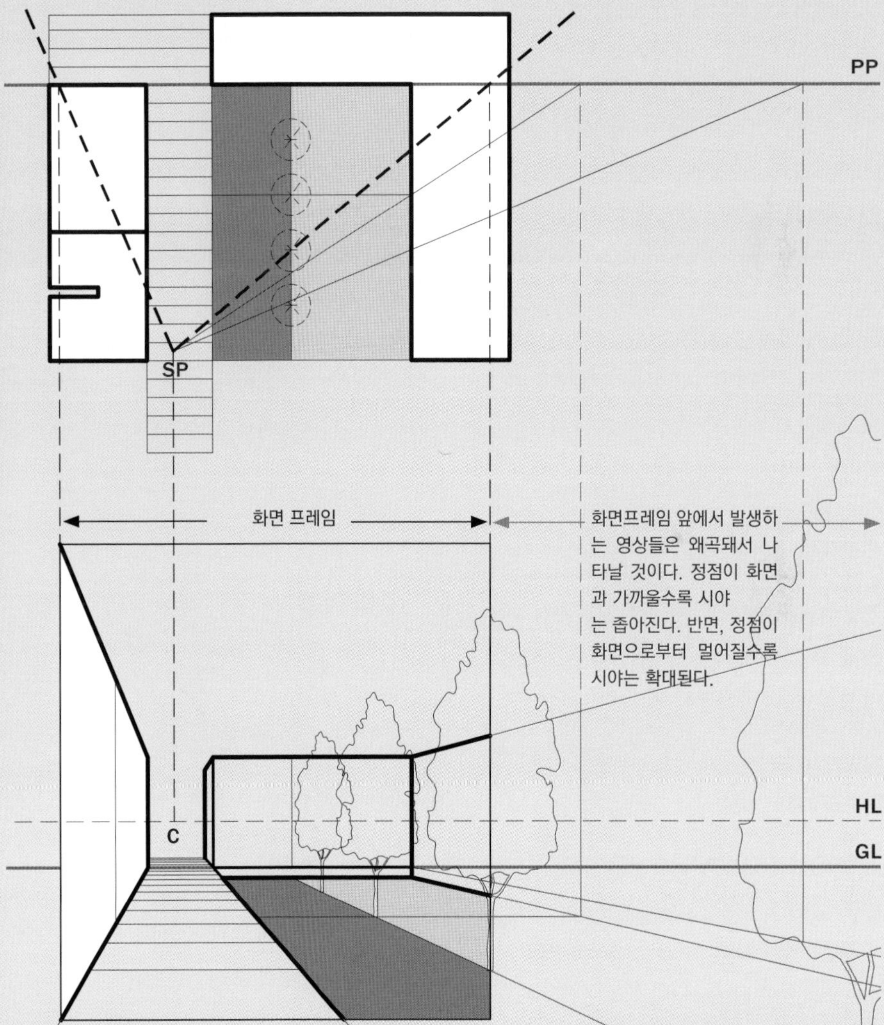

Chapter 12: 프로젝트관리와 건축서류

건축업무

건축언어를 이야기하는 것은 많은 일을 하는 것이다. 그것은 형태와 스타일의 예술 또는 더 무미건조한 계약관리 측면들을 포함할 수 있다. 건축 및 건축업무는 가끔 예술, 과학, 공학적 영역뿐만 아니라 기업, 경제학, 사회학 영역 사이를 전전하기도 한다. 모든 전문가그룹은 어느정도까지는 자신들만의 언어를 이야기한다. 건축가들은 문서나 말에 스케치나 기호들을 부가함으로써 발표 시 인정되는 기준을 알아보기 쉬운 언어로 체계화한다. 이 기준들의 요점은 의사소통과 상호작용을 좋은 방법으로 편하게 하는 것이지 복잡하게 하는 것이 아니다.

대부분의 나라들은 건축업무를 관리하는 기관을 두고 있다. 미국에는 윤리와 전문가적 자질을 감독하고 사업계획 인도 일정에서 계약 및 법적 서류에 이르는 일들을 위한 지침서를 제정하는 기관으로 미국건축가협회(the American Institute of Architects:AIA)가 있다. 다양한 건축 업무의 특징에 대해 모든 면에서 완벽하게 정통한 건축가는 드물 것이다. 그러나 모든 건축술은 이를 성립하는 실무에 달려 있기 때문에 현재 활동하고 있는 책임 있는 모든 건축가들은 자신의 업무를 이해해야 한다.

프로젝트 공통 용어

가치공학(VE): 프로젝트의 가장 낮은 전체 가격을 달성하기 위해 대체자재, 장비 그리고 시스템에 대한 가격을 분석하는 과정.

간접비: 간접비와 같은 특정 프로젝트 또는 일에 부과되지 않는 경비.

거주증명서: 지방 정부기관에 의해 발행되고 건물이나 토지가 지역거주기준을 충족시키며 대중건강과 건물규정을 따르고 있다고 규정하는 서류.

건설관리계약: 건설관리회사 또는 공사관리자(CM)로 불리는 사람에게 공동작업과 전반적인 프로젝트계획, 디자인 그리고 공사수행의 책임을 부여하는 서면 합의서.

건설사업관리: 조직 및 건축가가 디자인한 대로 프로젝트를 건설하기 위한 노동력, 재료, 장비의 관리 등을 말한다.

건축허가: 당국이 승인한 도면과 설명서에 따라 특정 프로젝트의 건설을 허가하는 정부에 의해 발행된 서면서류.

검사목록표: 소유주가 준비한 목록표 또는 계약자에 의해서 정정 또는 완성을 요구받는, 허가받은 소유주 대리인의 작업목록. 일반적으로 공사 마지막에 이루어짐. 또한 펀치리스트라고도 불림.

견적: 주어진 프로젝트완성을 위해 필요한 자재, 인건비, 장비 등의 합계 계산.

계약관리: 계약의무와 프로젝트 공사기간 중 건축가와 엔지니어의 의무와 책임.

계약사항의 변경: 소유주와 작업변경 또는 계약 총금액이나 시간의 길이 조정을 허가하는 계약자 사이에 서명된 서면서류. 소유주가 허가할 경우(서면으로), 건축가와 엔지니어는 계약사항의 변경에 서명할 수 있다.

계약자: 허가받은 개인 또는 적당한 노동, 장비 그리고 자재로써 명시된 대로 작업을 수행한다고 동의하는 회사.

계약초과(절감): 모든 계약사항 변경조정을 포함해 처음 계약가격과 마지막 마감가격 사이의 차이.

계획: 차트, 다이어그램 또는 제안된 시스템의 개요.

공사가격: 직접계약자는 간접비와 이익뿐만 아니라 인건비, 재료, 장비, 서비스의 가격등을 책정한다. 계약에 의해 소유주가 부담하는 건축가, 엔지니어, 상담가, 토지가격 또는 그밖의 다른 품목들의 요금은 공사가격에서 제외된다.

구조시스템: 하중지지 철골부품과 기초 위의 기둥.

기초설계안: "어디론가 향하기 위한 의지와 함께 출발하다"의 뜻인 프랑스어 partir에서 유래한 말로, 건축작업을 관리하고 조직하는 중심적인 생각.

대안: 하나의 프로젝트에 들어가는 다양한 가능성 있는 가격 견적서를 얻기 위해 공사 서류나 또는 설명서에 더해지는 추가 디자인 이나 재료 선택. "대안입찰"은 추가된 재료나 가격을 포함하고, "대체입찰"은 필요에 따라 프로젝트가격을 낮추기 위해 특정요소를 제거한다.

대지: 건물의 위치 또는 건물들의 모임.

대체: 제안된 대체품이나 자재 또는 같은 가격과 품질의 과정을 위한 대안.

마지막 집중적 검토: 건축적인 문제를 빠르게 해결하기 위한 집중적인 디자인과정; 건축과 학생들이 주로 하지만, 다양한 디자인과정 단계에 있는 전문가들이 사용하기도 한다.

상담가: 소유주나 건축가에 의해 고용되어 자신의 전문지식 분야에서 정보를 제공하거나 프로젝트에 대해 조언하는 자.

설계시공건설: 전체 프로젝트에 대해 디자인과 공사서비스를 제공하면서 계약자가 입찰하거나 또는 협상하는 합의서.

소유주 – 건축가 합의서: 전문건축서비스를 위한 건축가와 의뢰인 사이에 맺은 서면 계약서.

소프트원가: 직접공사비 외 건축, 엔지니어 요금, 허가서, 법적 융자비, 공사이자, 작업경비, 임대료, 부동산수수료, 광고, 판촉, 감독비 등을 포함한 경비. 소프트원가와 공사가격은 프로젝트가격에 포함된다.

시간&자재(T&M): 간접비 이외의 지불은 인건비, 장비, 자재, 제출된 서비스의 실제가격에 기초한다는 서면합의서.

시공사: 건설공사의 주요 책임을 지고 있는 면허 있는 개인이나 회사.

시공상세도: 진행 중인 작업의 어떤 부분을 설명하기 위해 계약자 또는 하도급자, 하도급 업체, 제조사, 공급자 또는 배급업자들이 특별히 준비한 도면, 다이어그램, 일정 그리고 그밖의 다른 자료들. 이 도면들은 특정계약자 또는 공장이 제품을 공급하고 만들며 조립하고 설치할 수 있는 구체적인 방법을 보여준다. 건축가는 소유주-건축가 합의서에 의해 이 도면들을 검토해서 승인하거나 또는 다른 적절한 조치를 취해야 할 의무가 있다.

실제완공날짜: 작업이 완공될 때 건축가가 지정하는 날짜.

예정: 작업을 수행하기 위한 계획 또는 도면 안에 있는 차트나 도표.

용도지역제: 관리하는 시 당국에 의해 설립된 대로 허가된 건물크기, 특징 및 사용에 기초하는 특정지역 안의 토지 면적 또는 구역의 제한.

용도지역제허가서: 특정한 목적을 위해 토지의 사용을 허가 · 관리하는 시 당국이 발행한 서류.

입주자공사(TIS): 건물의 외부가 완성된 후 프로젝트의 인테리어 공사.

입찰: 의견이나 가격제안. 프로젝트가 입찰에 놓일 때 계약자들은 시간과 프로젝트가격에 대해 그들의 견적서를 제출해야 한다.

작업범위: 서면검토범위 또는 특정프로젝트의 활동.

전문가수완의 기준: 특정 전문적인 행동의 실행 시 그들의 구성원들을 이끌 수 있는 자격을 갖추고 있으며 인정받은 전문가 조직에 의해 채택된 최소한의 윤리적 원리를 경청하고 실행.

정보요청(RFI): 계약서류의 이해를 위해 소유주 또는 건축가에게 전달되는 계약자로부터의 서면 요청서.

제안요청(RFP): 견적이나 또는 가격제안을 위해 계약자, 건축가 또는 하도급자에게 요청하는 서면요청서.

조기착공공사: 공사서류완성 전에 공사작업이 시작돼서 계속적인 디자인 작업상황을 야기시키는 건설사업관리 방법.

준공도면: 입찰서류와 계약도면을 구별하면서, 공사기간 중에 프로젝트에 어떤 변경을 반영하기 위해 지정된 계약도면으로서 기록 도면으로도 알려져 있다.

진행일정: 하나의 프로젝트에서 제안된 실제 시작과 완공시간을 보여주는 표.

추가: 종종 입찰과정에서 발행된 입찰서류를 명확하게 설명하고 수정하는 서면정보.

프로그램: 건물을 디자인하는 데 사용하기 위해 크기뿐만 아니라 공간, 방 그리고 구성요소들이 원하는 목록표.

프로젝트 디렉토리: 소유주, 건축가, 엔지니어 그리고 계약자를 포함해 프로젝트에 관계된 모든 당사자들의 이름과 주소의 서면목록표.

프로젝트가격: 대지, 전문가들, 공사, 가구, 붙박이장, 장비, 융자 그리고 그밖의 프로젝트에 관계된 경비들을 포함해 하나의 프로젝트에 들어가는 모든 가격.

프로젝트관리자: 자격을 갖춘 사람 또는 소유주에 의해 시간, 장비, 돈, 일, 프로젝트의 모든 부분을 위한 사람들을 조정하는 책임을 허가받은 회사.

프로젝트안내서: 사용할 수 있는 공사자재와 방법 등을 설명하는 구체적인 서면설명서.

하청업체: 첫 번째 또는 주요 계약자의 하청업체인 분화된 계약자.

현장주문: 공사작업에 설명 또는 작은 변경을 요구하나 계약조항에 어떤 조정도 포함하지 않는 서면주문.

ANSI: 미국표준협회(American National Standards Institute)

FF&E: 구조 또는 건물설비에 영구적인 장착을 필요로 하지 않는 움직일 수 있는 가구,고정장치 또는 장비.

NIBS: 미국건축학회(National Institute of Building Sciences)

종이 사이즈

ANSI (American National Standards Institute)

종이 사이즈	인치	밀리미터
ANSI-A	8 1/2 x 11	216 x 279
ANSI-B	11 x 17	279 x 432
ANSI-C	17 x 22	432 x 559
ANSI-D	22 x 34	559 x 864
ANSI-E	34 x 44	864 x 1 118

Architectural

종이 사이즈	인치	밀리미터
Arch-A	9 x 12	229 x 305
Arch-B	12 x 18	305 x 457
Arch-C	18 x 24	457 x 610
Arch-D	24 x 36	610 x 914
Arch-E	36 x 48	914 x 1 219

ISO (International Organization for Standardization)—based on one square meter

종이 사이즈	인치	밀리미터
4A0	66 1/4 x 93 3/8	1 682 x 2 378
2A0	46 3/4 x 66 1/4	1 189 x 1 682
A0	33 1/8 x 46 3/4	841 x 1 189
A1	23 3/8 x 33 1/8	594 x 841
A2	16 1/2 x 23 3/8	420 x 594
A3	11 3/4 x 16 1/2	297 x 420
A4	8 1/4 x 11 3/4	210 x 297

종이 사이즈	인치	밀리미터
B0	39 3/8 x 55 5/8	1 000 x 1 414
B1	27 7/8 x 39 3/8	707 x 1 000
B2	19 5/8 x 27 7/8	500 x 707
B3	13 7/8 x 19 5/8	353 x 500
B4	9 7/8 x 13 7/8	250 x 353

종이 사이즈	인치	밀리미터
C0	36 1/8 x 51	917 x 1 297
C1	25 1/2 x 36 1/8	648 x 917
C2	18 x 25 1/2	458 x 648
C3	12 3/4 x 18	324 x 458
C4	9 x 12 1/2	229 x 324

종이접기

접어야 할 각각의 종이(파일저장 또는 우편 우송의 이유 때문에)는 제목이나 도면 정보가 우측 하단에 보일 수 있도록 논리적이고 일관성 있는 방법으로 접어야 한다.

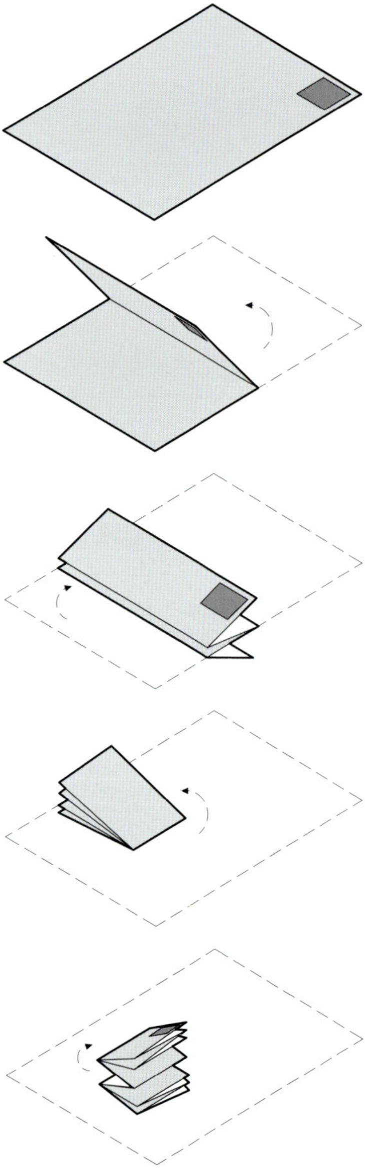

도면시트의 레이아웃과 세트모음

NIBS 기준시트 레이아웃에서(국제 CAD 기준에 따라), 한 장의 종이 안에 있는 도면은 아래 설명된 대로 좌표시스템 단위에 의해서 번호가 매겨진다. 그래픽 또는 문자정보모듈을 도판이라고 하며, 숫자는 문자정보모듈의 좌측 하단부터 자리배열이 시작된다. 이 시스템은 도판들에 다시 번호를 매기지 않고 새로운 도판들을 종이에 더할 수 있게 하기 때문에 일단 도면이 다른 도면들과 표에 일치되기 시작하면 상당한 시간을 절약할 수 있다.

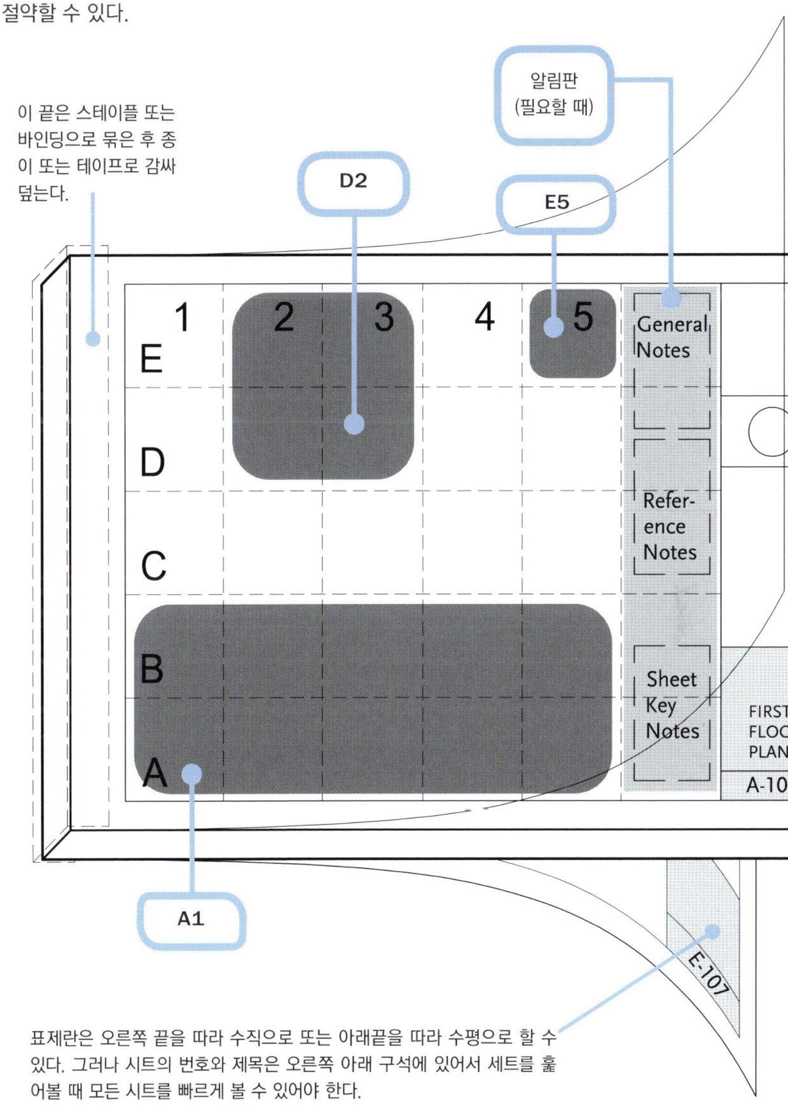

도면순서

질서있는 도면 배열을 위한 전형적인 순서

도면의 배열순서를 위한 기준은 사무실마다 다를 수 있다. 아래의 배열순서는 도면세트를 사용하는 많은 사무실에서 혼란을 최소화하기 위해 추천된다. 대부분의 프로젝트는 여기에 열거된 배열순서를 모두 포함하지 않을 것이며 어떤 프로젝트들은 부가적으로 특별분류배열이 필요할 것이다.

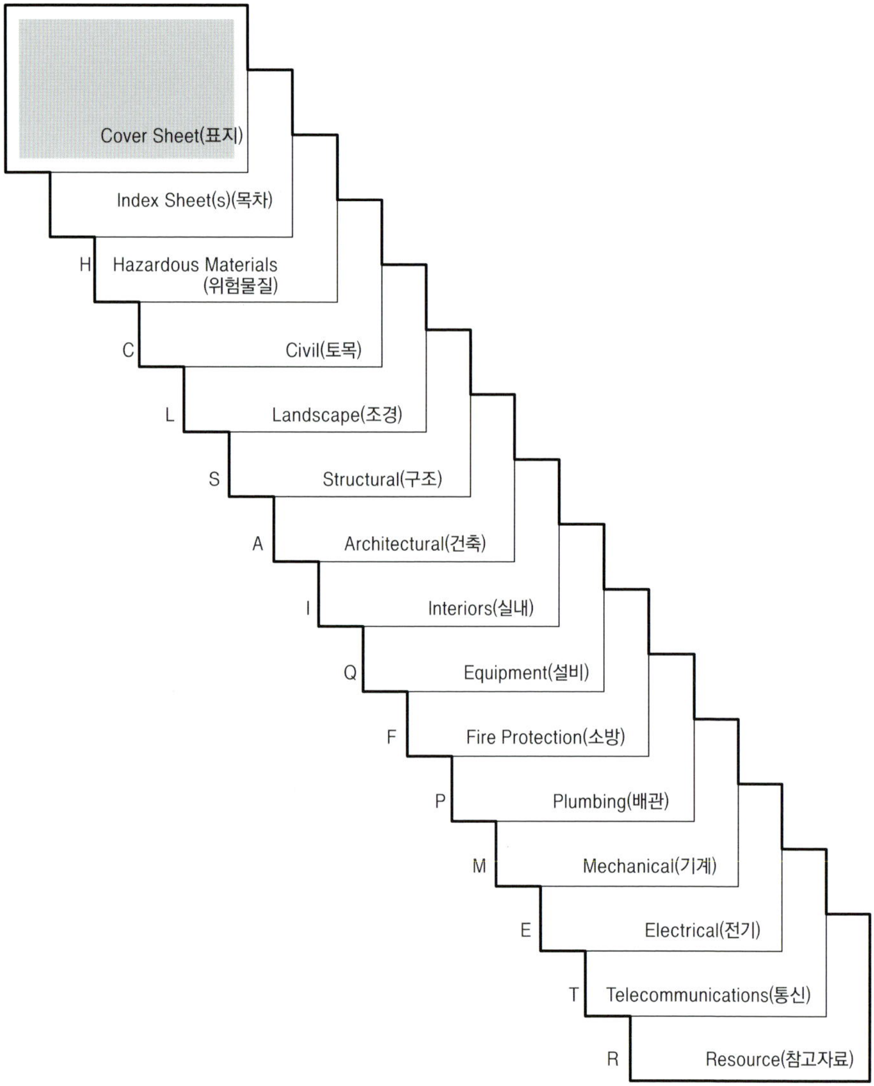

전형적인 건축도면 배열순서

A-0:	**General(총괄)**
A-001	Notes and Symbols(주석과 기호)
A-1:	**Architectural Floor Plans(평면도)**
A-101	First-Floor Plan(1층 평면도)
A-102	Second-Floor Plan(2층 평면도)
A-103	Third-Floor Plan(3층 평면도)
A-104	First-Floor RCP(1층 천장도)
A-105	Second-Floor RCP(2층 천장도)
A-106	Third-Floor RCP(3층 평면도)
A-107	Roof Plan(지붕층 평면도)
A-2:	**Architectural Elevations(입면도)**
A-201	Exterior Elevations(외관 입면도)
A-202	Exterior Elevations(외관 입면도)
A-203	Interior Elevations(실내 입면도)
A-3:	**Architectural Sections(단면도)**
A-301	Building Sections(건물 단면도)
A-302	Building Sections(건물 단면도)
A-303	Wall Sections(벽 단면도)
A-4:	**Large-Scale Views(대축척 보기)**
A-401	Enlarged Toilet Plans(화장실 확대 평면도)
A-402	Enlarged Plans(확대 평면도)
A-403	Stair and Elevator Plans and Sections(계단, 엘리베이터, 평면도, 단면도)
A-5:	**Architectural Details(상세도)**
A-501	Exterior Details(외관상세도)
A-502	Exterior Details(외관상세도)
A-503	Interior Details(실내상세도)
A-504	Interior Details(실내상세도)
A-6:	**Schedules and Diagrams(일람표와 다이어그램)**
A-601	Partition Types(구획 유형)
A-602	Room Finish Schedule(실별 마감일정)
A-603	Door and Window Schedules(창호 일람표)

도면 약자들

모든 도면을 손으로 그렸을 때, 글자쓰기(레터링)-그것 자체가 하나의 예술형식-는 지루하고 시간소비적일 수 있다. 그래서 건축가들과 제도사들은 단어들을 축약하게 되었다. 많은 기준들이 나왔지만, 항상 일관된 것은 아니었다. 그리고 역사적으로 계약자들에 의해 해석의 실수가 야기되어 왔다. CAD기술은 훨씬 짧은 문자제작의 작업과 정렬을 이루었다. 그리고 더 간단한 약자의 사용을 가능하게 하였다. 만약 도면에 약자가 반드시 사용될 것을 지정하면, 띄어쓰기와 마침표를 생략하고 모든 문자를 대문자로 한다. 다음은 가장 널리 쓰이는 목록표이다.

ACT: 음향천장타일
ADD: 추가
ADJ: 조절
AFF: 상부바닥마감
ALUM: 알루미늄
APPX: 대략

BD: 판
BIT: 역청
BLDG: 건물
BLK: 각재
BLKG: 오리대
BM: 들보, 도리
BOT: 바닥
BC: 벽돌쌓기
BUR: 조립지붕

CB: 물홈통
CBD: 칠판
CI: 주철
CIP: 현장치기
CJ: 신축줄눈
CMU: 콘크리트석조유닛트
CEM: 시멘트
CLG: 천장
CLR: 빈틈
CLO: 벽장
COL: 기둥
COMP: 압축
CONC: 콘크리트
CONST: 공사
CONT: 연속

CPT: 카펫트
CRS: 코스
CT: 세라믹타일
CUB: 기둥유틸리티박스

DF: 분수대
DET: 상세도
DIA: 지름
DN: 내림
DR: 문
DWG: 도면

EA: 각각/개
ENC: 폐쇄
EJ: 신축이음
EL: 입면도 또는 전기
ELEV: 승강기
EQ: 동등
EQUIP: 장비
ERD: 비상지붕배수구
EWC: 전기냉수기
EXIST: 기초
EXP: 확장
EXT: 실외

FE: 소화기
FEC: 소화기캐비닛
FHC: 소화 호스캐비닛
FD: 바닥배수구

FDN: 기초
FFT: 마감 바닥 변경
FIN: 마감
FLR: 바닥
FLUOR: 형광등
FOC: 콘크리트표면
FOF: 마감표면
FOM: 조석조 표면
FTG: 기초, 지정
FIXT: 수장
FR: 방화등급
FT: 피트
FUB: 바닥 유틸리티 부스

GA: 게이지
GALV: 아연도금
GC: 원 도급자
GL: 유리
GWB: 석고판
GYP: 석고

HC: 속빈 코어 또는 장애인 접근
HDW: 철물
HM: 중공금속판
HORIZ: 수평
HP: 최고점
HGT: 높이, 고도
HTR: 히터
HVAC: 열, 환기, 공기조절

IN: 인치
INCAN: 백열등
INCL: 포함
INS: 전연, 단열내
INT: 실내

JAN: 청소실
JC: 관리실
JT: 이음

LP: 하향부점
LAM: 집성목재
LAV: 변소
LINO: 리놀륨
LTG: 조명

MAT: 재료
MO: 조적 개구부
MAX: 최대
MECH: 기계
MEMB: 부재
MFR: 제작자
MIN: 최소
MISC: 기타
MTL: 금속

NIC: 계약 예외 사항
NTS: 축척 없음
NO: 번호

OC: 중심선 간격
OD: 바깥지름
OHD: 차고문
OHG: 오버헤드그릴
OPNG: 개구부
OPP: 반대방향
OPPH: 마주보는 것과 대칭

PC: 기성콘크리트
PGL: 판유리
PTN: 칸막이 벽
PL: 플레이트, 금속판, 판
PLAM: 플라스틱 라미네이트

PLUM: 배관공
PTD: 페인트칠
PT: 도료
PVC: 염화버닐

QT: 초벌구이 바닥타일
QTY: 양

R: 반경, 계단의 수직판
RA: 환기
RD: 지붕배수구
REG: 레지스터
RO: 골조개구부
REINF: 보강
REQD: 필수
RM: 방
REV: 수정 또는 뒷면
RSL: 탄성바닥재

SC: 속찬 코어
SECT: 단면도
SHT: 시트
SIM: 유사
SPEC: 시방서
STD: 규격
SSTL: 스텐리스 스틸
STL: 강철
SUSP: 매달린
SQ: 정방형
STRUC: 구조
STOR: 창고
STA: 측점

T: 디딤판
TBD: 게시판
TD: 트렌치배수구
THK: 두께
TEL: 전화
TO: ~의 상단
TOC: 콘크리트상단
TOF: 지정상단
TOR: 레일상단
TOS: 강철상단
TRT: 방부처리

TOW: 벽상단
TYP: 기준층

UNO: 특별히 명시한 것이 없다면, 달리 언급되지 않으면

VCT: 비닐 합성타일
VERT: 수직
VIF: 현장검증
VP: 석고판
VWC: 비닐도배

W/: ~와
WD: 목재
WC: 화장실
WF: 넓은 형강
WPR: 방수
W/O: ~없이
WWF: 철물보강재
WDW: 창문
WUB: 다용도벽장

&: and
〈: angle
": inch
': foot
@: at
CL: centerline
[: channel
#: number
Ø: diameter

프로젝트일정

여기에 소개된 정보는 전형적인 건축프로젝트 단계들과 사건들의 개괄이다. 이것이 모든 프로젝트 크기와 고객유형들을 설명하지는 않는다. 각 단계는 중간규모 프로젝트의 틀만 잡은 견적이지만 시간의 틀은 매우 다양할 수 있다. 이들 단계의 예상과 기간은 프로젝트에 대한 소유주-건축가 사이의 합의서 조항에 의해서 영향을 받는다.

마케팅

경쟁하는 건축환경에서 하나의 프로젝트를 수주하는 것은 프로젝트를 건설하는 것보다 더 시간집약적이고 노동집약적일 수 있다. 마케팅은 많은 형태를 취하지만 일을 수주하는 공통 방식은 다음과 같다.

경쟁자: 회사나 개인은 당선자로 선택되기 위해서 지정된 프로그램 및 대지에 대한 계획안을 제출한다. 경쟁자들은 형태상으로 매우 다양하다. 그들은 고용 중이거나 아닐 수 있고, 개업 중이거나 그것을 요청받을 수 있다. 그러나 항상 프로젝트 건설을 이끌 수 있는 것은 아니다.

자격요청: 고객들은 건축가에게 지정된 형식으로 그들의 자격을 요구하기도 한다.

제안요청: 자격요청과 유사한데, 회사는 구체적으로 건축가가 완성한, 관계된 다른 프로젝트에 대한 정보를 제공받길 원한다. 제안에는 예산과 계획을 포함해 다양한 종류의 정보형식과 함께 프로젝트의 디자인까지 요구할 수 있다.

인터뷰: 잠재적인 고객은 미래의 상담가와 함께 건축가를 만나기를 원할 것이다. 이 모임에서 디자인팀은 본 프로젝트에 대한 의견을 제시하라고 요청받을 것이다.

기획단계

프로젝트로의 실제 디자인을 시작하기 전에 혼자 또는 다른 상담가들과 협력해서 다음과 같은 일을 수행하도록 해야 할 것이다. 부지선택 및 평가, 환경분석, 공동체 참여, 타당성 조사, 프로그래밍, 가격분석, 개념설계. 건축가에게 프로젝트가 맡겨질 것을 예상하면서 유급 또는 무급의 마케팅 일환으로 이 많은 서비스를 한다는 것이 놀랄 만한 것은 아니다.

변동

SD 계획설계

주요 디자인 아이디어는 대안계획을 포함하여 제안되고 조사된다. 이 단계에서 그려진 도면은 배치도, 평면도, 입면도, 가격견적을 위해 충분한 단면도를 포함한다. 계획설계는 검토와 승인을 위해 고객에게 잦은 발표를 하게 되고 디자인 개념을 설명하기 위해 투시도, 스케치 그리고 모델이 만들어 진다.

3개월

DD 디자인개발

상세한 디자인 개발은(SD에서 세워진 바대로) 정확한 가격견적을 위한 적당한 도면을 필요로 한다. 상담가들과의 조정은 디자인이 너무 많이 진행되기 전에 잠재적인 문제들을 확인하고 처리하는 단계에서 매우 중요하다. 고객에게 발표함으로써 일의 조정 그리고 가격조정으로 점점 바뀌게 되고 방과 공간들의 특징에 대한 더 구체적인 의견을 나누게 된다. 디자인은 공사상세도, 내부입면도, 일정, 설명서를 포함해서 완전히 문서화되는데 이것들은 CD단계에서 한층 다듬어질 것이다.

6 months

CD 공사서류

프로젝트의 시공도면은 모든 디자인의 양상들이 스케일과 정확히 지정된 규약대로 그려지기 위해 시간과 에너지 집약시킨다. 프로젝트팀은 관련된 일을 수용하기 위해 규모가 더 커지는 것이 보편적인 현상이다. 이 시점에서 프로젝트 디자인은 잘 수립되어야 하고, 지금까지 프로젝트를 문서화하기 위해 걸린 시간을 만회하기 위해 대부분의 소유주-건축가 합의서에서는 디자인 개발 후에 이루어진 주요한 디자인 변경은 추가서비스 합의서의 부분에 포함해야 한다는 것을 규정한다.

공사서류세트는 프로젝트의 공식문서인데, 필요한 모든 허가를 위해 건설부와 다른 관청에 제출하고 입찰을 위해 계약자에게 배포한다. 건축가는 이 과정에서 고객을 도와야 할 의무가 있다.

공사서류세트는 엔지니어와 다른 상담가의 도면뿐만 아니라 적어도 배치도, 바닥 평면도, 천장도, 외부와 내부입면도, 단면도, 공사를 상세히 설명하는 벽단면도, 내부상세도, 문과 창문의 표시, 장비표시(적용될 경우), 마감재표시, 설계설명서를 담고 있다.

9개월

CA 공사관리

프로젝트가 공사 중이더라도, 건축가는 정기적으로 대지 방문 및 CD세트와 일치하는지 확인하기 위해 공사품질을 관찰하고, 예상치 못한 문제가 발생할 경우 문제에 대한 해결책을 검토함으로써 공사과정을 계속 관리해야 한다. 건축가는 시공상세도, 계약사 항의 변경 그리고 계약자로부터의 정보요청서를 검토함으로써 항상 고객에게 최고의 이익 및 예산절감 효과를 주도록 노력해야 한다. 공사의 마지막에, 건축가는 검사목록표를 준비하고 거주증명서를 얻을 수 있도록 돕는다.

공사기간

마케팅

일단 프로젝트가 완성되면, 사진을 찍고 서류화한다. 건축가는 많은 전문잡지에 출판을 위해 이를 제출하고 회사 소책자에 포함하며 또는 회사웹사이트에도 공고할 것이다. 그렇게 함으로써 지금보다 더 많은 프로젝트를 수주할 수 있는 역할을 할 것이며, 그 과정은 계속된다.

시방서

건축시방서는 계약자와 건축공사에 관계된 모든 당사자들에게 서면지시서 역할을 한다. 시방서는 보통 각각의 프로젝트 안내서로서 공사서류세트의 한 부분이다. 그것은 페인트의 종류와 색깔에서부터 구조적인 내화성 재료의 종류와 방법에 이르기까지 한 건물의 모든 면들에 대한 공사 자재의 자세한 설명을 제공한다. 시방서 쓰기는 시간 소모적이고 고된 작업일 수 있다. 따라서 대부분 시방서 쓰기를 전문으로 하는 사람들이나 건축가가 종종 떠맡는다. 공인된 시방서 쓰는 사람들은 그들의 이름 뒤에 첨자CCS(Certified Construction Specifier, 공인시공기술사)를 기입한다. 잘 작성된 시방서세트는 안전하게 프로젝트 예산을 세우고, 건축가나 소유주의 요구가 충족되도록 하는 데 필수적이다.

CSI (미국시공학회) 마스터포멧 시스템

미국시공학회(The Construction Specifications Institute, CSI)는 세계2차대전 후 일어난 건축 붐에 대한 규제를 마련하기 위해 1948년에 설립되었다. CSI는 시방서 쓰기 그리고 시방서 구성의 규격화를 관리하고 있는데 그것의 실용매뉴얼(MOP)은 산업의 참고서가 되고 있다. 시방서 쓰는 사람들은 많은 프로젝트의 기초역할을 하는, 이전에 쓰인 주요지침 시방서를 이용하거나 완전히 처음부터 시방서세트를 시작할 것이다.

CSI 마스터포멧 시스템은 미국과 캐나다에서 실행되지 않는 프로젝트를 위한 시스템을 체계화하는 기준이 되어 왔다. 이것은 시방서 프로젝트 매뉴얼에 포함된 정보를 조직하는 숫자나 제목으로 구성된다.

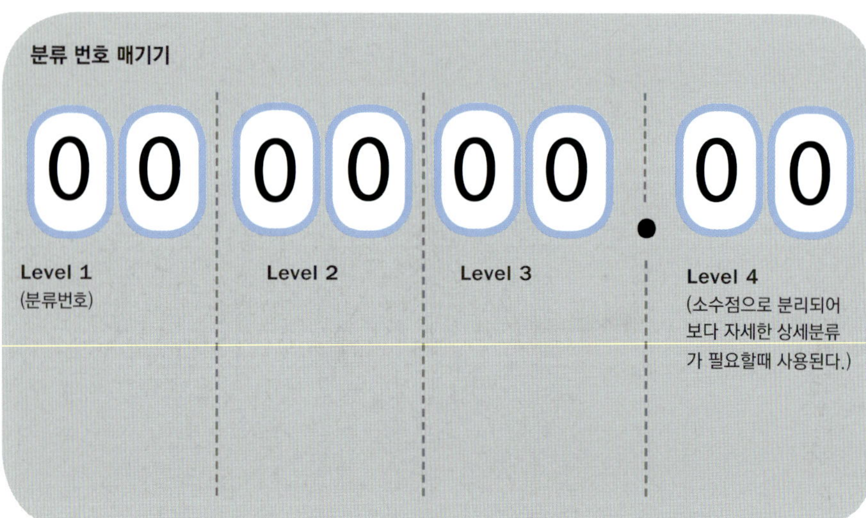

시방서 샘플

섹션 00 000 00
재료

1부 총괄

1.1 포함된 내용
A.

1.2 관련부분
A.
B.

1.3 참조
A.

1.4 제출
A.
B.

1.5 품질보증
A.

1.6 배송, 저장, 취급
A.
B.

1.7 프로젝트 컨디션
A.

1.8 추가 재료
A.

2부 제품

2.1 제조업자
A.
B.

2.2 제품
A.
1.
2.

3부 실행

3.1 조사
A.
B.

3.2 준비
A.

3.3 설치
A.
B.

3.4 보안
A.
B.

섹션 끝

CSI 마스터포맷 분류 제목

보류된 부분들은 나중 전개나 확장을 위한 공간을 제공한다. CSI는 사용자들이 그들 개인의 사용을 위해 이 부분들을 전용해서 사용하지 말 것을 권고한다.

조달과 계약요구그룹

00—조달과 계약 조건

특정그룹

일반요구 조건 하위그룹

01—요구조건

시설공사 하위그룹

02—기존상태
03—콘크리트
04—조적
05—금속
06—목재, 플라스틱, 복합 재료
07—열, 습기보호
08—개구부
09—마감재
10—신제품
11—장비
12—가구
13—특수공사
14—운송장비
15—기계
16—전기
17—보류
18—보류
19—보류

시설 서비스 하위그룹

20—보류
21—화재진압
22—소화배관
23—열, 환기, 공기조절
24—보류
25—통합 자동화
26—전기
27—통신
28—전기안전과 보안
29—보류

대지, 기반 시설하위 그룹

30—보류
31—토목공사
32—실외개선
33—공공설비
34—운송
35—수로와 해양건설
36—보류
37—보류
38—보류
39—보류

공정장비 하위그룹

40—과정 통합
41—재료가공과 처리장치
42—냉난방 공정 및 건조장비
43—가스공정 및 액체처리, 정제, 저장장치
44—오염제어장치
45—산업 구체적 제조설비
46—보류
47—보류
48—전력 발전
49—보류

Chapter 13: 제도

캐드(computer-aided drafting, CAD)가 빠르게 대체하고 있지만 사람들은 계속해서 제도를 사용하고 있는데 그 원리는 캐드에도 적용될 수 있다. 제도실습은 많은 주요기기들을 사용하도록 한다.

작업대

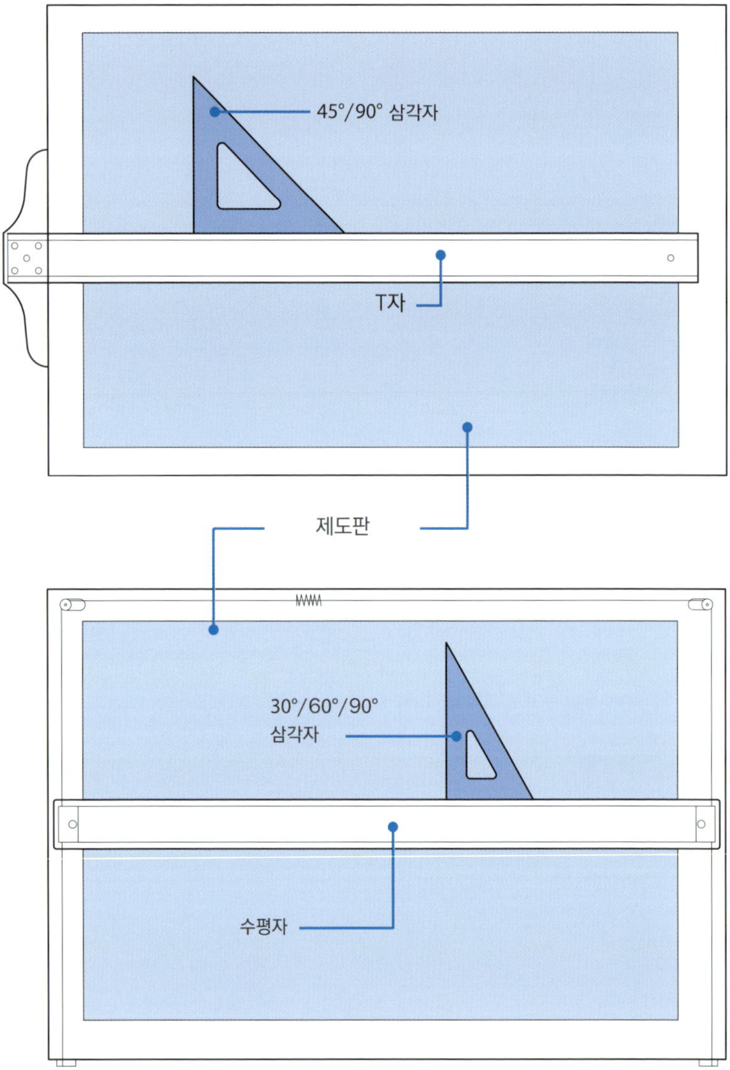

종이와 보드

종이형태	품질	포멧	용도	오버레이에 사용
트레이싱지	하얀색, 황갈색 노란색; 저렴함	다양한 크기의 패드 (12″, 18″, 24″, 36″, 48″)	스케치오버레이 레이아웃	적합
피지	투명도를 얻기 위해 오일처리	롤, 시트, 패드	연필, 그리고 제도펜 작업, 오버레이작업	적합
마일라 (제도 필름)	무흡수 폴리에스테르 필름 (1- and 2-sided)	롤, 시트	연필, 제도펜작업, 기록작업에 이상적	적합
묶음 제도용지	다양한 무게 · 구성 · 색깔	롤, 시트	펜에 가장 부드럽고 연필에 가장 잘 맞추어져 있다	부적합
일러스트레이션 보드	판에 첨부된 고품질 흰색 조각	대축척 시트 사이즈	수채화, 연필, 분필, 펜에 마감작업	부적합
칩보드	다양한 플리에 대부분 회색	대축척 시트 사이즈	모델 만들기, 보드 배접	부적합
폼보드	흰색/검정색 종이 사이에 폴리스티렌 폼 부착	대축적 보드 두께 1/8″, 3/16″, 1/4″, 1/2″	모델 만들기, 종이 배접	부적합

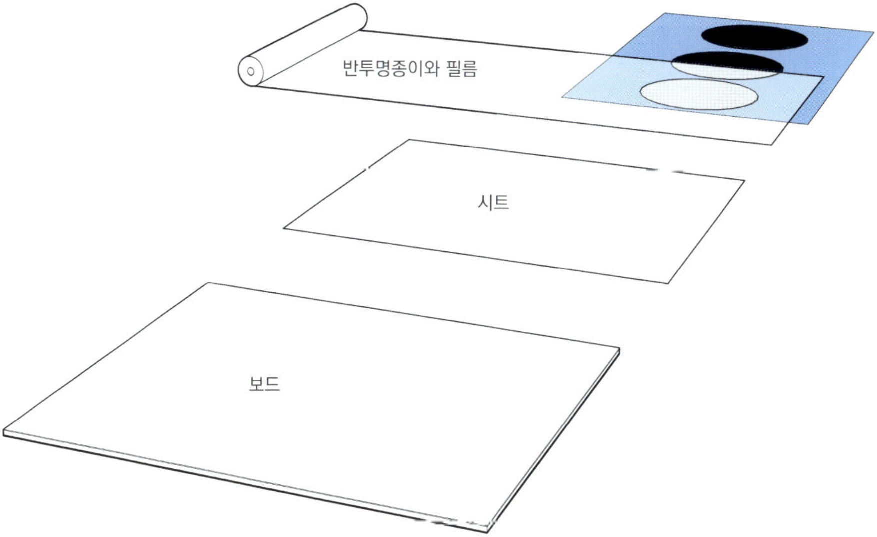

제도용품들

1. 제도빗
지우개나 제도가루를 털어버리는 데 사용되는 용구.

2. 제도가루
제도용구로부터 먼지, 때, 얼룩 등을 막는 미세한 분말의 하얀색 합성물.

3. 운형자
원하는 곡선을 원활하게 그릴 수 있는 길잡이로 사용되는 판.

4. X-Acto 칼
모델제작과 라트라톤을 자르는데 사용되는 도구.

5. 지우개판
다른 부분에 영향없이 특정 선이나 면적을 지우는데 사용되는 장비.

6. 각도 조절삼각자
혼자 또는 다른 삼각자와 조합해서 모든 각도와 선을 그리는데 사용되는 도구.

7. 템플릿
다양한 형태(문자, 화장실, 사람)와 크기가 가능한 모양장치.

8. 콤파스
중심점에 다리를 가지고 정확한 원이나 원호를 그리기 위해 펜촉이나 연필이 달려 있는 도구.

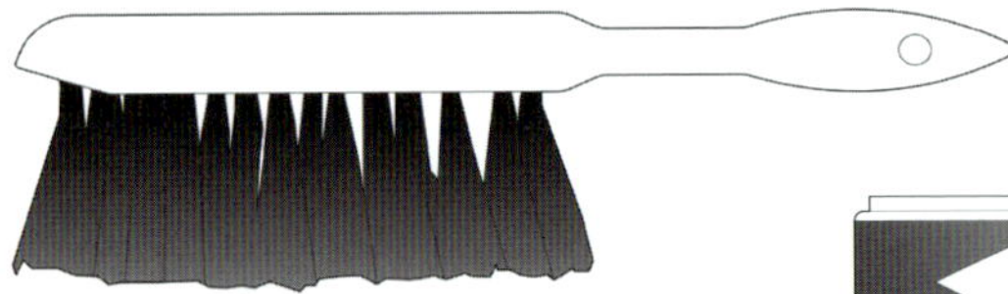

1

2

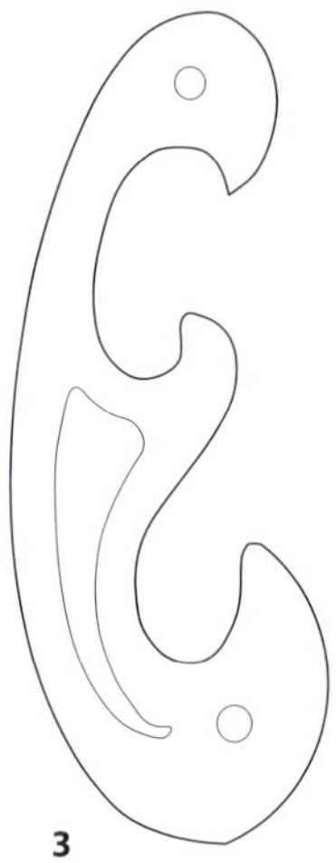

3

4

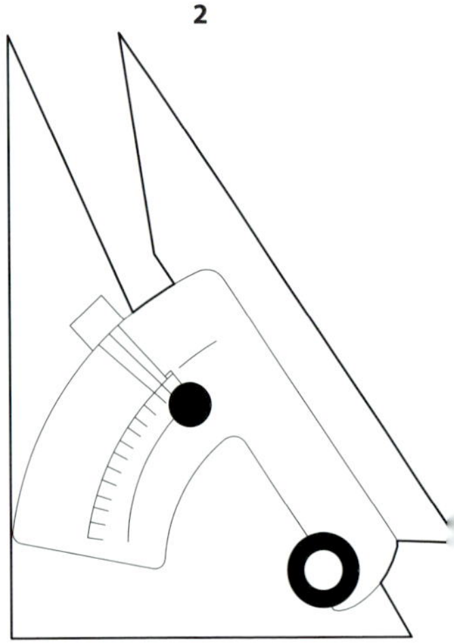

6

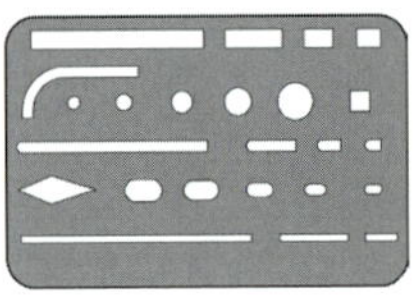

5

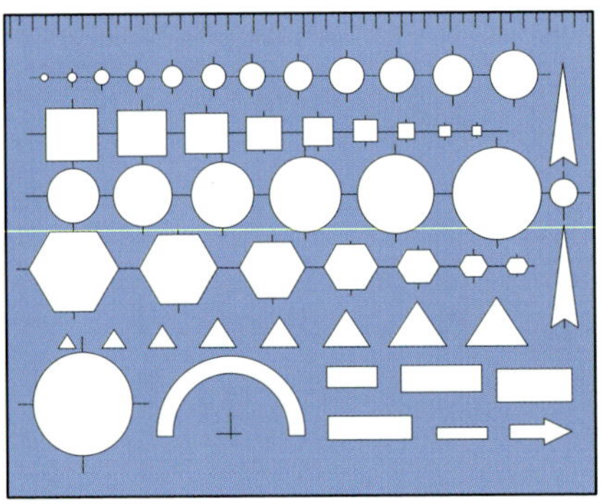

7

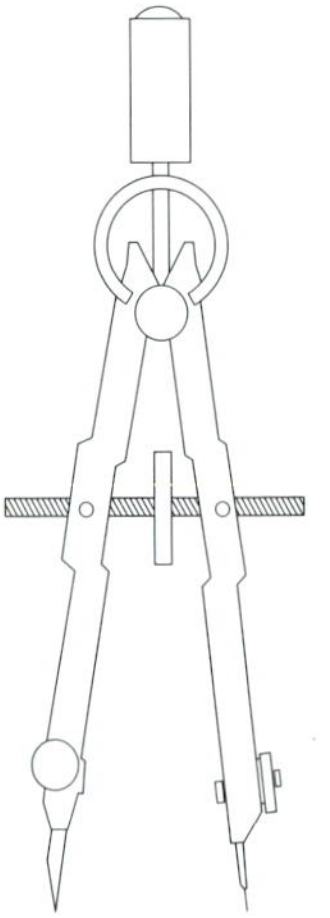

8

건축용 삼각스케일 (1:1)

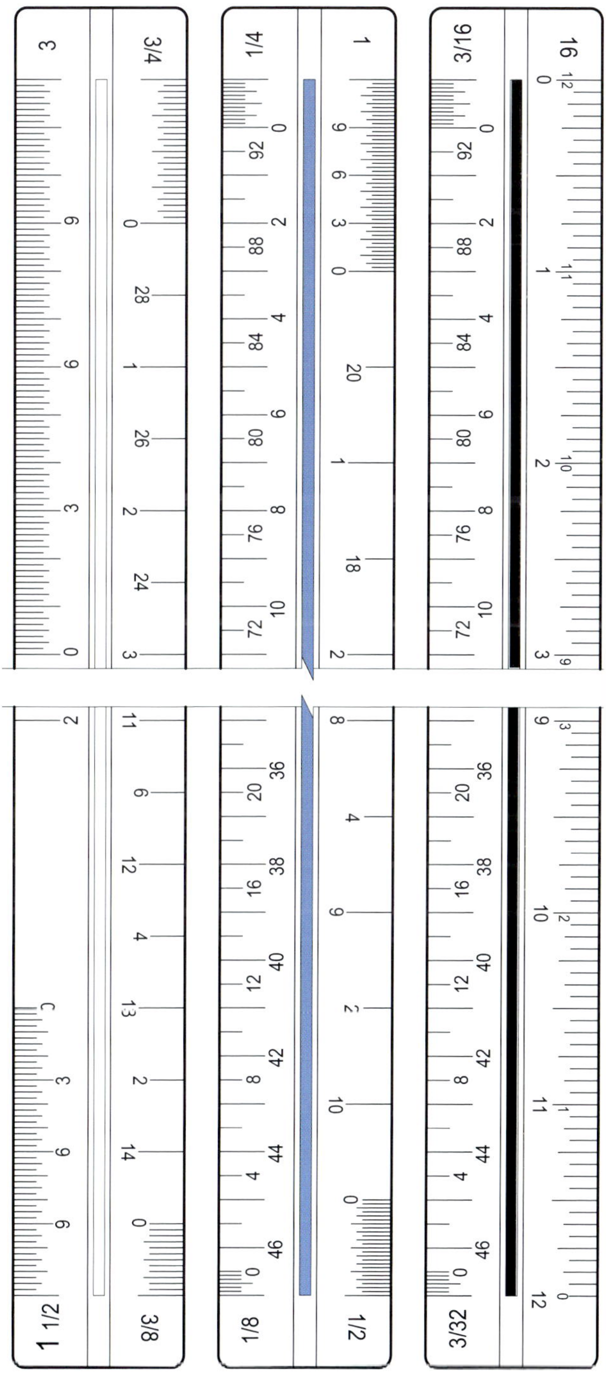

투시도나 몇몇 다른 3차원 표현만 제외하고, 대부분의 건축 도면은 일정한 비율로 그린다.

단순히 너무 크게 그려서 전체 스케일(1″=1″)로 표현되지 않는 바닥평면도 또는 입면도는 한 장의 종이에 들어가게 줄여야 한다. 그렇게 하기 위해서는 건축용 삼각스케일을 사용해야 한다.

거리를 위해 4분의1인치스케일로 만들어진 표현은 도면에서 4분의 1인치 (1/4″=1′-0″)의 거리가 실제는 12센티와 같다는 것을 나타낸다.

건축용 삼각스케일은 전체 11개의 스케일을 제공하고, 다음과 같이 쓰여 있다.

1/16″=1′-0″
3/32″=1′-0″
1/8″=1′-0″
3/16″=1′-0″
1/4″=1′-0″
3/8″=1′-0″
1/2″=1′-0″
3/4″=1′-0″
1″=1′-0″
1 1/2″=1′-0″
3″=1′-0″

엔지니어 스케일은 종종 배치도와 같은 더 큰 스케일에 사용된다. 그것은 건축용 스케일과 같은 원리를 따르지만 더 큰10단위의 증가(1″=10′, 1″=50′, 1=100′)로 미터단위 에서도 사용가능하다.

연필

부드러운 연필심은 흑연을 함유하고 있는 반면, 단단한 연필심은 찰흙을 더 많이 함유하고 있다. 연필홀더는 2 mm 연필심을 나오게 하는 누름단추가 창착되어 있는데, 연필심은 단단함, 색깔, nonphoto blue(재생산되지 않는 것 같음)등의 다양한 종류가 있다. 연필심은 홀더심깎이로 또는 간단한 연마종이 또는 사포를 가지고 깎는다.

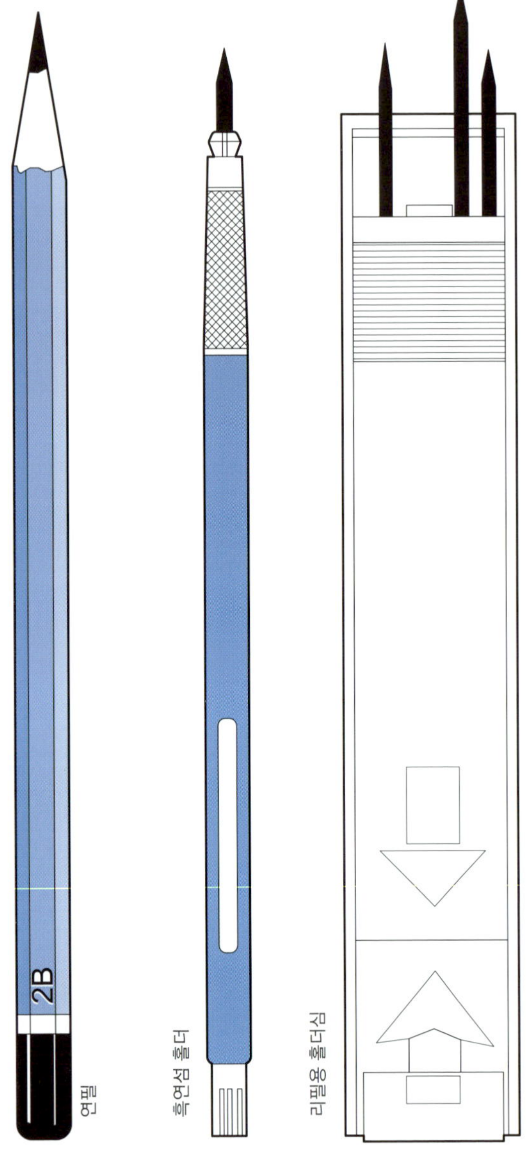

연필강도 범위

등급	무게와 사용	
9H	매우 단단하고 조밀함	보조선 및 밑그림 작업 등 구상에 적합
8H		
7H		
6H		
5H		
4H		
3H		
2H	중간강도	마감제도에 최상의 적합
H	중간	
F	중간, 다용도	
HB	중간부드러움, 굵은 선작성	
B		굵은선, 음영에 적합 제도 목적에는 적당하지 않음
2B		
3B		
4B		
5B		
6B	매우 부드러움	

제도펜

제도펜은 관모양의 뾰족한 침(펜촉)으로 규칙적으로 잉크를 흐르게 하는 철사를 사용하기 때문에 매우 정밀한 선두께를 그릴 수 있다. 펜종류에 따라 잉크는 미리 포장된 카트리지 또는 필요할 때마다 잉크를 채울 수 있는 펜통이 있다. 펜촉이 가늘수록 잘 부러지고 막히기 쉽다. 모든 펜촉은 잘 나오도록 유지하기 위해 청소와 관리를 잘해야 한다. 잉크는 물이 들어가면 안 되고, 색이 바래져도 안 되며, 그리고 빛이 들어가도 안 된다. 잉크펜은 대부분의 종이종류에 사용할 수 있고 고급피지와 마일라에 이상적이다. 제도펜은 마일라필름지에서 부드러운 제도용 지우개 또는 전동지우개로 지울 수 있다.

제도펜 선 두께

번호	두께
7	2.0
6	1.4
4	1.2
3 1/2	1.0
3	.80
2 1/2	.70
2	.60
1	.50
0	.35
00	.30
3x0	.25
4x0	.18
6x0	.13

Chapter 14: 컴퓨터의 표준과 지침

건물을 디자인하고 건축하는 데에는 관심 있고 적극적인 관계자들의 수많은 그룹 사이에서 조직하고 보급하는 데 필요한 엄청난 양의 정보가 포함된다. 이러한 과정의 일환으로, 컴퓨터의 도입은 당연히 건물이 표현되고 디자인되며 서류화되는 방식을 바꾸어 왔다. 실제로 많은 것들이 지금은 더 빨리, 더 쉽게 이루어지지만, 컴퓨터의 도입은 컴퓨터파일의 관리, 배달가능재료를 위한 품질규격 그리고 빠르게 개발된 기술이 항상 지속될 필요에 대한 새로운 논쟁들을 발생시켜 왔다. 절대적인 면에서 컴퓨터표준과 지침을 서류화하는 전망은 그다지 유익하거나 적절하지 않다. 한 가지 분명한 것은 많은 것들이 변할 것이라는 것이다. 이것을 염두에 두고,아직까지 현존하는 공사서류제작을 위한 산업 기준을 기재한 이 장은 오토캐드에 영향을 주는 지침에 초점을 둔다. 있을 법한 미래 경향에 초점을 맞춰 모델링, 렌더링 그리고 애니메이션과 관계된 뛰어난 프로그램을 간략하게 제시한다.

컴퓨터 프로그램

건축제작은 두 개의 주요한 그룹으로 나누어 진다: 계약서류제출물 그리고 전반적인 제출 자료.

제출물은 보통 건설업자들이 세울 수 있도록 건물을 충분히 설명하는 기본적인 2차원도면형식(평면도, 단면도, 입면도, 상세도, 스케줄)으로 구성된 공사서류세트로 이해된다.

제출물의 규정세트를 제작하기 위해 사용되는 컴퓨터 프로그램들은 주로 제도 프로그램들이다. 본질적으로, 그것들은 효율적이고 정확하고, 쉽게 변경할 수 있는 기계적 제도를 제공한다. 오토캐드는 대부분의 건축가들과 엔지니어들에게 정선된 프로그램이다. 3차원능력을 갖추고 있고 또한 고품질출력제도를 위한 렌더링플러그인을 수용하고 있는 오토캐드는 다재다능한 제도 프로그램으로서 그것의 정확성은 아직까지 가장 잘 평가받고 있다.

제출자료들은 물리적 3차원모형, 컴퓨터렌더링, 애니메이션뿐 아니라 기준평면도, 단면도, 입면도를 포함한다. 컴퓨터 모델링과 렌더링 프로그램들은 원하는 출력에 따라 많고 다양하다. 예상한 대로 계획한 상품이 더 정교하면 할수록 그 도구는 그만큼 더 비싸진다.

모델링 프로그램들은 생산량에 제약받지 않는다. 달리 보면 단순하게 불가능할 것 같은 디자인의 복잡한 형태를 디자인하기 위해 많은 사람들이 널리 고용된다. 건축은 점점 자동차산업, 항공우주공학, 비디오게임개발 그리고 애니메이션 필름 제작과 같이 여러 다른 분야에서 사용되기 위해 개발된 프로그램들을 이용하고 있다.

오토캐드 용어

도면 교환 포맷(DXF): 오토캐드 도면의 ASCII(미국 정보 교환 표준 코드) 또는 2중 파일포맷으로 오토캐드 도면을 다른 응용프로그램으로 보내거나 또는 다른 응용프로그램으로 부터 오토캐드로 그것들을 가져오기 위한 것.

도면웹포맷(DWF): DWG파일로부터 생성된 압축된 파일포맷으로 웹 상에서 출판하고 보는데 이상적.

도면파일: 건물 또는 물체의 전자적인 표현.

DWG: 오토캐드 안에서부터 벡터그래픽을 저장하기 위한 파일포맷.

독립체: 선, 점, 원, 폴리라인, 부호 또는 문자 조각과 같이 캐드 안에 있는 데이터의 기하학적 요소 또는 조각.

레이어: CAD도면에서 분류를 위해 사용되는 독립체인데, 이 CAD도면의 속성들은 도면에서 정보의 조정과 융통성을 고려한다.

명령행: 키보드입력, 메시지 그리고 프롬프트를 위해 지정된 문자 지역.

모형: 오토캐드에서 한 개 물체에 대한 2~3차원의 표시 또는 물리적이든 디지털이든, 한 디자인의 3차원 복제품.

모델영역: 오토캐드 독립체들로 존재하는 두 개 주요공간의 하나. 모델공간은 2차원뿐 아니라 3차원 제도 그리고 디자인이 1:1 크기로 이루어지는 3차원 좌표 공간이다.

종이영역: 또 다른 주요 오토캐드의 공간. 완성된 프린트 또는 플로터블 배치를 위해 사용됨; 보통 타이틀블럭을 포함한다.

분리: 블록이나 폴리라인과 같이 복합적인 물체들을 분리.

블록: 하나의 물체를 형성하기 위해 결합된 하나 또는 더 많은 물체의 그룹. 만드는 데 있어서 블록은 이름과 삽입점이 주어져야 한다.

뷰포트: 제도의 모형공간의 어떤 부분을 표시하는 경계 공간.

사용자좌표시스템(UCS): 3차원공간에서 x,y,z의 방향을 정의하는 시스템.

시트파일: 프리젠테이션시트의 프리트 또는 플롯준비 전자 표시로, 보기 또는 모형, 문자, 부호 그리고 타이틀블럭의 보기를 포함하고 있다.

십자선: 커서의 형태.

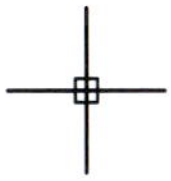

외부참조: 또 다른 도면에서 배경으로 사용되는 파일 또는 도면 그러나 원본도면에 있을 때만 제외하고 수정할 수 없다. 예제들은 건물격자와 사이트정보를 포함한다. 또한 X-Ref로 불린다.

윈도우: 제도공간으로, 명령행과 주변메뉴들을 포함한다.

UCS아이콘: 사용자가 배치 공간 또는 모형공 간에 있는 것뿐 아니라 x, y, z평면의 방향을 나타내는 요소.

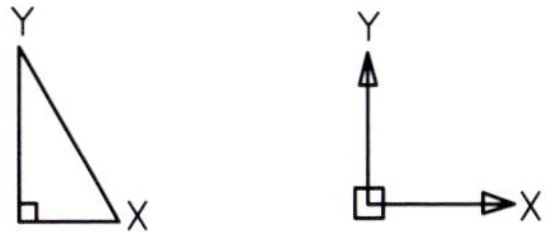

종횡비: 높이대비 화면너비의 비율.

좌표: 모델원점에 관계된 x, y, z의 위치(0, 0, 0)

커서: 사용자가 그래픽정보 또는 문자를 배치시 킬 수 있도록 하게 하는 비디오화면 위에 있는 움직이는 물체.

CAD: Computer-aided design 또는 computer-aided drafting. 또는 computeraided design and drafting은 CADD.

폴리라인: 하나 또는 더 많이 연결된 선분들 또는 호로 이루어진 물체. 하나의 물체로 취급된다.

오토캐드 윈도우

활성화된 모델영역

모델은 모델영역에서 편집될 수 있다.

타이틀모드 = 1 (켜짐)

모델영역에서 이루어진 모든 도면은 1:1이어야 한다.

UCS 아이콘

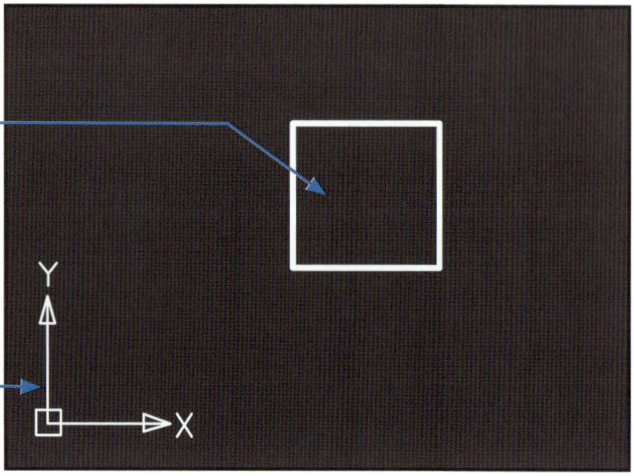

활성화된 종이영역

타이틀블럭 또는 다른 모델영역이 아닌 정보는 표제란에서 편집될 수 있다.

타이틀모드 = 0 (꺼짐).
타이틀모드가 꺼질 때 뷰포트는 움직이고 크기가 변경될 수 있는 물체이다.

UCS 아이콘

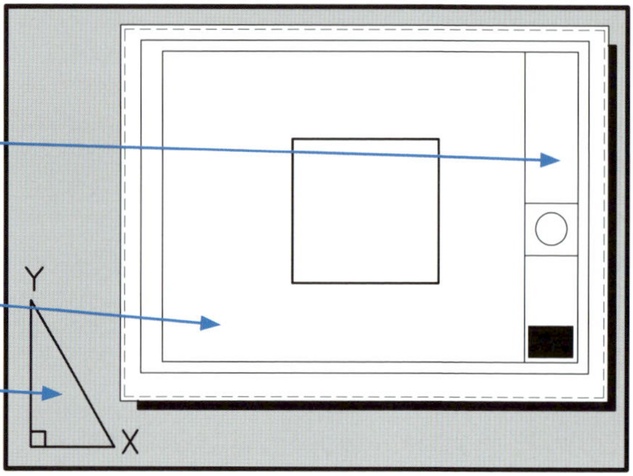

활성화된 모델영역 뷰포트를 갖는 종이영역

뷰포트로 들어가기 위해서, 명령행에서 ms를 친다. 모델영역아이콘을 본다.

타이틀모드 = 0 (꺼짐).

종이영역스케일(XP)은 이 모드에 있는 동안 줌에 의해 정해진다. 모델의 편집은 권장할 만한 것은 아니지만 가능하다.

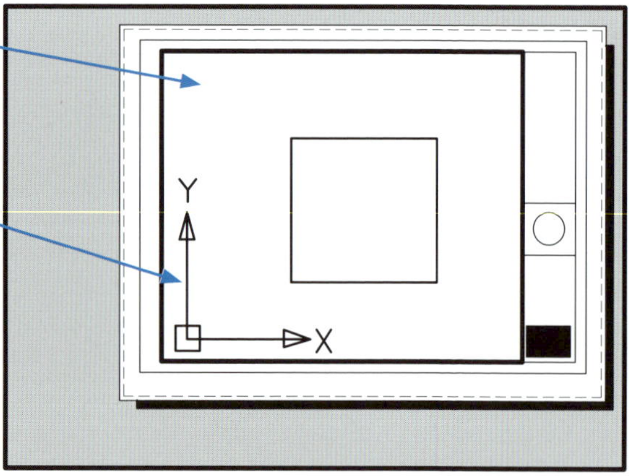

외부참조

외부참조도면은 많은 시트파일에 공통적인 건축정보를 포함한다. 전형적으로, 이 도면들은 많은 목적들에 도움이 될 수 있는 평면도이다. 각각은 그것 자체의 시트파일을 가지고 있다. 예를 들면, 같은 평면모형은 평면도, 천장도 그리고 큰 스케일 평면도에 사용될 수 있다.

다음 도표는 X-Ref도면과 시트파일 사이에 상호작용을 설명한다.

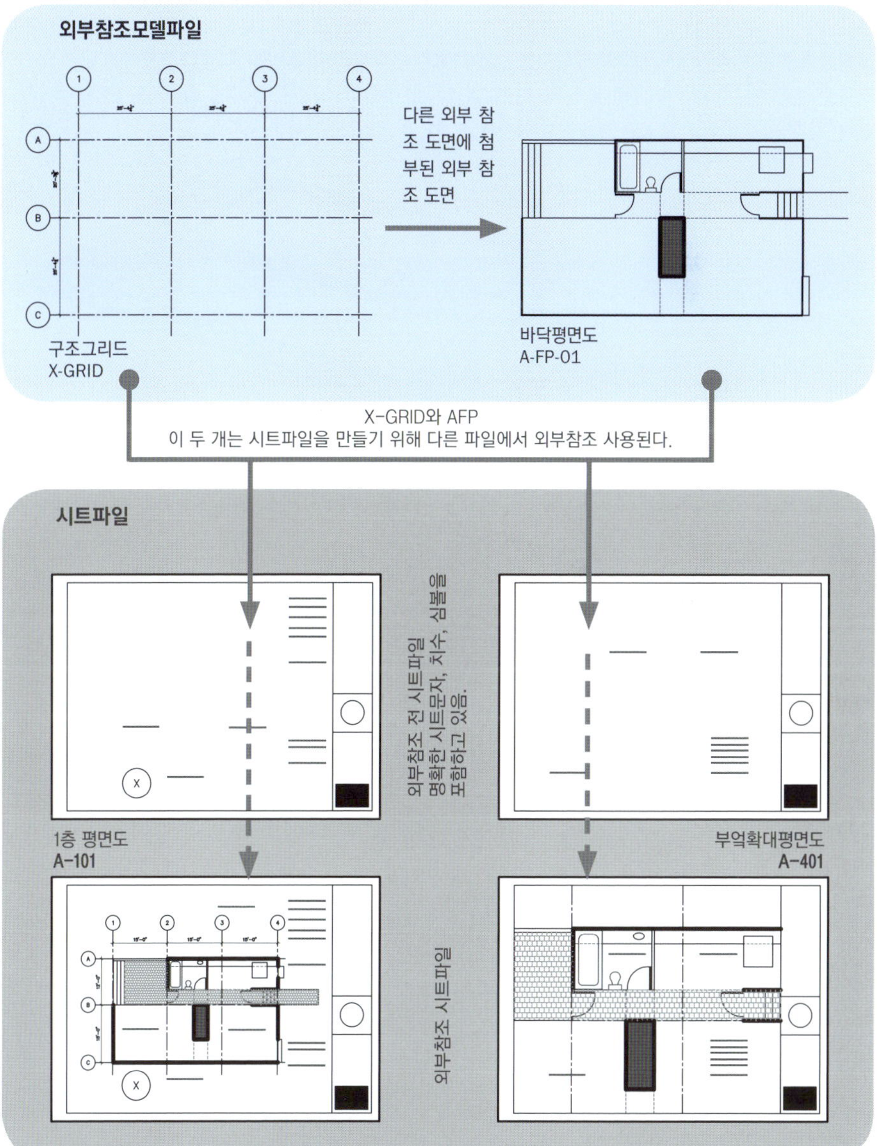

모델영역과 종이영역 스케일

상세벽 단면도에서부터 넓은 배치도에 이르기까지, 모든 오토캐드 모델과 도면은 모델영역에 1:1스케일로 그려진다. 종이영역은 모델영역 안에 있는 정보가 구체적 그리고 정확한 스케일로 프린트 되도록 하게 하는 프린터 및 플로터 값과 용지(종종 하나의 타이틀블록의 사용과 함께)를 설정하는데 사용된다. 하나의 도면은 많은 다른 스케일로 그리고 많은 다른 목적을 위해 사용될 수 있고 “스케일로” 그려질 필요가 없기 때문에 그러한 시스템은 디자인하고 도면을 그릴 때, 건축가들에게 상당한 융통성을 허락한다.

모델과 종이영역 사이에서 관계를 상상하는 간단한 방법은 잘려진 구멍으로(뷰포트) 표제란을 실제 종이조각으로 생각하는 것이다. 이 공간을 통해서 모델영역을 볼 수있다. XP요소를(다음 페이지를 본다) 사용함으로써, 뷰포트 안에 있는 모델은 표제란과 관련하여 크기가 정해진다.

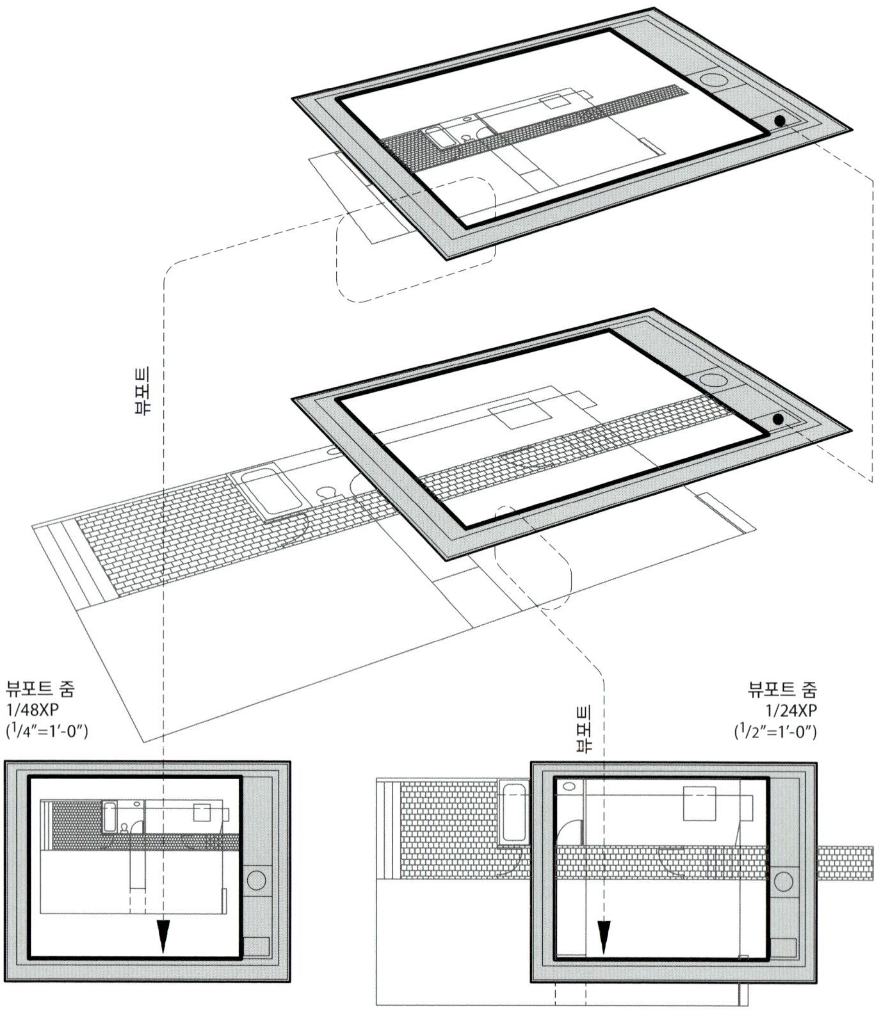

오토캐드 문자 크기 도표(인치)

도면 스케일	스케일 인자	XP 인자	원하는 문자높이 1/16″	3/32″	1/8″	3/16″	1/4″	5/16″	3/8″	1/2″	3/4″	1″
Full	1	1	.0625	.09375	.125	.1875	.25	.3125	.375	.5	.75	1
6″=1′	.5	1/2	.125	.1875	.25	.375	.5	.625	.75	1	1.5	2
3″=1′	.25	1/4	.25	.375	.5	.75	1	1.25	1.5	2	3	4
1 1/2″=1′	.125	1/8	.5	.75	1	1.5	2	2.5	3	4	6	8
1″=1′	.08333	1/12	.75	1.125	1.5	2.25	3	3.75	4.5	6	9	12
3/4″=1′	.0625	1/16	1	1.5	2	3	4	5	6	8	12	16
1/2″=1′	.04167	1/24	1.5	2.25	3	4.5	6	7.5	9	12	18	24
3/8″=1′	.03125	1/32	2	3	4	6	8	10	12	16	24	32
1/4″=1′	.02083	1/48	3	4.5	6	9	12	15	18	24	36	48
3/16″=1′	.015625	1/64	4	6	8	12	16	20	24	32	48	64
1/8″=1′	.01042	1/96	6	9	12	18	24	30	36	48	72	96
1/16″=1′	.005208	1/192	12	18	24	36	48	60	72	96	144	192
1″=10′	.0083	1/120	7.5	11.25	15	22.5	30	37.5	45	60	90	120
1″=20′	.004167	1/240	15	22.5	30	45	60	75	90	120	180	240
1″=30′	.002778	1/360	22.5	33.75	45	67.5	90	112.5	135	180	270	360

차트 사용하기

오토캐드모델에서 이루어진 모든 작업들은 1:1 이어야 하기 때문에, 문자와 라벨들은 이것들이 프린트될 스케일에 기초해 적절한 크기로 조정되어야 한다.

예를 들면, 만약 상세도가 3″=1′-0″ 로 프린트될 경우, 그리고 프린트될 때 원하는 문자의 높이가 1/8″ 일 경우, 모형 안에 있는 문자를 0.5″ 로 맞추어야 한다. 같은 도면이 1/4″ = 1′-0″ 으로 프린트될 경우, 그리고 그 문자가 또한 1/8″ 의 높이이어야 할 경우, 1/4″ 스케일출력에 관계된 어떤 문자도 모형에서 6″ 으로 맞추 어져야 한다. 정부기관을 포함해서 많은 고객들은 알기 위해서 최소한의 문자크기를 요구할 것이다.

종이영역 스케일 사용하기(XP)

XP스케일은 원하는 출력스케일과 그것이 출력될 종이시트 사이의 관계이다. 손 제도로는, 전형적으로 정확하게 스케일에 맞게 도면 그리는 것을 돕기 위한 건축가 또는 엔지니어스케일을 사용할 것이다. 그러한 스케일에서, 1/4″ = 1′-0″, 1′ 를 사용하는 것은 스케일상 길이1/4″ 로 나타난다; 2′ 는 1/2″ 이고, 그리고 계속 이와 같다. 실제로, 스케일은 원하는 스케일로 그리는 데 필요한 많은 계산들을 이미 해왔다. 이 과정을 정확하게 설명하면, 도면이 특정 종이시트에 맞기 위해, 도면은 1/48 전체크기(만약 1/4″=12″, 1/4 x 1/12 =X, 그러므로 X =1/48)로 그려져 왔다고 말할 수 있을 것이다.

오토캐드에서의 과정은 대부분 같다. 모형공간의 뷰포트 안에 있는 동안 뷰포트의 스케일을 정하기 위해서, 1/48XP로 확대한다(또한 0.02083XP와 같다). XP는 글자 그대로 "시간모형공간"을 뜻한다. 이 실행은 뷰포트윈도우를 배치공간제목블럭과 관련하여 1/4″=1′-0″ 로 확대할 것이고, 표제란은 1:1로 프린트 된다.

오토캐드 파일명명 규정

파일형태는 파일형식과 파일형태의 이름이 정해지는 방법에 직접적인 관련이 있다. 파일형태는 모형, 세부항목, 종이, 스케줄, 문자, 데이터베이스, 부호, 경계 그리고 타이틀블럭을 포함한다. 여기에서 논의된 파일과 레이어 명명 시스템은 AIA CAD 가이드라인을 따르는데, 이 가이드라인은 미국 CAD기준에 의해 제정되었다.

모델파일

건물모델파일은 건물의 전자적인 표시이다. 모형은 2차원 또는 3차원일 수 있고, 실제 1:1 스케일로 만들어진다. 모델파일 안의 모든 기하학은 3차원좌표(x, y, z)를 포함한다. 2차원도면에서 z좌표는 0이다.

시트파일

전자시트파일은 문자, 부호, 경계 또는 타이틀블럭뿐 아니라, 하나 또는 더 많은 모델파일의 보기를 포함한다. 타이틀블럭은 일반적으로 하나의 프로젝트 또는 부분에서 모든 다른 시트에 공통적인 그래픽과 문자정보를 포함한다.

1단계 기준 지정자

파일이름뿐만 아니라 레이어 이름은 질서에 의해 분류된다. 기준부호는 두 번째 문자가 사용자에 의해 규정된 하이픈이거나 수식어구인 두 개 문자 부분이다.

A	Architectural(건축)
B	Geotechnical(지질학)
C	Civil(토목)
D	Process(과정)
E	Electrical(전자)
F	Fire Protection(방화)
G	General(총괄)
H	Hazardous Materials(유해물질)
I	Interiors(인테리어)
L	Landscape(조경)
M	Mechanical(기계)
O	Operations(작업)
P	Plumbing(배관)
Q	Equipment(장비)
R	Resource(자원)
S	Structural(구조)
T	Telecommunications(전자통신)
V	Survey/Mapping(조사/지도제작)
X	Other Disciplines(규율)
W	Works(작업)
Z	Contractor/Shop

표준모델파일 정의

모델파일 유형

FP	바닥평면도
SP	배치도
DP	파괴계획
QP	장비계획
XP	기존계획
EL	높이
SC	단면
DT	세부항목
SH	일정
3D	3차원도면
DG	다이어그램

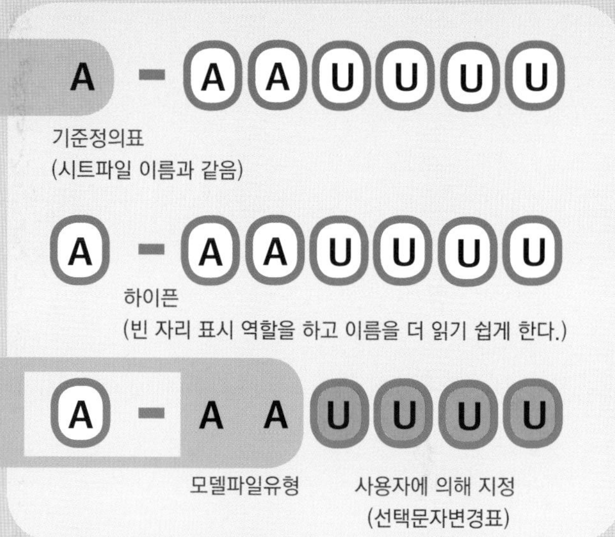

예 A-FP-01 (건축바닥평면도, 1층)
P-DP-010 (소화관 제거, 1층)

표준시트 식별

시트 유형 지정자

0	총괄
1	평면도
2	입면도
3	단면도
4	대축척보기
5	일정, 다이어그램
7	사용자지정
8	사용자지정
9	3차원도면

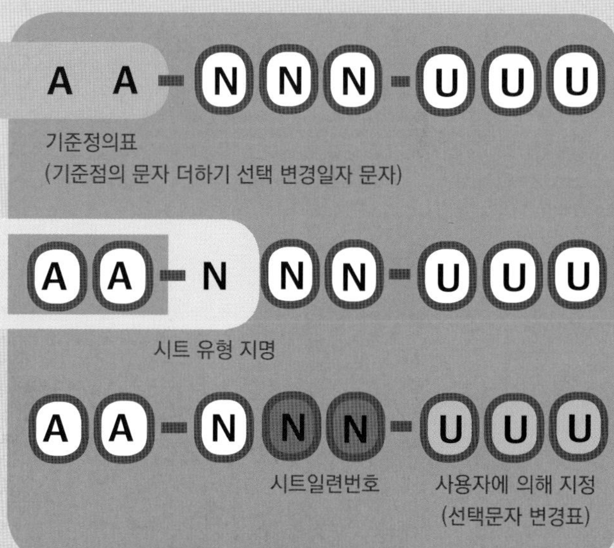

예 A-103 (건축평면도, 레벨3)
AD206 (건축철거 입면도, 레벨6)

표준 3.

비례와 형태

대부분의 건물들은 심지어 비행기 격납고나 코끼리 축사와 같은 대규모 스케일의 건물에서조차 휴먼 인터페이스를 필요로 하기 때문에 인체는 건축(거주?) 공간을 디자인하기 위한 유용한 기준이 된다. 마찬가지로, 아무리 구조가 복합한 건물이라도 대부분 점, 선, 면으로 환원되어 보다 복잡한 조합의 공간과 형태로 전개되면서 전체적인 건물의 디자인을 구성하게 된다.

역사적으로 건축가들은 조화, 산술, 기하 및 인체비례 논리에 근거한 건축의 질서와 비례체계를 고안하여 사용해 왔으며, 건축 구성 논리를 모르거나 이해하지 못한다 하더라도 보는 사람에게 시각적으로나 물리적으로 명확한 질서를 제공해 주었다.

일상생활에서 우리는 수없이 많은 배열과 질서 체계와 접촉하고 있다. 이것들 대부분은 우리 몸과 우리 몸의 연장인 자동차가 어떻게 주변환경을 사용하고 처리하고 있으며 어떻게 다른 것들과 공유되는지 중점을 두고 있다. 여기에 제시된 기준들은 건축가들이 규칙적으로 마주하는 프로그램의 요구사항에 대한 기본적인 내용들을 모아 정리하여 설명해 준다. 이 기준들은 특정한 디자인을 제안하지 않고, 다만 각각의 신체가 어떻게 공간을 점유하는지에 대한 보다 나은 해석을 제공한다.

Chapter 15: 휴먼스케일(인간적 척도)

인체 치수는 거의 모든 면의 건축디자인 정보를 제공한다. 이 장에서 제시하고 있는 치수들은 평균 범위를 나타낸다.(낮은 숫자는 2.5%를 나타내며, 반면 큰 숫자는 97.5%를 나타낸다.)

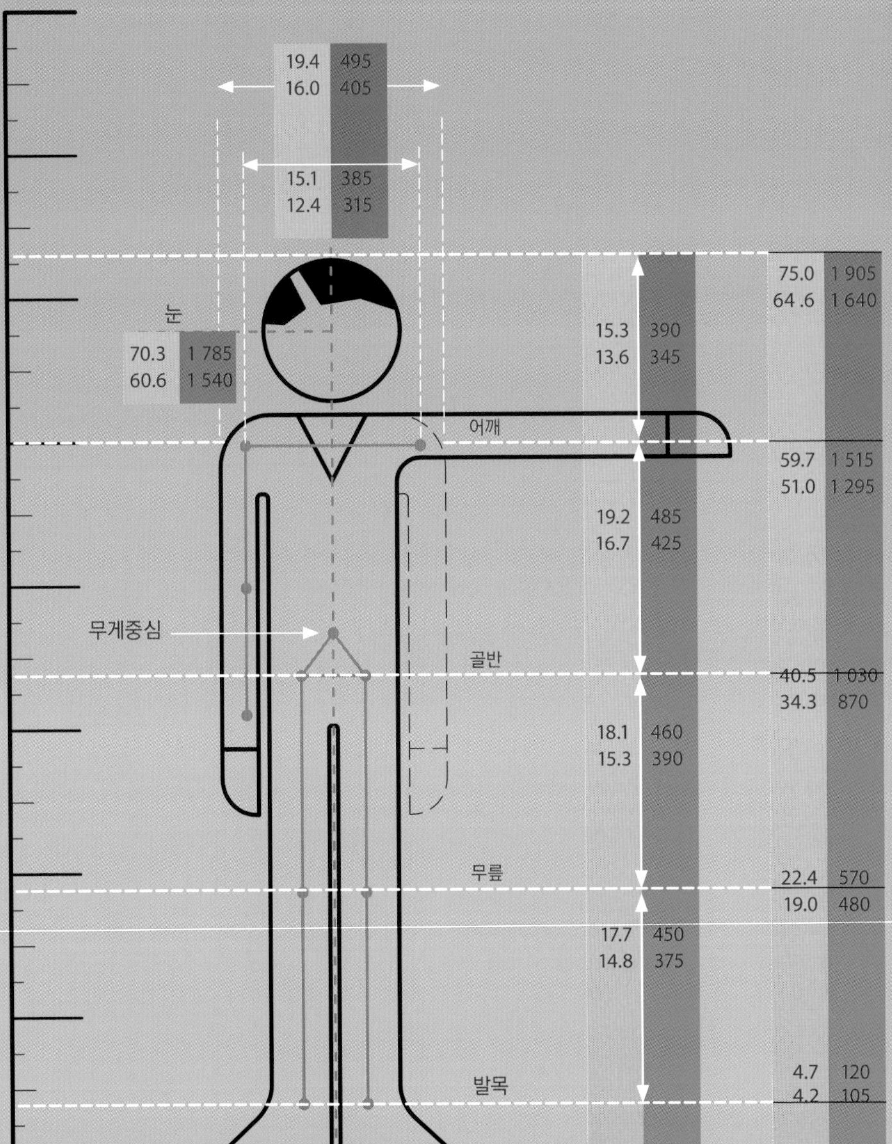

성인남자

아래 그림에서 회색 막대는 인치를, 파란색 막대는 밀리미터를 나타낸다.

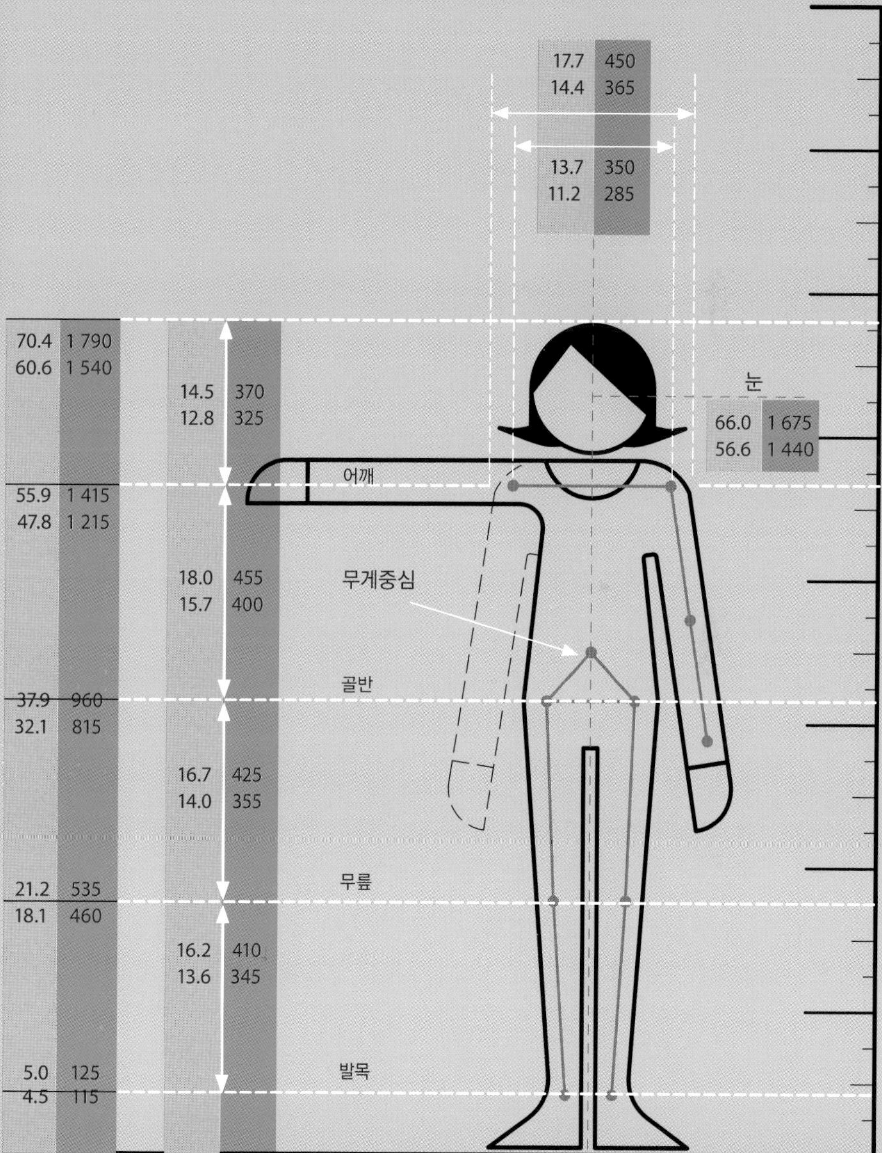

성인여자

장애인을 위한 디자인 치수

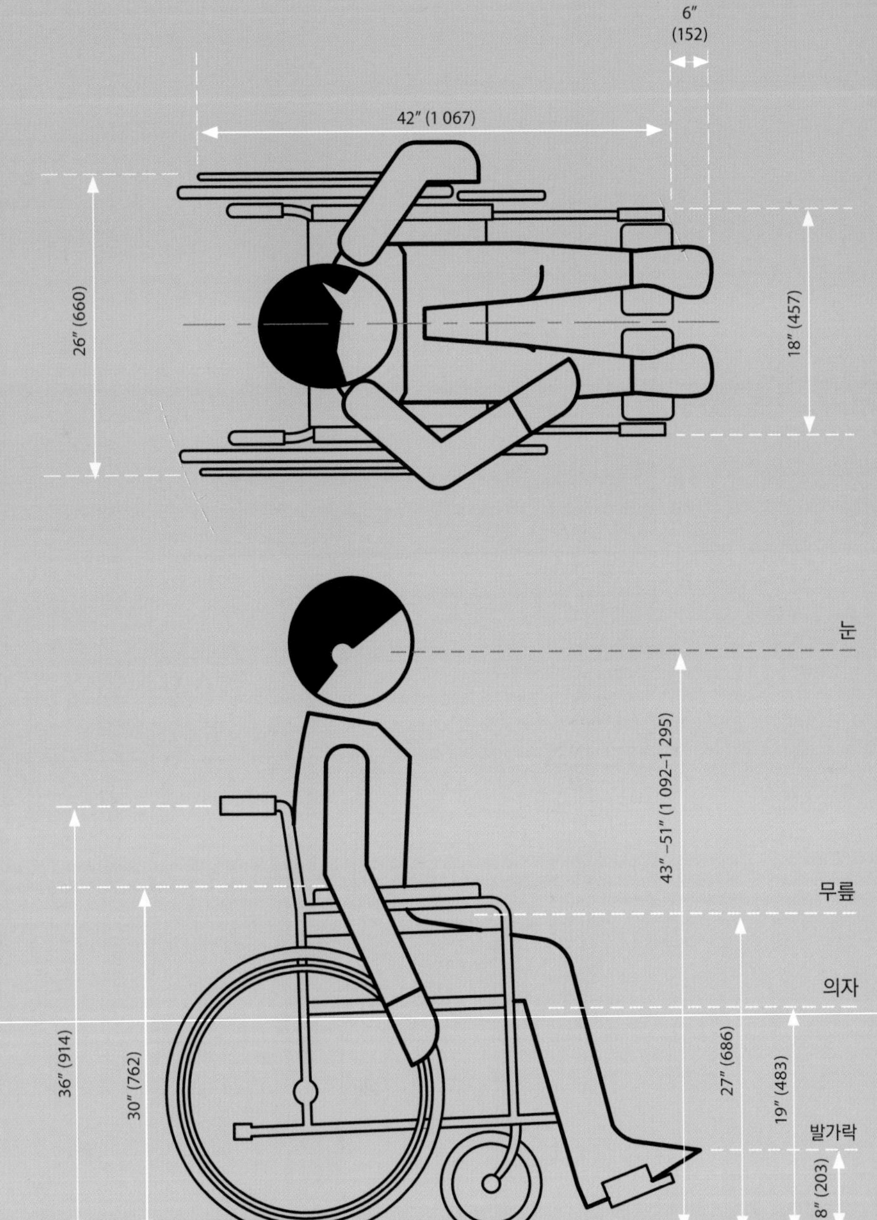

성인휠체어의 전체적인 치수

건축가들은 특별한 필요를 요구하는 사람들의 치수에 정통해야 한다. 특히 휠체어 사용에 의한 자세의 제약이 그렇다. 특히 보편적인 디자인 개념이 더 많은 명성을 얻어감에 따라 휠체어를 포함하여 다른 특별한 필요들을 수용하는 디자인이 예외로서가 아니라 규정으로서 정착되어가고 있다. 보편적 디자인은 모든 소요뿐만 아니라 가능한 한 대부분의 사람들이 접근할 수 있고 사용할 수 있는 공간을 만들 것을 제안한다. 사려 깊은 계획과 디자인이 제작 비용을 상승시키지는 않는다.

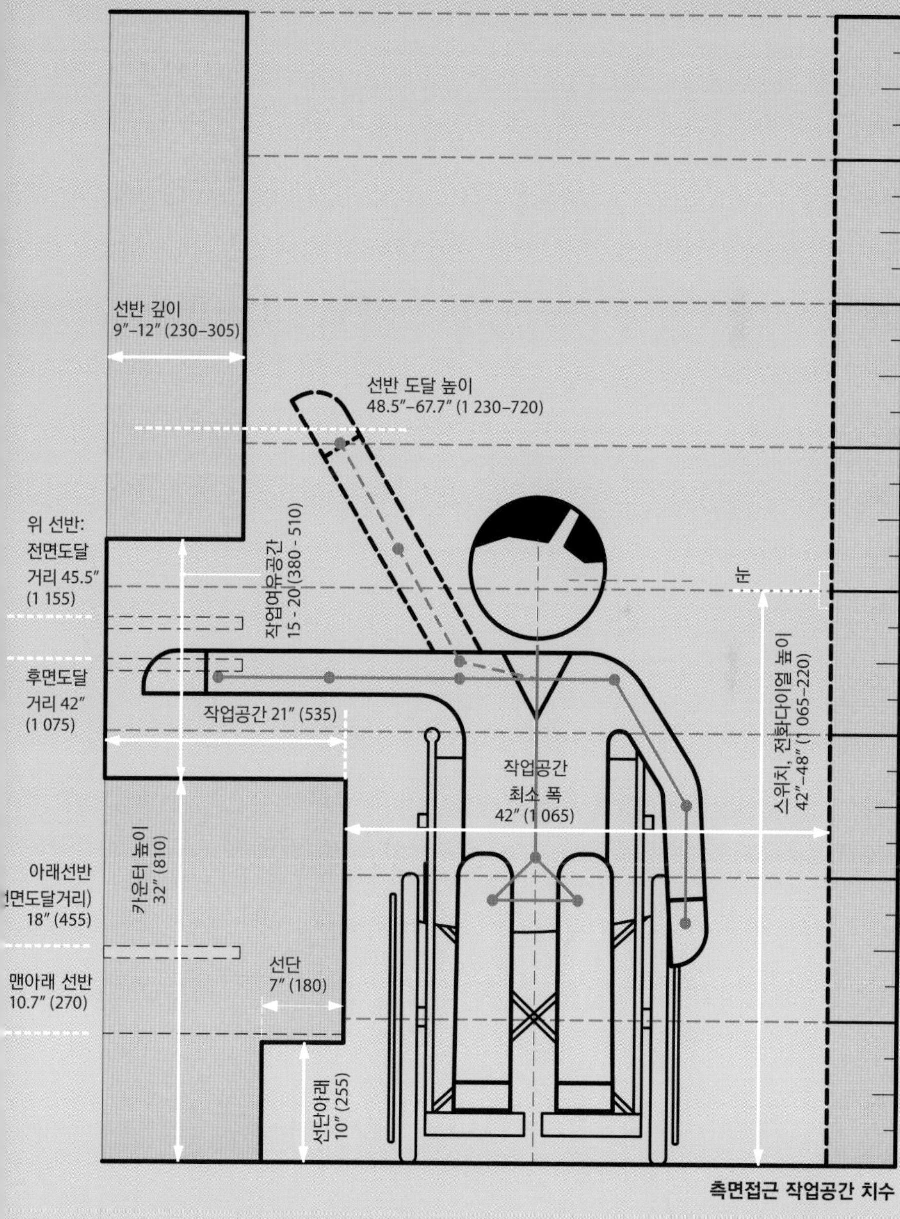

측면접근 작업공간 치수

앉은 치수

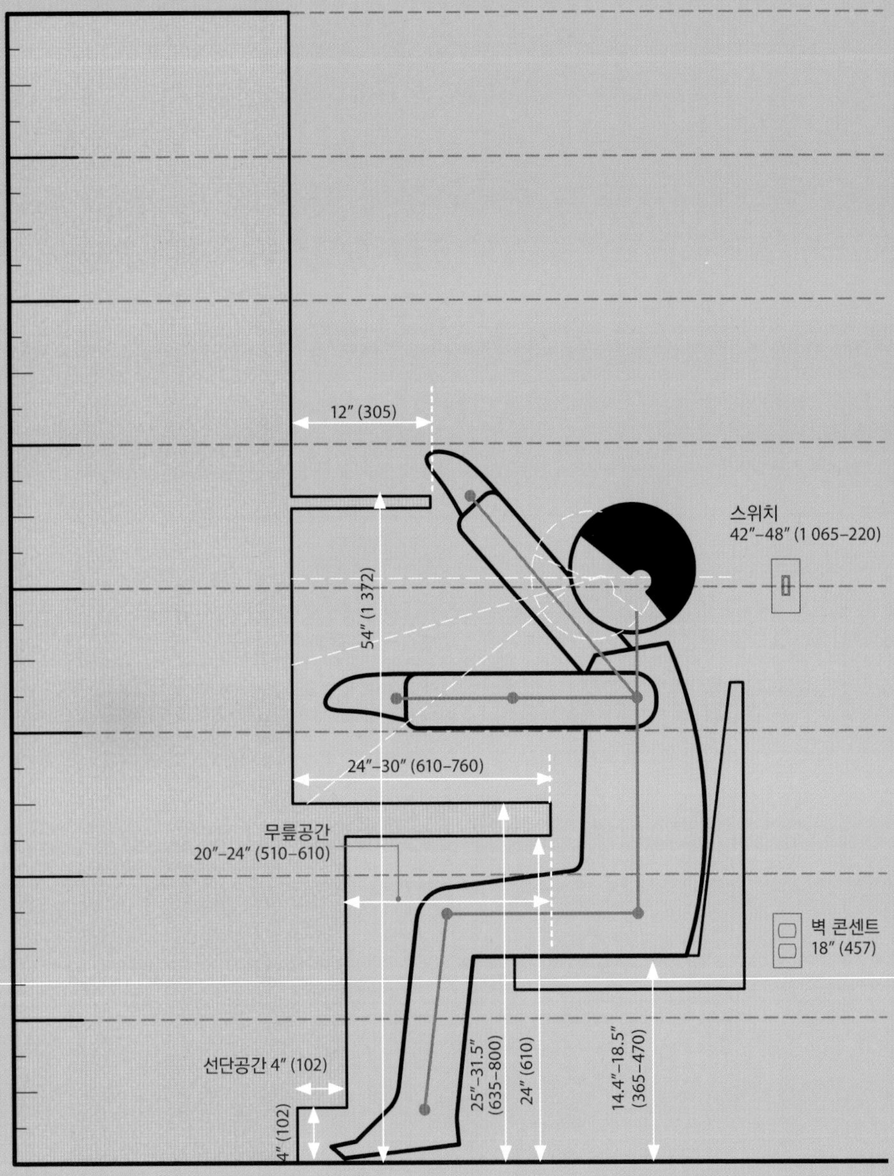

12″ (305)
스위치
42″–48″ (1 065–220)
54″ (1 372)
24″–30″ (610–760)
무릎공간
20″–24″ (510–610)
벽 콘센트
18″ (457)
선단공간 4″ (102)
4″ (102)
25″–31.5″
(635–800)
24″ (610)
14.4″–18.5″
(365–470)

작업 공간 치수

편안한 자세에 필요한 공간치수

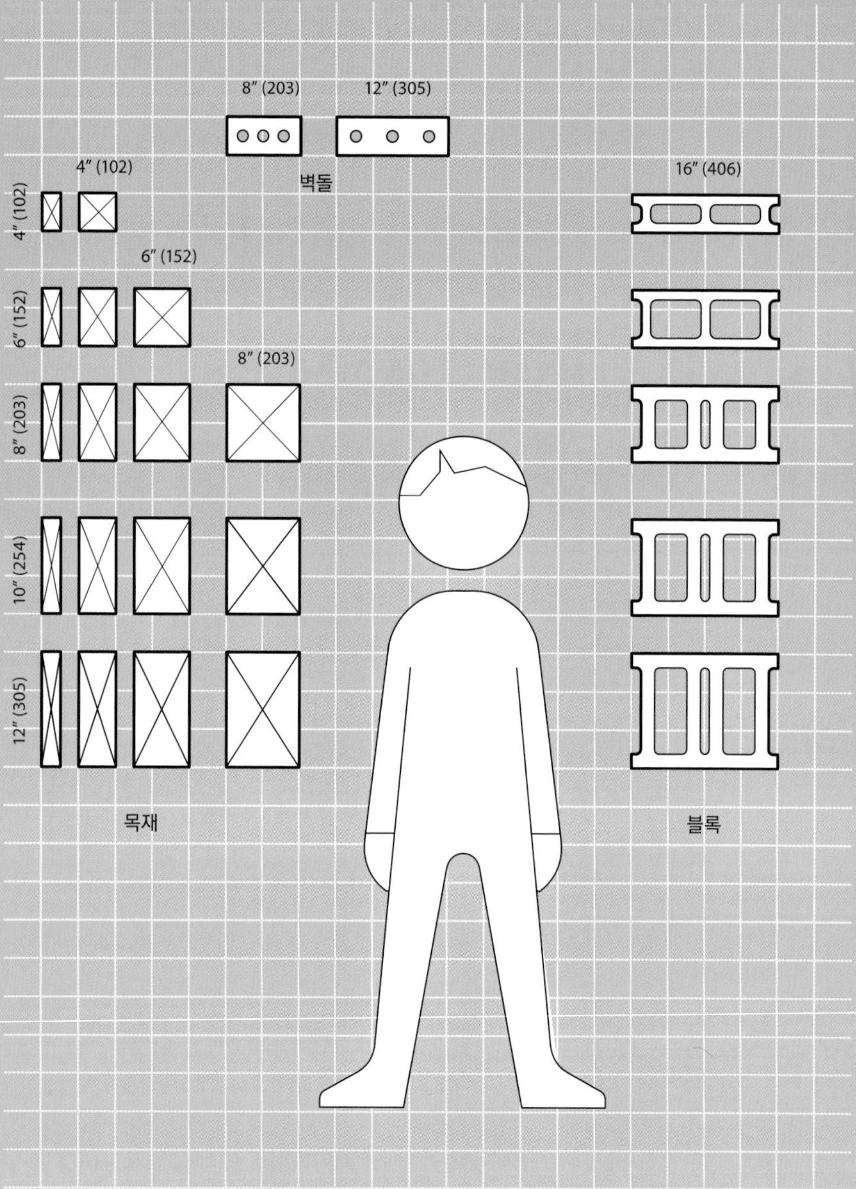
8″ (203)
12″ (305)
벽돌
4″ (102)
16″ (406)
4″ (102)
6″ (152)
6″ (152)
8″ (203)
8″ (203)
10″ (254)
12″ (305)
목재
블록

재료의 크기

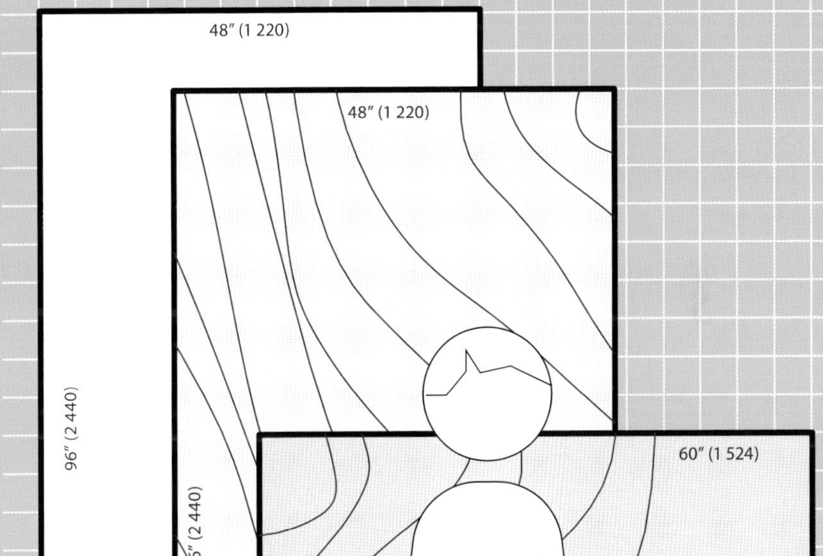

재료의 크기

Chapter 16: 주거공간

부엌

기준치수

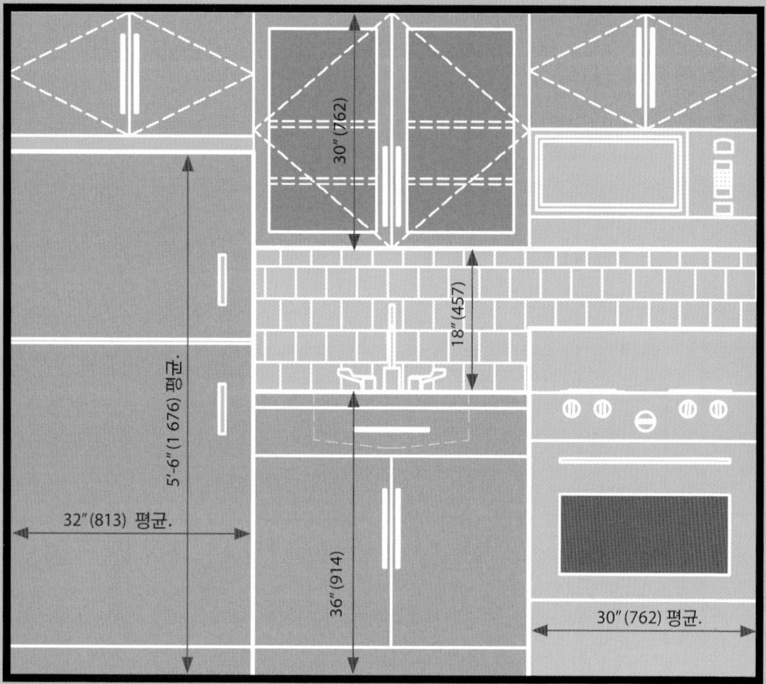

일반적 배치 유형

공간 지침: 기본구성은 최소 1.67㎡(18sq)에 1인당 0.56㎡(6sq) 추가.

작업 트라이앵글 전체 3면의 길이는 평균 7,010mm(23ft)와 7,925mm(26ft)사이.

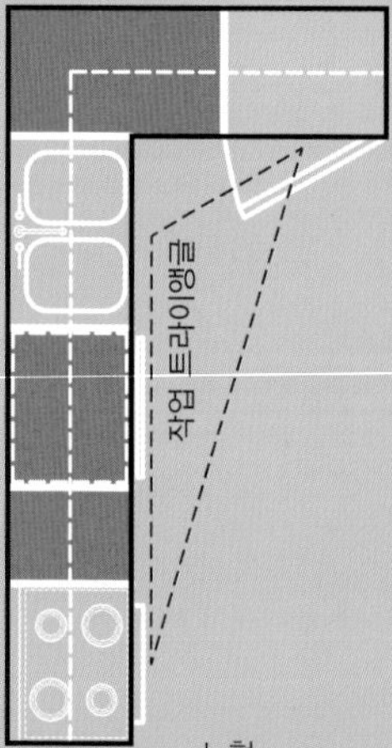

L 형

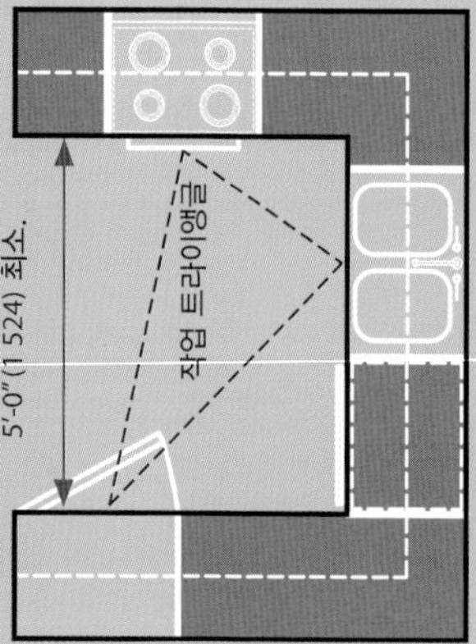

U 형

가구 구성

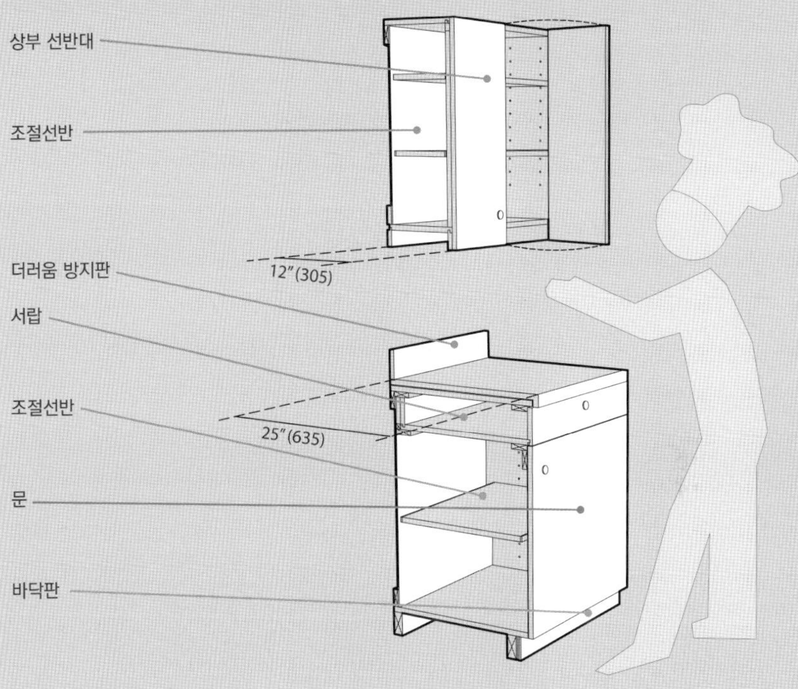

주방제품

대부분 제품들의 모듈은 3의 배수(30cm, 45cm, 60cm, …. 120cm) 체계의 길이로 구성되어 있다.

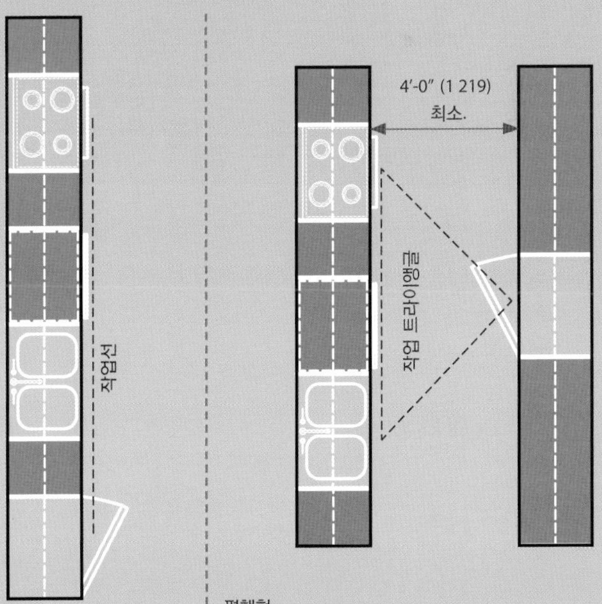

화장실

일반지침
(Subject to Local Codes)

욕조나 샤워기 위의 벽은 최소 1,829mm(72")보다 높게 방수재료로 감싸야 한다.

천장 최소높이 = 6′-8″ (2 032)

최소한의 환기를 위해 0.28㎡(3sq.ft)의 창이 필요하며, 이 창의 50%이상이 외부로 열리거나 분당 최소 1.42㎥(50cu.ft.)의 기계적 환기시스템으로 한다.

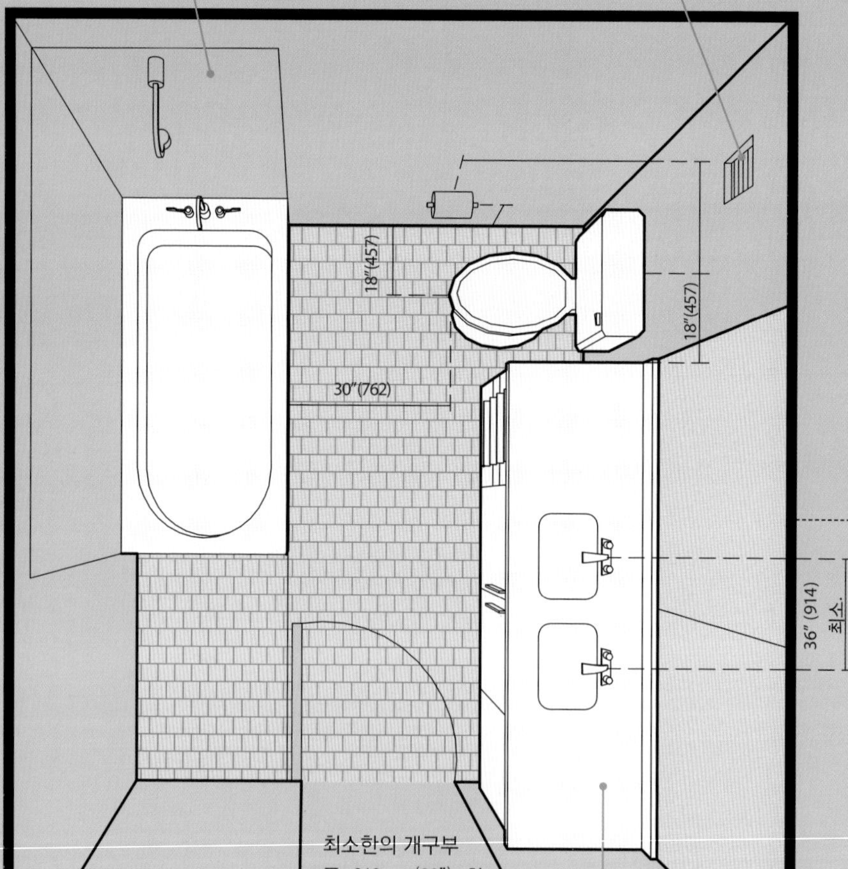

최소한의 개구부 폭–813mm(32"). 화장실 여닫이 문은 수납장의 다른 문들과 간섭되거나 위생기기와 수납장의 안전한 사용을 방해해서는 안 된다.

사용자에게 적절한 세면대 높이 –813–1,092mm(32"–43")

유리공사

강화유리 또는 공인된 동등한 것을 다음 상황에 사용해야 한다: 샤워실 문이나 욕조, 샤워실을 둘러싸는 것에는 다른 유리; 유리창문과 서 있는 면 위에서 60″ (1,524)보다 작은 벽이 있는 욕조 또는 샤워장 주위; 밑변둘레가18″(458)보다 작은 창문이나 문과 같은 곳에 유리 설치.

바닥

욕실바닥과 욕조 그리고 샤워실 바닥은 미끄럼방지 바닥이어야 한다.

전기콘센트

모든 전기 소켓은 누전차단기 보호장치(GFCI)로 보호해야 하고, 적어도 1개의 누전차단기소켓을 바깥쪽 변기 끝에서 36″(914) 안에 설치해야 한다. 어떤 종류의 소켓도 샤워실 또는 욕조 공간에 설치해서는 안되고 욕조나 샤워실과 같이 습기 있는 장소에 스위치 또한 설치해서는 안된다. (안전욕조나 샤워조립품의 부품으로 설치되지 않는 한)

조명

전반적인 조명 이외에도, 데스크 조명을 화장실 내 각각의 기능적 공간에 설치해야 하고, 적어도 입구에 위치한 벽 스위치에 의해 조절되는 하나의 전구를 설치해야 한다. 욕조나 샤워실에 설치되어 있는 모든 전등장치에는 습기나 습기장소에 적합하다는 표시가 있어야 한다.

전형적인 배치

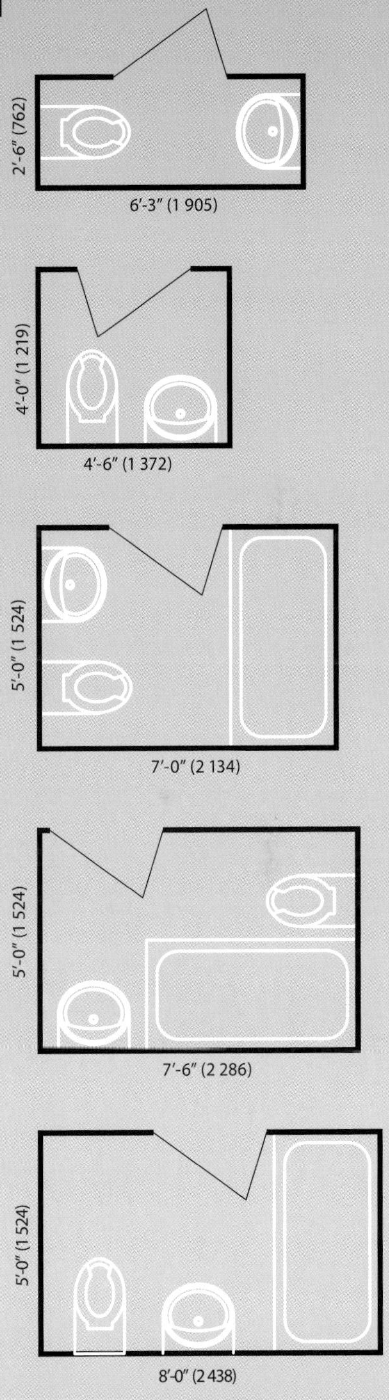

방

침대(매트리스 사이즈)

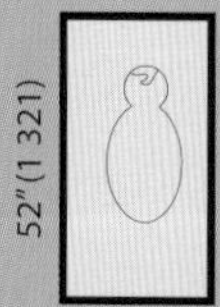

유아용 침대

1인용 침대

2인용 침대

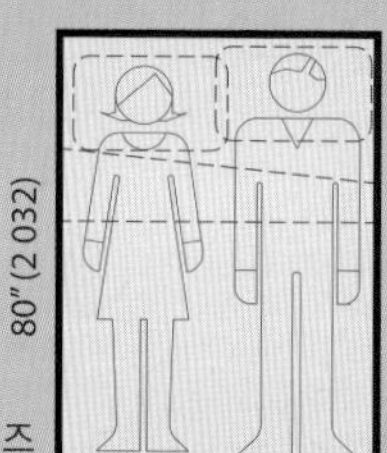

퀸 사이즈

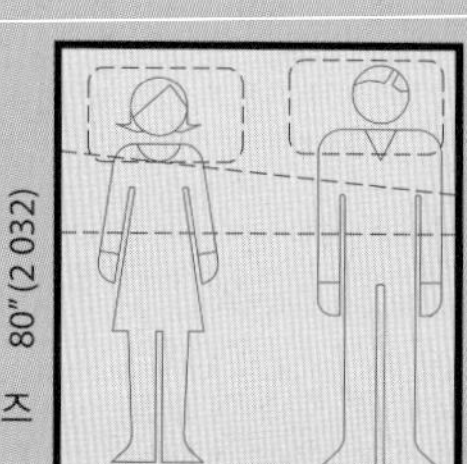

킹 사이즈

천장의 높이는 적어도 필요한 면적의 50%를 위해 7'-6"(2,286) 이상 되어야 한다; 50%는 최대 5"(1,524)의 높이까지 경사질 수 있다.

모든 침실은 외부로 나갈 수 있는 적어도 하나의 비상구를 갖추고 있어야 하는데, 3.3sq. ft.(0.307m²)보다 큰 조작가능한 창문 형태이고, 최대 20"x24"(508x610) 열려야 하며, 문턱은 44"(1,118)보다 높으면 안 된다.

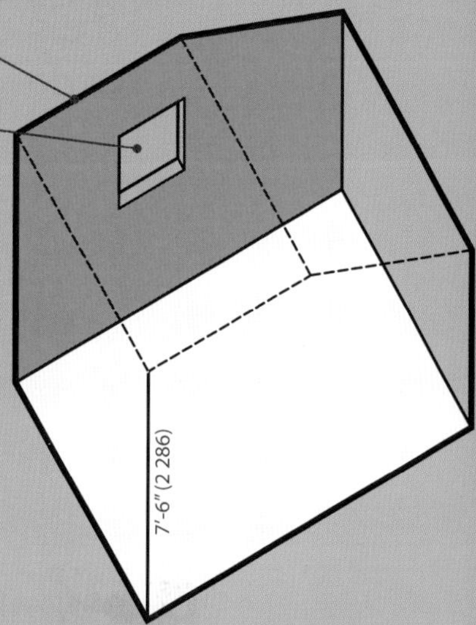

좌석

테이블 사이즈(인치)	최대 좌석
24 x 48	4
30 x 48	4 (2 wch.)
30 x 60	6 (4 wch.)
36 x 72	6 (6 wch.)
36 x 84	8 (6 wch.)
30 x 30	2
36 x 36	4
42 x 42	4 (2 wch.)
48 x 48	8 (2 wch.)
54 x 54	8 (4 wch.)
30 dia.	2
36 dia.	4
42 dia.	4–5
48 dia.	6 (2 wch.)
54 dia.	6 (4 wch.)

wch. = wheelchair

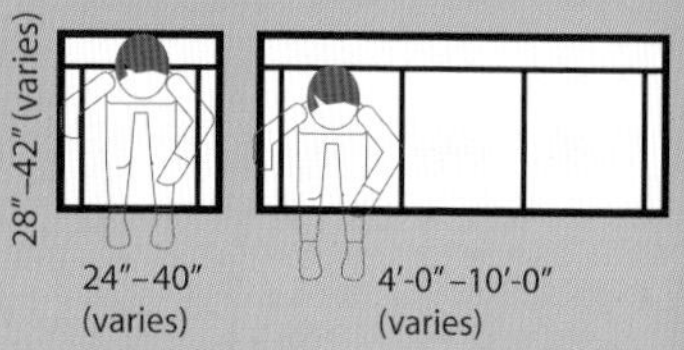

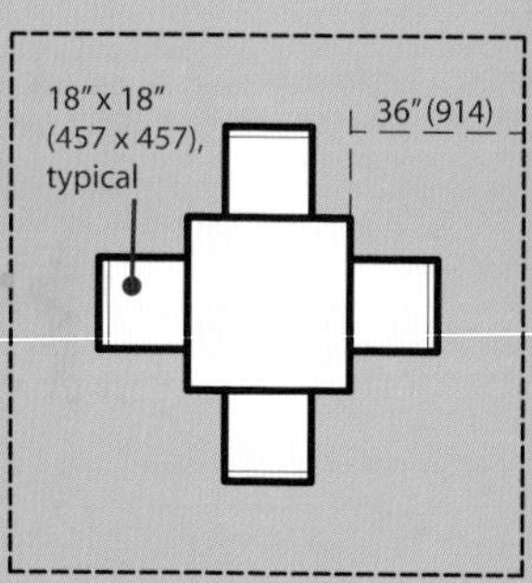

in.	24	30	36	42	48	54	60	72	84
mm	610	762	914	1067	1 219	1 372	1 524	1 829	2 134

모든주택은 120sq.ft.(11.15m²) 보다 큰 적어도 하나의 방을 갖추고 있어야 한다.

방은(화장실과 부엌 제외) 사방 7′-0″(2,134)이상으로 70 sq.ft.(6.51m²) 보다 크거나 같은 면적이어야 한다.

부엌은 최소 50sq.ft.(4.65m²)이어도 된다.

벽장

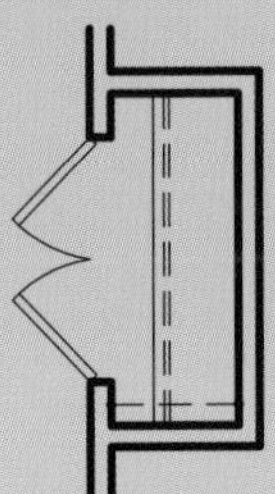

안쪽 깊이 22″-30″ (559-762)

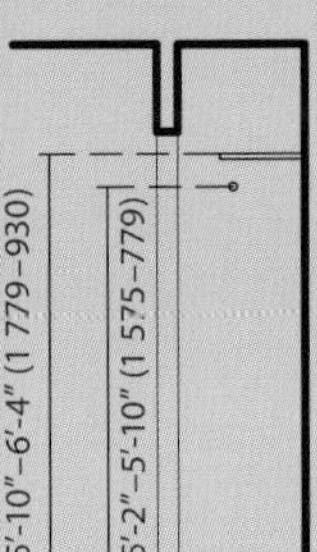

사람당 48″-72″ (1,219-829)의 옷걸이 공간

12″ (305) = 정장 6개, 셔츠 12개, 드레스 8개 또는 바지 6대

차고

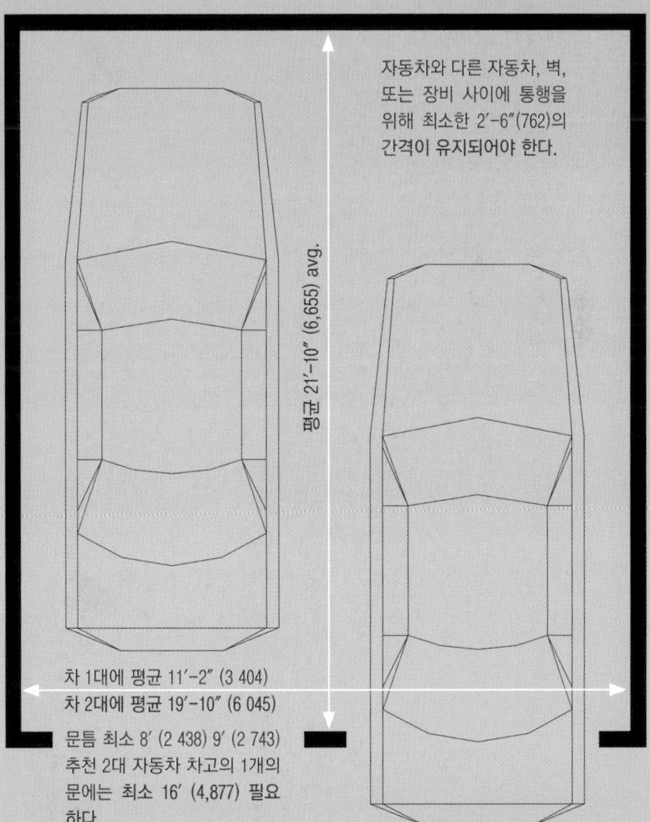

자동차와 다른 자동차, 벽, 또는 장비 사이에 통행을 위해 최소한 2′-6″(762)의 간격이 유지되어야 한다.

문틈 최소 8′ (2 438) 9′ (2 743) 추천 2대 자동차 차고의 1개의 문에는 최소 16′ (4,877) 필요하다.

식당

의자형태

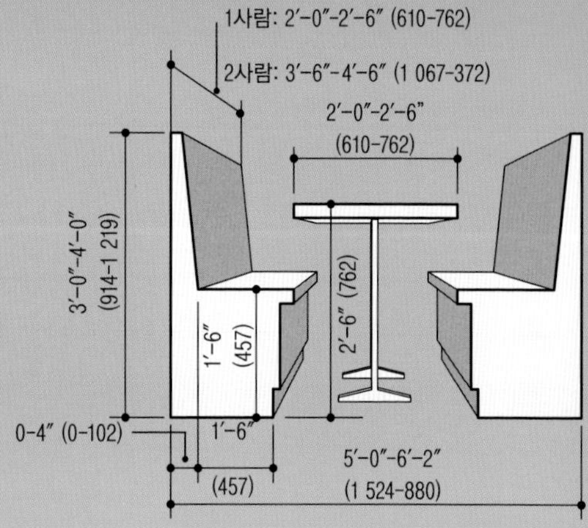

부스

매점 테이블은 벤치의자 보다 2″ (51)더 짧고, 부스에 들어가고 나오는 것을 용이하게 하기 위해 모서리가 둥글다.

테이블

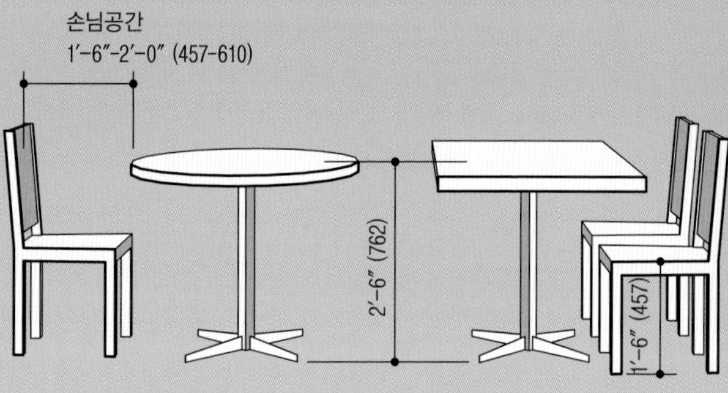

의자의 치수는 평균1′-2″-1′-6″ (356-457)이다.

넓게 뻗은 바닥(보이는 바와 같이)을 가지고 있는 테이블은 4개의 다리 테이블보다 앉고 일어서는데 더 실용적이다.

바와 카운터

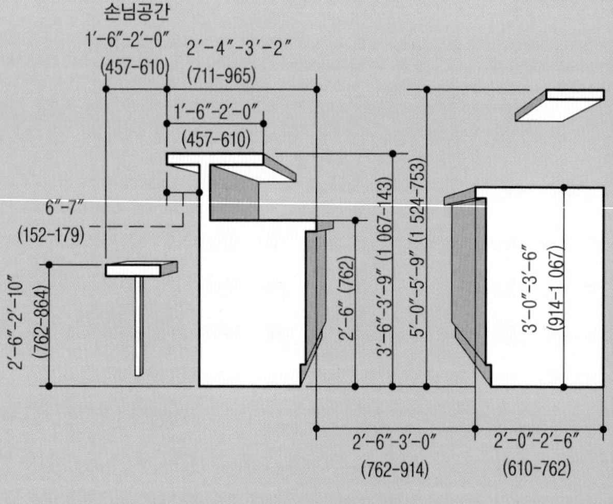

카운터 의자는 종업원당 평균10개가 필요하다.

의자 간격

휠체어 에 필요한 바닥 면적은 30″x48″ (762x1,219)이고 이 중 19″(483)는 테이블 아래 필요한 무릎 공간으로 사용된다. 적어도 테이블의 5%(1개 이상)는 장애인용이어야 한다.

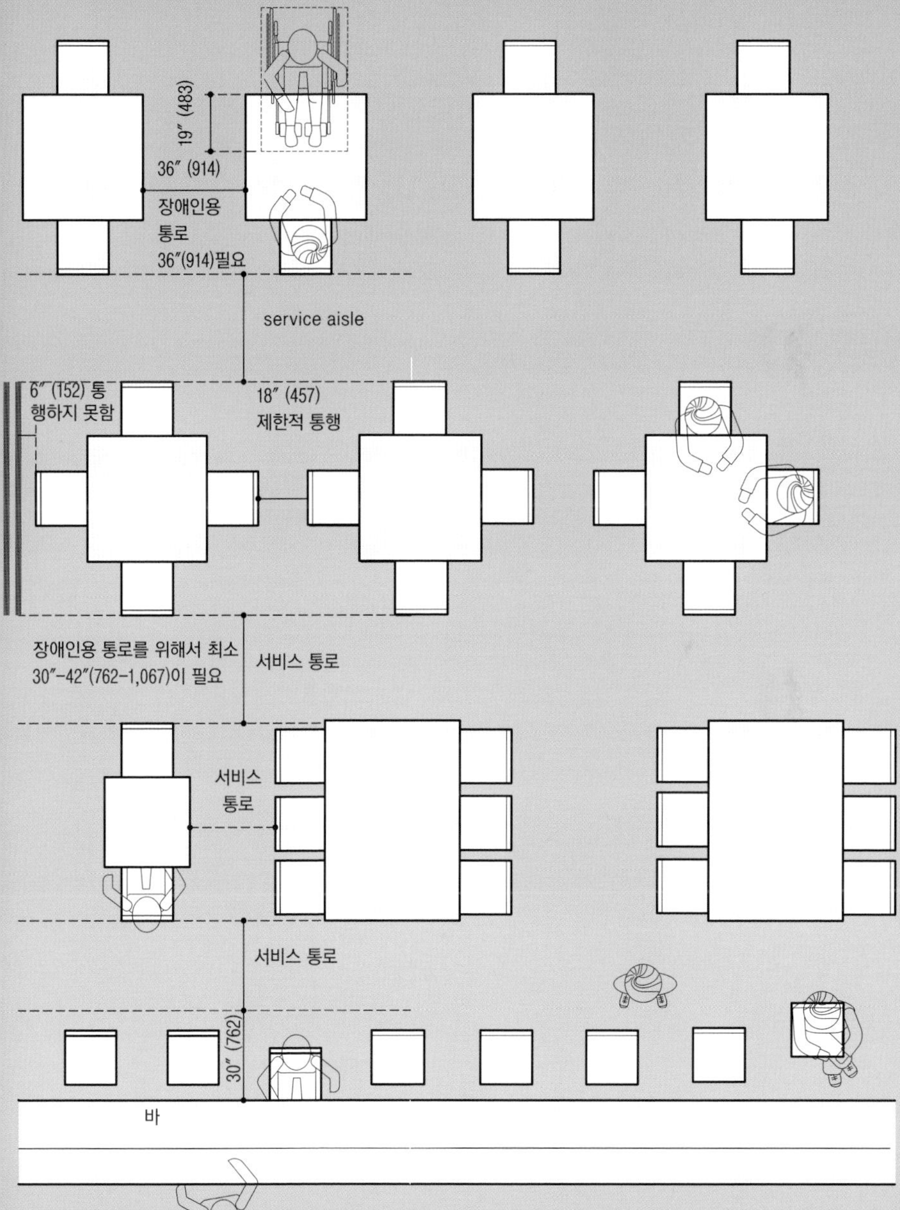

일반 좌석

바닥 위에서 36″x60″(914×1 524)의 장애인용 공간이 확보되어야 하고, 다음과 같이 제공되어야 한다.

전체좌석	휠체어공간
4–25	1
26–50	2
51–300	4
301–500	6
500+	6(추가 100좌석 마다+1)

또한 모든 고정좌석의 1퍼센트(1개 이상)는 통로쪽에 이동접이식 팔걸이를 갖추고 있어야 하며, 정확한 표시로 확인되어야 한다.

전형적인 의자 너비

일반적으로 의자너비는 18″-24″(457-610)이고 이상적인 너비는 21″(533)이다.

연직선 간격

위에 위치에 있는 빈 자리 사이와 앞에 있는 의자등받이 사이의 거리. 최소한의 간격을 위해 공간규정을 참고한다.

좌석 줄간격

디딤참 간격과 같이 열간격은 32″-40″(813-1 016)이며 점점 높아진다.
좁은 간격은 앉아 있는 사람 앞을 지나가려고 하는 사람에게 어려움을 유발할 뿐 아니라 앉아 있는 사람에게 불편한 상태를 야기할 수 있다. 반대로, 넓은 열의 공간은 앉거나 앉아 있는 사람 앞을 지나가는 동안 더 편안함을 제공하는 반면, 너무 넓은 간격은 관객들의 기분을 지나치게 퍼지게 한다. 또한 너무 넓은 간격은 사람들이 나갈 때 한꺼번에 몰려서 나가게 유발함으로써 응급상황 시 위험할 수 있는 혼잡을 초래할 수 있다.
이와 같은 모든 요소들을 고려한 이상적인 간격은 36″(914) 이다.

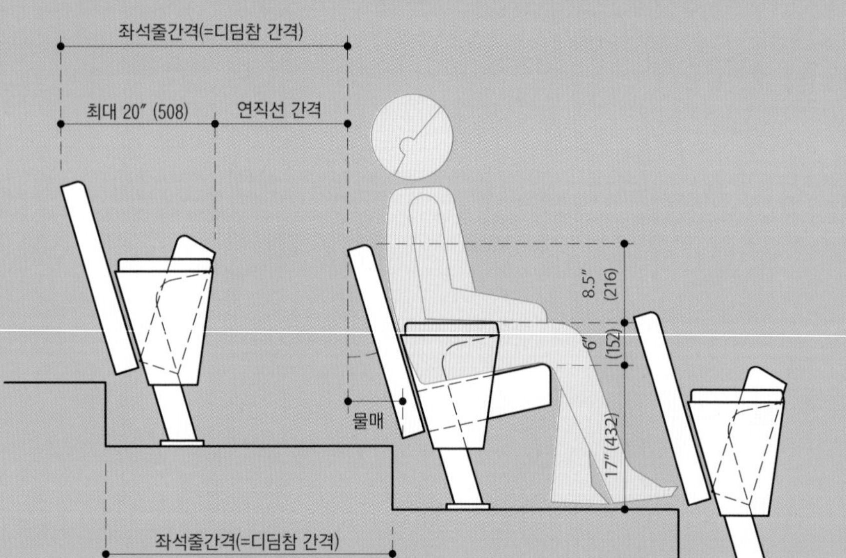

사무실 작업공간

융통성 있는 작업공간

많은 회사들은 다양한 모양과 마감으로 융통성 있는 사무실 가구와 작업실 모듈을 사용한다. 이 도표는 다만 일반적 배치를 위한 것이고 사무실 프라이버시, 상호소통 그리고 공간 할당을 위한 가능성의 범위를 설명한다.

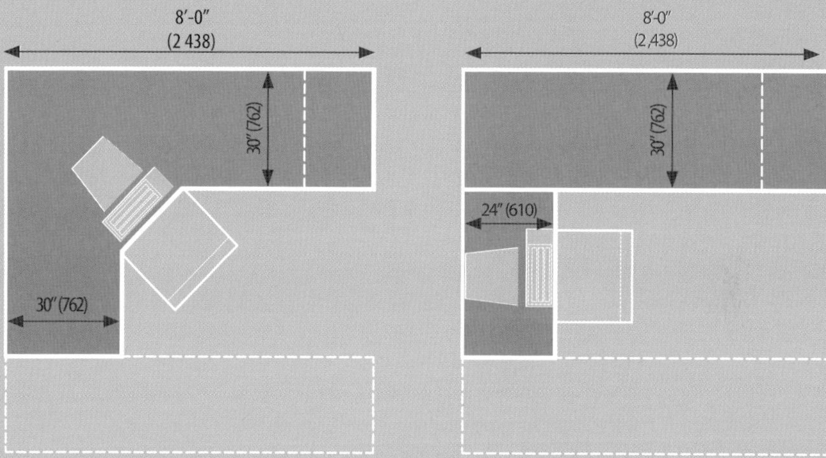

다양한 수준의 상호작용을 범위를 고려하는 8'x8'(2,438×2,438) 크기인 4가지의 다양한 배치의 작업공간들.

융통성 있는 사무실 가구의 주된 잇점은 변하는 직원들의 수준과 사람들의 형태에 정확히 조정되는 능력, 심지어는 그 공간에서 행해지고 있는 일의 특성에 따라 변한다.

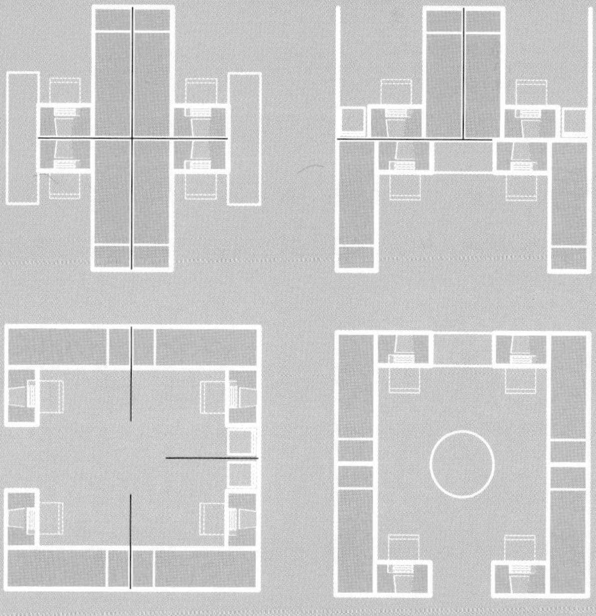

Chapter 17: 형태와 구성

기본 요소

형태의 기본 요소들은 점, 선, 면, 부피 그리고 이것들이 각각 발전하여 전개된 것들이다. 점은 공간에서의 위치와 최초형태의 근원이다. 선은 하나의 점이 확장된 것이고 속성은 길이, 위치, 방향이다. 평면은 하나의 선이 확장된 것이고 속성은 두께, 길이, 모양, 면, 방향, 위치이다. 부피는 하나의 평면이 확장된 것이고 속성은 길이, 두께, 깊이, 형태와 공간, 면, 방향, 위치이다.

기본 형상

정사각형

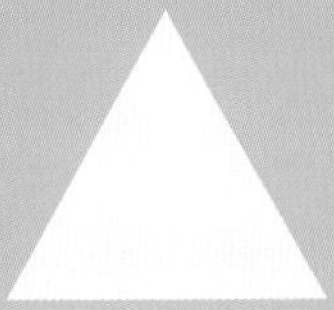

삼각형

원

플라톤 입체

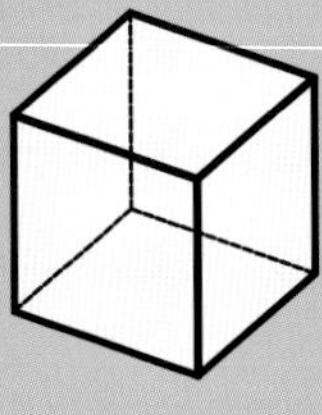

육면체

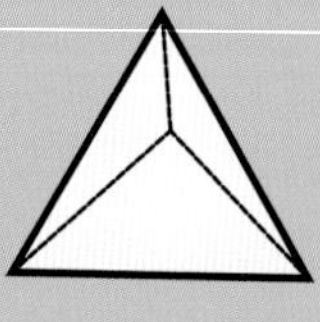

각뿔

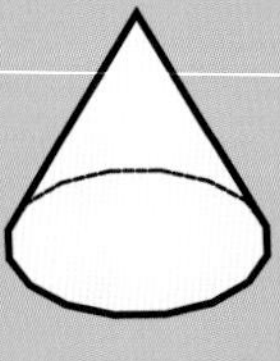

원뿔

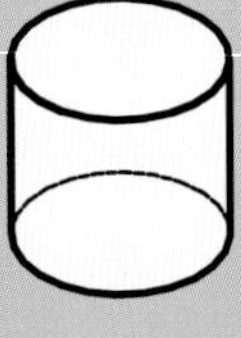

원통

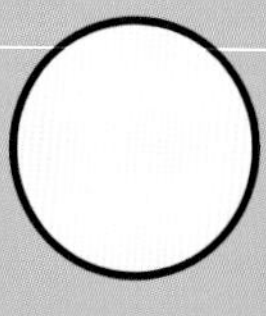

구

다면체

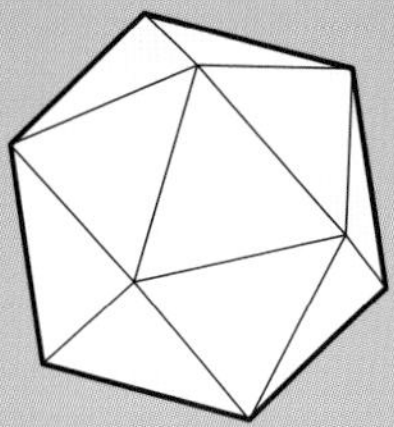

20면체

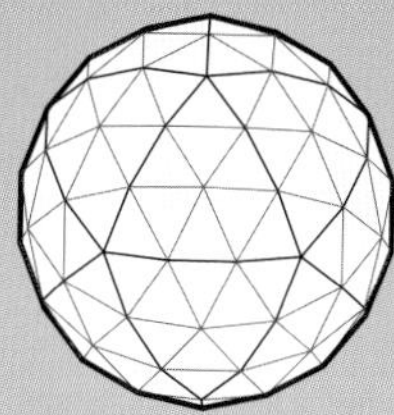

지오데식 구

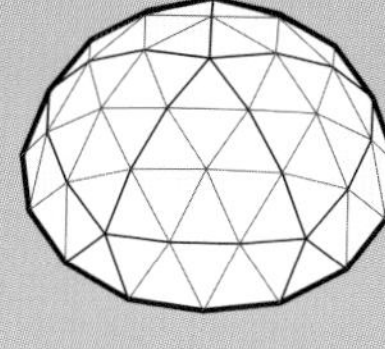

지도데식 돔

기하학적 다면체는 보통 끝을 합친 다각형의 집합체로 구성된 3차원 입방체이다.

지오데식 구면과 반구형은 규칙적인 삼각형의 패턴을 가지고 있는 정이십면체와 같이 각 입방체의 면을 채움으로써 디자인되는데, 삼각형들이 부풀어 올라서 그것들의 꼭지점들은 동일 평면에 있지 않고 대신 구의 표면에 있다. 구조적인 개념으로, 삼각형들의 밑의 패턴은 구조물 전체에 응력을 분배하는 축지선들을 형성한다.

불의 연산 입체

하나 또는 더 많은 입방체의 세트에서 하나의 입방체를 합치거나 빼는 것.

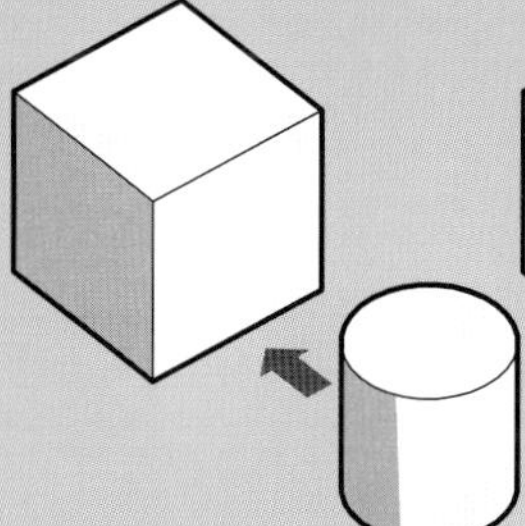

합집합

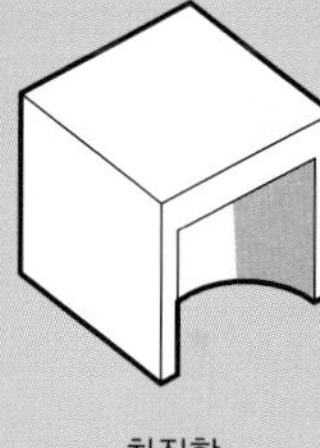

차집합

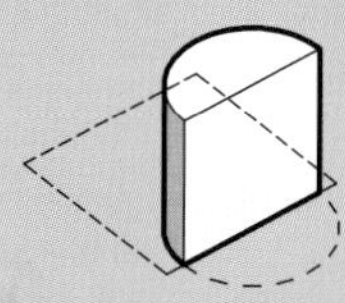

교집합

선곡면

선곡면은 상응하는 점 사이를 선분으로 연결함으로써 발생되는 표면인데, 많은 형태를 취할 수 있다.

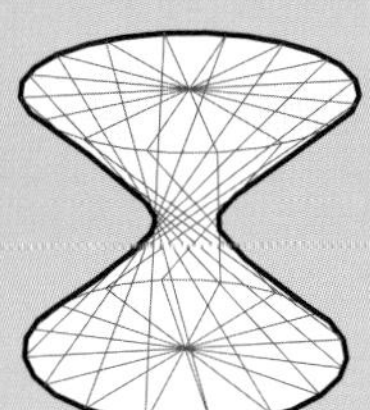

회전쌍곡면

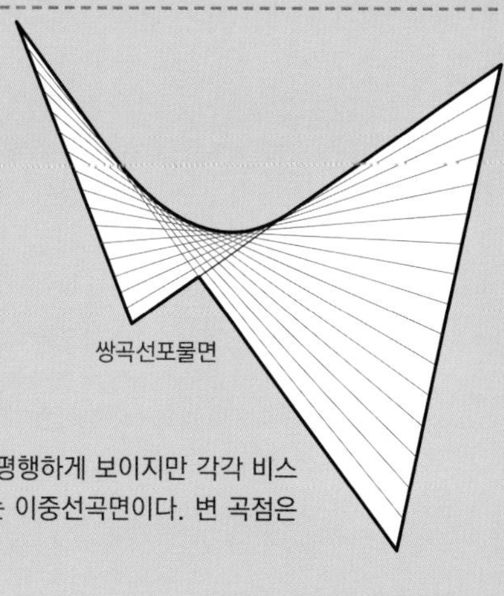

쌍곡선포물면

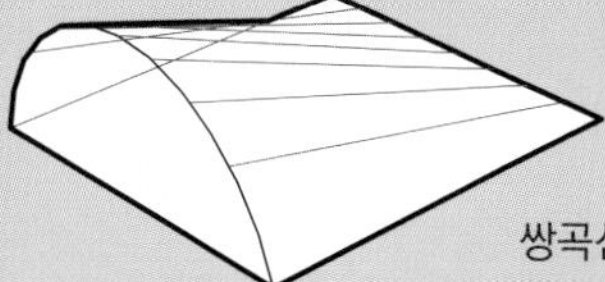

원뿔곡선체

쌍곡선 표면은 평면에서는 평행하게 보이지만 각각 비스듬한 두 선의 망에 발생되는 이중선곡면이다. 변 곡점은 그것의 중앙에서 발견된다.

황금분할

고대 그리스 사람들이 인간의 신체에서 황금분할비율의 질서를 발견한 이래 건축가, 아티스트, 수학자, 음악가들은 황금분할비율의 속성들을 사용해 왔다. 심지어 오늘날에도 많은 사람들은 그것이 신비로운 특성을 가지고 있다고 믿고 있는데, 그것의 독특한 수학적 기학적 관계는 대칭과 비대칭 사이에서 심적으로 완벽한 균형인 자연의 조화로운 상태를 창조한다.

황금사각형 작도법

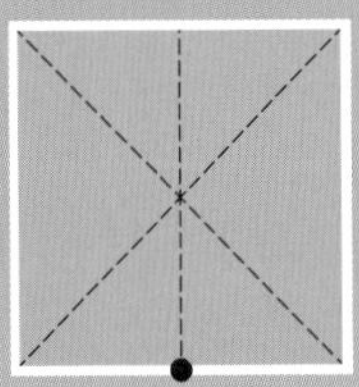

1. 정사각형을 만들고 한면의 중심을 찾는다.

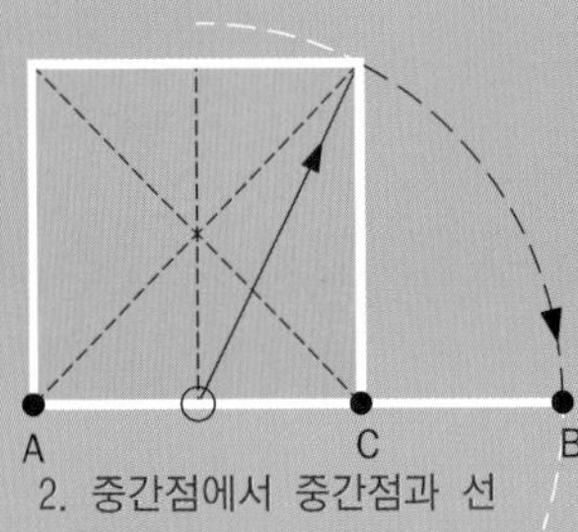

2. 중간점에서 중간점과 선을 같이 하지 않는 선을 모서리까지 그린다.

3. 이것은 중간점에서는 원의 중심이고 원의 반지름이다. 원과 선분AC가 교차하는 곳에서의 점은 점B가 된다.

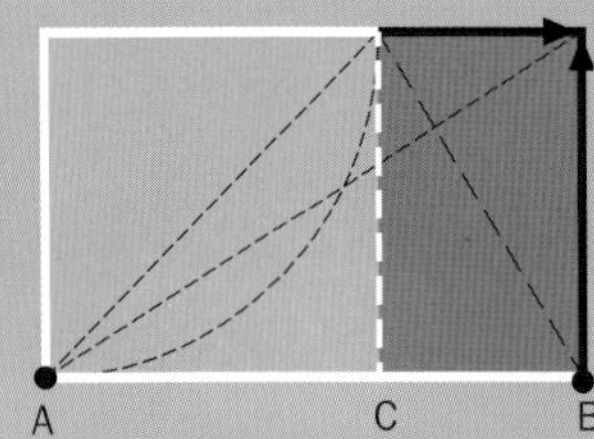

4. 선분AB는 황금사각형의 긴 변이다.

5. 황금사각형은 처음 정각형에 더해지고 그것들은 또한 함께 더 큰 황금사각형을 형성한다.

6. 과정은 무한히 반복되므로써, 균형 잡힌 더 큰 또는 더작은 정사각형과 직사각형을 만든다.

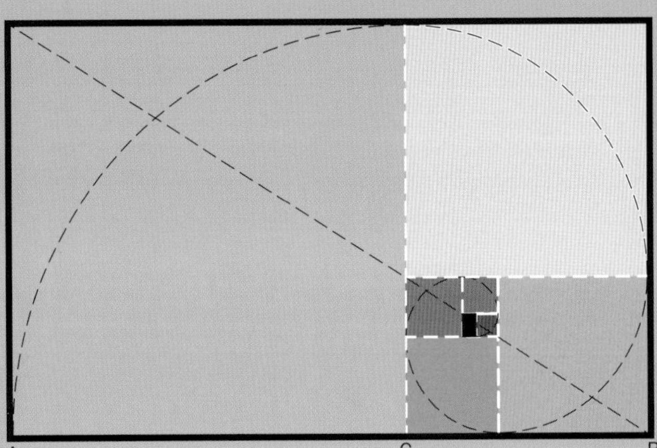

수학에서 황금분할은 한 선으로 두 부분을 나눈 비율이다. 그래서 작은 면이 큰 면인 것은 큰 면이 두 개의 합인 것과 같다. 예술과 음악에서 많이 사용되는 것 외에도 구조에 관계된 비율에서 수학적 황금분할의 보전을 위해 실질적으로 많이 사용되고 있다.

황금평균의 계산

AC/CB = AB/AC(독특한 지표)

AB = 1일 경우, AC = x로 하자.

$x = \frac{\sqrt{5}-1}{2}$ = 0.61803398…(무한).

그러므로 AB에 대한 AC의 비율은 대략 6.18% 이고 역수(1/61.8)는 1.61803398 이다.

피보나치 수열

피보나치 수열은 반복되는 숫자들의 연속인데, 일렬에 있는 각각의 숫자는 계속 진행하는 두 개 숫자의 합계이다. 0으로 시작하는 간단한 수열은 다음과 같다.

0, 1, 1, 2, 3, 5, 8, 13, 21, 34, 55...

일렬에 있는 어떤 인접한 두 개의 숫자는 작은 수와 큰 수로 나누어(예:34/55) 매우 근접한 황금분할의 근사값을 얻을 수 있다(이 경우 **0.618**1818…). 숫자가 클수록 값은 더 정확하다.(예:377/610=**0.61803**27…)

기준선

황금사각형을 묘사하는 것들처럼 도면에서 균형과 일직선 관계를 나타내는 지표선은 기준선으로 알려져 있다. 이것들은 디자인에 있어서 균형잡힌 관계를 결정하고 묘사하는 실례에 사용된다. 서로 수직이거나 평행인 사선의 사각형은 비슷한 비례를 가지고 있고(그것들이 황금사각형이 아니더라도), 그러한 선들의 사용은 공통 비례를 지정하는 도구이다.

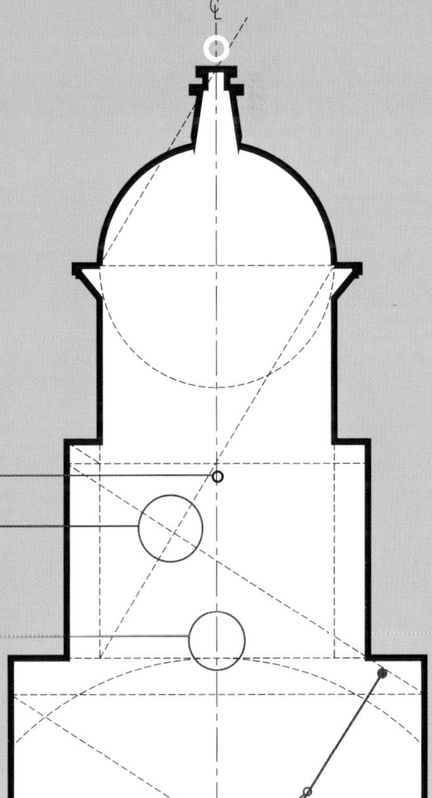

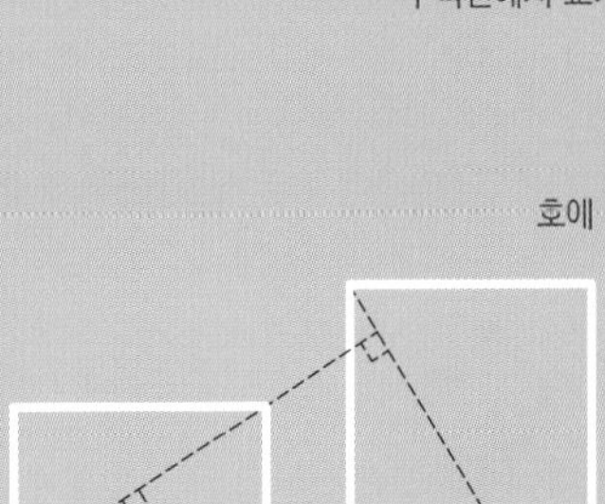

Chapter 18: 건축 요소

고전 요소

고전 건축은 일반적으로 고대 그리스와 로마의 두 개 양식을 일컫는다. 이것은 고정된 기둥열 비례와 고전적 주범의 장식에 기초하고 있다. 그리스와 로마 고전주의는 역사를 통해 재생되고 있고, 그 형태와 비례에 숨겨진 생각들은 오늘날까지 계속해서 이어지고 있다.

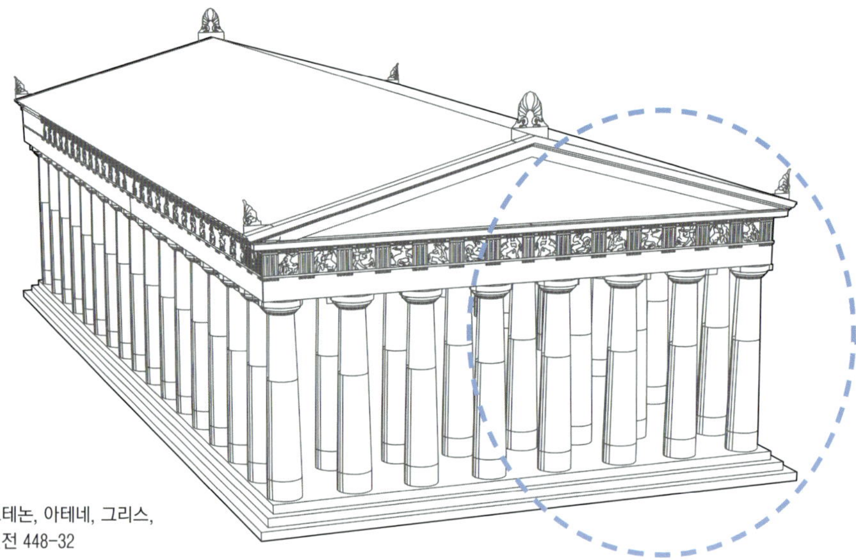

파르테논, 아테네, 그리스,
기원전 448-32

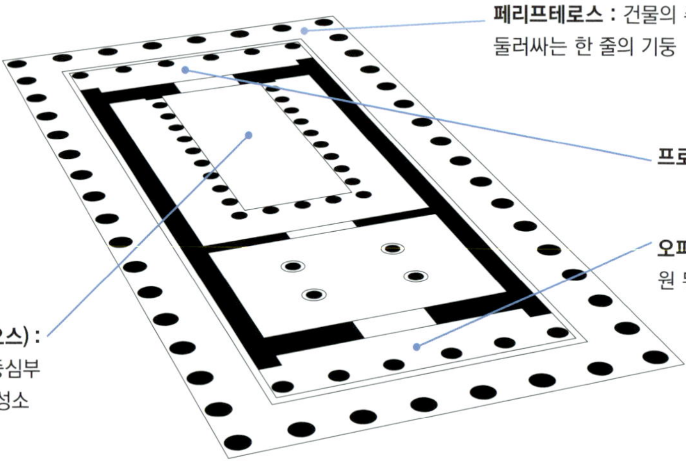

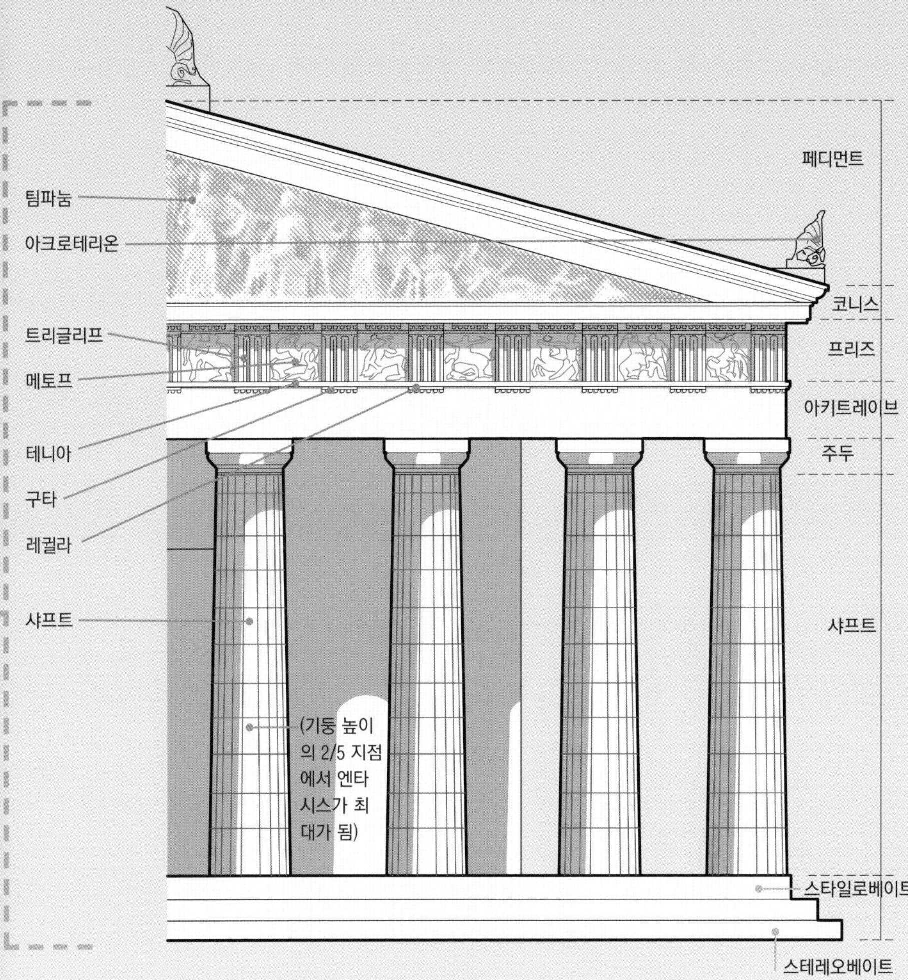

엔타시스 : 고전 기둥에 나타나는 미세하게 볼록한 곡률. 직선이 오목하게 보이는 착시현상을 보정하기 위해 사용된다. 또한 수직에서 미세하게 기울어진 기둥에 대한 교정 효과와 끝기둥을 더 크게 보이게 하고 기둥 간격을 더 가깝게 만든다. 그 외에도 더 많은 시각적인 즐거움을 만들어 낸다.

카리아티드 : 엔타블러처를 지탱하기 위한 것으로 여성의 형상이 조각되어 있는 기둥. 다른 형태로는 아틀란테스(atlantes) 또는 테라모네스(telamones, 남성 카리아티드), 카네포레(canephorae, 머리에 바구니를 인 여성), 헤르메스(herms, 3/4 높이의 형상), 텀스(terms, 끝부분에 사람이나 동물이 조각되고 위쪽으로 갈수록 차차 가늘어지는 페데스탈)가 있다.

고전 주범

고전 주범(order)의 요소들은 기둥의 샤프트 지름에 기반을 둔 각각의 독특한 비례 시스템에 의하여 구별되며 이것에 의해 페데스탈, 샤프트 그리고 엔타블러처의 높이가 결정된다. 다음의 5종류 기둥들은 샤프트 지름과 각 요소들 간의 비례 관계를 보여주고 있다.

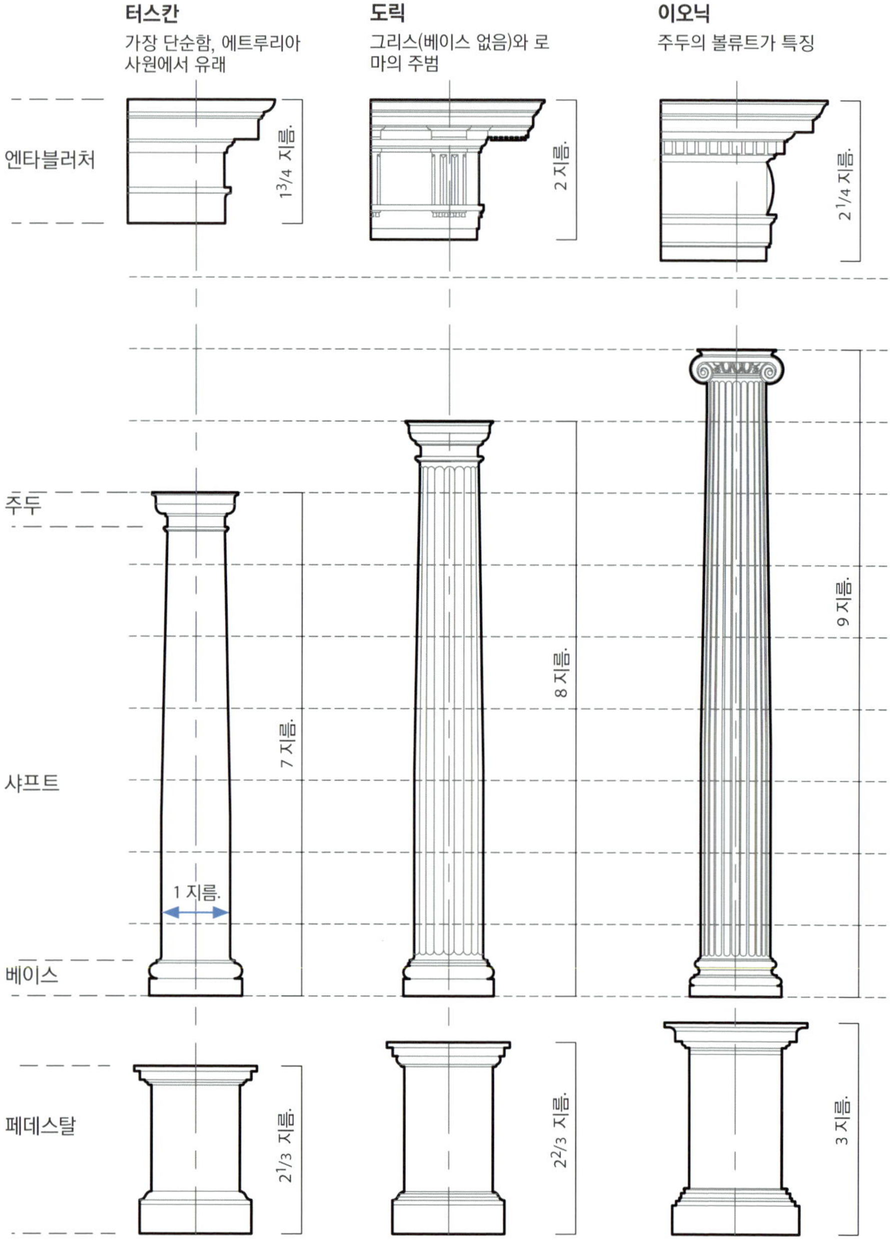

코린트

그리스와 로마의 주범, 홈 파기가 있거나 없음, 주두에 아칸서스 잎사귀가 특징

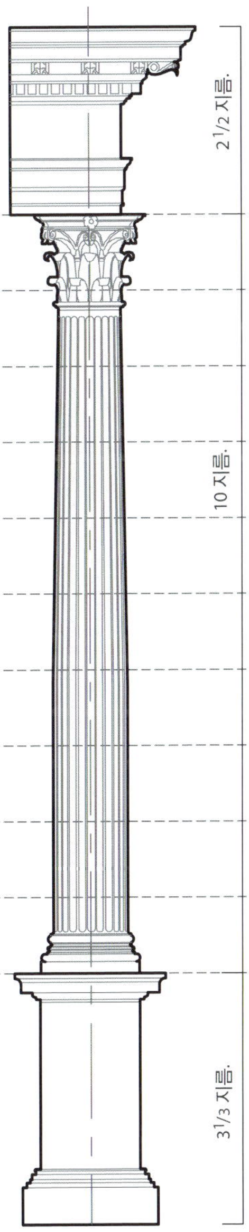

혼합식

이오닉과 코린트 주범의 로마식 조합

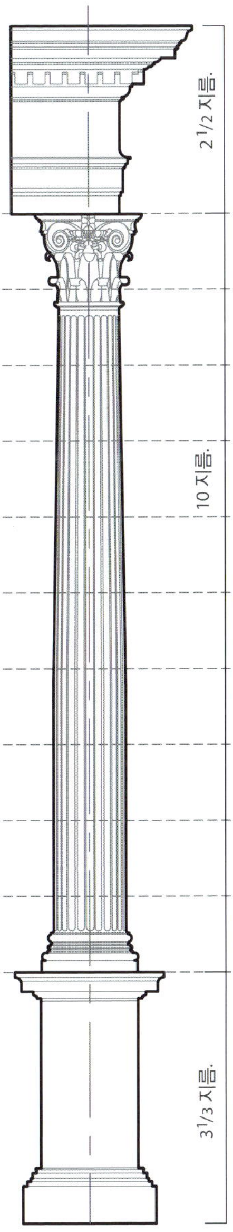

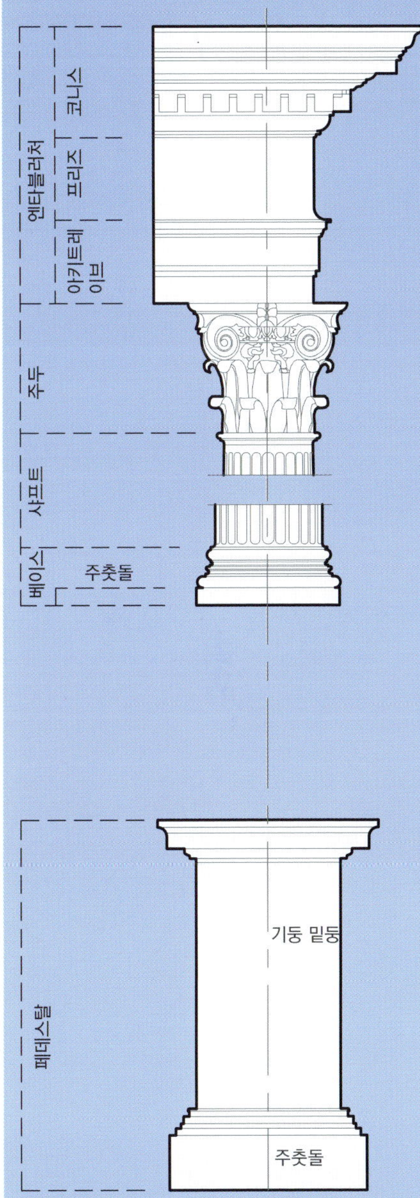

고딕 요소

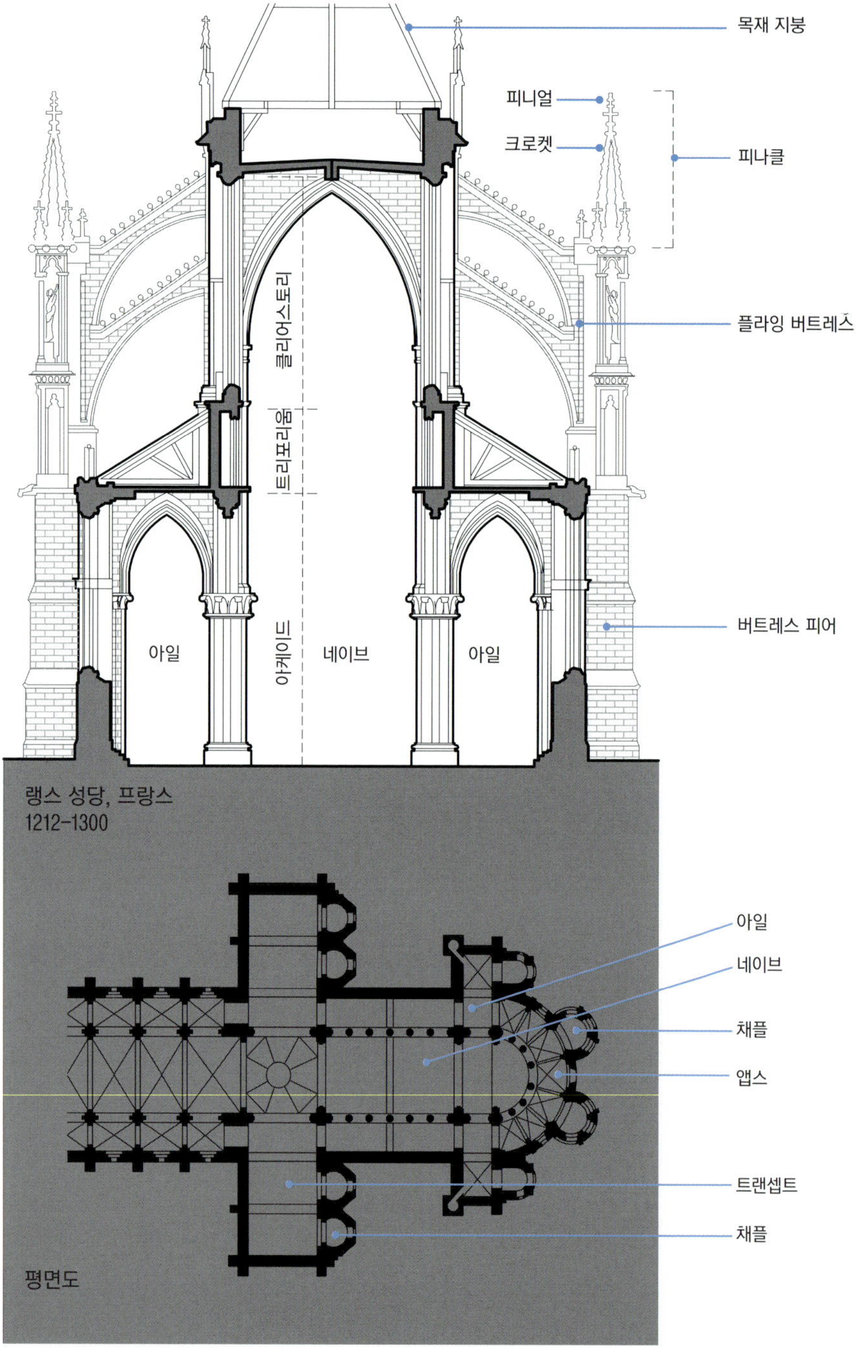

목재 지붕
피니얼
크로켓
피나클
플라잉 버트레스
클리어스토리
트리포리움
아케이드
아일
네이브
아일
버트레스 피어
랭스 성당, 프랑스
1212-1300
아일
네이브
채플
앱스
트랜셉트
채플
평면도

아치

1. 홍예받이
2. 홍예석
3. 키스톤
4. 내호면(소피트)
5. 외호면
6. 홍예 머리
7. 홍예 허리
8. 경간
9. 홍예 밑선
10. 중심점

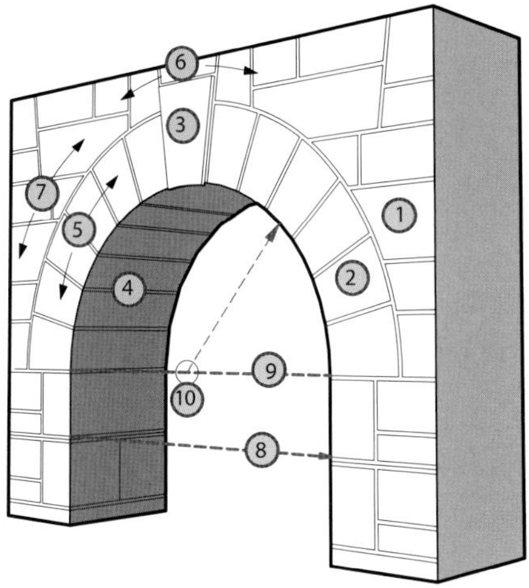

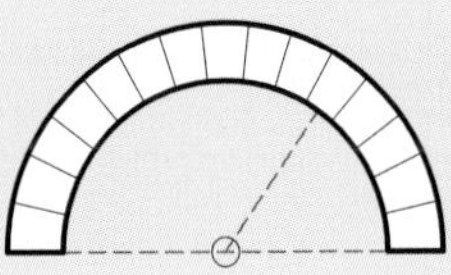
반원

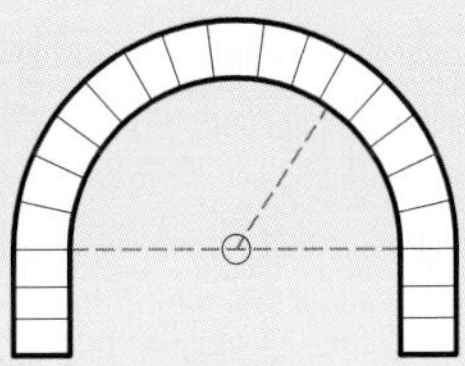
반원 스틸티드

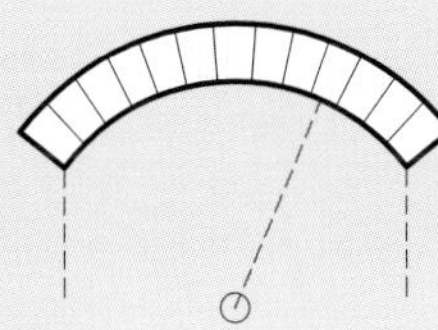
활꼴

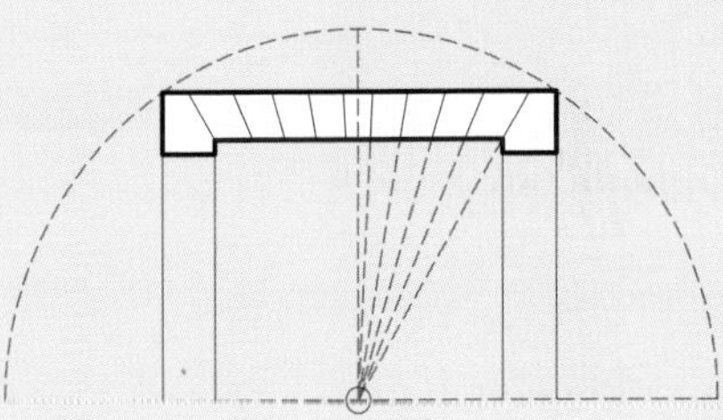
잭

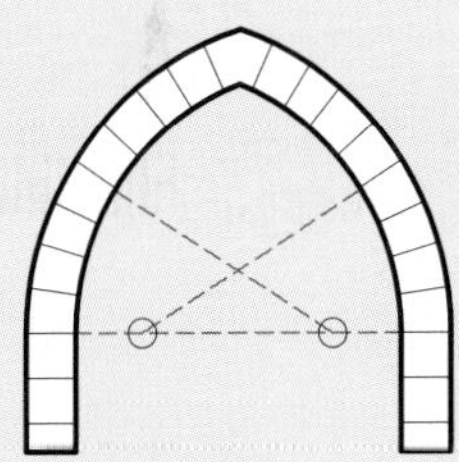
사라센 첨두(고딕)

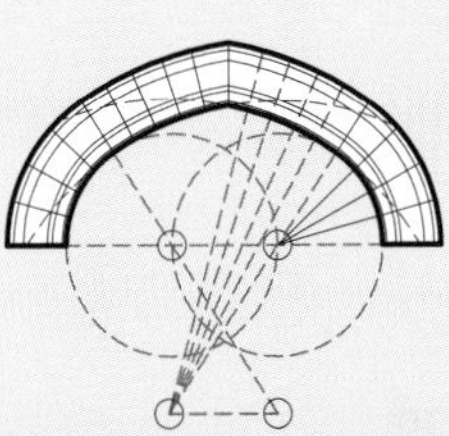
튜더(4개 중심)

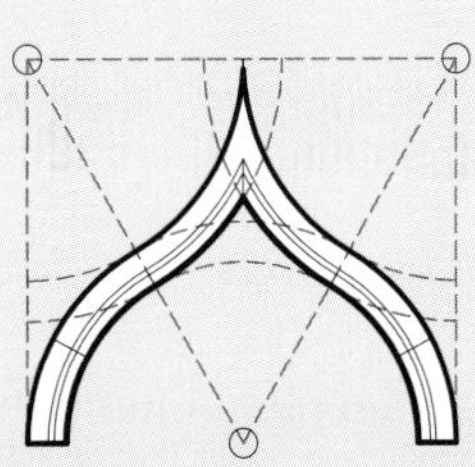
오지

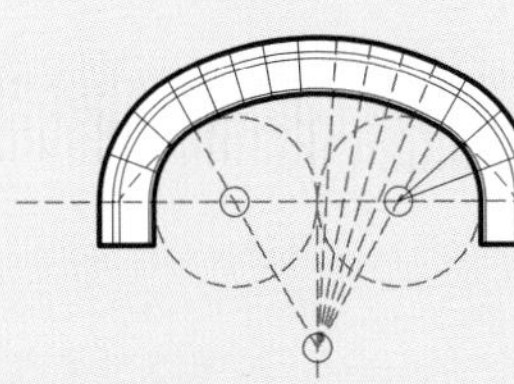
3개 중심

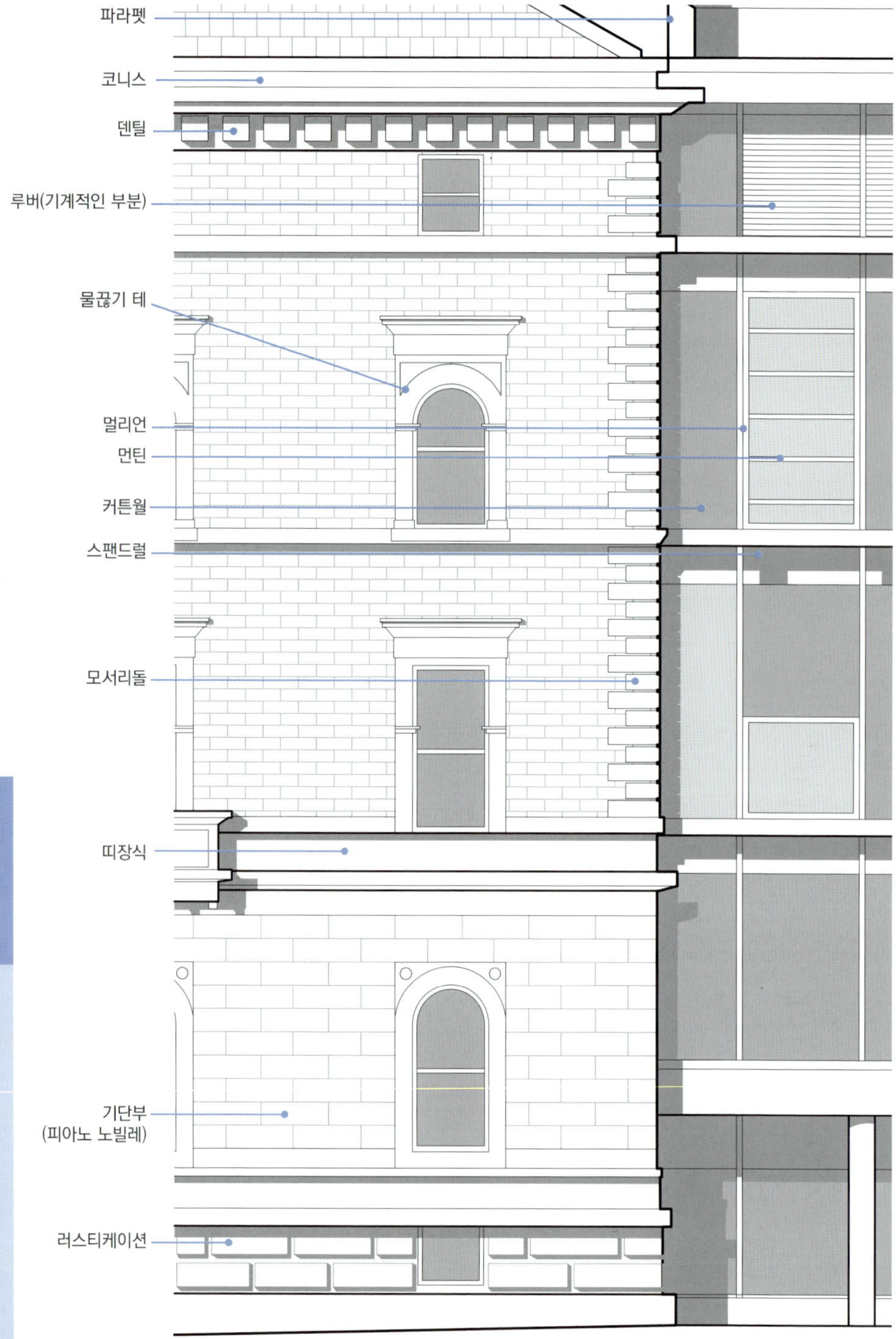
파라펫
코니스
덴틸
루버(기계적인 부분)
물끊기 테
멀리언
먼틴
커튼월
스팬드럴
모서리돌
띠장식
기단부
(피아노 노빌레)
러스티케이션

모더니즘

건축에서의 모더니즘은 현대의 기술과 가능성을 포용하고자 했기 때문에 과거의 형태와 양식을 따르는 것에 반대했다. 산업화와 구조시스템으로 철, 강철 그리고 콘크리트의 사용이라는 혁신적 방법들은 더 이상 벽을 지탱하기 위해 무거운 돌에 의지해야 할 필요 없는, 새롭고 가변적인 건물 디자인 방법론을 만들어냈다. 스위스 건축가인 르 꼬르뷔제는 외피로부터 건물의 구조를 분리시켜 평면과 입면이 자유로워진 도미노 시스템(1914)을 개발했다.

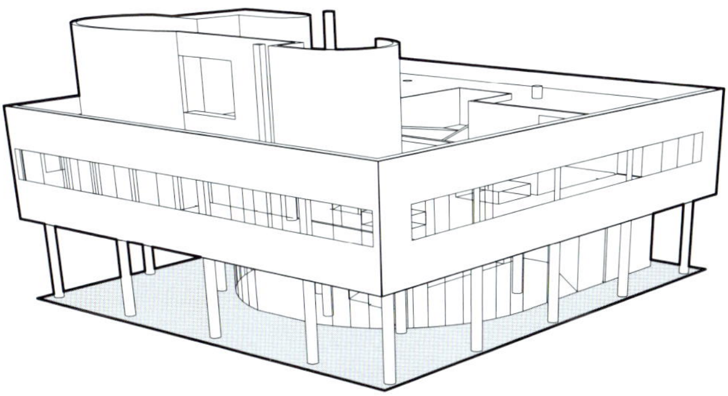

르 꼬르뷔제의 5원칙은 필로티(지주), 옥상정원, 자유로운 평면, 수평의 창, 자유로운 파사드 디자인이다. 1929년 프랑스 포와시(Poissy) 지방에 지어진 그의 작품인 빌라 사보아(그는 "살기위한 기계"라고 칭했다)는 이러한 다섯 가지 원칙을 명확하게 보여주고 있다.

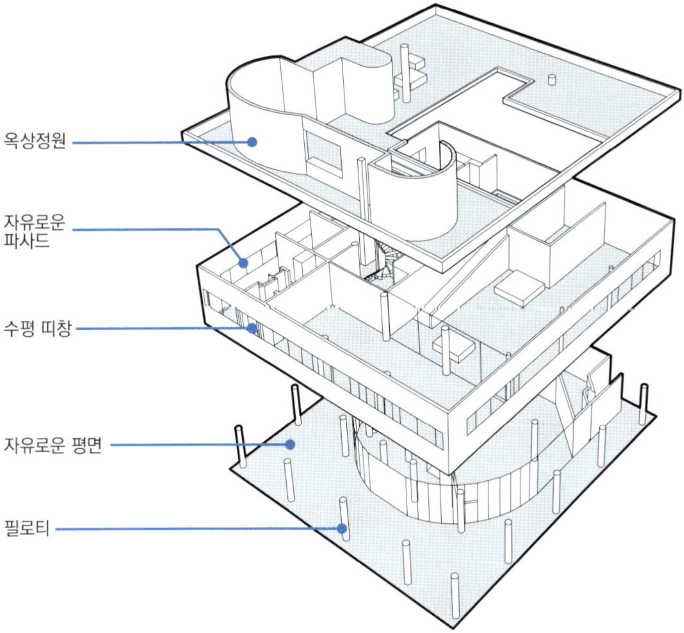

건축 간행물

마르쿠스 비트루비우스 폴리오 (Marcus Vitruvius Pollio, 기원전 80-15경)는 로마 건축가, 엔지니어 및 작가로서 기원전 15년경에 아우구스투스 황제에게 헌정한 *De Architectura* (건축10서)를 저술하였다. 이 책은 고대의 도시계획, 엔지니어, 건축에 대해 설명하고 있으며 르네상스 때 재발견되어 1486년에 출판되었다. 비트루비우스는 건축의 3가지 요소로 견고성(firmitas), 편리성(utilitas)과 아름다움(venustas)를 제시하고 있다. :

견고성(구조적 안정성과 완전성)
편리성(효율적이고 기능적인 공간 배치)
즐거움(즐거운 비례와 아름다움)

제1권 : 건축가의 교육; 건축의 원리; 도시계획
제2권 : 건축재료; 집의 기원
제3권 : 대칭과 비례; 신전; 건축 주범
제4권 : 신전, 3가지 주범의 기원(제3권의 계속)
제5권 : 시민 건물(포럼, 바실리카, 원로원); 극장 디자인
제6권 : 국내 건물
제7권 : 스터코, 회반죽, 색
제8권 : 물; 수로 및 수조
제9권 : 황도대(Zodiac); 행성; 점성학(astrology)
제10권 : 기계 및 도구

레온 바티스타 알베르티(LEON BATTISTA ALBERTI, 1401-1472)

De Re Aedificatoria (건축론)은 1443-1452년 쓰여졌으며 1485년에 출판된 건축에 대한 최초의 책이다(비트루비우스의 건축10서는 1486년에 출판되었음)

1. 외형
2. 재료
3. 건설
4. 공공사업
5. 개인공사
6. 장식
7. 신성한 건물의 장식
8. 공공건물의 장식
9. 개인건물의 장식
10. 건물 복원

안드레아 팔라디오
(ANDREA PALLADIO, 1508-1580)

I quattro libri dell'architettura
(건축4서)

르네상스 시대의 건축가. 팔라디오의 세밀한 삽화가 첨가된 논문에는 자신의 작품과 르네상스 시대의 다른 작품 및 자신의 작품에서 보이는 고대 로마의 영감들에 대한
내용을 담고 있다.

제1권 : 건축재료 및 기술; 건축 주범
제2권 : 개인주택
제3권 : 거리, 다리, 광장
제4권 : 고대 로마 사원 디자인의 복제

르 꼬르뷔제
(Le Corbusier, 1887-1965)

Oeuvre Complète (8권의 완성작품)

스위스 건축가 르 꼬르뷔제의 다작 일생을 통해 정기적으로 출판되었으며 Oeuvre Complète는 1700 페이지가 넘는다. 그 안에는 자신의 스케치, 그림, 건축물과 비 건축물, 글과 선언문, 그림 및 조각 등이 포함되어 있다.

....
제8권 : 1965-1969(마지막 작품)

세바스티아노 세를리오(Sebastiano Serlio, 1475-1554)
I sette libri dell'architettura (건축7서)는 *Tutte l'opere d'architettura et prospetiva* (건축과 투시도 작품)으로도 알려져 있다.

1. 기하학
2. 투시도
3. 유물
4. 건축의 5기지 양식
5. 사원
6. 주거
7. 환경

1537년에 출판된 첫 번째 책은 세를리오의 세밀한 삽화가 첨가되어 있으며 당시의 건축가와 건설업자의 흥미를 끌기 위해 이탈리아어로 작성되었다. 이것은 알베르티의 책이 삽화에 치중하지 않았고 라틴어로 작성된 것과는 반대이다. 세를리오의 많은 책들은 그의 사후에 출판되었다.

표준 3.

법규와 지침

규정, 법, 법규는 관료적 특성 때문에 이해하기 어려운 한계를 가지고 있다. 또한, 무의미하고 불필요하게 제한적인 기준들이 있긴 하지만, 세상이 변하고 인구가 증가함에 따라, 건축 환경도 용도와 형태에 맞는 다양한 기준의 영향을 받을 수 밖에 없다.

우리가 문을 열고, 불을 켜고, 계단을 오르는 등의 모든 행동을 할 때 실제 디자인에 있어서 직접적인 기준들이 필요함을 말해 준다. 이상적으로는 법규와 규준들 때문에 건물이 안전할 수 있다. 법규 제약에 의해 발생되는 제한은 훌륭한 디자인이 그러한 어려운 문제를 해결할 수 있는 기회를 제공해 줄 것이다.

장애를 가지고 있는 사람들을 위한 실제적인 디자인의 필요성이 공식적인 개념이 되고 편견에서 벗어나 더 자연스럽게 건축과 통합되는 접근성의 개념을 얻어감에 따라-젊은 디자이너들에게 이것은 일반적이다-최근에는 이것이 어떻게 좋은 디자인에서 장애물로 여겨졌는지 이해하기 어려울 정도가 되었다. 미적으로 지속가능한 디자인 가능성의 수용은 그리 오래 전의 일이 아니다. 사실, 모든 형태의 사용자들과 또 환경과 미래에 대해 증가하는 건축가들의 책임 의식을 수용하는 새로운 규정들은 옛날 형태들에 대해 새로운 견해와 과정들을 시도하도록 강한 자극을 제공할 것이다.

Chapter 19: 건축법규

건물법규의 근본적인 목적은 안전한 건물과 환경의 건설로 건강과 안전 그리고 모든 사람들의 복지를 보호하는 것이다. 건물의 관례들은 다양한 방법으로 오랫동안 조정되어 왔다. 초기 식민지 이후 미국에 여러 규정들이 있었지만, 효율적이고 시행가능한 건축규정을 위한 필요를 강조한 계기가 된 것은 1871년 시카고 화재였다. 그 이후 초기 몇 년 동안, 미국에 있는 대부분의 건물규정들이 지방도시, 주, 또는 주 관할구에 의해 쓰여졌고 관리되었으며, 그 결과 결국 3개의 주요 모델규정을 만들어냈다. 건물관리 및 국제규정관리자(BOCA)의 국립 규정, 그리고 남부 건축법규 국제회의(SBCCI)의 표준 규정. 몇몇 예외와 함께, 화재, 기계, 전기 배관, 주거를 위한 추가규정 이외에도, 50개의 각 주는 주요 건물규정으로 이 모델 중 하나를 채택하고 있다.

국제 건물법규

1997년 국제건축법협의회(ICC;the International Code Council)에서는 기존 모델규정의 넓은 범위를 통합할 수 있는 포괄적이고 국제적으로 이용 가능한 모델 건설규정을 만들기 위해 BOCA, ICBO, SBCCI(ICC의 3개 설립부분)로부터 대표자들을 불러 모았다. 첫 번째 국제 건물규정(IBC)이 2000년도에 만들어졌고, 이것으로 인해 규제규정, 통합규정, 기준규정들의 개발이 중단되었다.

현재, 대부분의 미국 주들은 주마다 과정은 다르지만, IBC를 주요 건물규정으로 채택해 왔거나 채택 중이다. 몇몇 주들은 IBC를 채택했지만 그것을 아직 실용화하지는 못했고, 또 다른 주들은 주 전체에 그것을 채택하고 있으며 그렇지 못한 다른 주들은 그들의 지방도시나 주정부가 결정하도록 하고 있다. 추가규정들을 위한 동일성은 같다. 어떤 지정된 주 또는 지역관할구에 현재 적용 가능한 규정 상태를 지역건물 부서와 또는 ICC 웹사이트 www.iccsafe.org를 방문해서 확인해야 한다. 이 책에 인용된 규정정보는 달리 명시하지 않는 한 출처는 IBC이다.

거부 주의

이 장에 포함된 법규정보는 오직 일반적인 정보를 위한 것이고, 읽는 사람에게 소개 목적의 개요와 건물규정의 구성을 제공할 것이다. 이것은 토론된 규정을 바꾸거나 상술한 규정들의 해석이나 분석을 제시하거나 어떤 구체적인 프로젝트를 다루려고 의도된 것이 아니다. 여기서의 정보는 어느 한 규정의 모든 면을 자세히 다루기보다는 이 책을 읽는 모든 사용자들에게 일반적인 흥미와 주제를 간단히 언급하는 방식으로 다루고자 한다. 이 책의 출판 후에 규정내용이 바뀔 수 있다는 이해와 함께, 가능한 한 정확한 정보를 제공하려고 모든 노력을 기울였다.

IBC규정들은 변하는 세상에 대처하기 위해 규정시행 공무원들, 다양한 규정개발위원회 그리고 디자인 전문가들을 포함해, IBC규정들과 관계돼 있는 거의 모든 당사자들에 의해 계속적인 검토를 통해 점점 발전해 오고 있다. 이를테면 새로운 재료들, 최신기술들 그리고 사용형태의 변경을 다루기 위한 변화의 조짐이 나타나고 있다. 심지어 이것들은 언어해석과 함께 쓰여진 대로의 명확한 규정의도를 원한다. 그 결과 IBC는 3년마다 개정되도록 디자인되었다. 예를 들면, 2003년 개정판은 ICC의 공인 변경포함과 함께 2000규정을 나타낸다.

어느 프로젝트를 위해, 적용 가능한 규정은 관할하고 있는 당국에 의해 정확하게 전달되어야 하는데, 당국은 그중에서도 특히 지방건물과 화재공무원들을 포함할 수 있다. 규정의 사용과 해석은 소극적일 수 있고, 디자이너들과 건설공무원들 사이에서 다른 해석이 튀어나올 수도 있다. 이러한 이유로, 초기 다자인 과정에서 어떠한 해석의 문제를 충분히 다루기 위해 지역건물 부서와 연락체계를 세우는 것이 프로젝트에 도움이 될 것이다.

수많은 출판물은 규정의 대용물이 아니라 규정 그 자체를 보여주는 것으로 규정사용의 많은 면에서 그 설명과 해석을 제공해 준다. 게다가, 공인된 규정 상담가들은 폭넓게 규정에 대해 설명을 해주고 또한 규정승인 계획과 관련하여, 특히 크고 복잡한 것들의 프로젝트의 전반적인 검토를 제공해 준다.

상담가들의 도움과 다른 사람들의 해석에도 불구하고, 건축가들은 그들 스스로가 적절한 규정에 정통하려고 모든 노력을 기울여야 하는데, 이 적절한 규정들 때문에 건축가들은 더 높은 권위의 위치에 올라갈 수 있게 된다. 이런 규정들은 시간이 지남에 따라 변하므로 법을 외우는 것은 권장되지 않는다. 중요한 것은 내용 일람표의 철저한 작업 지식을 갖는 것과 실제건축의 모든 면처럼 경험에서 나오는 자신있는 효율성을 가지고 규정을 진행시킬 수 있어야 하는 것이다.

다른 규정들

IBC가 주된 규정으로 채택되어 오고 있지만, 어느 관할구역에서는 아직도 복잡하고 다양한 규정들이 사용되고 있을 것이다. 지역건물 부서들은 주어진 프로젝트를 위해 어떤 규정들이 다루어져야 할지에 대한 완벽한 분석을 원한다. 게다가, 미국장애인법 그리고 연방공정주택법과 같은 연방법들을 따라야 한다.

모든 규정은 예방뿐 아니라 상호작용을 포함해 인간생활과 재산의 보호주의에 의해 조직되었다. 규정분석은 다음 데이터의 기초에 쓰인다.

거주유형
공사형태
건물 또는 바닥면적
건물높이
출구
건물분할과 축
방화
화재진압시스템
필수 기계장치

거주유형과 용도분류

건물의 용도와 거주유형은 높이, 면적 그리고 허가된 공사형태를 포함해, 어떤 법규들이 건물에 영향을 미칠지에 대한 많은 면들을 결정하기 위한 주요한 척도이다.

각 점유 용도 분류는 좀 더 세분화되어 있다. 건물이 여러 종류의 점유 유형에 속하는 경우는 드문 일이 아니며 이것을 혼합 용도 점유(mixed-use occupancy)라고 한다. 점유구역 간에 완전히 방화구획함으로써 "분리된 용도", 또는 각각의 용도 분류에 해당하는 가장 엄격한 요구사항을 적용함으로써 "분리되지 않은 용도"로 처리될 수 있다.

점유 용도 분류

A Assembly(집회)
B Business(업무)
E Educational(교육)
F Factory and Industrial(공장과 산업)
H High Hazard(위험시설)
I Insitutional(공공기관)
M Mercantile(상업)
R Residential(주거)
S Storage(창고)
U Utility and Miscellaneous(다용도 시설)

이외에도 위 범주에 들어가지 않는 다른 건물형태들이 존재 하는데, 추가규정 필요를 요구하는 요소들을 함유하며 그중에서도 특히 차폐쇼핑건물들, 고층빌딩, 중앙홀, 자동차와관계된 주거, 특별한 위락빌딩, 역과 승강장을 포함할 것이다.

그룹 A: 집회
(50 또는 그 이상의 거주자들)

A-1: 보통 고정의자들이 있고, 또는 보통영화나 연극을 보기 위한 모임구역(무대가 있을 수도 있고 없을 수도 있다).

A-2: 레스토랑이나 바 안에 있기 때문에 서빙 그리고 음식과 음료(술을 포함할 수 도 있다)의 소비를 포함하는 모임구역.

A-3: A-1이나 A-2에 속하지 않는 다른 그룹들. 예배당을 포함할 수 있다.

A-4: 실내스포츠 이벤트를 위한 모임구역.

A-5: 실외스포츠 이벤트를 위한 모임구역.

그룹 B: 업무

대부분의 사무실 건물들은 그것들의 저장 구역을 포함해, 이 범주에 들어간다(그것들이 사용그룹 H가 될 수 있는 경우의 위험한 재료 허용의 합계를 초과하지 않는한).

또한 12학년(대학 그리고 대학교), 외래 환자 진료소, 의사방 그리고 연구실 다음에 교육시설들이 포함된다.

강의실을 포함에 어떤 모임구역은 그룹 A에 속하고 그렇게 취급되어야 한다.

그룹 E: 교육

E-1: 12학년까지 수업을 위해 6명 이상.

E-2: 21/2의 짜리 5명 또는 그 상을 위한 탁아소(5명 이하를 위한 탁아소는 R-3으로 분류된다).

그룹 F: 공장과 산업

F-1: 관계있는 작업의 위험들이 그룹 H(위험함) 또는 범주 F-2에 들지 않도록 해온 중간 정도의 위험 산업 거주.

F-2: 제품재료가 불연성으로 고려되는 낮은 위험의 산업거주.

두 범주에, 거주는 대중적이지 않다.

그룹 H: 위험시설

많은 양과 위험한 재료 사용의 특징을 처리하는, H-1에서 H-5까지 매우 위험한 거주에 있는 범위

그룹 I: 공공기관

I-1: 24시간 주거 환경에서, 감시받는 상황 아래에서 16명 이상. 대용수용시설, 장애인 개호 시설들 그리고 거주자들이 직원들로부터 어떠한 도움도 요구하지 않는 보호관찰소를 포함할 수 있다.

I-2: 24시간 주거환경에서 그리고 감시받는 상황과 보호에서 5명 이상. 거주자들이 직원들의 도움 없이 응급상황에 대처할 수 없는 병원과 사립요양원을 포함할 수 있다.

I-3: 전 시간 규제와 보호 아래 24시간 감시받는 환경에서 5명 이상. 보안 조치 때문에, 거주자들은 한 명의 직원의 도움 없이 응급상황에 대처할 수 없다. 감옥, 강제 수용소 그리고 정신병원, 그런데 이 정신병원은 시설 안에 있는 거주자들의 자유 운동의 양에 기초해 5개의 범주로 더 나뉠 수 있다.

I-4: 하루에 24시간 이하 감시받는 상황 또는 보호 아래 5명 이상. 성인 또는 2살 이하의 어린이들을 위한 보호시설들을 포함할 수 있는데, 2살 이하의 어린이들은 한 명의 직원으로부터 도움 없이 응급상황에 대처할 수 없다.

그룹 M: 상업

백화점, 약국, 시장, 주유소, 매장, 소매점, 도매점.

그룹 R: 주거

R-1: 30일보다 적게 그들의 방에서 잠자는 잠깐 머무르는 거주자들. 호텔이나 하숙집을 포함할 수 있다.

R-2: 2개 이상의 시설을 갖추고 있는 영구적인 거주(30일 이상 시설에서 잠을 자는 것). 아파트, 기숙사, 기간이 긴 하숙집.

R-3: 영구적인 단독가구 또는 두 가구 거주. 또한 24시간 동안 시설을 사용하지않는 5명 또는 더 적은 사람을 위한 보육원을 포함할 수 있다.

R-4: 거주보호 또는 노인 원호 생활 시설의 5명 또는 16명 거주자 사이. 16명 또는 그 이하의 거주자들을 위한 것이기 때문에 R-4는 I-1 대신 사용된다.

그룹 S: 창고

S-1: 그룹 H에 비해 많이 위험하다고 생각되지 않는 재료의 위험이 중간정도인 저장 거주 그러나 S-2로 적합하지는 않다.

S-2: 불연성 재료로 생각되는 재료의 위험이 낮은 저장 거주.

두 용도는 그룹 H와 함께, 위험수준과 위험한 재료의 양을 조심스럽게 평가해야 한다.

그룹 U: 다용도 시설

일반적으로 오랫동안 사용되지 않는 부차적 건물 그리고 가건물(펜스 또는 옹벽과 같은)에 사용되고 다른 거주에 부차적인 기능의 역할을 한다. 이 용도는 거의 사용되지 않고 분류하기에 어려운 어느 건물에도 사용되지 않을 것이다.

공사형태와 화재 방지

공사형태는 그것들의 재료 내용과 구조적 시스템의 화재에 대한 저항성에 의해 분류된다. IBC는 건물공사에 들어가는 주된 재료에 근거해 모든 건물에 5가지의 넓은 범주를 지정한다. 이 분류들은 화재에 가장 저항적인 형태 I과 화재에 가장 저항력이 없는 형태 V로 I, II, III, IV, V단계이다. 이 다섯개의 유형은 다시 A와 B의 범주로 나누어지면서, 각각에 대해 화재저항등급의 수준을 반영한다.

"화재를 당할 때 재료의 어느 부분이 타고 안타는지"의 재료로 정의되는 불연성 재료들은 전형적으로 석조와 강철을 포함한다. 불연성 재료의 요구조건을 충족시키지 못하는 재료로 가정되는 가연성 재료는 나무와 플라스틱을 포함한다.

공사형태

불가연성		불가연성/가연성		가연성
IA IB	IIA IIB	IIIA IIIB	IV (무거운 목재 = HT)	VA VB
IBC601표에 열거 된 것으로서 모든요소들은(구조프레임, 실내외 내력벽들, 실내외 비내력벽, 바닥공사 그리고 지붕공사)불 가연성 재료들이다.	IBC601표에 열거된 것으로서 모든요소들은(구조적프레임, 실내외 내력벽, 실내외 비내력벽, 바닥공사 그리고 지붕공사) 불가연성 재료들이다. IIB공사형태는화재저항등급으로 요구되지 않는다.	실외벽은 불가연성 재료들이어야 하며 실내건물요소들은 규정에 의해 허용된 어느 재료이든 상관없다. 화재 지연제를 바른 나무목재는 그것들이IBC구절 2303.2를 따르기만 한다면, 2시간 안의 외벽조립등급에 사용될 수도 있다.	실외벽은 불연성재료이어야 하고 실외건물요소들은 감추어진 공간없이 속이 꽉 찬 얇은 판으로 여러 번 겹친 나무이어야 한다. 화재 지연제로 처리된 나무는 그것들이 IBC 구절 2303.2를 따르기만 한다면, 2시간 안의 외벽조립등급에 사용될 수도 있다.	IBC601표에 의해 지정된 모든 건물요소들은 규정에 의해 허가된 모든 재료들이다.

화재 방지 등급

화재방지등급은 여러 시간 또는 일부 한 시간에 측정되고 ASTM E119(American Society for Testing and Materials Standard for Fire Tests of Building Constructions)에 설명된 대로 재료나 부품이 화재 노출에 저항할 총 시간을 반영한다. 건물디자인을 설명할 때, 처음 규정분석은 화재등급을 위한 최소한의 허용 공사형태를 결정하기 위해 바라던 거주와 높이 그리고 지역을 고려해야 한다.

피난수단 도식

비상구는 출구통로에서부터 출구퇴로까지 둘러싸인, 보호받는 진행길이다. 출구통로가 위나 아래에 있을 경우, 퇴로의 기울기, 둘러싸인 계단 또는 램프가 필요하다.

거주공간에서 피난수단의 개수는 크기, 거주형태 및 거주하중에 의해 결정된다.

하나의 **출구통로**는 건물의 거주부분에서 출구로 거주자들을 인도한다.(일반적으로, 이것은 복도이다.)

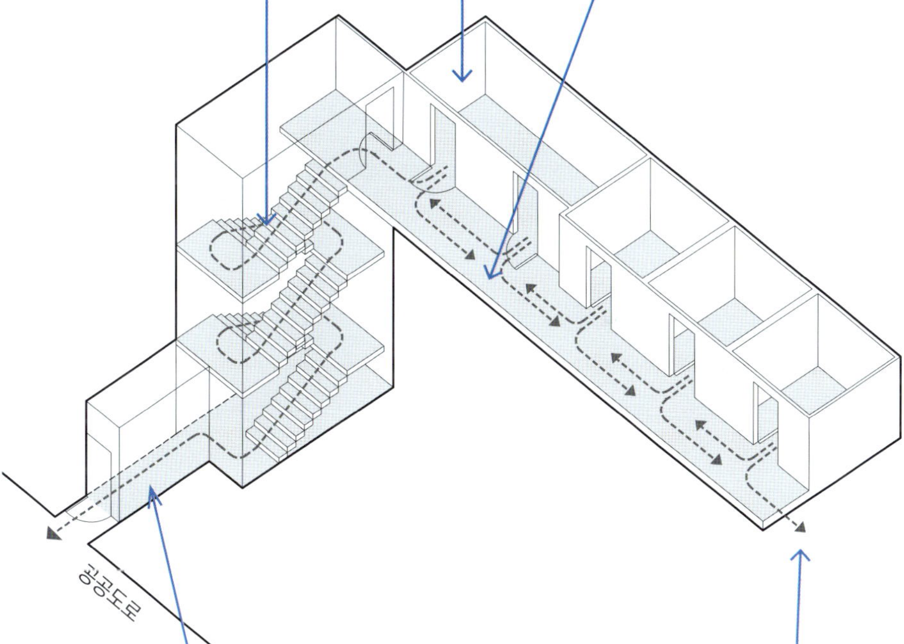

출구퇴로는 출구에서 공공도로의 이동의 방법을 제공한다.

이것은 2번째 출구방법이 제공되지 않는 한, 허용되지 않는 끝복도로 고려된다. 끝복도들은 확실한 I-3, B, F 거주들에서만 제외하고, 20’을 넘어서는 안 된다.

피난수단

IBC 202는 피난수단을 "건물이나 구조물의 점유된 부분으로부터 공공도로에 이르는 수직 수평의 왕복 출입이 가능한 연속적이며 막혀있지 않는 통로"로 규정한다. 피난수단은 출구 통로, 비상구, 출구퇴로 등으로 구성된다. 간단히 말해, 피난수단은 화재나 다른 비상사태의 경우에 거주자들을 안전한 장소(보통 옥외의 공공도로)로 인도하는 조건을 제공한다.

피난수단의 갯수

IBC표 1015.1에 의하여, 하나 이상의 피난수단을 필요로 하는 거주공간들은 다음과 같다.

거주자 하중이 50 이상인 A,B,E,F,M, U

거주자 하중이 3 이상인 H-1, H-2, H-3

거주자 하중이 10 이상인 H-4, H-5, I-1, I-3, I-4

거주자 하중이 30 이상인 S

501에서100명 사이에 있는 모든 거주도 3개의 출구가 필요하며 100 이상의 거주는 4개가 필요하다.

출구 규정너비

크기는 아래 요구조건들을 가지고 조정하는 IBC표 1005.1(다음 페이지에 요약되어 있음)에 의해 결정되고, 어느 수치가 더 높은지를 얻을 수 있다.

출구문

거주자 50명 이상 또는 어떤 그룹 H 거주의 출구하중이 있는 지역에서 출구통로문들은 진행방향으로 열려야 한다. 만약 그것들이 출구 통로로 열린다면, 열리는 동안 절반 이상 규정너비를 줄이지 않을 것이고, 일단 180도 열리면, 7" 이상 규정너비로 돌출되지 않을 것이다.

출구문들은 IBC1005.1에 의해 규정된 완전히 열리는 너비와 함께, 최소6'-8"의 높이여야 하고, 그러나 열렸을 때 문 정면에서 끝까지 측정해서 32"보다 커야 한다.

열리는 문 한 장의 최대 너비는 48"이다.

출구복도

최소 복도의 너비는 IBC1005.1의 의해 결

정되지만, 다음과 같은 상항을 제외하고, 44"(1 118) 이상이어야 한다.

배관, 전기 또는 기계장비로의 통로:24" (610)
주거단위 안 또는 50 이하의 주거안: 36"(914)

100 또는 더 많은 수용능력을 갖추고 있는 그룹E 또는 그룹 I 수술건강보호센터: 72"(1 829)

필요한 침대 이동을 갖추고 있는 그룹 I-2지역: 96"(2 438)

출구계단

최소너비는 IBC1005.1에 의해 결정되지만, 50명 이하의 거주자하중을 충족시키는 복도를 제외하고 44"(1 118) 이상이어야 하고, 이 복도는 36"(914) 이상이어야 한다.

출구시스템에 있는 램프는 램프역할을 하는 복도보다 더 큰 너비를 가져야 한다. 일반적으로 44"(1 118)이다.

거주하중결정

오른쪽에 있는 표는 거주자당 출구 너비가 계산되는, 면적 크기당 거주자 하중을 설정하는 데 사용된다. 대안으로, 거주자 하중을 위해서 공간이 디자인되고, 공간이 출구방법 역할을 하기 위한 거주자에 비해 클 경우 실제 숫자에 의해 결정된다.

거주자당 인치규정출구너비

	계단	다른 출구 요소들
H-1, H-2, H-3, 그리고 H-4	0.7 (살수시스템이 없을 때)	0.4 (살수시스템이 없을 때)
	0.3 (살수시스템이 있을 때)	0.2 (살수시스템이 있을 때)
공공기관	0.3 (살수시스템이 있을 때)	0.2 (살수시스템이 있을 때)
그밖의 거주유형들	0.3 (살수시스템이 없을 때)	0.2 (살수시스템이 없을 때)
	0.2 (살수시스템이 있을 때)	0.15 (살수시스템이 있을 때)

거주자당 최대 바닥면적
(IBC표1004.1.2에서 발췌됨)

거주형태	거주자당 바닥면적
고정의자를 가지고 있는 집회	고정의자와 통로를 가지고 있는 면적을 위한 거주자 하중은 전체 의자길이 18"(457)에 한 사람 또는 의자박스로 전체 길이 24"(610)에 한 사람을 가지고 의자 수에 의해 결정된다.
고정의자 없는 집회	의자(밀집): 7 sq.ft.(0.65 m²):순면적 서 있는 공간 5 sq.ft.(0.46 m²): 순면적 테이블과 의자(밀집안됨): 15 sq.ft(1.39m²):순면적
상업지역	100 sq. ft. (9.29 m²) 전체면적
기숙사	50 sq. ft. (4.65 m²) 전체면적
교육-교실	20 sq. ft. (1.86 m²) 순면적
교육 - 매장 및 업무지역	50 sq. ft. (4.65 m²) 순면적
상업시설의 주방	200 sq. ft. (18.58 m²) 전체면적
도서관 열람실	50 sq. ft. (4.65 m²) 순면적
도서관 서고	100 sq. ft. (9.29 m²) 전체면적
상업 - 지하실 또는 경사 바닥	30 sq. ft. (2.79 m²) 전체면적
상업 - 지하실 또는 경사 바닥 이외 바닥	60 sq. ft. (5.57 m²) 전체면적
상업 - 창고, 저장, 선적	300 sq. ft. (27.87 m²) 전체면적
주차차고	200 sq. ft. (18.58 m²) 전체면적
주거	200 sq. ft. (18.58 m²) 전체면적

순면적은 일반적으로 실제거주지역으로 고려되며 복도, 벽, 계단 또는 화장실과 같은 거주하지 않는 면적은 포함하지 않는다. 전체 면적은 복도, 계단, 벽장, 안부분, 기둥 그리고 다른 고정특징들뿐만 아니라, 안 벽의 안주변 안의 바닥면적도 포함한다.

Chapter 20: 장애인과 접근성

미국장애인법 (The Americans with Disabilities Act, ADA)은 움직임, 시각, 체력, 말하기 그리고 학습장애에 영향을 끼치는 상황을 포함해 장애를 가진 사람들의 명예와 권리를 보호하기 위해 1990년에 국회에 의해 통과되었다. 인종과 성에 기초해 차별을 금지하는 초기 지표법에 귀감이 되면서, ADA는 모든 사람들에게 집, 공공설비, 공용, 정부서비스, 운송과 통신으로 동등한 접근을 제공한다.

ADA에 의해 규정된 주요 용어들

개조: 건물이나 설비 또는 그것으로부터의 부분 유용성에 영향을 주거나 영향을 줄 수 있는 공공편의 시설 혹은 상업설비는 변경이 이루어진다. 건물이나 시설에 이루어진 변경. 개조는 리모델링, 수리, 재건, 재시공, 역사적 복원, 구조적 부품이나 요소들의 변경 또는 재배치 그리고 벽이나 매우 높은 칸막이의 계획배치에서 변경이나 재조정을 포함한다. 전형적인 유지관리, 지붕공사, 페인팅 또는 도배나 기계, 전기시스템의 변경은 건물 또는 시설의 유용성에 영향을 끼치지 않는 이상 개조가 아니다.

건물: 어떤 사용이나 거주를 유지하거나 보호하기 위해 사용되고 의도된 모든 구조.

공간: 한정된 면적(예: 방, 화장실, 현관, 모임지역, 입구, 창고, 정자, 안마당, 로비).

공공사용: 대중에서 사용가능하도록 만들어진 실내 또는 실외 방이나 공간을 설명한다. 공공사용은 개인 또는 공적 소유인 건물 또는 설비에 제공된다.

공동사용: 제한되어 있는 사람그룹(예: 노숙자 수용소의 거주자들, 사무실 건물의 거주자들 또는 그러한 거주자들의 손님들)의 사용을 위해 사용가능한 실내외방, 공간 또는 요소들을 설명한다.

관리당국: 디자인, 공사 또는 건물과 시설의 변경을 위한 규제나 지침들을 채택하고 또는 집행하는 정부기관.

구조보조 지역: 출구쪽으로 직접적인 접근성을 가지고 있어, 이 출구에서 계단을 사용할 수 없는 사람들이 응급대피 동안 추가지시나 도움을 기다리면서 일시적으로 안전하게 머물 수 있는 장소.

램프: 1:20보다 더 큰 연속적인 경사 있는 걷는 표면.

모임장소: 레크레이션, 교육, 정치, 사회 또는 즐거움의 목적을 위해 또는 음식이나 음료의 소비를 위해 사람들의 그룹을 수용하는 방 또는 공간.

보도: 대광장 또는 코트처럼 일반적인 보행자 지역을 포함해, 보행자 사용을 위해 의도된, 준비된 표면을 가지고 있는 밖의 길.

빈 바닥공간: 한 사람, 고정되어 있는 휠체어 그리고 거주자를 수용하기 위해 필요한 최소 한의 가로막는 것이 없는 바닥 또는 바닥공간.

빈: 가로막는 것이 없음.

사용가능한 부분: 물체를 끼우고 빼고 또는 활성화하고, 비활성화하고 또는 장비나 기구를 조정하는 데 사용되는 장비나 기구의 부분(예: 동전구멍, 누름버튼 또는 손잡이).

순응성: 부엌카운터, 싱크대 그리고 문살과 같이 장애가 있는 사람 또는 없는 사람 또는 다른 형태 또는 장애의 등급을 가지고 있는 사람들의 필요를 충조시키기 위해 더해지거나 또는 변경되는 특정 건물공간의 능력.

순환로: 인도, 복도, 안마당, 계단, 계단참 등을 포함한다. 그러나 이것들로 한정되지는 않는다, 보행자들을 위한 한 장소에서 다른 장소로의 밖 또는 안 통행길.

신호: 표시된 말, 상징, 촉각 및 그림의 정보.

연속적인 경사: 진행방향으로 평행인 경사.

요소들: 건물, 설비, 공간 또는 사이트의 건축 또는 기계적 요소(예: 전화, 커브램프, 문, 식수대, 의자 또는 변기).

입구: 건물 또는 들어가는 목적을 위해 상용되는 건물이나 설비의 부분으로서의 어느 접근 점. 입구는 접근보도, 입구플랫폼으로 인도하는 수직 접근, 입구프랫폼 그 자체로 제공될 경우 현관, 입구 문 또는 대문과 입구 문 또는 대문의 하드웨어를 포함한다.

자동문: 순간적으로 움직이는 신호를 받는 대로 자동적으로 문을 닫고 여는 전기작동기계와 조정장치가 설치된 문.

접근공간: ADA지침을 따르는 공간.

접근노선: 모든 접속요소들과 건물 또는 설비의 공간을 연결하는 계속적으로 방해 없는 길. 내부 접속 길들은 복도, 바닥, 램프, 엘리베이터, 리프트 그리고 공정장치에 있는 명확한 바닥공간을 포함할 수 있다. 외부접속 길들은 주차접속통로, 커브램프, 자동차길에 있는 횡단보도, 보행, 램프 그리고 리프트를 포함한다.

접근성: ADA지침에 따라 사이트, 건물, 시설 또는 그것으로부터의 부분에 대해.

접근요소: ADA지침에 의해 응답에 있는 것으로 규정된 요소들(전화, 조종기 및 그와 같은 것)

접근통로: 주차공간, 의자 또는 요소사용을 위해 적절한 공간을 제공하는 책상들과 같이 요소들 사이의 접근 가능한 보행자 공간.

촉각: 촉감의 감각을 이용해 사물을 인지할 수 있다.

추가: 확장, 연장 또는 건물 또는 설비의 전체 바닥면적의 상승.

출구방법에 대해: 건물 또는 시설의 어느 한점에서 공공길로의 연속적이고 방해받지 않는 출구통행길. 출구방법은 수직, 수평 통행을 의미하고 사이에 있는 방 공간, 출입구, 현관, 복도, 통로, 발코니, 램프, 계단, 구획, 로비, 수평출구, 코트, 안뜰, 마당 등을 포함 할 수 있다. 접근 가능한 출구방법은 ADA지침을 따르고 계단, 디딤대, 에스컬레이터를 포함하지 않는다. 구조보호지역 또는 대피엘리베이터는 접근가능한 출구방법의 한 부분으로 포함될 수 있다.

커브램프: 커브를 나누거나 또는 그쪽으로 세워진 짧은 램프.

탐지경보기: 순환로에서 시각장애인에게 위험을 알리기 위해 보도표면 또는 다른 요소에 세워지거나 적용된 표준화된 표면특징.

텍스트전화: 기준 전화네트워크를 가로질러 지정된 표시전송을 통해 상호작용그래픽(즉, 활자로된)통신을 사용하는 기계류나 또는 장비. 텍스트전화는 TDDs(telecommunication display devies 또는 telecommunication devices for deaf persons) 혹은 컴퓨터로 알려진 장비를 포함할 수 있다.

파워보조문: 스위치의 활성화 또는 문 자체에 적용되는 계속적인 힘에 대해 문을 열고 또는 문의 열리는 저항을 완화시키는 데 도움을 주는 기계로 인간의 통행을 위해 사용 되는 문.

표시된 횡단보도: 자동차길을 건너는 데 보행자 사용을 위해 의도된 횡단보도 또는 다른 동일한 길.

횡단구배: 진행방향으로 수직인 구배.

표지판

엘리베이터 제어판

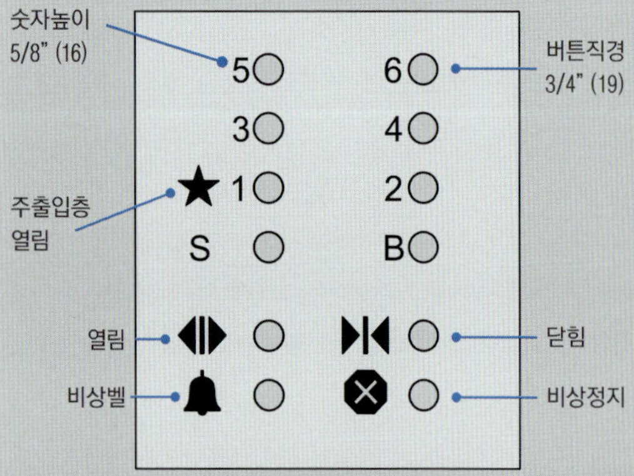

층 버튼은 측면접근을 위해서는 54"(1 372)이하로 하며, 전면접근을 위해서는 48"(1 219)이하로 한다. 비상제어는 35"(889)정도의 이하에 집중배치되어야 한다.

지시 또는 정보 표시판

문자는 3:5와 1:1 사이의 가로세로 비율이어야 하고, 한 글자는 1:5와 1:1 사이에서 가로세로의 비율이어야 한다.

문자는 거리에 따라 읽힐 수 있게 크기가 맞춰 져야 한다.

소문자는 허용이 된다.

문자와 배경은 얇고 광택이 없어야 하며 또는 다른 눈부심이 없는 마감이어야 하고 배경과 대조를 이루어야 한다(어두운 색에 밝은 색이거나 밝은 색에 어두운 색).

어떠한 크기판에서 그림도표는 어떤 크기도 상관없다.

방표시판

문자는 1/32″(0.8)까지 양각이어야 하고 산세리프 또는 "간결한 세리프" 대문자이어야 한다.

문자는 2등급 점자를 수반해야 한다.

양각문자는 대문자 X를 기초로 해, 최소 5/8″(16), 최대 2″(51)의 높이로 한다.

같은 뜻의 문자 설명서(만약 있다면)는 그림 도표 아래 바로 놓여져야 한다.

높이가 최소 6″(153)의 판 안에서 그림도표는 어떤 크기도 상관없고 1/32″(0.8)까지 양각이어도 되지만 양각이 아니어도 된다.

문자와 배경은 얇고 광택이 없어야 하며 다른 눈부심이 없는 마감이어야 하고 배경과 대조를 이루어야 한다.(어두운 색에 밝은 색이거나 밝은 색에 어두운 색)

표지판은 문걸쇠 옆에 인접한 벽에 설치되어서(가능할 경우), 사람이 3″ (76)안에서 접근 가능하고 문의 열림과 돌출되어 있는 물체를 피해야 한다.

설치높이는 바닥에서 표지중심까지 60″(1 524)이어야 한다.

장애인용 탈출 수단

장애인을 고려한 공간은 적어도 한 개의 장애인용 탈출수단을 가지고 있어야 한다.

엘리베이터와 에스컬레이터에 대한 ASMEA17.1 안전규정을 따르는 엘리베이터는 장애인용 탈출 경로의 하나로 허용된다. 그것은 기본적으로 예비전력, 응급작동, 신호전송장치가 설치되어 있어야 하며, 대피지역으로부터 접근이 가능해야 한다.

계단을 사용할 수 없는 사람들이 일시적으로 머무를 수 있는 대피지역은 탈출계단이 있어야 하고 비상전력으로 탈출계단이나 엘리베이터에 직접 접근할 수 있어야 한다. 양방향통신 시스템이 대피지역에 제공되어서 중앙통제 지역과 연결되어야 한다.

제공된 공간에 거주자 200명당 한 개의 30″×48″(762×1 219)의 휠체어 공간이 있어야 한다. 탈출구의 폭을 줄이면 안 되기 때문에, 일반적으로 이 공간들은 계단실 내에 있는 알코브들이다.

스프링클러 장치가 설치된 건물을 제외하고, 장애인용 탈출계단은 손잡이 사이가 최소 48″(1 219)만큼 넓게 확보되어야 한다. 이것은 두 사람이 한 사람의 장애인을 안전하게 아래위로 옮길 수 있는 충분히 넓은 장소를 말한다.

장애인용 주차공간

장애인용 주차공간의 길이는 공간규정을 따라야 한다. 장애인용 공간은 높은 대비의 페인트 선이나 다른 높은 대비로 표시해야 한다. 접근 통로는 건물 또는 시설 입구로 장애인용 통로의 한 부분이어야 한다. 두 개의 장애인용 주차공간은 하나의 공동 접근 통로를 공유할 수 있다. 접근 통로는 대각선 줄로 분명하게 표시 해야 한다.

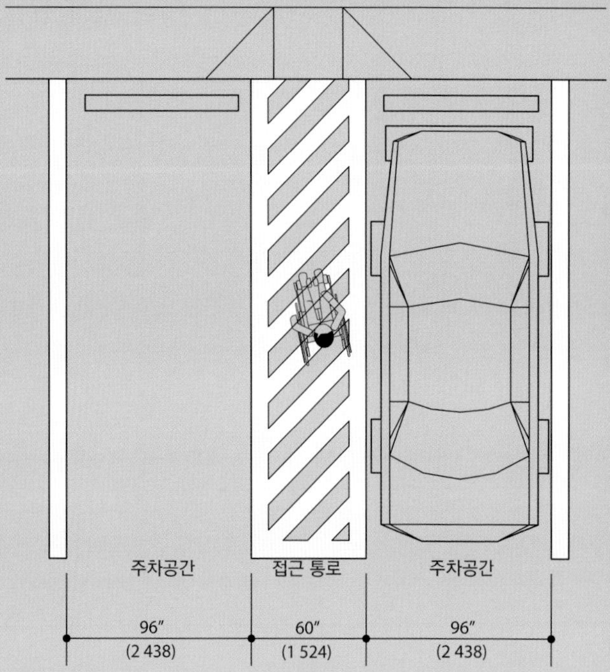

장애인용 공간의 소요수

전체주차공간의 수	장애인용 공간 최소수
1–25	1
26–50	2
51–75	3
76–100	4
101–150	5
151–200	6
201–300	7
301–400	8
401–500	9
501–1,000	전체의 2%
1,001 이상	1,000 이상일 경우 100마다 20+1

지면 경사는 장애인용 주차공간이나 접근통로 중 어느 방향으로든지 1:50을 초과해서는 안 된다.

별동의 건물에 부속된 장애인용 주차공간은 인접 주차장에서부터 장애인용 출입구까지 최단거리의 장애인용 통로 상에 위치 해야 한다.

인접 주차장과 함께 다중의 장애인용 입구가 있는 건물에서 장애인용 주차공간은 분산배치되어야 하고 장애인용 출입구에 가깝게 위치해야 한다.

휠체어 공간치수

클리어 플로어는 장애인을 태운 한 대의 휠체어를 설치하는 데 필요한 최소한의 공간을 말한다. 이것은 하나의 요소나 물체로의 접근이나 수평이동에도 적용된다. 클리어 플로어 공간은 싱크대나 카운터 하부의 공간도 포함된다.

휠체어 통행 폭

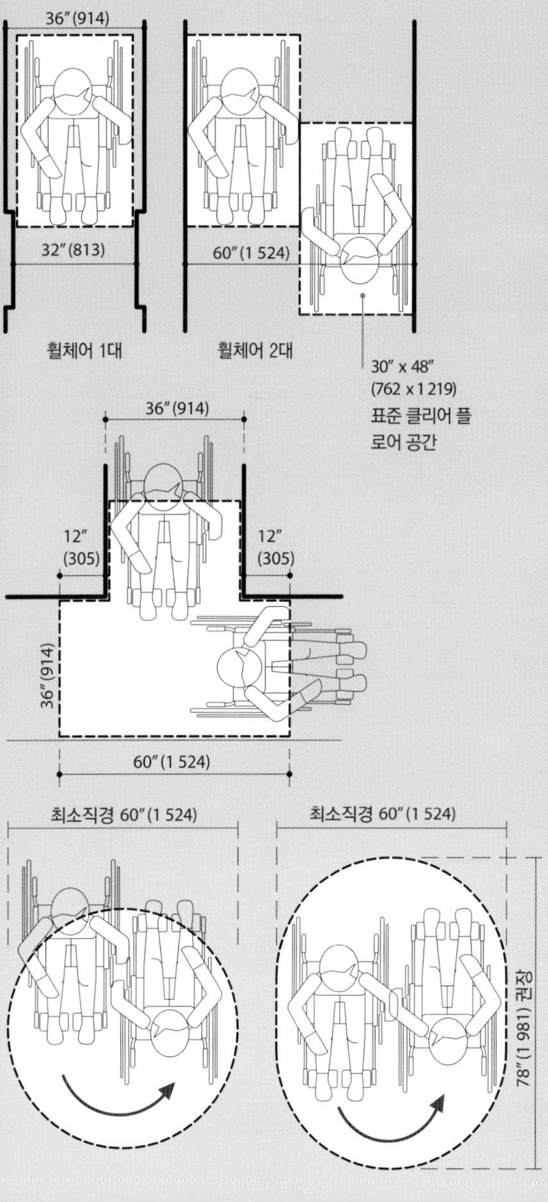

알코브에서 클리어 플로어 공간

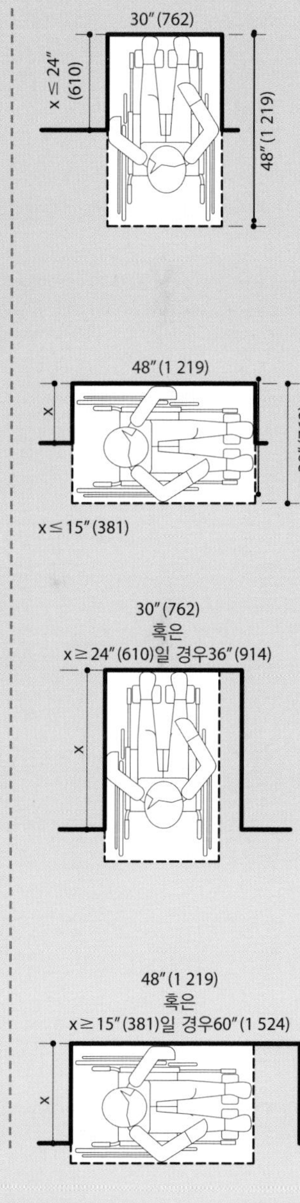

문

문간의 여유 폭과 깊이

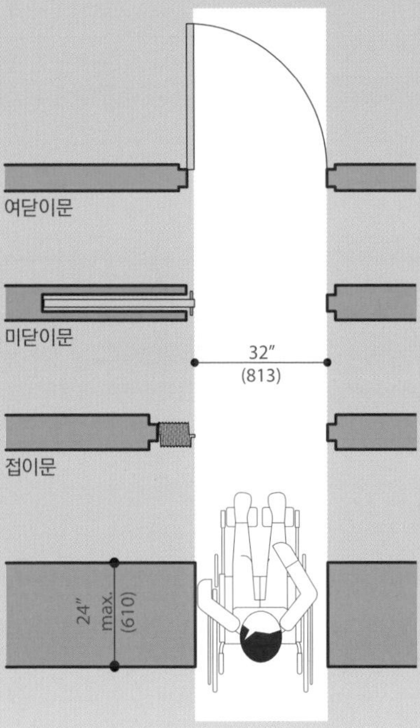

문의 여유 조정

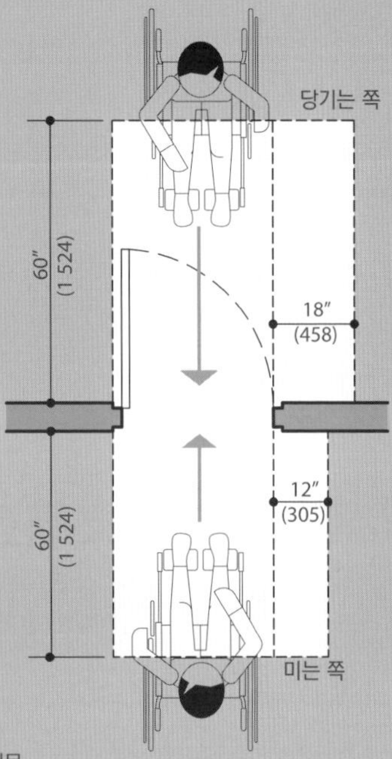

자재문
(전면 접근)

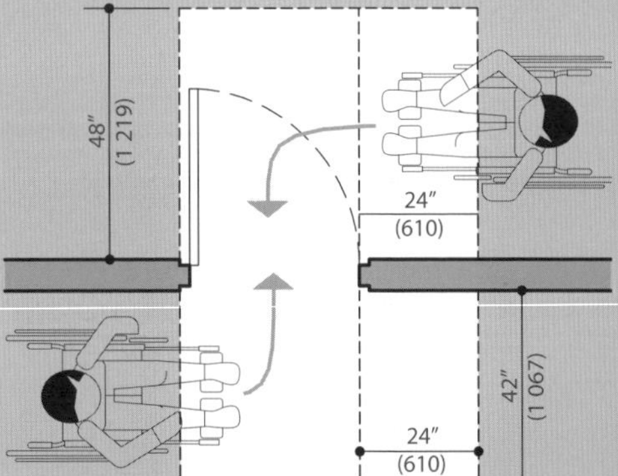

자재문
(문고리쪽 접근)

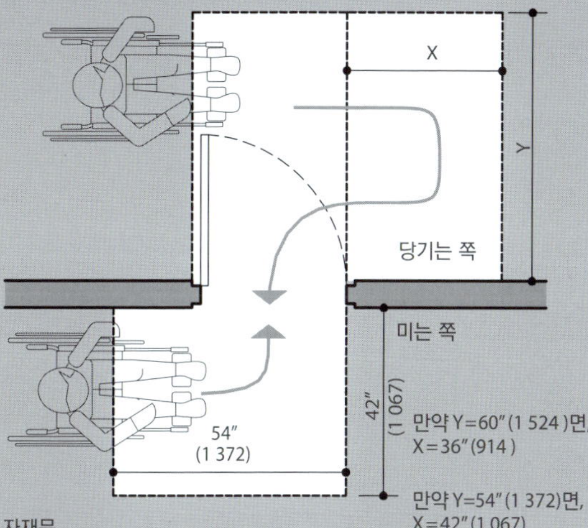

자재문
(힌지쪽 접근)

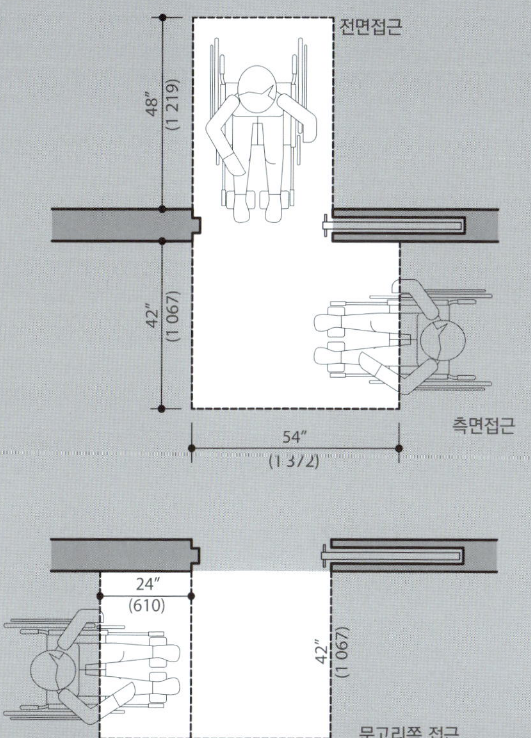

미닫이문과 접이문

연속 2개의 여닫이문

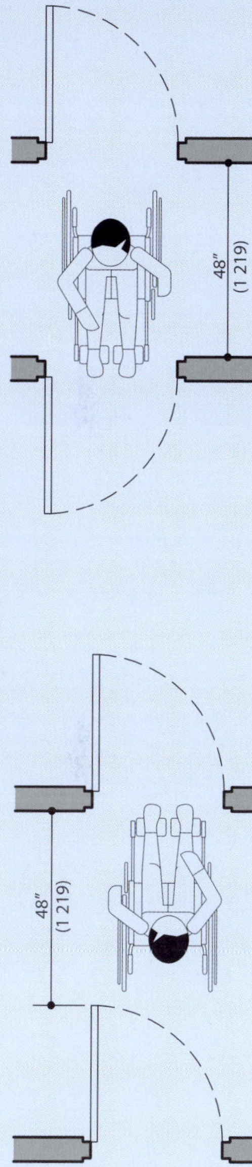

화장실과 욕실

화장실 클리어 플로어 공간

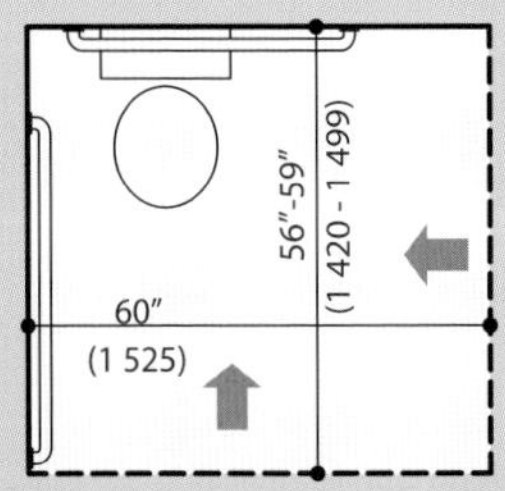

화장실

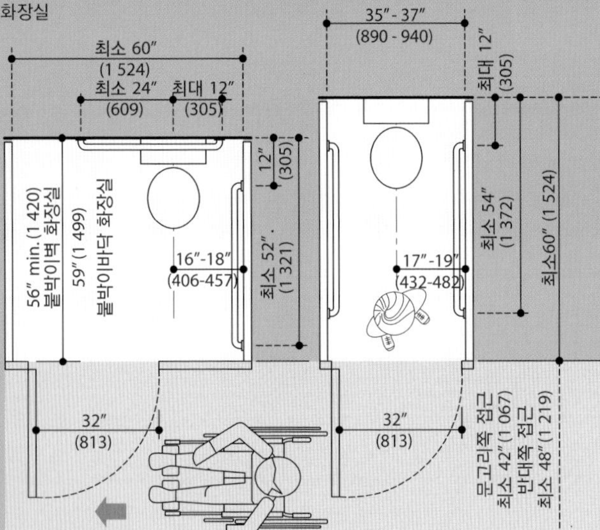

휠체어 접근 가능한 화장실

보행 가능한 화장실

손잡이 :

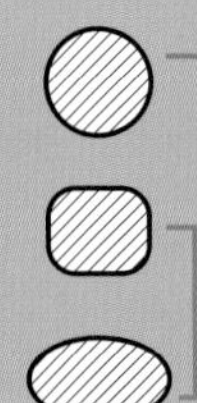

원형 단면은 지름이 1 1
2"(32-51)이고, 벽과의
1 1/2"(38)이어야 한다.

비원형 단면은 최대 단
2"(51)이고, 둘레치수는
4.8"(100-120)이어야 한

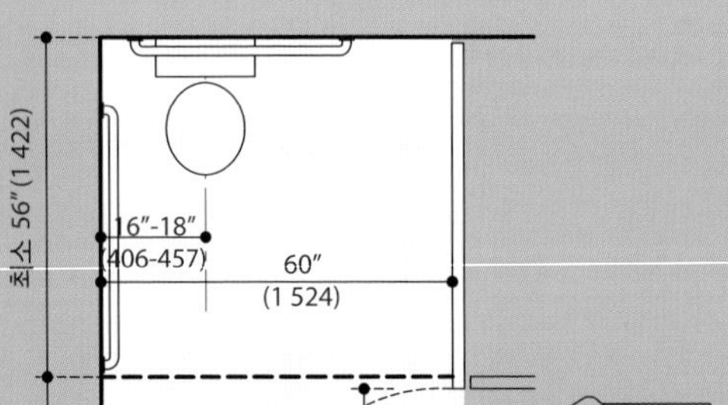

휠체어 접근 가능한 화장실의 끝부분

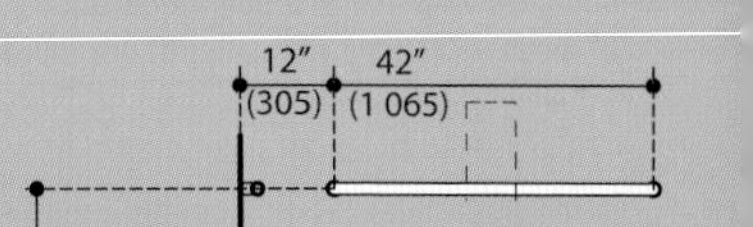

측벽 입면

세면대

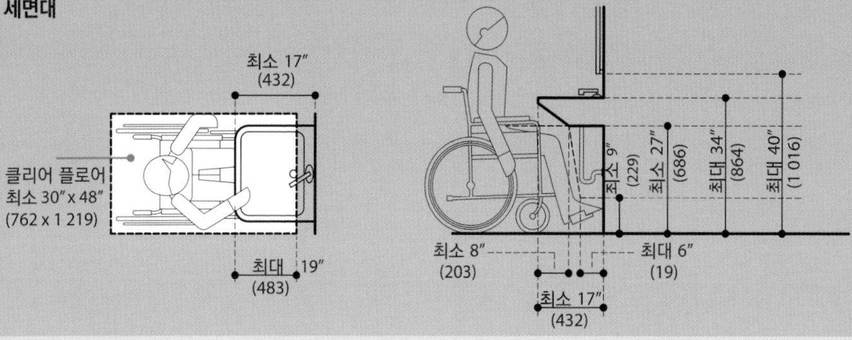

샤워실

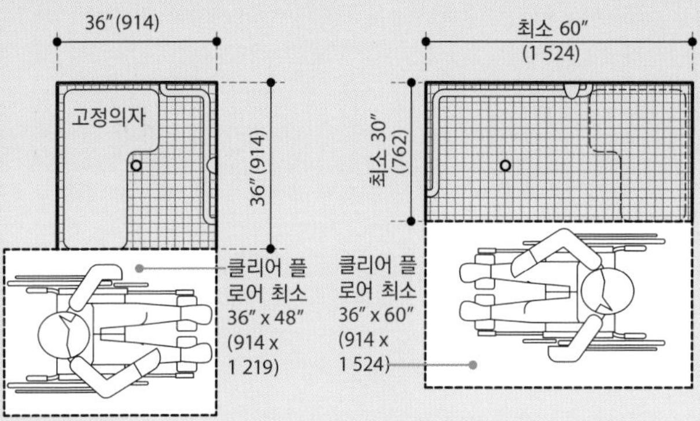

Transfer Type

Roll-in Type

샤워부스 36″x36″(914x914)에 하나의 의자가 있어야 하며, 이 의자는 욕실바닥과 이어지는 부스 전체 깊이에서부터 17″–19″(432–83)에 설치해야 한다.

30″x60″(762x1 524) 샤워부스에 있는 고정의자는 조정기에 인접해 있는 벽 위에 설치한 접는 형태여야 한다.

욕조

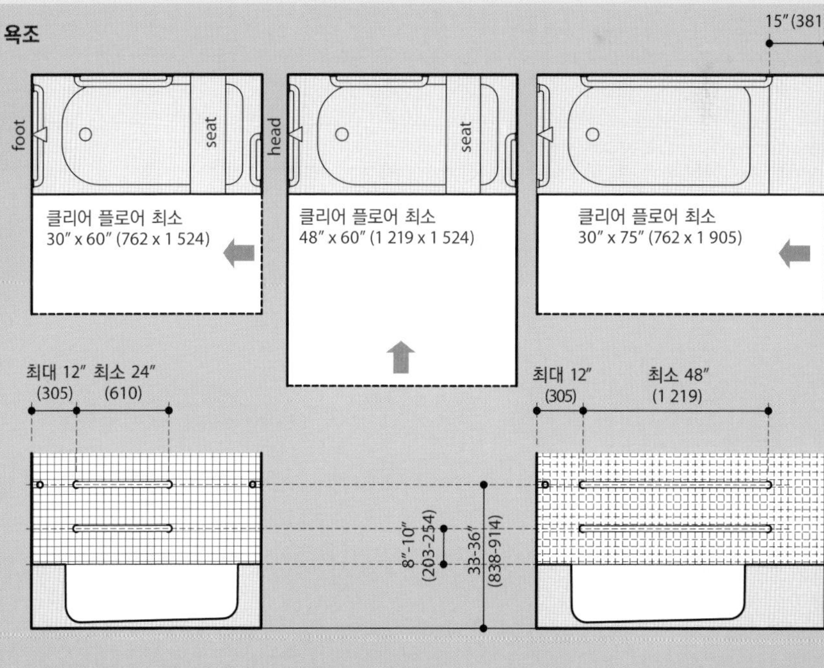

엘리베이터

각 승강기 입구에 있는 랜턴은 어느 엘리베이터가 호출에 응답하고 있는지 시각적이고 청각적으로 나타나야한다.

문틀은 양각의 점자표지판을 가지고 있어야 한다.

호출버튼은 짧은 쪽이 최소 3/4″(19)여야 한다.

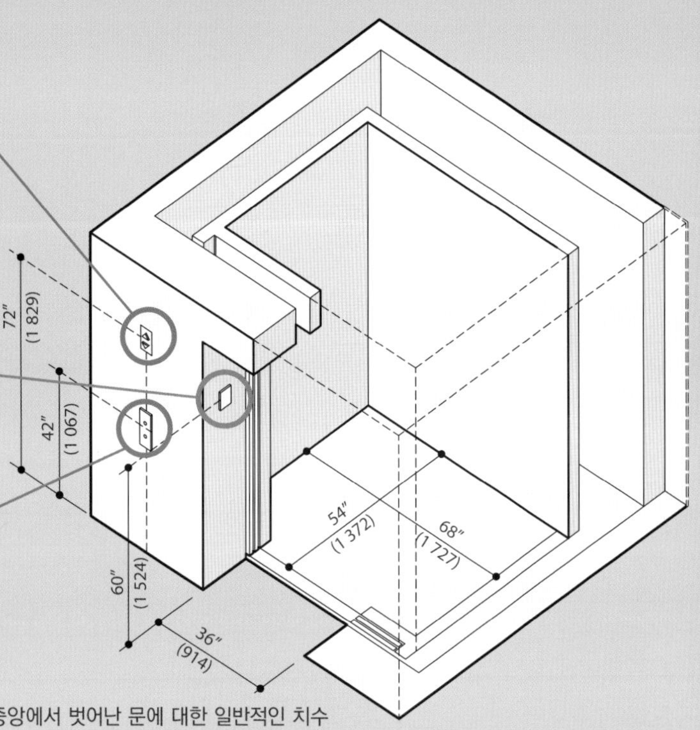

중앙에서 벗어난 문에 대한 일반적인 치수

램프

램프 참에 도달하기 전 램프의 수평거리 부분의 높이는 최대 30″(762)이어야 한다.

난간 사이의 램프의 최소 안쪽 너비는 36″(914)이어야한다. 램프가 6″(150)보다 더 크게 올라오거나 수평거리가 72″(1,830)보다 더 클 경우 양쪽에 설치해야 한다. 최대경사는 1:12이다.

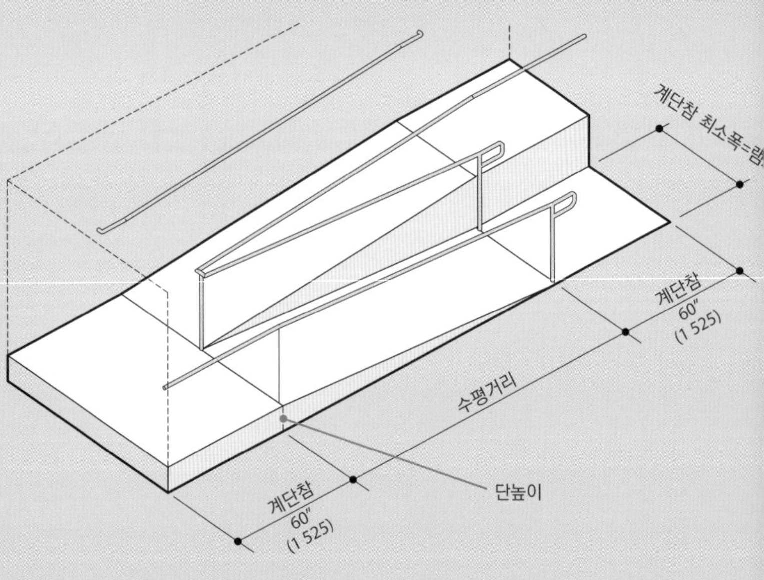

계단

계단 코

층뒤판은 경사가 져야 하며 또는 계단코의 아래쪽은 수평으로 부터 60° 이상 각도가 있어야 한다.

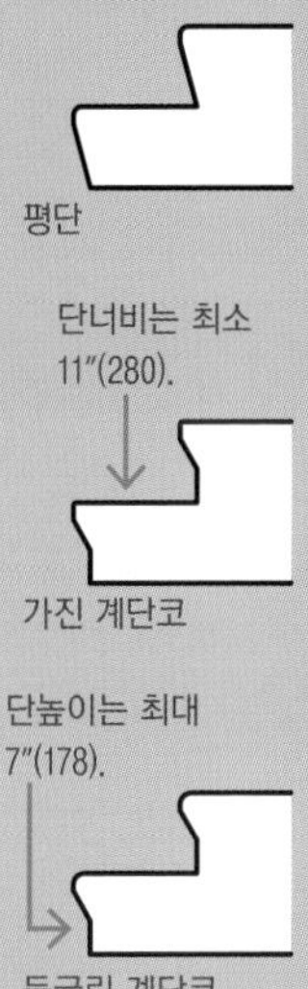

하부 디딤판에서 난간 연결

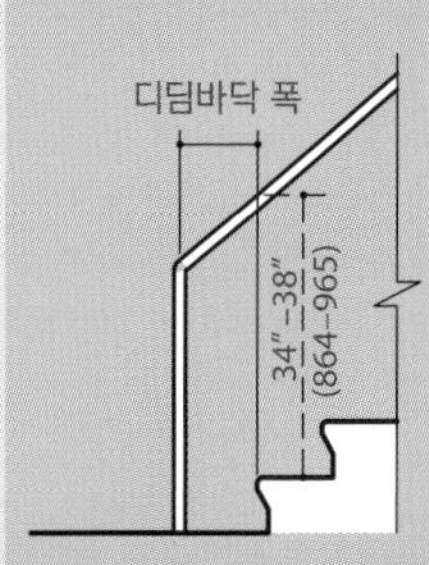

난간

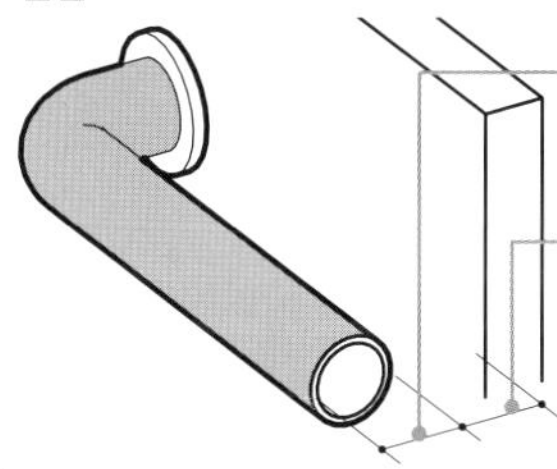

벽: 난간이 벽쪽으로 돌아간다.

스위치백: 난간은계속 이어진다.

벽이 없는 곳: 난간은 바닥쪽으로 부드럽게 돌아간다.

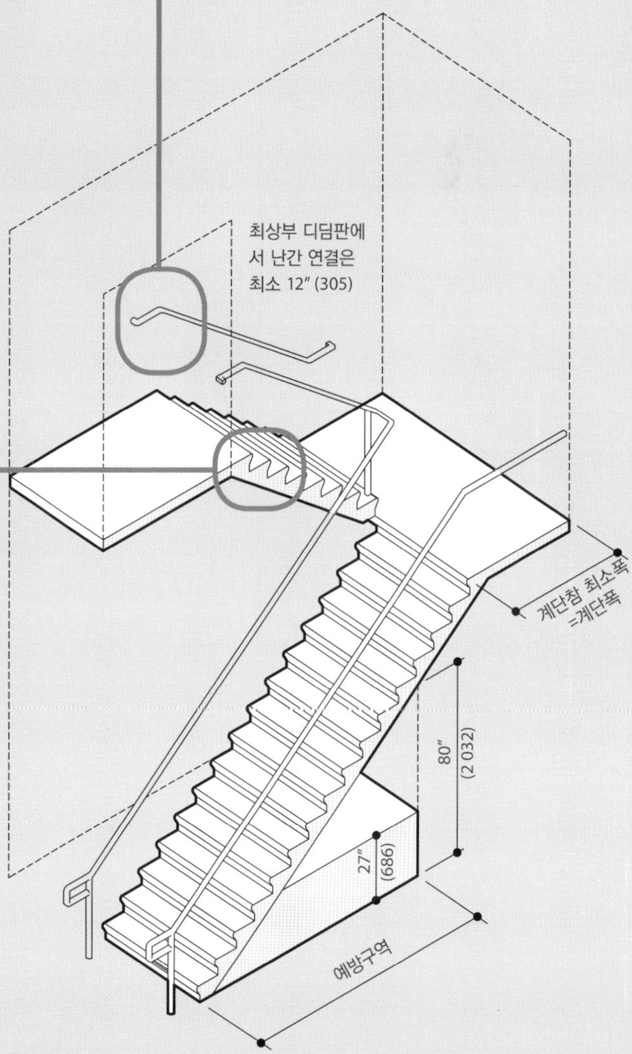

Chapter 21: 주차장

대부분의 주차장은 건물과 사람들과의 처음과 마지막 접촉 공간이며 이것을 염두에 두고 계획 해야 한다. 우선 주차장은 안전하고 효율적이며 눈에 띄어야 하고, 모든 종류의 사용자들을 수용할 수 있어야 한다. 자동차 크기가 변하기 때문에, 주자창 면적은 앞으로의 상황에 대응할 수 있도록 충분히 융통성이 있어야 한다.

주차장

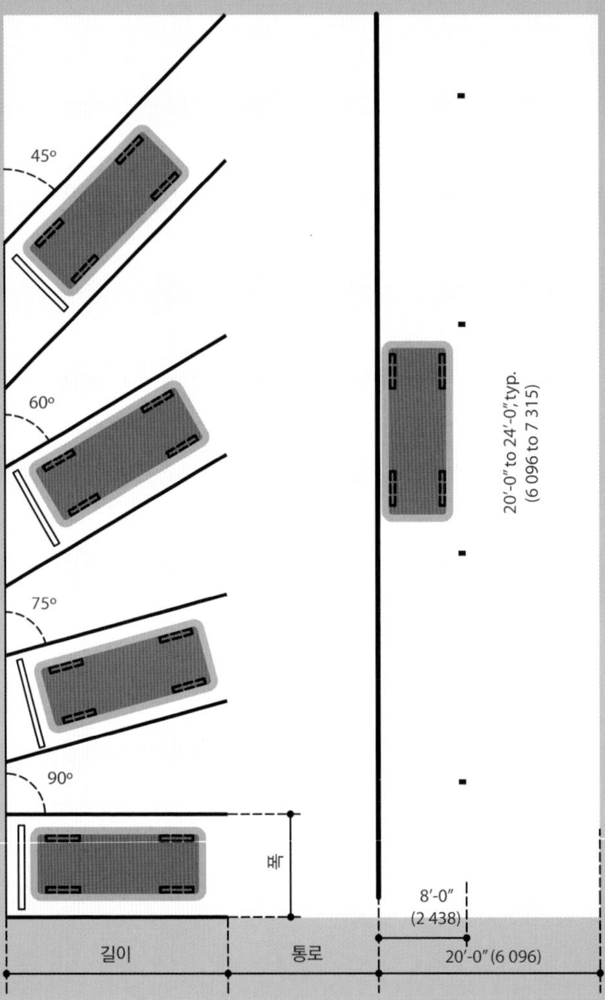

일반적인 지침

바닥선은 하얀색 또는 노란색 페인트로 4"(102)의 넓이여야 한다.

주차장 지역 바닥은 배수 목적을 위해 최소 2%(피트당 1/4인치 또는 305mm 당 6mm)의 경사를 갖추어야 한다.

부지는 기준단위로 계획한다.하나의 정확한 기준단위는 양쪽에 적합한 하나의 접속통로와 주차장을 포함한다.

주차를 위한 가장 일반적인 각도는 60°구획이고, 이 각은 효율적으로 크기가 맞추어진 기준단위를 고려하게 하면서 들어가고 나가기 쉬운 공간을 제공한다. 45°의 구획은 주어진 면적에 전체 주차공간의 수를 줄이지만 넓은 장애인용 통로를 요구하지는 않는다. 그것들은 오늬무늬 주차장 형태에 적합한 각도이다. 90°의 구획은 그 구획에 들어가고 나가는 데 많은 어려움 때문에 들어가고 나가는 통행에 적합하지 않지만 주어진 면적에 가장 좋은 주차공간을 제공한다. 그것들은 종업원을 위한 종일 주차로 적합하다.

일반적인 주차 배열

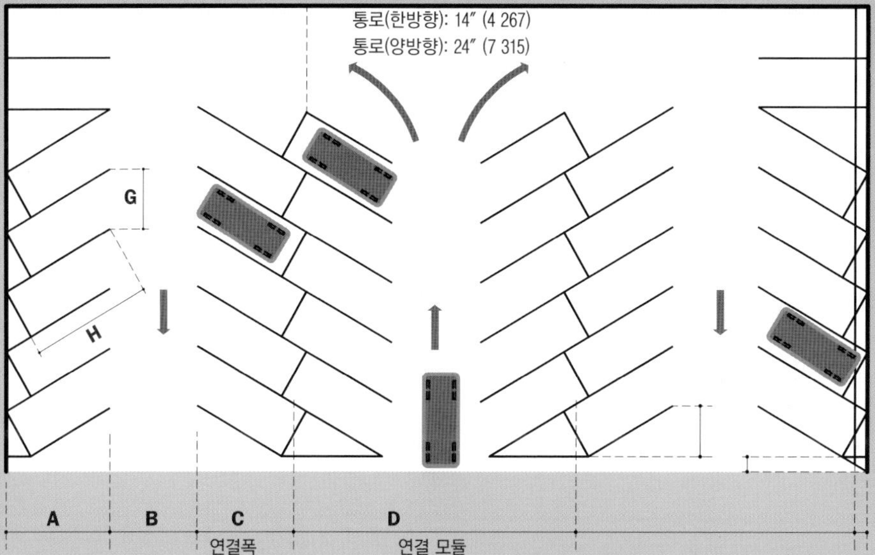

	A	B	C	D
45º	17.5′ (5 334)	12.0′ (3 658)	15.3′ (4 663)	42.6′ (12 984)
60º	19.0′ (5 791)	16.0′ (4 877)	17.5′ (5 334)	51.0′ (15 549)
75º	19.5′ (5 944)	23.0′ (7 010)	18.8′ (5 730)	61.0′ (18 593)
90º	18.5′ (5 639)	26.0′ (7 925)	18.5′ (5 639)	63.0′ (19 202)

주차구획치수는 지방 구획조항(항상 고려해야 함)뿐 아니라 그 구획 각도에 따라 다르다. 일반적으로, 최소한의 기준 구획 크기는 9′(2,743)×18.5′(2,286)-19.5′(5,639-944)이다. 소형자동차들은 그것 자체로 표시되고 어느 정도 논리 있게 같이 그룹지어져야 하지만 7′-6′(2,286)×15′(4,572) 구획에 수용될 수 있다. 구획 크기와 배치는 거리, 철물점이나 잡화점에서와 같이 손님들이 큰 짐을 가질 수 있는 구획들과 같은 상황을 항상 염두에 두고 계획해야 하고, 쉽게 짐을 올리고 내리는 것을 제공할 수 있을 만큼 충분히 넓어야 하는데 10′(3,048)까지 넓을 수 있다.

주차 흐름

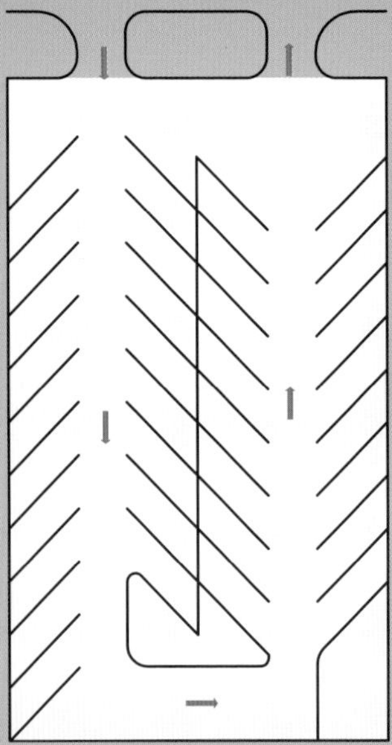

각이 있는 한 방향

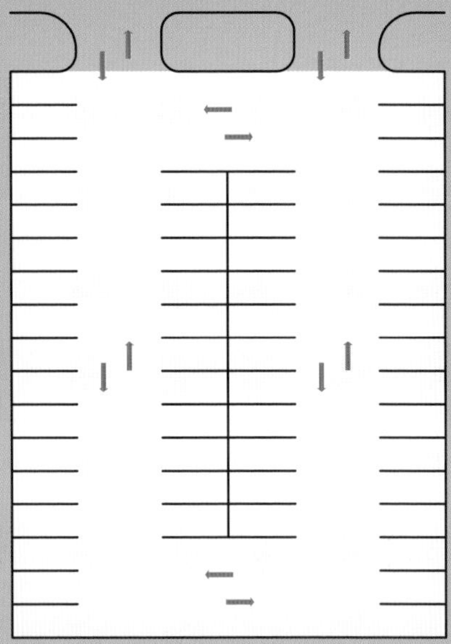

90° 양방향

일반적인 주차공간 할당

병원	침대 당 1.2대
강당/극장/경기장	좌석 당 0.3대
식당	좌석 당 0.3대
상업	종업원 당 0.6대
교회	좌석 당 0.3대
소매	총바닥면적 1000' 당 4.0대
사무실	총바닥면적 1000' 당 3.3대
쇼핑센터	총임대지역 1000' 당 5.5대
호텔/모텔	방 당 1.0대/종업원 당 0.5대
고등학교	학생 당 0.2대 직원 당 1.0대
초등학교	교실 당 1.0대

자동차 길이 분류기준

1975년 이전	
경차	〈100″ (2,540)
소형차	101″-111″ (2,565-819)
중형차	112″-118″ (2,845-997)
대형차	〉119″ (3,025)

1975년 이후	
소형차	〈100″ (2,540)
중형차	100″-112″ (2,540-845)
대형차	〉112″ (2,845)

차고

램프디자인

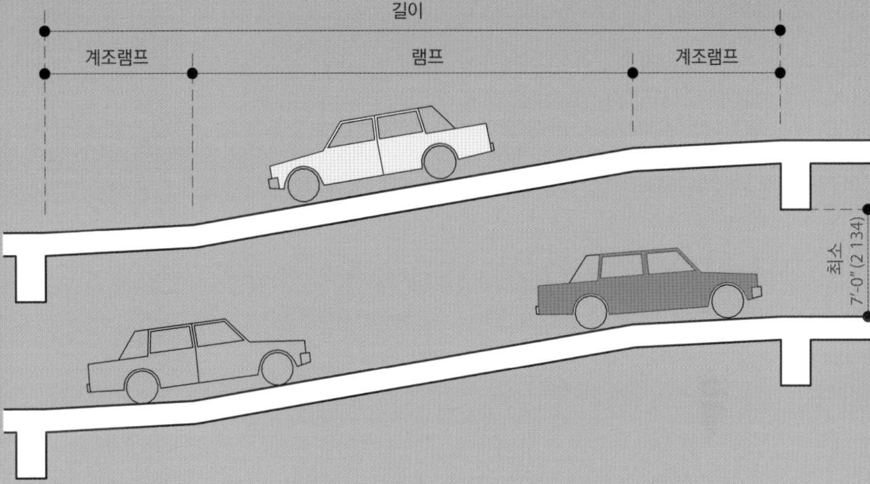

직선 램프

길이	< 65'-0"(19 812)	> 65'-0"(19 812)
계조 길이	10'-0"(3 048)	8'-0"(2 438)
계조 경사	8%	6%
램프 경사	16%	12%

나선형 램프

원형 진행을 위한 폭
= 15'–0" (4,572)

오른쪽 진행을 위해 폭
= 20'–0" (6,096)

경사: 최대 12%
(가로방향에서 4%)

일반적인 고려사항

차고구획은 뚜렷해야 하며, 특히 한 방향 통행 상황에서 운전자에게 정확한 신호를 사용해야 한다.
차고 안에서 혼잡을 피하기 위해 빠른 **나선형 출구 램프를 추천한다.**

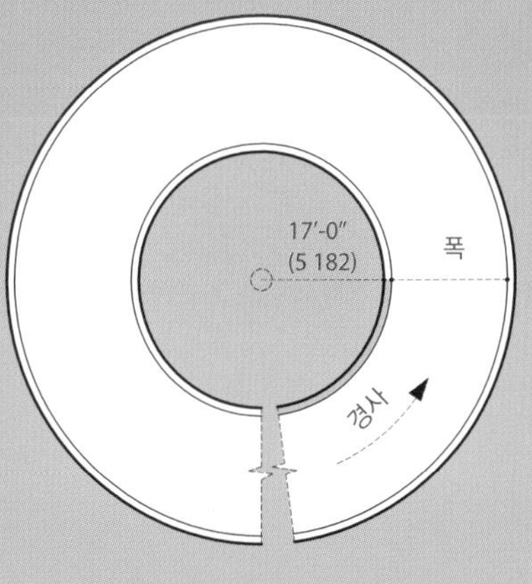

Chapter 22: 계단

계단은 개인 주거뿐만 아니라 엘리베이터 또는 에스컬레이터가 있는 공공장소에서도 중요한 수직 동선이다. 건축법에서는 출구를 위해 최소한의 계단실을 요구한다. 계단은 일반적으로 나무, 금속 또는 콘크리트로 만들거나 이들의 조합으로 시공된다.

계단종류

곧은 계단

소방법에서는 일반적으로 중간에 계단참을 만들지 않으면 계단의 전체 높이를 12′-0″(3,658)로 제한하고 있다. 계단참의 깊이는 계단 너비와 같다.

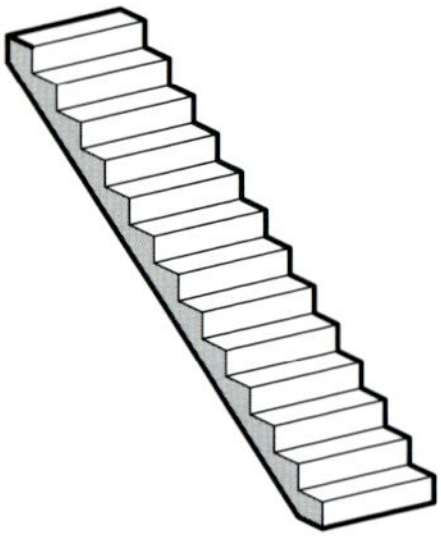

계단참이 있는 'L형'계단

'L 형'계단은 구간이 길거나 짧을 때 사용되고 방향이 바뀌는 지점에서 계단참이 생긴다.

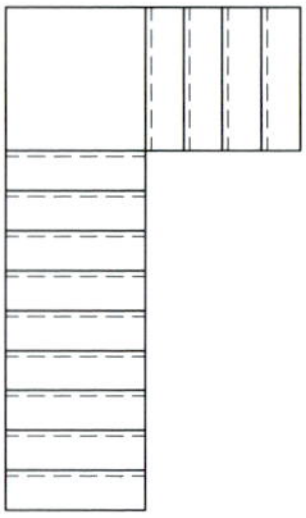

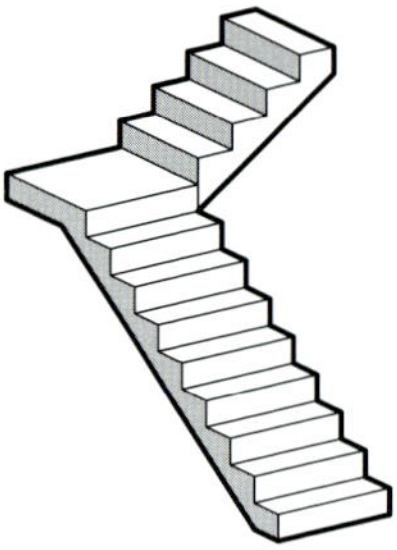

계단참이 있는 'U형'계단

'U 형'계단은 올라간 후 다시 방향이 전환되어 되돌아가는 방식(스위치백)으로 빡빡한 평면 계획과 다층에서 동선 시스템(출구용 계단 코어와 같이)의 구성요소로 유용하다.

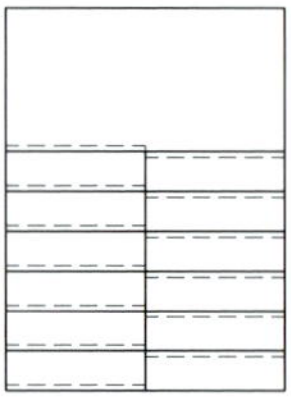

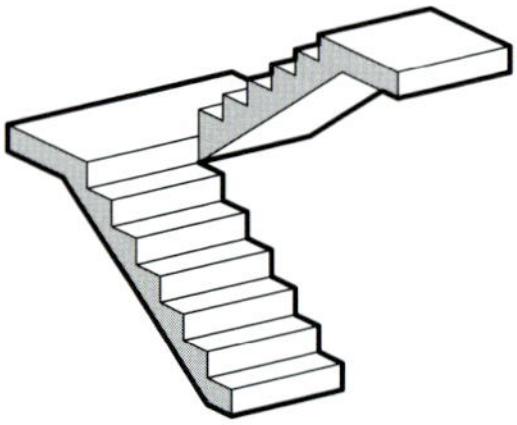

돌음 형식의 'L형'계단

전형적인 'L형'계단의 계단 참부분에 각이 있는 단너비를 둠으로써 계단에 소요되는 면적을 줄일 수 있다. 대부분의 돌음 형식의 계단은 법에서 허용되지 않는다.

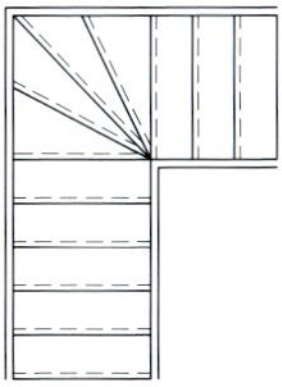

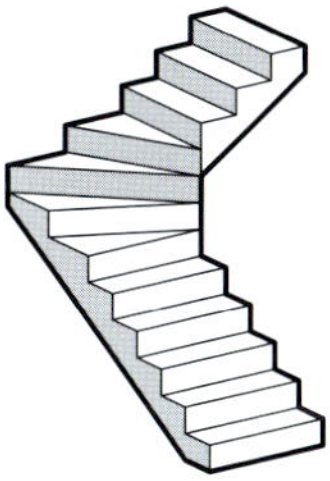

오프셋된 돌음 형식의 'L형'계단

오프셋된 돌음 계단의 단너비는 크기가 더 크다. 따라서 어느 정도는 법에서 허용된다.

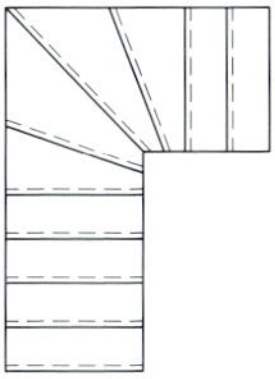

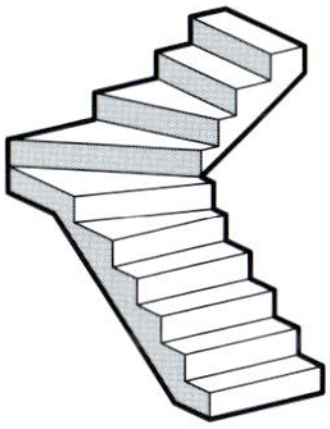

나선 계단

나선 계단은 평면에서 최소한의 공간을 차지하며 종종 개인 주거에서 사용된다. 주거와 23m² 또는 그보다 더 적은 곳에 5명 또는 그보다 더 적은 거주자가 있는 공간을 제외하고는 대부분의 나선 계단은 출구용 계단으로 적합하지 않다.

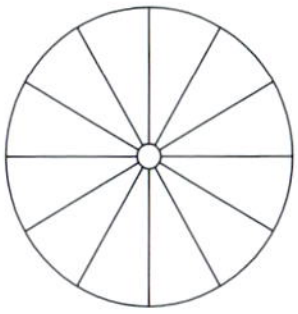

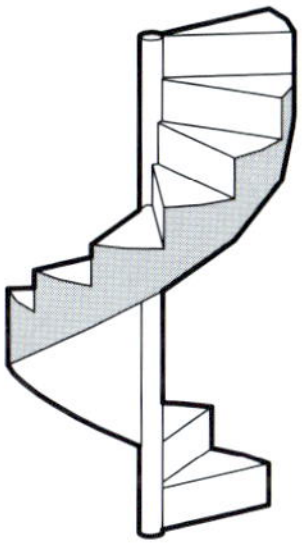

곡선 계단

곡선 계단은 나선 계단과 같은 배치 원칙을 따른다. 비록 중앙 지름부가 많이 뚫려 있지만 단너비는 출구로서 법에 적법한 치수로 만들 수 있다.

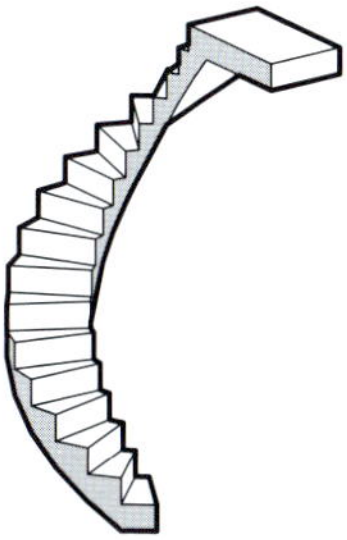

계단 구성요소

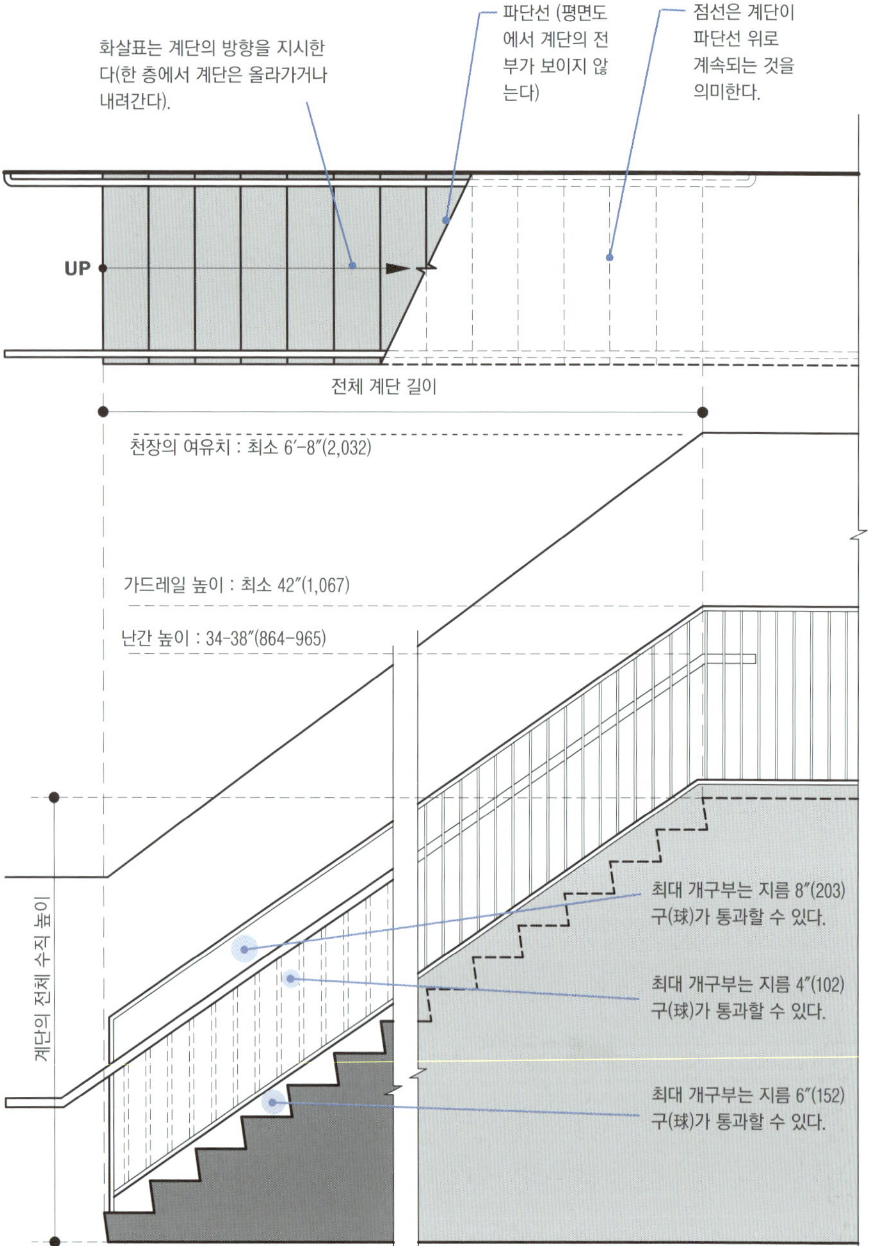

계단의 평면과 입면

단너비와 단높이

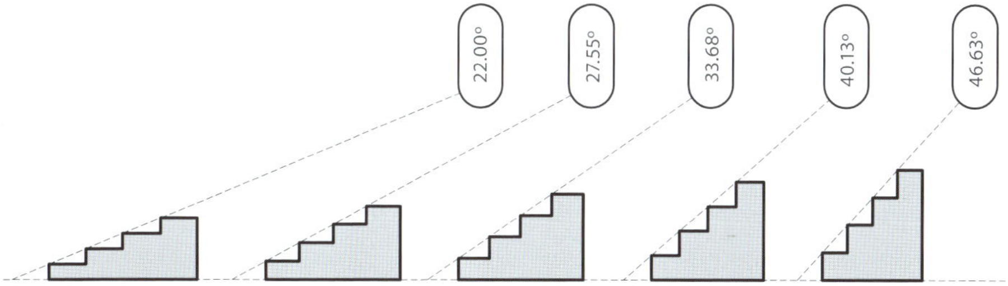

단높이 : 5″ (127) 단너비 : 12 1/2″ (318)	단높이 : 6″ (152) 단너비 : 11 1/2″ (292)	단높이 : 7″ (178) 단너비 : 10 1/2″ (267)	단높이 : 8″ (203) 단너비 : 9 1/2″ (241)	단높이 : 9″ (224) 단너비 : 8 1/2″ (216)

단높이 단너비 치수

각도	단높이 인치 (mm)	단너비 인치 (mm)
22.00°	5 (127)	12 1/2 (318)
23.23°	5 1/4 (133)	12 1/4 (311)
24.63°	5 1/2 (140)	12 (305)
26.00°	5 3/4 (146)	11 3/4 (299)
27.55°	6 (152)	11 1/2 (292)
29.05°	6 1/4 (159)	11 1/4 (286)
30.58°	6 1/2 (165)	11 (279)
32.13°	6 3/4 (172)	10 3/4 (273)
33.68°	7 (178)	10 1/2 (267)
35.26°	7 1/4 (184)	10 1/4 (260)
36.87°	7 1/2 (191)	10 (254)
38.48°	7 3/4 (197)	9 3/4 (248)
40.13°	8 (203)	9 1/2 (241)
41.73°	8 1/4 (210)	9 1/4 (235)
43.36°	8 1/2 (216)	9 (229)
45.00°	8 3/4 (222)	8 3/4 (222)
46.63°	9 (229)	8 1/2 (216)
48.27°	9 1/4 (235)	8 1/4 (210)
49.90°	9 1/2 (241)	8 (203)

푸른색 띠 부분은 편안함과 안전성을 위해 채택되는 비례이다.

일반 지침

아래는 경험에 바탕을 둔 방법으로 계산할 수 있는 한계치이다. 항상 법에 적합한지 검토한다.

단높이 X 계단길이 =
72″-75″(1,829-905)

단높이 + 계단길이 =
17″-17 1/2″(432-45)

2(단높이) + 계단길이 =
24″-25″(610-35)

외부계단 :
2(단높이) + 계단길이 = 26″(660)

비주거 :
최소 폭 = 44″(1,120)
최대 단높이 = 7 1/2″(191)
최소 단너비 = 11″(279)

주거 :
최소 폭 = 36″(915)
최대 단높이 = 8 1/4″(210)
최소 단너비 =9″(229)

Chapter 23: 문

외부와 내부의 문은 나무, 금속과 유리의 조합으로 구성되며 나무 또는 금속 틀에 끼워진다. 내부 문은 다양한 단계의 내화등급을 요구한다. 외부 문은 공기와 습기의 과도한 누출을 막기 위하여 시공이 잘되어야 한다.

폭

2′-0″	2′-4″	2′-6″	2′-8″	2′-10″	3′-0″	3′-4″	3′-6″	3′-8″	3′-10″	4′-0″
(610)	(711)	(762)	(813)	(864)	(914)	(1 016)	(1 067)	(1 118)	(1 168)	(1 219)

SI 치수

외쪽문 폭 :
700 mm, 800 mm, 900 mm, 1 000 mm

양쪽문 폭 :
1 200 mm, 1 500 mm, 1 800 mm

높이 :
2 100 mm, 2 200 mm, 2 400 mm

두께

$1^3/8$″ (35)
$1^3/4$″ (44)
$2^1/4$″ (54)

높이

6′-8″	(2 032)
7′-0″	(2 134)
7′-2″	(2 184)
7′-10″*	(2 388)
8′-0″*	(2 438)

*1 3/4″두께의 문에만 적용

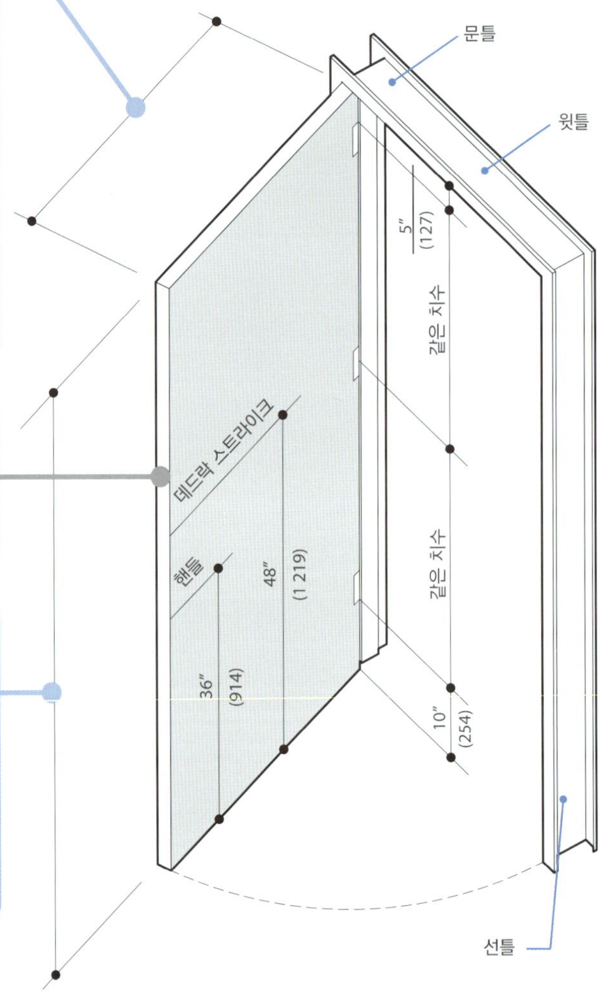

문 종류

플러시

비전 판넬

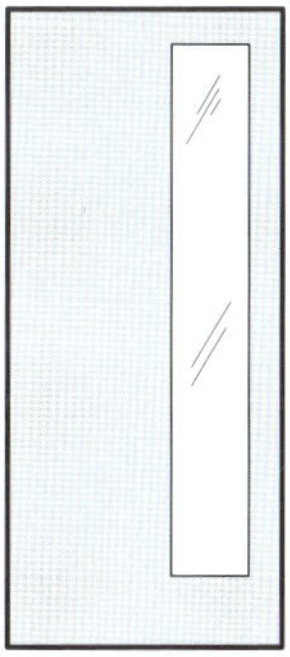

폭 좁은 라이트

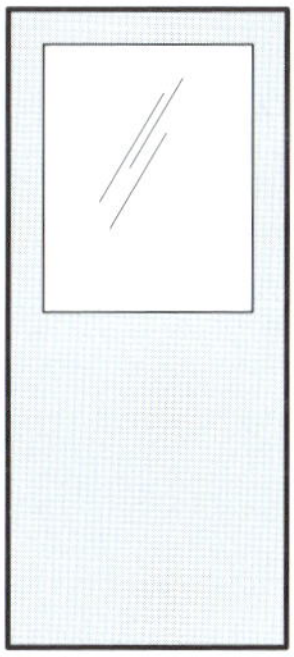

유리

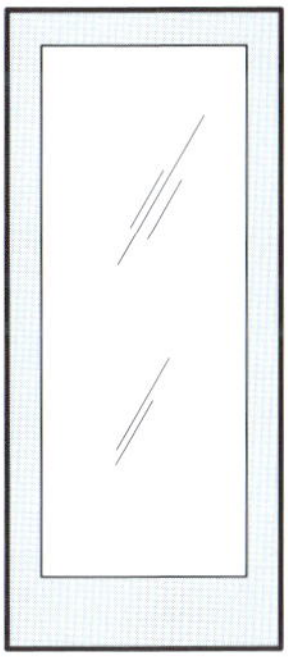

유리

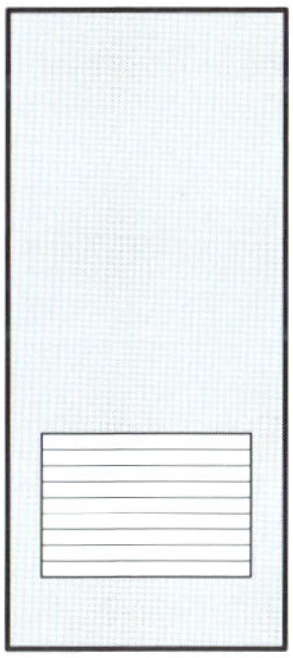

루버

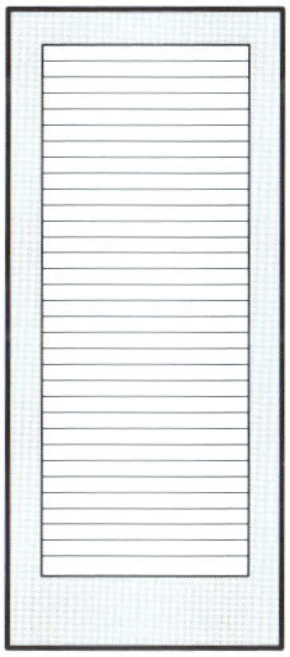

루버

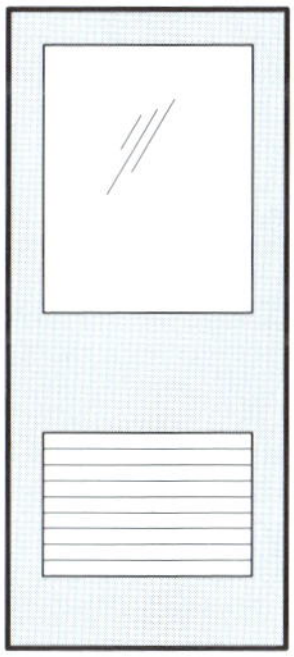

유리와 루버

방화문

U.L.라벨	등급	유리공사의 허용 : 1/4″(6.4) 철망유리
A	3 시간	유리공사가 허용되지 않는다.
B	1½ 시간	한 장당 100sq.in.(64,516 mm^2)
C	¾ 시간	채광창 당 1,296sq.in.(836,179 mm^2) ; 최대 치수 54″(1,372)
D	1½ 시간	유리공사가 허용되지 않는다.
E	¾ 시간	채광창 당 720sq.in.(464,544 mm^2) ; 최대 치수 54″(1,372)

문의 최대 크기는 4′x 10′(1,219 x 3,048)이다. 문틀과 하드웨어는 문과 같은 등급이어야 하며 문은 자동 걸쇠와 클로저가 있어야 한다. 가용성의 연결재로 된 루버는 B, C 등급의 문에만 허용된다. 루버와 유리창의 조합은 허용되지 않는다.

나무 문

속찬 플러시

내화 성능, 차음, 치수 안정성이 요구되는 곳에 사용되며 주로 외부에 사용된다.

문 입면

단면 상세

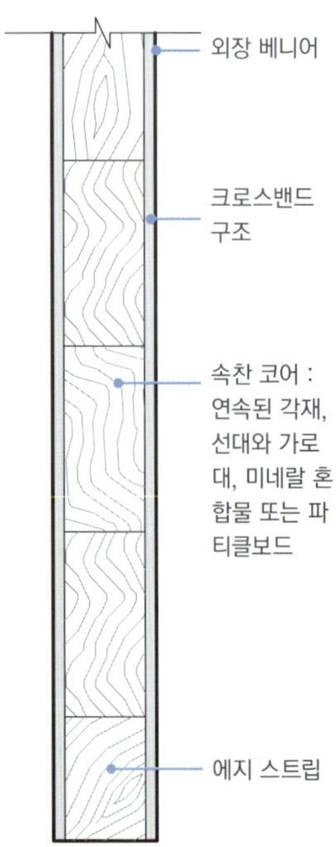

속빈 플러시

가볍고 저렴해 주로 실내용으로 사용되지만 방수 접착재로 접착하면 외장용으로 사용할 수 있다. 소음과 단열값이 낮다.

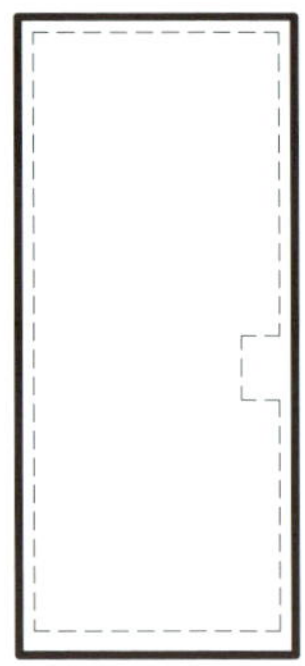

문 입면

단면 상세

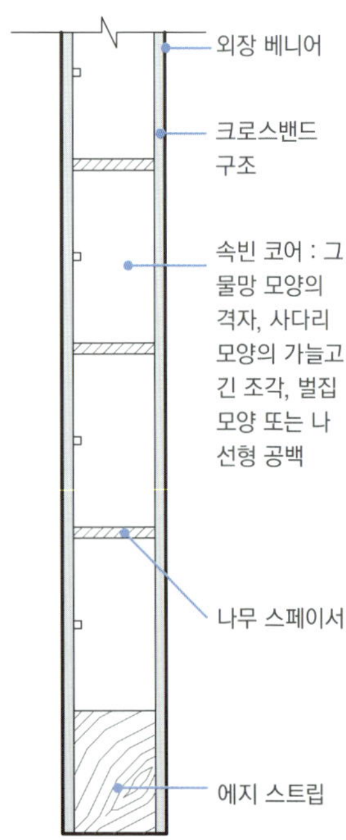

판넬

선대와 가로대의 지지틀이 나무, 유리 또는 루버로 된 판넬의 형태를 유지하고 있다. 이러한 문의 구성은 목재의 수분 함량 변동에 따른 치수 변화를 최소화한다.

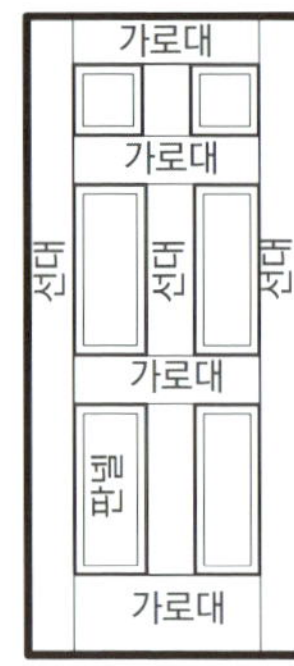

문 입면

단면 상세

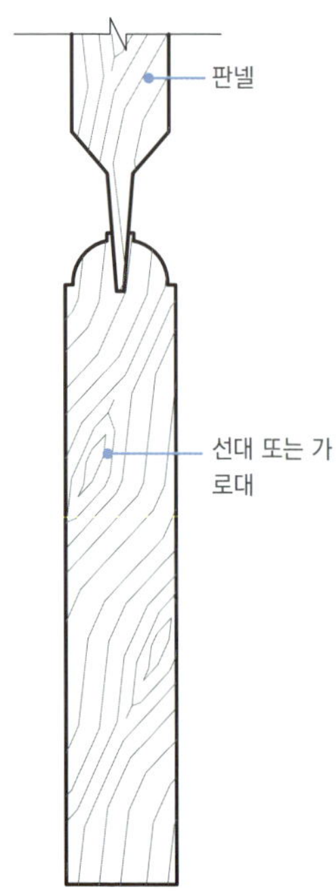

일반 나무 문틀

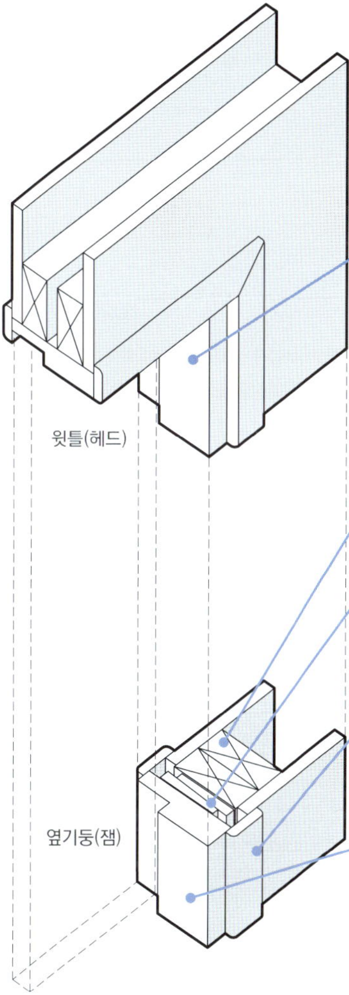

시공속도와 경제성 때문에 많은 나무 문들은 프리헝(pre-hung)으로 제작되어왔다(공장에서 크기에 맞게 틀이 제작되고 힌지가 장착된다). 이것들이 현장에 도착하면 목수는 마무리 되지 않은 개구부에 틀을 끼워 넣고 필요한 곳에 나무 조각으로 틈을 메운 후 못질한다.

프리헝 공법에서 틈새를 막는 나무 조각은 마무리 되지 않은 개구부에 문과 틀을 깨끗하게 맞추는데 도움이 된다.
틀과 벽 사이에 생기는 틈은 일반적으로 케이싱으로 처리한다. 왼쪽 그림과 같은 일반적인 방식 이외에도 필요에 따라 이 부분의 디테일은 많은 형태로 만들어진다.

나무 외장 베니어 종류

표준 : 1/32″-1/16″(0.08-1.6)이며 경재에 붙인다. 1/16″-1/10″(1.6-2.5)의 크로스밴드 구조로 만든다.

경제적이고 폭넓게 사용되며 모든 종류의 코어에 사용된다. 표면 손상을 복구하거나 재손질하는데 어려움이 있다.

톱질된 베니어(sawn veneers) : 1/8″(3.2), 크로스밴드 구조로 접착된다. 쉽게 복구되며 재손질된다.

톱질된 베니어(sawn veneers) : 1/4″(6.4), 선대와 가로대는 크로스밴드 구조가 아니다. 장식 홈 때문에 깊은 면을 가지고 있다.

나무 등급

고급 : 천연의, 깨끗한 또는 스테인 마감에 사용.

표준 : 불투명 마감에 사용.

속빈 금속 문

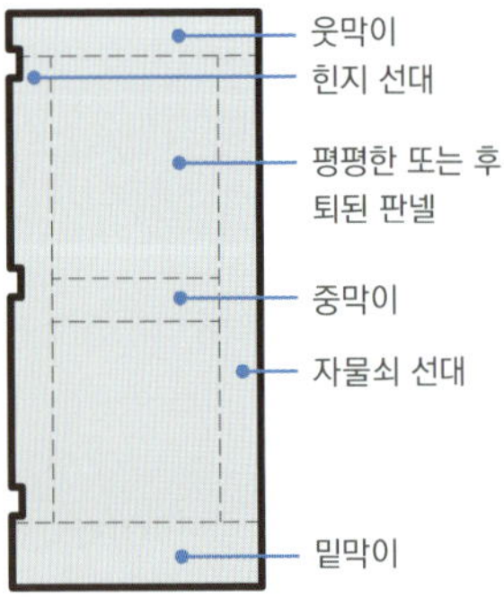

선대 접합부

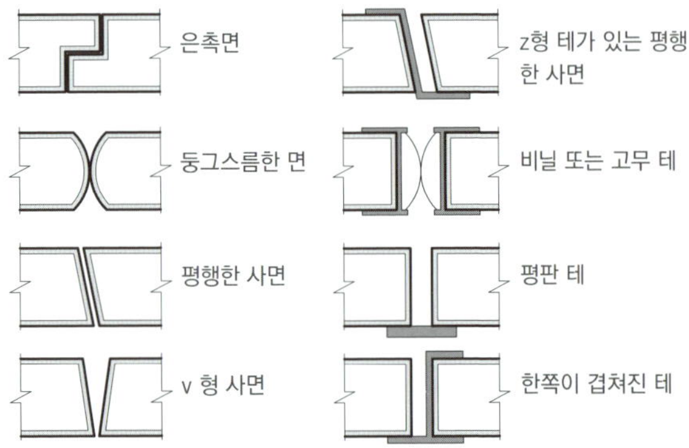

표준형 이중 은촉 틀

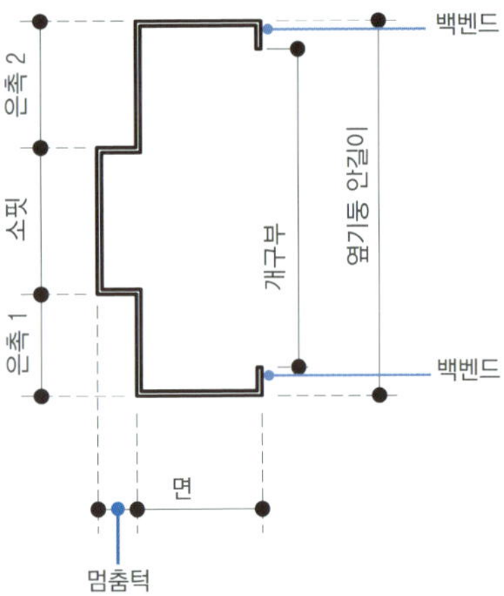

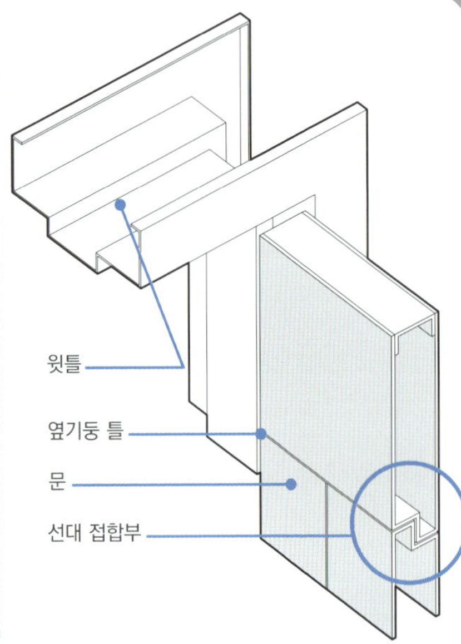

옆기둥 안길이	4 3/4″ (121)	5 1/2″ (140)	5 3/4″ (146)	6 3/4″ (171)	7 3/4″ (197)	8 3/4″ (222)	12 3/4″ (324)
은촉 1	1 3/8″(35)문에 1 9/16″(40)이 표준						
은촉 2	1 3/4″(44)문에 1 15/16″(49)이 표준						
백벤드	1/2″ (13)	3/4″ (19)	1/2″ (13)	1/2″ (13)	1/2″ (13)	1/2″ (13)	1/2″ (13)
개구부	3 3/4″ (95)	4″ (102)	4 3/4″ (121)	5 3/4″ (146)	6 3/4″ (171)	7 3/4″ (197)	11 3/4″ (298)

속빈 금속 문 게이지

등급	게이지
주거	20과 이보다 가벼운 것
상업	16과 18
공공기관	12와 14
높은 보안	강철판

프레임(틀) 앵커

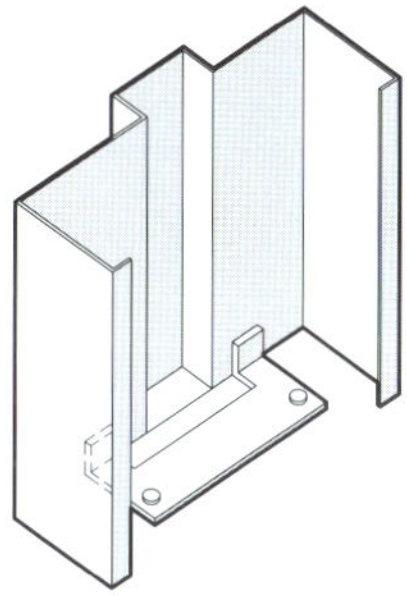

바닥에 곡재(曲材)를 사용한 표준형: 옆기둥(잼)을 파스너로 바닥에 고정한다.

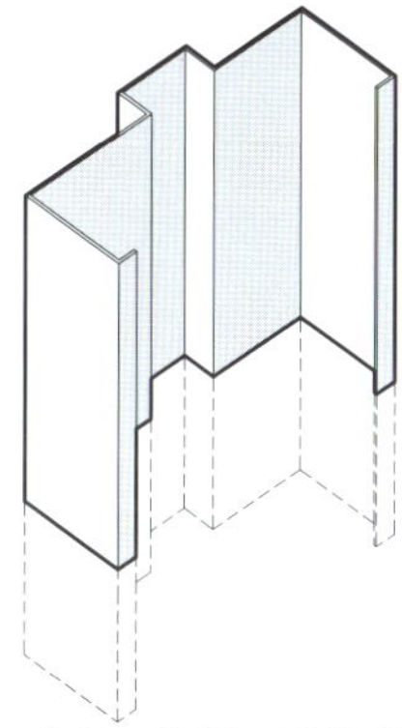

베이스 앵커를 사용한 확장형: 문틀 주위로 바닥 상단까지 콘크리트를 부어 고정한다.

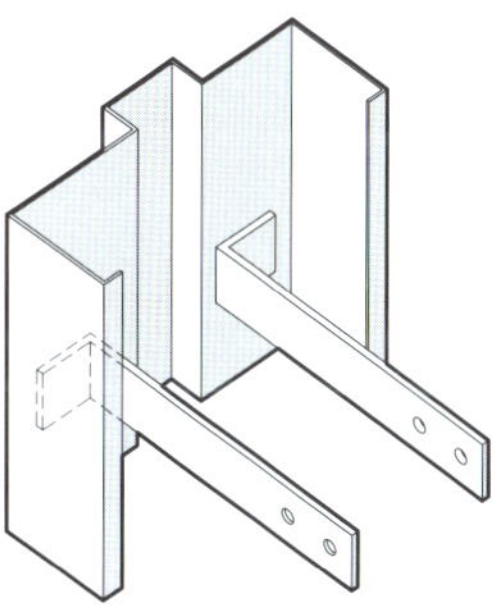

나무 스터드 앵커 : 옆기둥을 못으로 나무 스터드에 고정한다.

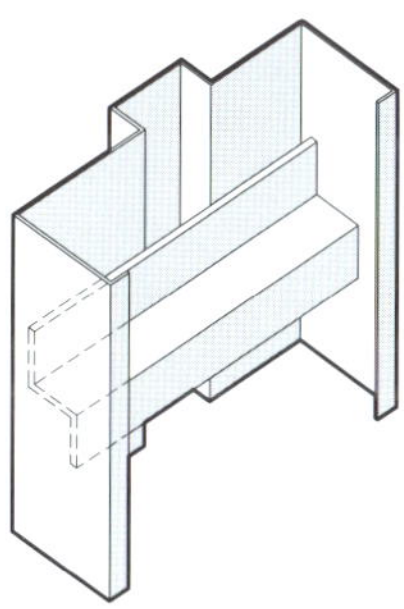

C형강 앵커 : 옆기둥을 철재 스터드에 고정한다. z형 금속 시트를 옆기둥에 용접 해 스터드를 뚫고 나온 나사를 고정한다.

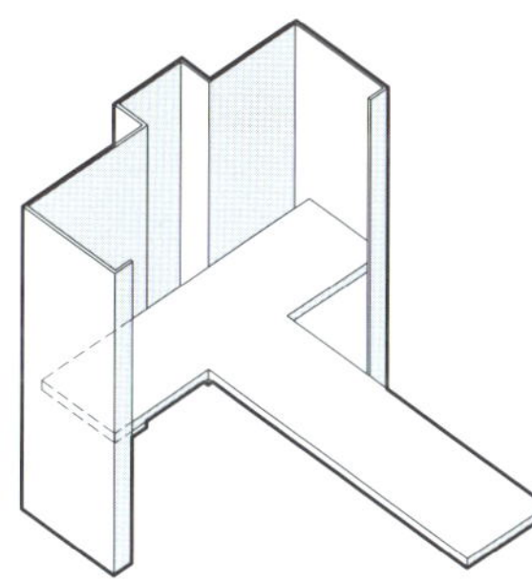

벽돌공사의 'T' 형 앵커 : 옆기둥을 벽돌 벽에 고정한다. 느슨한 T형 금속 시트를 틀 속에 넣고 모르타르 줄눈에 고정한다.

다른 코어들

벌집 모양으로 만든 섬유 재료

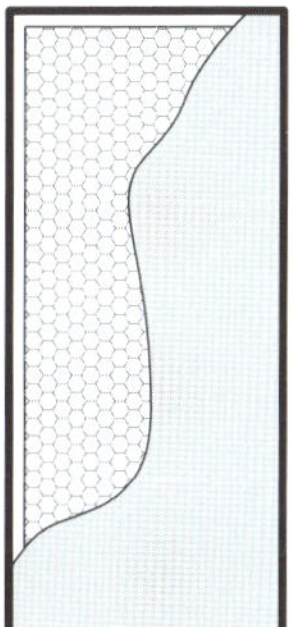

무수(anhydrous) 광물, 발포 고무(foam), 섬유 코어

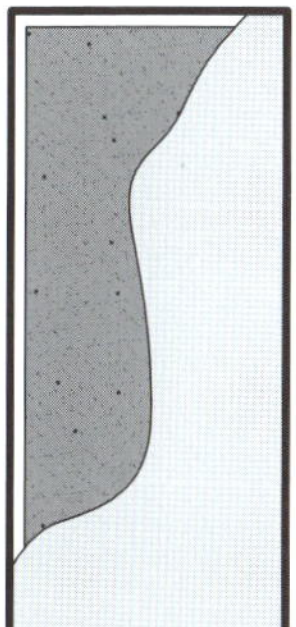

인공 건조한 구조용 목재 코어

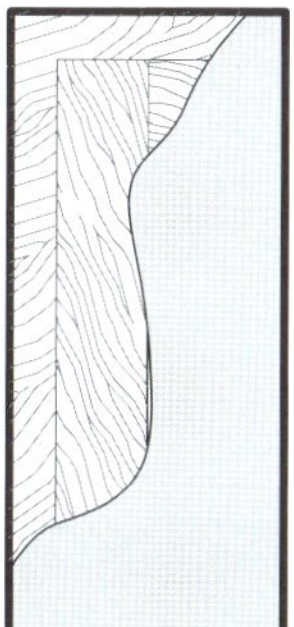

수직, 수평, 또는 그리드 형태로 된 'z'형 부재 또는 C형 스티프너

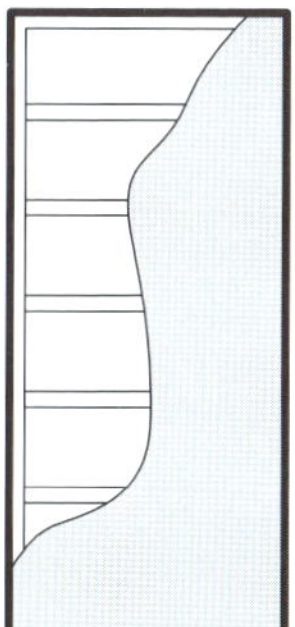

개론 4.

건축 기술은 쉽게 정량화되거나 정의될 수 없다. 비록 건축이 형태를 만드는 표준화된 과정 없이는 존재할 수 없지만, 형상을 만드는 시스템과 재료 이외에 확실히 무언가가 존재한다. 앞장에서는 건물을 만드는 기본 도구에 대해 설명하였다. 이것은 건축가가 한계점을 가능성으로 바꾸기 위해 이러한 도구를 어떻게 사용해야 하는지 설명한 것이며 이것은 환경을 극복하고 궁극적으로는 좀 더 향상된 건축 환경을 만들어 내기 위한 것이다.

지금까지 이 책이 다루었던 기본적인 시스템과 개념에 대한 실용적인 정보는 모든 이용자에게 건축의 세계를 설명하는 하나의 방법이기도 하다. 이 책이 추구하는 바는 어떻게 이러한 기본적인 시스템이 우리 문화 전체를 아우르는 역사가 되었는지에 대한 광범위한 개관을 서술하는 것이다.

우리는 건설된 세계에 살고 있다. 이것이 잘 디자인 되었든 아니든 그것은 우리의 삶에 있어 속이나 겉과 같은 것이다. 우리는 건축물에 거주하거나 이주하면서 이러한 사실을 알게 된다. 이 책은 우리의 이해를 돕기 위해 처음부터 끝까지 무한한 건축 정보와 논의에 관한 방대한 참고자료를 소개하고 있다.

Chapter 24: 연대표

건축의 역사는 문명의 역사다. 건물은 본질적으로 그들이 창조한 시대와 사회에 연결된 인공물이며 그들이 출현하게 되는 다양한 상황들을 드러내고 있다. 건축분야를 이해하기 위해서는 시간 속에서 셀 수 없이 많은 국면의 장소와 순간에 대한 통찰력을 가져야만 한다. 예를 들면 지리, 기후, 사회 체계, 종교적 관습 그리고 산업화 등이다. 그리고 건축은 거의 움직일 수 없기 때문에 그 출생지와 건물을 떼 놓고 생각하는 것은 사실상 불가능하다.

역사의 유동성은 시기를 간결하게 분류하려는 시도를 매우 어렵게 만들고 있는데, 건축 양식(style)과 운동(movement)은 이러한 어려움을 반영하고 있다. 어떤 양식이 어떤 특별한 사건을 통해 갑자기 나타난다 해도 대부분 천천히 진화하고 서서히 소멸되기 때문이다.

어떤 역사의 추출물이든 명백한 한계점을 가지고 있다. 이 연대표의 목적은 건축운동 간의 관계성을 설명하기 위한 것이므로 많은 시기들은 대략적인 것이다.

B.C.E. (기원전) = B.C.
C.E. (기원후, 서기) = A.D.
b. = 이전; c. = 세기; ca. = 약, 대략

3000 B.C.E.

고대(ANCIENT)

기자의 대 스핑크스 (Great Sphinx of Giza, 기원전 약 2500) • 이집트

기자의 대 피라미드 (Great Pyramids of Giza, 기원전 2570-2500) • 이집트

스톤헨지 (Stonehenge, 기원전 약 2900-1400) • 솔즈베리 평원, 영국

2000 B.C.E.

1000 B.C.E.

0

이집트 (Egyptian)
(기원전 약 3500-30)

• 카르낙의 다주실
(Hypostyle Hall at Karnak, 기원전 약 1300) 이집트

• 멘투호텝 왕의 분묘신전
(Mentuhotep Mortuary Temple, 기원전 2061-2010) 데이르 엘-바하리, 이집트

• 람세스 2세의 대신전
(Great Temple of Ramses II, 기원전 약 1285-1225) 아부 심벨, 이집트

그리스 (Greek)
(기원전 약 2000-31)

궁전 (Palace at Knos-
전 1700-1380) • 크노소
스, 그리스

헤라 신전 (Temple of Hera, 기원전 460) • 파에스툼, 이탈리아

아폴로 신전 (Temple of Apollo, 기원전 310) • 파에오니스와 다프니스, 터키

파에스툼 신전 (Temple of Paestum, 기원전 약 530-460) • 파에스툼, 이탈리아

파르테논 (Parthenon, 기원전 448-432) • 아테네, 그리스

아탈로스 스토아 (Stoa of Attalus, 기원전 150) • 아테네, 그리스

우르의 지구라트 (Ziggurat at Ur, 기원전 약 2100) 메소포타미아

에트루스칸 (Etruscan)
(기원전 약 9세기-50)

엘 카스틸로 (El Castillo, 기원후 850) • 치첸 이트사, 유카탄, 멕시코

• 바위의 돔
(Dome of the Rock, 기원후 687-89) 예루살렘

로마네스크
(Romanesque)
(기원후 500-1200)

로마 (Roman)
(기원전 510 - 기원후 476)

판테온 (Pantheon, 기원후 118-25 재건) • 로마, 이탈리아

• 카라칼라 황제 욕장 (Baths of Caracalla, 기원후 215) 로마, 이탈리아

• 콘스탄티누스 황제 개선문 (Arch of Constantine, 기원후 312-15) 로마, 이탈리아

• 콜로세움 (Colosseum, 기원후 72-80) 로마, 이탈리아

가르 수도교 (Pont du Gard Aqueduct, 기원전 15) • 님, 프랑스

비잔틴 (Byzantine)
(324-약 15세기)

1000 | 1100 | 1200

중세 (MIDDLE AGES)

- **칸다리야 마하데바 사원** (Kandariya Mahadeva Temple, 1025-50)카주라호, 인도
- **노트르담 성당** (Notre-Dame Cathedral, 1163-1250) • 파리, 프랑스
- **샤르트르 대성당** (Chartres Cathedral, 1194-1220) 샤르트르, 프랑스
- **아미앵 대성당** (Amiens Cathedral, 1220-47)아미앵, 프랑스
- **솔즈베리 대성당** (Salisbury Cathedral, 1220-60) • 솔즈베리, 영국

로마네스크 (Romanesque) (500-1200)

- **산타 아폴리네르 누오보** (S. Apollinaire Nuovo, 약 490) 라벤나, 이탈리아
- **피사 대성당**(Pisa Cathedral, 1063-92)과 세례당 (Baptistery, 1153) 피사, 이탈리아
- **보름스 대성당** (Worms Cathedral, 1110-81) 보름스, 독일

- **앙코르 와트** (Angkor Wat, 약 1120 이전) 캄보디아

비잔틴 (Byzantine) (324- 12세기)

- **산 비탈레** (San Vitale, 526) 라벤나, 이탈리아
- **성 소피아 성당** (Hagia Sophia, 537) 이스탄불(콘스탄티노플), 터키
- **성 마르코 성당** (St. Mark, 1042-85) 베니스, 이탈리아

1300 1400 1500

고딕 (Gothic)
(약 1140-1500)

킹스 칼리지 예배당 (King's College Chapel, 1446-1515) 캠브리지, 영국

헌법재판소 (Palais de Justice, 1493-1508) • 루앙, 프랑스

밀라노 대성당 (Milan Cathedral, 1387-1572) 밀라노, 이탈리아

스트라스부르 성당 (Strasbourg Cathedral, 1277년 착공) 알자스, 프랑스

태화전 (Hall of Supreme Harmony, 15세기) 자금성, 베이징, 중국

산타 마리아 델 피오레 성당 (Duomo de S. Maria del Fiore, 1377-1436) • 플로렌스, 이탈리아 필리포 브루넬레스키

빌라 로톤다 (Villa La Rotonda, 1557) • 비첸차, 이탈리아 안드레아 팔라디오

르네상스 (Renaissance)
(1350-1600)

라우렌티안 도서관 (Laurentian Library, 1524) 산 로렌초, 이탈리아 미켈란젤로

산타 마리아 노벨라 성당의 정면 (Façde of S. Maria Novella, 1458) • 플로렌스, 이탈리아 레온 바티스타 알베르티

루첼라이 궁전 (Palazzo Rucelai, 1455-70) 플로렌스, 이탈리아 레온 바티스타 알베르티

산 조르조 마조레 (S. Giorgio Maggiore, 1566) • 베니스, 이탈리아 안드레아 팔라디오

몬토리오에 있는 성 피에트로 성당의 템피에토 (Tempietto of S. Pietro in Montorio, 1502) 로마, 이탈리아 도나토 브라만테

1600 1650 1700

근대 이전 (PREMODERN)

바로크 (Baroque)
(1600-1700)

- **산타 수산나 성당의 정면** (Facade of S. Susanna, 1603) 로마, 이탈리아 카를로 마데르노
- **성 베드로 광장의 콜로네이드** (Colonnade Piazza of St. Peter's, 1656) 로마, 이탈리아 지안로렌조 베르니니
- **카를성당** (Karlskirche, 1656 이전) • 비엔나, 오스트리아 요한 피셔 폰 에를라흐
- **산타 카를로 알레 콰트로 폰타네 성당** (S. Carlo alle Quattro Fontane, 1634 이전) 로마, 이탈리아 프란세스코 보로미니

르네상스
(Renaissance)
(1350-1600)

- **월라톤 홀** (Wollaton Hall, 1580-88) 노팅엄셔, 영국 로버트 스미드슨

- **타지마할** (Taj Mahal, 1630-53) 아그라, 인도 샤 자한 황제

- **치스윅 하**… (Chiswick… 1725-29) • 영국 버링…

- **스페인 계단** (Spanish Steps, 1723-25) • 로마, 이탈리아 프란세스코 데 상크티스

1750

1800

1850

아르누보 (Art Nouveau) (1880-1902)

타셀 주택 (Tassel House, 1893) • 브뤼셀, 벨기에 빅토르 오르타

팬옵티콘 (Panopticon, 1791) • 제러미 벤담

수정궁 (Crystal Palace, 1851) • 런던, 영국 조셉 팩스톤

국립도서관 (Bibliothèue Nationale, 1858-68) 파리, 프랑스 앙리 라브루스트

제염소 (Salt Works, 1780) • 쇼, 프랑스 클로드 니콜라 르두

신고전주의 (Neoclassicism) (1750-1880)

베를린 왕립극장 (Schauspielhaus, 1819-21) 베를린, 독일 칼 프리드리히 쉰켈

버지니아 대학교 (University of Virginia, 1826) 샬러츠빌, 버지니아주, 미국 토머스 제퍼슨

몬티첼로 (Monticello, 1771-82) 샬러츠빌, 버지니아주, 미국 토머스 제퍼슨

보스턴 공립도서관 (Boston Public Library, 1887-95) 보스턴, 매사추세츠주, 미국 맥킴, 미드, 화이트

판테온 (Panthéon, 1764-90) 파리, 프랑스 자크 제르맹 수플로

국회의사당 (Houses of Parliament, 1836-68) • 런던, 영국 찰스 배리

마샬 필드 도매상점 (Marshall Field Wholesale Store, 1885-87) • 시카고, 일리노이주, 미국 헨리 홉슨 리차드슨

조지 양식 (Georgian) (1714-1830)

영국 은행 (Bank of England, 1788) 런던, 영국 존 손

로코코 (Rococo) (1700-80)

1900 1920 1940

아르누보
(Art Nouveau)
(1880-1902)

근대 (MODERN)

독일관 (바르셀로나 파빌리온) • (1928; 1930년에 파괴, 1959년에 재건) 바르셀로나, 스페인 루드빅 미스 반 데어 로에

카사 밀라 (Casa Milà, 1906-10) 바르셀로나, 스페인 안토니 가우디

모더니즘
(Modernism)
(1900-45)

골드만과 살라치 가게 (Goldman & Salatsch Store, 1910) 비엔나, 오스트리아 아돌프 로스

아인슈타인 타워 (Einstein Tower, 1921) 포츠담, 독일 에릭 멘델존

워드 윌리츠 주택 (Ward Willits House, 1902) 하일랜드파크, 일리노이주, 미국 프랭크 로이드 라이트

바우하우스 (Bauhaus, 1925) 뎃사우, 독일 월트 그로피우스

예임즈 주택 (Eames House, 1945) 퍼시픽 팰리세이즈, 캘리포니아주, 미국 찰스, 레이 예임즈

국제 양식 전시회, MoMA (International Style Exhibition, 1929) 뉴욕, 뉴욕주, 미국

사보아 주택 (Villa Savoye, 1929) 프와시, 프랑스 르 꼬르뷔제

낙수장 (Falling Water, 1937) 밀 런, 펜실베이니아 주, 미국 프랭크 로이드 라이트

붉은 집 (Red House, 1859-60) 벡슬리히스, 영국 필립 웨브

아트 앤 크래프트
(Arts & Crafts)
(1860-1925)

아르데코
(Art Deco)
(1920s-40s)

엠파이어 스테이트 빌딩 (Empire State Building, 1930) 뉴욕, 뉴욕주, 미국 슈립, 람, 하먼

장식미술과 근대 산업 국제박람회 (Exposition Internationale des Arts Décoratifs et Industriels Modernes, 1925) 파리, 프랑스

1960 1980 2000

브루탈리즘 (Brutalism) (1950s-70s)

헌스턴튼 학교 (Hunstanton School, 1954) 노퍽, 영국 알리손, 피터 스미슨

시애틀 공공도서관 (Seattle Public Library, 2004) • 시애틀, 워싱턴주, 미국 렘 콜하스 (OMA)

로마 스포츠경기장 (Palazzetto dello Sport, 1960) 로마, 이탈리아 피에르 루이지 네르비

|트 모더니즘 (te Modernism) (45-1975)

킴벨 미술관 (Kimbell Art Museum, 1967-72) 포트워스, 텍사스주, 미국 루이스 칸

TWA 터미널 (TWA Terminal, 1962) 뉴욕, 뉴욕주, 미국 에로 사리넨

카펜터 센터 (Carpenter Center, 1964) 케임브리지, 매사추세츠주, 미국 르 꼬르뷔제

House III (1969-70) • 레이크빌, 코네티컷주, 미국 피터 아이젠만

래스 하우스 (Glass use, 1949) 뉴 카나안, 코티컷주, 미국 필립 존슨

루브르 박물관의 증축부 (Addition to the Louvre, 1983-89) 파리, 프랑스 아이엠 페이

퐁피두 센터 (Centre Pompidou, 1976) 파리, 프랑스 렌조 피아노, 리차드 로저스

해체주의 (Deconstructivism) (1980-88)

라빌레뜨 공원 (Parc de la Villette, 1982-85) 파리, 프랑스 베르나르 추미

웩스너 예술센터 (Wexner Center for the Arts, 1989) • 콜럼버스, 오하이오주, 미국 피터 아이젠만

게리 하우스 (Gehry House, 1977-78) • 산타 모니카, 켈리포나아주, 미국 프랑크 게리

포스트 모더니즘 (Postmodernism) (1960s-90s)

포틀랜드 빌딩 (Portland Building, 1982) 포틀랜드, 오레곤주, 미국 마이클 그레이브스

AT&T 빌딩 (AT&T Building, 1978) 뉴욕, 뉴욕주, 미국 필립 존슨, 존 버기

바나 벤츄리 하우스 (Vanna Venturi House, 1964) 체스넛 힐, 펜실베이니아주, 미국 로버트 벤추리

Chapter 25: 용어 해설

AASM : 미국철강생산협회

AGCA : 미국일반건설협회

AIA : 미국건축가협회

AISC : 미국강구조협회

AISI : 미국철강협회

ANSI : 미국표준협회

APA : 미국합판협회

ASHRAE : 미국공기조화냉동공학회

ASTM : 미국재료시험협회

CSI : 미국시공학회

IESNA : 북미조명기술사회

ICC : 국제기준위원회

ICED : 환경디자인 국제협회

ISO : 국제표준제정기구

LEED : 에너지친환경디자인

NIBS : 미국 국립건물과학협회

NFPA : 미국소방협회

RAIC : 캐나다 왕립건축협회

RIBA : 영국 왕립건축가협회

UIA : 국제건축가연맹

UL :안전인증시험기관

A

Aalto, Alvar(알바 알토, 1898-1976): 핀란드의 건축가 및 디자이너. 주목할 만한 건물로는 비푸리 도서관, 핀란드 파이미오 요양원, MIT의 베이커하우스가 있다.

액세스 플로어 (Access flooring) : 아래로 전기와 덕트 라인이 설치될 수 있도록 바닥 위에 설치된 이동 가능한 마감용 바닥 판넬.

Accessible (접근하기 쉬운) : 장애 등급에 상관없이 모든 사람들이 접근 가능한 것.

Acoustical ceiling (흡음 천장) : 음을 흡수하도록 섬유조직으로 된 이동 가능한 천장 타일 시스템.

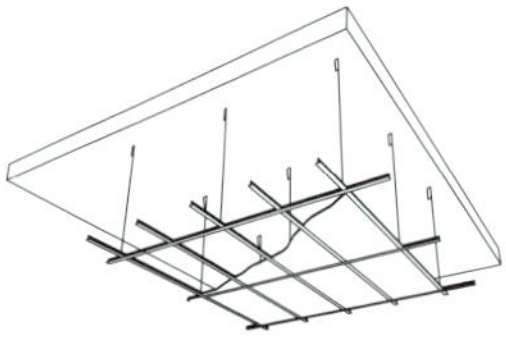

ADA : 미국장애인법

Adaptive reuse (재활용) : 사용자의 요구 변화에 맞추어 건물 기능을 변화시키는 것.

AFF (마감높이) : 마감된 바닥 윗부분.

Aggregate (쇄석) : 콘크리트와 플라스터에 사용되는 모래, 자갈 그리고 돌과 같은 작은 조각.

Alberti, Leon Battista (레온 바티스타 알베르티, 1404-1472): 이탈리아 건축가, 예술가 및 르네상스시대의 인본주의자. 주목할 만한 작품으로 이탈리아 피렌체에 있는 산타 마리아 노벨라 성당의 정면이 있고 투시도에 관한 과학적 연구를 포함해 예술과 건축에 관한 수많은 논문이 있다.

Alloy (합금) : 둘 또는 그 이상의 금속 또는 금속과 다른 물질로 만들어진 물질.

Anchor bolt (앵커 볼트) : 조적 또는 콘크리트에 건물 프레임을 고정하기 위하여 콘크리트에 묻는 볼트.

Annealed (풀림) : 제한된 조건 하에서 금속을 식히다.

Angle (앵글) : L형 강철 또는 알루미늄 구조재 단면.

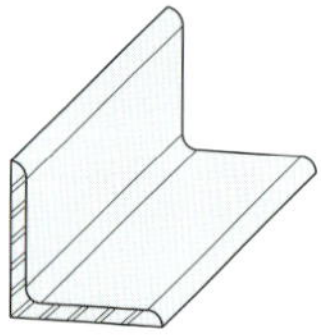

Arch (아치) : 수직하중을 축방향력으로 전환시킴으로써 수직하중을 지탱하는 구조부재.

Arcade (아케이드) : 기둥 또는 피어로 된 일련의 아치들.

Area (면적) : 평면 또는 표면에서 도형의 크기를 표현하는 수량.

Atelier (아틀리에) : 작업장 또는 스튜디오.

Atrium (아트리움) : 로마 주거에서 지붕이 열린 출입구 정원. 또한 건물에서 햇빛이 항상 있는 다층의 정원.

Axial (축방향) : 구조부재의 긴 축에 평행한 방향에 존재하는 힘, 하중, 인장 또는 압축.

B

Ballast (밸러스트) : 지붕에서 들어 올리는 바람을 최소화하기 위해 지붕 위에 놓는 부서진 자갈과 같은 무거운 재료. 형광등 또는 가스 방전식 전조등에 시동 전압을 제공하고 운전 중에는 전류를 조절하는 조명 장치.

Balloon frame (벌룬 프레임) : 목구조 시공법으로 수직의 스터드가 중간층에 걸치지 않고 문지방에서 처마까지 놓인다.

Baluster (난간동자) : 계단 레일을 지탱하는데 사용되는 수직부재 또는 연속의 계단 난간에 있는 난간의 재료.

Balustrade (난간) : 보통 발코니 주변에서 난간동자와 상부의 레일로 구성되는 난간 시스템.

Band/banding (띠) : 벽에 다른 재료, 색, 또는 텍스처에 의해 만들어진 연속된 수평의 경계선.

Bar (바) : 작은 압연 강재.

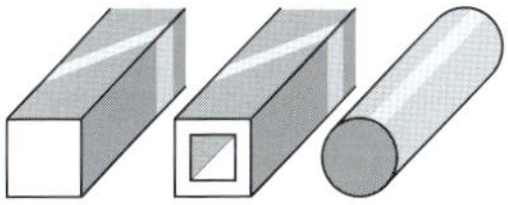

Bar joist (바 조이스터) : 강철부재와 굵은 철선 등으로 위와 아래에서 바닥과 지붕을 지지하는데 사용되는 트러스의 종류.

Base plate (베이스 플레이트) : 기둥의 하중을 기초로 배분하기 위하여 기둥과 기초 사이에 놓이는 강판.

Bay (베이) : 인접한 기둥들에 의해 네 모서리로 정의되는 건물의 사각형 영역. 돌출된 정면 부분.

Beam (빔) : 벽 또는 기둥의 양 끝단을 지지하면서 개구부를 가로지르는 수평의 선형 요소.

Bearing wall (내력벽) : 바닥 또는 지붕을 지지하는 벽.

Bed joint (가로 줄눈) : 조적조에서 난위부새들 사이의 수평 모르타르 층.

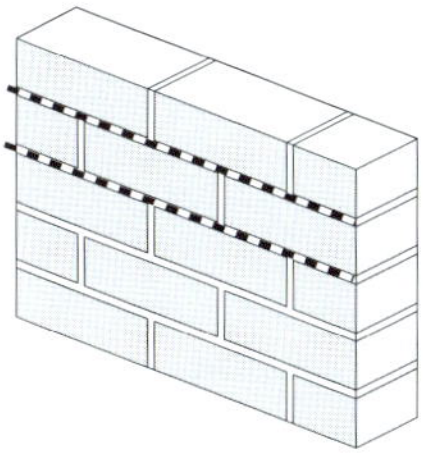

Bending moment (휨 모멘트) : 구조체를 휘게 만드는 힘.

Blocking (블로킹) : 구조를 튼튼하게 하기 위해 조이스트, 스터드 또는 서까래 사이에 끼우는 나무 조각.

Blueprint (청사진) : 특별하게 코팅된 종이에 사진 인쇄. 큰 스케일의 도면을 정확하고 왜곡되지 않게 복사본을 만드는데 이상적이다. 청사진은 컴퓨터 플로터와 프린터에게 급속히 자리를 빼앗기고 있다.

Board foot (보드 풋) : 목재의 체적을 측정하는 단위(144 cu. in.).

Bond beam (본드 빔) : 콘크리트와 철근으로 보강된 조적벽의 상부 코스(course)로 지붕의 하중을 지지하는데 사용된다.

Bramante, Donato (도나토 브라만테, 1444-1514) : 이탈리아의 르네상스 건축가. 주목할 만한 건물로는 로마에 있는 성 베드로 성당과 템피에토가 있다.

Brise-soleil (차양) : 건물의 외부에 설치된 그림자 가리개.

Brunelleschi, Filippo (필리포 브루넬레스키, 1377-1446): 르네상스 건축가 및 엔지니어. 주목할 만한 건물로는 피렌체 대성당의 돔과 피렌체의 산토 스피리토 성당이 있다.

Building code (건축법) : 건설 환경을 안전하고 위생적으로 만들기 위한 법적 규제.

Built-up roof (아스팔트 방수 지붕) : 역청 또는 피치(pitch)로 결합되고 아스팔트 펠트 층이 함께 적층된 지붕 막.

Buttress (버트레스) : 아치나 볼트에서 발생하는 대각선 방향의 힘에 저항하기 위하여 벽에 덧대는 조적 또는 콘크리트 보강재.

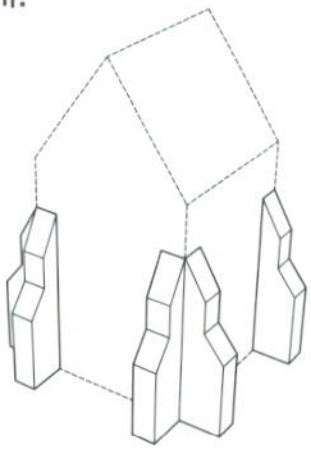

C

CAD (캐드) : 컴퓨터 지원 설계.

Caisson (케이슨) : 단단한 흙을 깊이 파고 이 구멍에 콘크리트를 부어 만든 긴 원통형 기초 요소.

Canopy (캐노피) : 문 또는 창 위의 돌출된 부분.

Cantilever (캔틸레버) : 지지물의 끝단에서 돌출된 빔 또는 슬래브.

Capital (주두) : 기둥의 최상부 요소.

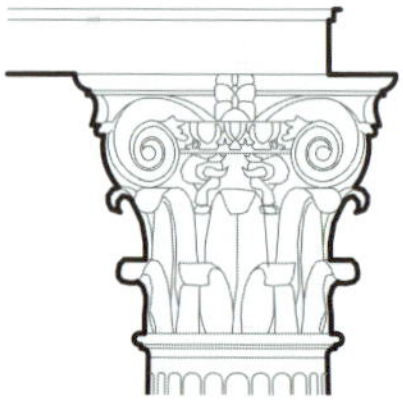

Cavity wall (공간벽) : 위스(wythe)들 사이에 연속된 공기층이 있는 조적 벽.

Cement (시멘트) : 콘크리트를 만들기 위해 쇄석, 물과 함께 화학적으로 결합되는 건조 분말. 포틀랜드 시멘트로 알려져 있다.

Change order (변경 주문) : 프로젝트에서 변경을 승인하기 위해 도급업자와 주문자 사이에 체결된 문서.

Chase wall (체이스 벽) : 전기 배선과 설비 배관이 지나가는 공간벽.

Chord (현재) : 트러스의 구조 부재.

Clear floor space (클리어 플로어 공간) : 한 대의 정지한 휠체어와 장애인을 수용하기 위한 최소한의 방해받지 않은 바닥 또는 지면 공간.

Clerestory (클리어스토리) : 벽 상부에 설치되는 창으로 항상 지붕 레벨보다 낮게 설치된다. 또한 Clearstory로 불린다.

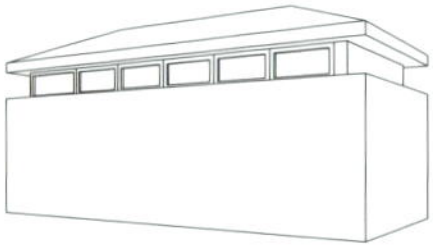

Coefficient of expansion (팽창 계수) : 주어진 일정한 압력에서 온도의 단위 변화 당 길이, 면적, 부피 또는 물체의 미세한 변화.

Cold rolling (냉간 압연) : 금속을 단단하게 만들기 위하여 결정을 늘리고 실온에서 금속을 압연하는 것.

Colonnade (콜로네이드) : 엔타블러처 또는 아치를 지탱하는 일련의 기둥들.

Colum (기둥) : 수직의 구조 부재.

Concrete (콘크리트) : 구조재를 형성하는 시멘트, 쇄석, 물의 혼합물.

Concrete masonry unit (CMU, 블록) : 콘크리트로 양생된 속이 비거나 찬 블록.

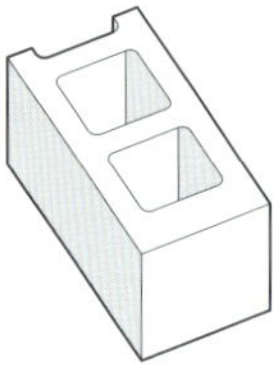

Coping (두겁대) : 물을 배출하기 위하여 벽 상부에 설치된 보호 캡 또는 덮개.

Corbel (코벨) : 아래 코스(course) 위로 점진적으로 돌출된 코스의 석재 또는 벽돌로 구성된 일련의 경간. 또한 돌출된 조적 또는 콘크리트 브라켓.

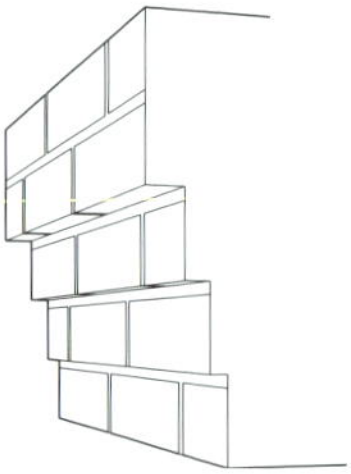

Cornice (코니스) : 건물 상부에 돌출된 몰딩. 또한 엔타블러처의 최상부 요소.

Course (코스) : 조적조 단위부재 한 개 높이의 수평층.

Cricket (크리켓) : 지붕 틀, 플랫폼, 굴뚝, 벽 또는 다른 지붕 형태에서 물을 다른 곳으로 돌리기 위한 구성요소.

Cripple stud (크리플 스터드) : 벽에서 헤드(header)와 실(sill)을 가로지르는 짧은 목재 틀 부재.

Cupola (큐폴라) : 건물에서 솟아 올라온 돔으로 된 지붕 구조재.

Curtain wall (커튼 월) : 건물의 프레임을 지지하는 비내력 외장 벽 시스템.

D

Deck (데크) : 조이스트 또는 빔을 가로지르는 수평의 표면.

Deflection (휨) : 하중이 작용할 때, 부재 축에 수직한 구조재 일부에 걸리는 휨모멘트의 양.

Deliverables (성과물) : 건축가가 클라이언트에게 제공하는 시공 관련 서류 또는 발주자와 건축가사이에 체결된 계약에 동의함으로써 발생하는 일련의 아이템.

Detail (디테일) : 프로젝트 일부의 시공방법과 재료에 대한 매우 특별한 정보를 제공하는 도면. 이것은 더 큰 스케일로 그려진다.

Dimensional stability (치수 안전성) : 수분 변화 정도에 따른 체적 변화에 저항하기 위한 목재 단면의 성능.

Dome (돔) : 수직축으로 아치가 회전하면서 만들어진 사발 모양의 볼륨.

Dormer (도머) : 경사지붕의 돌출부로서 항상 창이 달려있다.

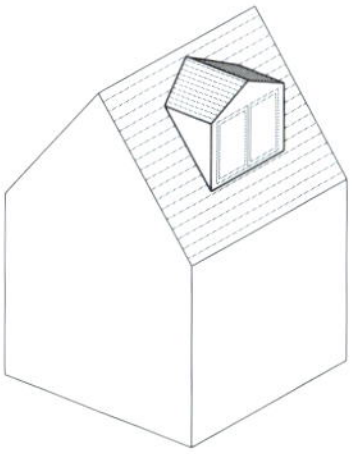

Duct (덕트) : 순환 또는 직접 공기를 공급을 위한 속이 빈 도관.

DWG : 컴퓨터 작업 파일.

E

Eave (처마) : 지붕의 가장자리 부분으로 항상 외벽에서 돌출되어 있다.

Egress (출구) : 안전하게 탈출하기 위한 수단.

Eisenman, Peter (피터 아이젠만, 1932-) : 미국 건축가. 주목할 만한 건물로는 하우스6, 웩스너 예술센터, 유니버시티 오브 피닉스 스타디움이 있다.

Elevation (입면도) : 건물의 수직면을 보여 주는 건축 도면.

Encroachment (침해) : 자신의 소유를 넘어 다른 사람의 소유까지 불법으로 확장된 건물 부분.

Energy efficiency (에너지 효율) : 에너지 요구량을 줄이는 것.

Engaged column (벽기둥) : 벽에 부착되어 서 있는 기둥.

Entablature (엔타블러처) : 콜로네이드를 지지하면서 아키트레이브, 프리즈, 코니스로 구성된 고전 주범에서 최상 부분.

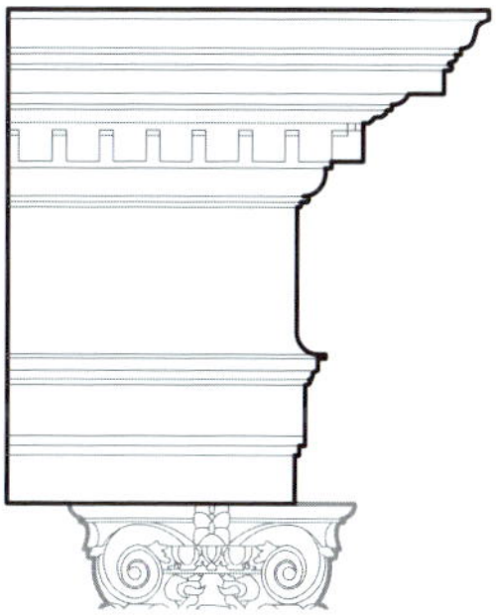

Expansion joint (신축줄눈) : 표면의 팽창을 고려한 표면 분할 조인트.

F

Façade (파사드) : 건물의 외관 또는 입면.

Fascia (띠 모양의 벽면) : 처마의 노출된 수직면.

Fenestration (창문 내기) : 파사드에서 창과 창의 배치.

Finial (꼭대기 장식) : 뾰족탑 또는 지붕의 상부 장식.

Fire-resistance rating (방화 성능) : 재료가 화재에 저항하는 시간의 양을 1시간당의 비율로 측정.

Flashing (플래싱) : 물을 흘려 보내고 벽 또는 지붕의 연결부위에 쓰며드는 것을 막기 위해 사용하는 시트형의 얇은 금속, 플라스틱 또는 다른 방수재료.

Float glass (플로트 유리) : 매끄럽고 평평한 표면을 만들기 위해 유리물을 용융금속 틀 위로 떠오르게 하여 만든 일반 판유리.

Footing (기초) : 건물의 하중을 토양에 전달하는 지정의 넓은 밑부분.

Foundation (지정) : 건물의 구조적 하중을 지면에 전달하는 건물의 제일 아래쪽 부위.

G

Galvanic action (갈바닉 액션) : 서로 다른 두 금속 사이의 전류로 인한 부식.

Girder (거더) : 다른 빔들을 지지하는 수평의 큰 빔.

Girt (거트) : 기둥 사이에서 벽 외장을 지지하는 수평의 빔.

Golden section (황금비) : 한 선분을 두 부분으로 나눌 때에, 전체에 대한 큰 부분의 비와 큰 부분에 대한 작은 부분의 비가 같도록 나눈 독특한 비율.

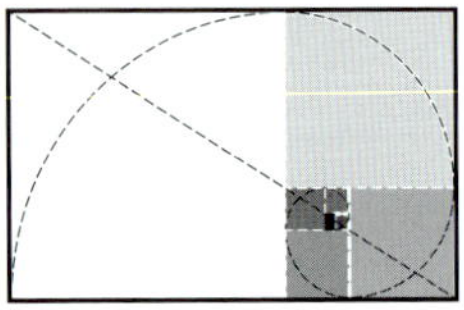

Grab bar (가로대) : 자세를 안정시키기 위한 손잡이로서, 벽에 평행하게 부착된 바.

Grade (그레이드) : 크기 또는 품질의 분류, 지표면, 지반면을 만들기 위해 흙을 정지하는 행위.

Gropius, Walter (월터 그로피우스, 1883–1969) : 독일 건축가이며 바우하우스의 설립자. 주목할 만한 건물로는 바우하우스 학교와 뉴욕의 팬암 빌딩이 있다.

Guardrail (가드레일) : 계단 등의 수직 공간 또는 다른 개구부에서 떨어지는 것을 방지하기 위한 보호용 레일.

Gusset plate (거싯 플레이트) : 트러스의 절점에서 트러스 현재에 접합되는 평평한 강철 평판.

Gypsum wallboard (석고보드) : 종이면 사이에 석고가 든 인테리어용 외장보드. 또한 "드라이 월"또는 "플라스터보드"라고도 한다.

H

Hadid, Zaha (자하 하디드, 1950–2016) : 이라크계 영국건축가. 주목할 만한 건물로는 독일 바일 암 라인의 비트라 소방서, 2012년 런던 올림픽수영장, 미시간주 랜싱의 보드아트 뮤지엄이 있다.

Half-timber (하프팀버) : 공간 사이가 조적으로 채워진 목조 벽.

Handrail (핸드레일) : 연속의 손잡이 면이 있으며 계단 또는 램프의 오르는 방향에 평행하게 설치된 레일.

Hard metric (하드 메트릭) : 다른 단위들을 정확한 미터법으로 번역한 것이 아니라 합리적인 미터법 모듈에 속하도록 요소의 크기를 변환.

Hard wood (경재) : 낙엽성 나무의 목재.

Head joint (세로 줄눈) : 조적조에서 단위부재들 사이의 수직 모르타르 층.

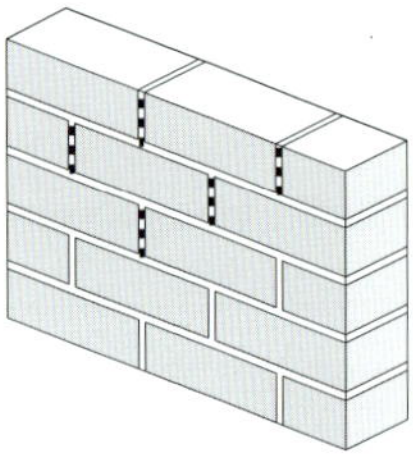

Header(헤더) : 인방, 철골조에서 거더 사이를 가로지르는 빔. 또한 벽의 마구리에서 노출되어 있으면서 두 개의 수직단면을 가로질러 놓인 구성부재.

Heavy timber (중량 목재) : 폭과 두께가 최소 5"(127)인 구조용 목재.

Hot-rolled steel (열간 압연강) : 가열되고 롤러를 통과함으로써 모양이 갖춰지고 만들어진 강철.

HSLA : 고강도 저합금강.

HUD : 주택과 도시 개발.

HVAC : 난방, 통풍, 공기조화.

I

IBC : 국제 건축 규정.

I-beam (I형 빔) : 단면이 I 또는 H 모양인 미국 표준 강철로 안 쓰이는 용어.

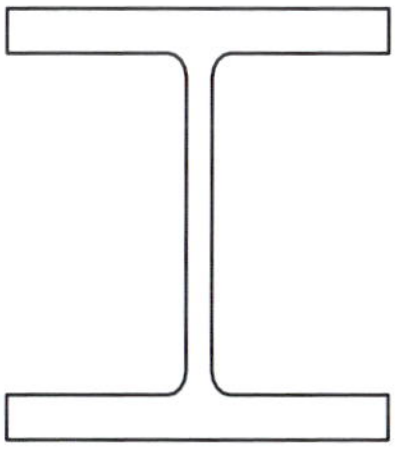

Insulation (단열재) : 열의 흐름을 천천히 하거나 또는 늦추는 재료.

J

Jamb (잼) : 창문 또는 문의 수직 프레임.

Johnson, Philip (필립 존슨, 1906-2005) : 미국 건축가. 주목할 만한 작품으로는 미국 코네티컷주 뉴 카나안에 있는 글래스 하우스, 뉴욕의 AT&T 빌딩, 뉴욕의 포시즌 레스토랑이 있다.

Joists (장선, 조이스트) : 바닥 또는 평평한 지붕을 지지하는 가볍고 간격이 촘촘한 빔.

K

Kahn, Albert (앨버트 칸, 1869-1942) : 독일계 미국 건축가. 주목할 만한 건물로는 미시간 대학의 힐 오디토리엄, 디트로이트의 패커드 자동차 공장과 디트로이트 운동 클럽이 있다.

Kahn, Louis (루이스 칸, 1901-1974): 미국 건축가. 주목할 만한 건물로는 뉴햄프셔의 필립스 엑세터 아카데미 도서관, 캘리포니아주 라 졸라의 솔크 연구소, 텍사스주 포트워스의 킴벨 미술관이 있다.

Keystone (키스톤) : 아치 위 중앙의 쐐기모양 돌.

Koolhaas, Rem (렘 콜하스, 1944-) : 네들란드 건축가. 주목할 만한 건물로는 로테르담의 쿤 스탈, 시애틀 중앙 도서관, 베이징의 CCTV 본부가 있다.

L

Laminate (라미네이트) : 다른 재료의 층(layer)들을 함께 붙여 만든 재료.

Le Corbusier (르 꼬르뷔제,1887-1965) : 스위스 건축가. 주목할 만한 것으로 빌라 사보아, 유니테 다비타시옹, 롱샹 교회가 있다.

Ledoux, Claude Nicolas (클로드 니콜라 르두, 1736-1806) : 프랑스 신고전주의 건축가. 주목할 만한 디자인으로는 제염소와 브장송 극장이 있다.

Lintel (상인방) : 벽 위의 하중을 전달하는 문 또는 창문 위의 빔.

Litc (라이트) : 판유리. "light"라고도 하며 가시광선과 혼돈을 피하기 위하여 다르게 쓰는 경우가 종종 있다.

Loads (하중) : 구조물 위에 작용하는 힘. 고정하중은 고정되어있는 건물표면, 구조, 그리고 장비처럼 움직임이 없는 것이고, 적재하중은 건물에서 변하는 무게로 사람, 눈, 자동차, 그리고 가구를 말한다.

Longitudinal (경도의) : 세로의.

Loos, Adolf (아돌프 로스, 1870-1933) : 오스트리아계 헝가리 건축가. 주목할 만한 건물로는 비엔나의 케른트너 바, 프라하의 빌라 뮐러, 파리의 메종 짜라가 있다.

Louver (루버) : 공기의 흐름은 허용하지만 비, 햇빛, 또는 시야는 차단하는 수평 널을 갖고 있는 개구부.

M

Masonry (조적조) : 벽돌쌓기, 블록쌓기, 돌쌓기 그리고 벽돌공의 일.

Metrication (미터법화) : 전통 단위에서 미터 단위로 바꾸는 작업.

Mezzanine (중2층) : 바닥공간의 일부 영역을 차지하는 바닥과 천장 사이의 중간 층.

Mild steel (연강) : 탄소 함유량이 낮은 철강.

Millwork (목공제품) : 가구제작(cabinetry), 창, 문, 몰딩, 그리고 계단을 포함해 건물의 인테리어 나무 마감 구성요소들.

Model (모델) : 건물 또는 건물 구성요소의 하드웨어적 표현(항상 축소 스케일로). 컴퓨터 제도와 모델링을 통한 디지털 2차원 또는 3차원의 디자인 표현이다.

Molding (몰딩) : 가늘고 긴 나무, 플라스터 또는 장식적 외형을 지닌 재료.

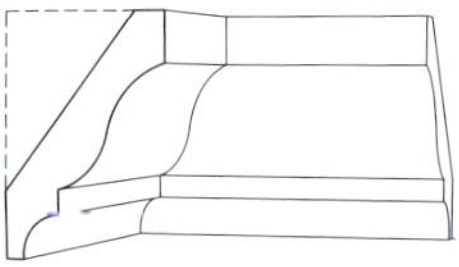

Mortar (모르타르) : 포틀랜드 시멘트, 수산화석회, 잔골재(모래) 및 물로 구성되며 조적조의 부재들을 접착시키고 완충 역할을 한다.

Mullion (멀리언) : 창, 문, 개구부의 프레임을 분할하는 것 또는 수평과 수직의 바. 이것은 판넬, 유리, 창틀, 또는 커튼월을 지지한다.

Muntin (먼틴) : 창틀에서 판넬 또는 작은 유리 한 장 사이를 수평 또는 수직으로 분할하는 바(bar)로 된 부수적인 시스템.

Mylar (마일라) : 폴리에스테르 필름으로 코팅해서 제도용지로 사용될 수 있다.

N

Niche (감실) : 보통 조각품을 넣어두기 위한 벽의 움푹 들어간 곳.

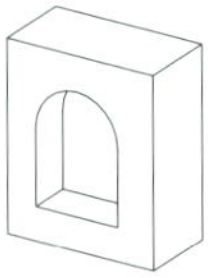

Nominal (공칭) : 쉽게 참조하기 위해 재료에 부여된 대략적인 치수.

O

Occupancy (용도) : 특별한 법적 요구조건을 결정하기 위한 건물 사용의 범주.

Ogee (오지) : S자 커브를 갖는 단면 형태(위는 오목하고 아래는 볼록).

Overhang (내물림) : 아래 벽의 앞면을 넘어서는 돌출부.

P

Palladio, Andrea (안드레아 팔라디오, 1508-1580) : 이탈리아 건축가. 주목할 만한 작품으로는 이탈리아 베네토 지역에 있는 다수의 빌라, 비첸차의 올림피코 극장과 건축4서가 있다.

Parametric (파라메트릭) : 다른 결과를 얻기 위해 변경할 수 있는 하나 또는 그 이상의 변수(파라미터)를 갖고 있다. 파라메트릭 모델링에서 데이터베이스는 디자인의 모든 요소에 대한 변경사항을 동시에 추적한다.

Parapet (파라펫) : 지붕에서 플랫폼의 끝으로부터 돌출한 낮은 벽.

Parti (기초설계) : 건축 작업을 통제하고 조직하는 중심적 사고.

Partition (파티션) : 내부의 비내력벽.

Passive solar (패시브 솔라) : 에너지 효율이 좋은 재료 그리고 적절한 대지 내 배치를 통해 건물을 자연적으로 냉난방하는 기술.

Pediment (박공) : 낮은 경사지붕의 박공 끝을 형성하는 삼각형 공간. 종종 돋을새김 조각이 새겨진다.

Pedestal (페데스탈) : 고전 건축에서 기둥 또는 조각상을 지지하는 베이스(base).

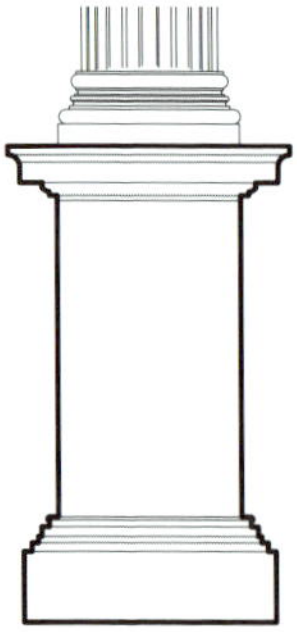

Pendentive (펜덴티브) : 정사각형 베이(bay)를 돔으로 바꾸는데 필요한 곡선형의 삼각형 지지물.

Penthouse (펜트하우스) : 기계적 장비를 두기 위한 지붕층 위의 둘러싸인 공간. 아파트의 맨 위층.

Peristyle (페리스타일) : 열주로 된 안뜰.

Pier (피어) : 잠함 기초. 또한 아치를 지지하는 구조 요소.

Pilaster (벽기둥) : 벽에 반쯤 묻힌 피어.

Pillar (필라) : 원주형의 지지물.

Pilotis (필로티) : 지면으로부터 건물을 들어 올리는 기둥 또는 필라.

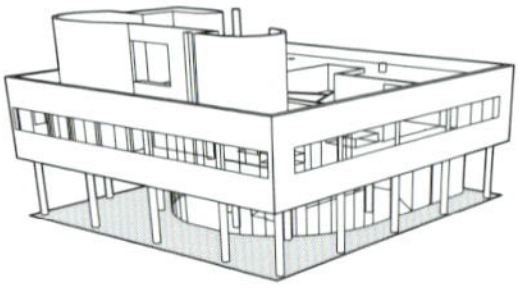

Pitch (물매) : 지붕 또는 다른 경사진 표면의 기울기. 항상 피트의 거리에 대하여 높이를 인치로 표시한다(X가 1에서 12사이의 수일 경우, X:12).

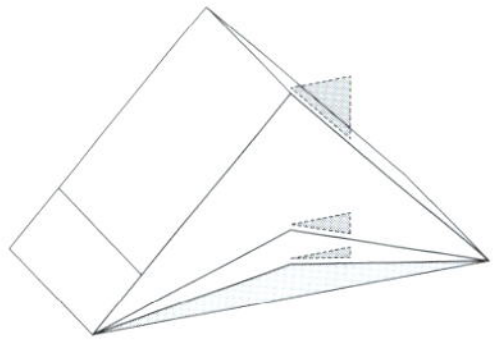

Plan (평면도) : 건물의 수평면을 보여 주는 건축도면. 수평 단면도의 기능을 한다.

Plenum (플리넘) : 매달려 있는 천장과 구조체 사이 공간으로 덕트라인, 배관, 배선을 위해 사용된다.

Pointing (이음매 바르기) : 현재의 이음부를 수리하거나 마무리하기 위하여 조적을 쌓은 후 이음부의 바깥면에 모르타르를 바르는 과정.

Portico (포르티코) : 입구 현관.

Precast concrete (프리캐스트 콘크리트) : 최종 위치가 아닌 장소에서 거푸집에 부어 양생된 콘크리트.

Prefabricated building (조립건축) : 부지 밖에서(종종 공장에서) 만들어진 다음, 조립을 위해 부지로 운반되는 벽, 바닥, 그리고 지붕과 같은 구성요소로 구성된 건물.

Purlin (중도리) : 지붕 경사면을 가로질러 지붕에 까는 재료를 지지하는 빔.

Q

Quoin (모서리돌) : 더 크고 다른 질감 또는 돌을 돌출하기 위하여 더 깊은 이음부를 만듦으로서 주변으로부터 튀게 만든 벽의 코너석.

R

Rabbet (은촉이음) : 일반 문틀에 들어간 부분 또는 이음 조각을 위한 나무의 홈.

Rafter (서까래) : 경사방향으로 삽입되는 지붕 프레임 부재.

Reflected ceiling plan (천장도) : 천장의 평면을 설명하기 위하여 거꾸로 작성된 평면도.

Retaining wall (옹벽) : 흙, 물, 또는 다른 재료의 측면 변위에 저항하도록 세워진 벽.

RFP (Request for Proposal, 제안요구) : 건축가에게 프로젝트를 수행하기 위한 자격과 제안서를 제시하는 공식적인 안내.

Rib (리브) : 시트가 접히고 굽은 덱크.

Ridge (지붕마루) : 2개 경사지붕면의 연결부에서 만들어진 수평선.

Rise (높이) : 계단의 높이와 같이, 입면에서의 수직차.

Riser (단높이) : 계단의 2개 단너비 사이의 수직면. 배관, 덕트라인, 배선의 수직 치수.

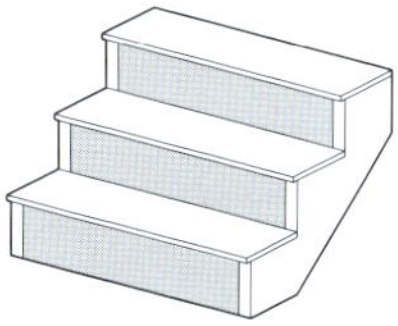

Room cavity ratio (실 공간비율) : 방의 표면과 빛이 어떻게 상호작용할지 결정하기 위해 사용되는 방 치수의 비율.

Rotunda (로툰다) : 평면상 둥글고 돔으로 덮인 공간.

Run (런) : 계단, 램프 또는 다른 경사의 수평치수.

Rustication (러스티케이션) : 깊은 이음부가 있는 큰 블록으로 된 조적 패턴.

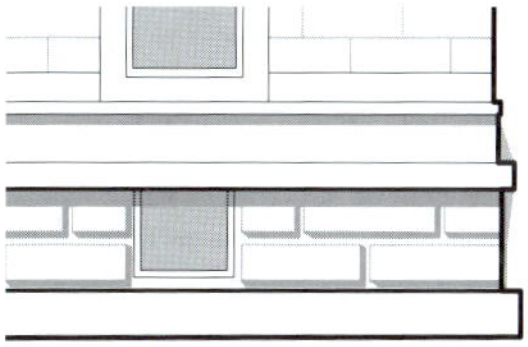

R-value (R값) : 열의 이동에 저항하는 재료 성능의 도량 단위.

S

Saarinen, Eero (에로 사리넨, 1910-1961) : 핀란드계 미국 건축가로 엘리엘 사리넨의 아들. 주목할 만할 건물로는 인디애나주 콜럼버스의 밀러 하우스, 세인트루이스의 게이트웨이 아치, JFK 공항의 TWA 터미널 등이 있다.

Saarinen, Eliel (엘리엘 사리넨, 1873–1950) : 핀란드 건축가로 에로 사리넨의 아버지. 주목할 만한 건물로는 뉴욕주 버펄로의 클라인한스 음악당과 미시간주 블룸필드 힐즈의 크랜브룩 교육 커뮤니티가 있다.

Schedule (스케줄) : 재료, 마감, 장비, 창, 문, 부호에 대한 데이터를 포함해 건축도면 가운데 차트 또는 표. 또한 작업수행에 대한 계획.

Schinkel, Karl Friedrich (칼 프리드리히 쉰켈, 1781–1841) : 프러시아 건축가, 도시계획가 및 화가. 주목할 만할 건물로는 베를린에 있는 베를린 구박물관, 신 극장, 신 위병소가 있다.

Scope of work (공사범위) : 특정 프로젝트를 위한 계획 또는 활동의 서면 범위.

Section (단면도) : 건물 구성 요소를 수직으로 절단해 보는 건축 도면. 또한 수직 평면도 역할을 한다.

Shaft (샤프트) : 기초와 주두사이의 기둥 몸통. 또한 엘리베이터, 계단, 덕트라인, 배관 또는 배선의 통행을 위해 건물 안에 만들어진 수직의 열린 개구부.

Sheetrock (시트록) : 석고보드의 상표명. 종종 석고보드 또는 드라이 월을 설명하는 것으로 잘못 사용되기도 한다.

SI : 국제 단위 시스템(미터법 시스템

Sitecast (사이트캐스트) : 최종 장소에서 부어 양생된 콘크리트. 또한 현장치기(cast-in-place), 현장양생(poured-in-place)으로 불린다.

Slab on grade (슬래브형 기초) : 직접 지면 위에 만든 콘크리트 슬래브.

Soane, Sir John (존 손 경 ,1753–1837) : 영국 건축가. 주목만할 만한 건물로는 영국 은행과 존 손 경 박물관이 있다.

Soffit (소피트) : 인방, 아치, 내물림의 마감된 밑면.

Soft metric (소프트 메트릭) : 관례적으로 사용하던 단위와 미터단위 사이의 정확한 변환.

Softwood (연재) : 침엽수(상록수) 목재.

Spall (파편) : 풍화의 결과로 콘크리트나 조적의 표면에서 떨어져 나온 것.

Span (경간) : 지지물 사이의 거리.

Spandrel (스팬드럴) : 구조 바닥을 숨기기 위해 창문을 통해 보이는 부위에 대는 벽의 외부 판넬. 아치의 곡선 그리고 사각형을 둘러싸고 있는 사각형 윤곽 사이의 삼각형 공간.

Specifications (시방서) : 재료 그리고 건물 공사방법에 대한 서면 지시서로 공사서류의 일부분이다.

STC : 소리 전달 등급. 조심스럽게 조절된 실험 조건 아래의 음향실험실에서 측정된 대기 중의 소리 전달 손실비율 수치.

Stile (선대) : 문에 있는 틀 부재.

Stud (스터드) : 경량구조 벽 공사에 사용되는 나무 또는 금속으로 만든 수직 구조 부재.

Stringer (계단의 옆판) : 계단에서 발판을 지지하는 경사진 나무 또는 강철 부재.

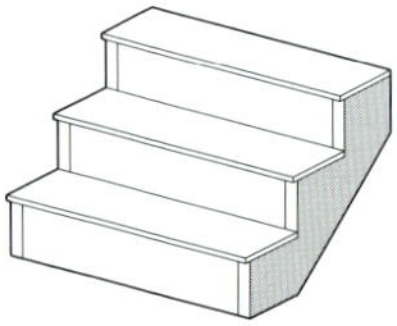

Strut channel: Standardized metal framing system used for light structural support of electrical wiring, mechanical ductwork, and plumbing. Commonly referred to by many of its manufacture trade names, including Unistrut, Flex-Strut and G-Strut

Sustainable design (지속가능한 디자인) : 미래세대의 요구를 손상시키지 않으면서 현재의 요구를 충족시키는 시스템을 사용하는 환경 인식 디자인.

T

Thermal performance (열성능) : 열 이동의 차단을 수행하는 유리 장치의 능력.

Transom (트랜솜) : 문 또는 창 상부의 개구부로 유리가 끼워지거나 속이 비지 않은 판넬로 채워질 수 있다.

Transverse (가로축) : 가로의.

Tread (단너비) : 계단에서 2개 단높이 사이의 수평면.

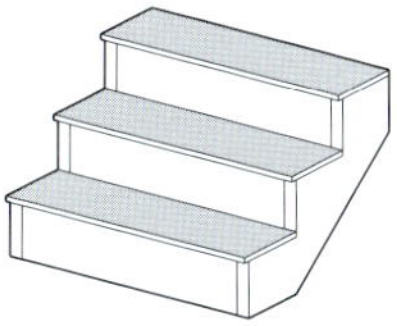

Trompe-l'oeil (트롱프 뢰유) : 3차원적으로 보이도록 만들어진 2차원 그림 또는 장식. 글자그대로는 "눈을 속게 하다"는 뜻.

Truss (트러스) : 부재의 삼각형 배치로 만들어진 구조 요소로, 축 상에 있지 않는 힘을 트러스 부재상의 축력으로 전환하는 역할을 한다.

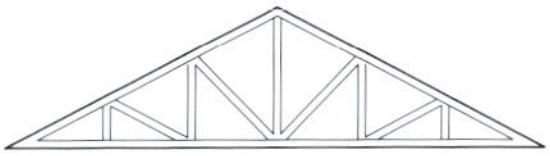

U

Undressed lumber (가공하지 않은 목재) : 대패질 하지 않은 목재.

V

Valley (골) : 2개 경사지붕의 교차점에서 형성된 홈통.

Value engineering (가치공학) : 총비용이 최저이면서도 요구되는 기능을 달성하기 위한 노력의 일환으로, 프로젝트 과정과 재료를 분석 하는 것.

van der Rohe, Ludwig Mies (루드빅 미스 반 데어 로에, 1886–1969) : 독일 건축가. 주목할 만한 건물로는 베를린의 신 국립미술관, 뉴욕의 시그램 빌딩(필립 존슨과 같이), 일리노이 공과대학의 크라운 홀 및 기타 건물이 있다.

Vault (볼트) : 아치 형태.

Veneer (베니어) : 얇은 층, 시트 또는 외장재.

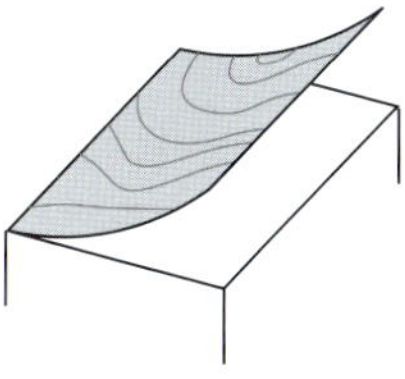

Vernacular (버네큘러) : 지역 고유의 재료, 방법, 그리고 전통적 사고로 세워진 구조물.

Vitruvius (비트루비우스, 기원전 80–15경) : 로마 건축가, 엔지니어 및 작가. 가장 주목할 만한 저서로는 건축10서가 있다.

W

Waler (웨이러) : 콘크리트 거푸집공사에 사용되는 수평 지지빔.

Winder (돌음 계단) : 코너를 90도로 돌기 위해 쐐기모양 발판을 사용한 L형 계단.

Wright, Frank Lloyd (프랭크 로이드 라이트, 1867–1959) : 미국 건축가. 주목할 만한 건물로는 낙수장, 존슨 왁스 빌딩, 솔로몬 구겐하임 미술관이 있다.

Wythe (위스) : 한 개 단위 두께로 된 조적의 수직층.

Z

Ziggurat (지구라트) : 계단식 피라미드 사원.

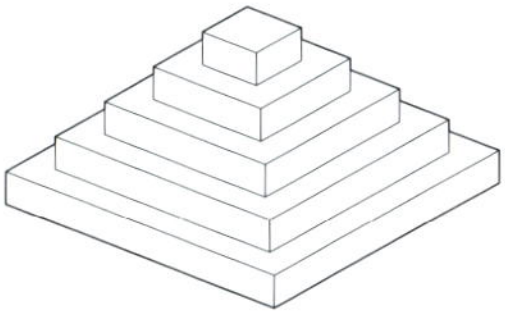

Chapter 26: 참고자료

이 책의 내용은 건축 디자인과 시공 관련의 수많은 정보들을 반영하고 있지만 여기 소개된 팁들은 사실상 빙산의 일각에 불과하다. 따라서 좀 더 특별한 주제를 찾고자 하는 독자에게는 아래에 나열된 자료들에서 조언을 얻을 것을 권한다. 이것은 많은 유용한 정보 가운데 축약된 것들이다. 대부분의 이들 자료는 잘 갖추어진 건축회사의 도서관이나 대부분의 건축학교 도서관 또는 몇몇 지역 도서관에서도 찾을 수 있을 것이다. 웹사이트에서도 많은 주제들에 관한 공짜 정보와 특히 생산 제조업자가 제공하는 값을 매길 수 없는 조사 내용물 또는 판매 관련 정보 등의 참고자료를 수집할 수 있다. 그러나 웹에 기반 한 내용과 주소는 항상 변할 수 있으므로 주의해야 한다.

건축과 디자인

잡지와 정기간행물

Architecture (monthly, USA); www.architectmagazine.com

Architectural Record (monthly, USA); www.archrecord.construction.com

Architectural Review (monthly, UK); www.architectural-review.com

Arquitectura Viva (bimonthly, Spain); www.arquitecturaviva.com

a+u (Architecture and Urbanism) (monthly, Japan); www.japan-architect.co.jp

Casabella (monthly, Italy)

Detail (bimonthly, Germany); www.detail.de

El Croquis (five times yearly, Spain); www.elcroquis.es

JA (Japan Architect) (quarterly, Japan); www. japanarchitect.co.jp

Lotus International (quarterly, Italy); www.editorialelotus.it

Metropolis Magazine (monthly, USA); www.metropolismag.com

웹 사이트

www.archinect.com

www.archinform.net

www.architectureweek.com

www.dezeen.com

www.designboom.com

1차 자료

Architectural Graphic Standards, 11th ed.

Charles George Ramsey, Harold Sleeper, and John Hoke; John Wiley & Sons, 2007

CD-ROM also available.

previous editions: 1 (1932); 4 (1951); 5 (1956); 6 (1970); 9 (1994); 10 (2000)

Neufert Architects' Data, 4th ed.

Blackwell Publishers, 2012

Fundamentals of Building Construction: Materials and Methods, 5th ed.

Edward Allen and Joseph Iano; John Wiley & Sons, 2008

Pocket Ref, 4th ed.

Thomas J. Glover, Sequoia Publishing, 2010

Understanding Buildings: A Multidisciplinary Approach

Esmond Reid; MIT Press, 1994

Building Construction Illustrated, 4th ed.

Francis D. K. Ching and Cassandra Adams; John Wiley & Sons, 2008

The Architect's Studio Companion, 4th ed.

Edward Allen and Joseph Iano; John Wiley & Sons, 2006

Skins for Buildings: The Architect's Materials Sample Book

David Keuning et al.; Gingko Press, 2004

Annual Book of ASTM Standards

American Society for Testing Materials, 2013

Seventy-plus volumes contain more than *12,000* standards available in print, CD-ROM, and online formats.

www.ansi.org (American National Standards Institute)

www.nist.gov (National Institute of Standards and Technology)

01_재료

01 나무

Laminated Timber Construction
Christian Müller; Birkhäuser, 2000

Wood Handbook: Wood as an Engineering Material
Forest Products Laboratory, U.S. Department of Agriculture

Timber Construction Manual
Thomas Herzog et al.; Birkhäuser, 2004

Detail Praxis: Timber Construction—Details, Products, Case Studies
Theodor Hughs et al.; Birkhäuser, 2004

AITC Timber Construction Manual, 5th ed.
American Institute of Timber Construction, 2004

AWI Quality Standards, 7th ed., 1999
www.awinet.org (Architectural Wood Institute)

www.lumberlocator.com

02 조적 및 콘크리트

Masonry Construction Manual
Günter Pfeifer et al.; Birkhäuser, 2001

Masonry Design and Detailing for Architects and Contractors, 5th ed.
Christine Beall; McGraw-Hill, 2004

Complete Construction: Masonry and Concrete
Christine Beall; McGraw-Hill

Design of Reinforced Masonry Structures
Narendra Taly; McGraw-Hill Professional, 2000

Reinforced Masonry Design
Robert R. Schneider; Prentice-Hall, 1980

Indiana Limestone Handbook, 21st ed.
Indiana Limestone Institute, 2002

www.bia.org (Brick Industry Association)

Concrete Construction Manual
Friedbert Kind-Barkauskas et al.; Birkhäuser, 2002

Construction Manual: Concrete and Formwork
T. W. Love; Craftsman Book Company, 1973

Precast Concrete in Architecture
A. E. J. Morris; Whitney Library of Design, 1978

Concrete Architecture: Design and Construction
Burkhard Fröhlich; Birkhäuser, 2002

www.fhwa.dot.gov (Federal Highway Administration)

www.aci-int.org (American Concrete Institute)

03 금속

SMACNA Architectural Sheet Metal Manual, 7th ed.
2012

Metal Architecture
Burkhard Fröhlich and Sonja Schulenburg, eds.; Birkhäuser, 2003

Steel and Beyond: New Strategies for Metals in Architecture
Annette LeCuyer; Birkhäuser, 2003

www.corrosion-doctors.org

04 마감

The Graphic Standards Guide to Architectural Finishes: Using MASTERSPEC to Evaluate, Select, and Specify Materials
Elena S. Garrison; John Wiley & Sons, 2002

Interior Graphic Standards
Maryrose McGowan and Kelsey Kruse; John Wiley & Sons, 2003

Detail Magazine—Architectural Details 2003
Detail Review of Architecture, 2004

Extreme Textiles: Designing for High Performance
Matilda McQuaid; Princeton Architectural Press, 2005

Sweets Catalog
McGraw-Hill Construction, ongoing; www.sweets.com

02_구조 및 시스템

05 구조 시스템

LRFD (Load and Resistance Factor Design) Manual of Steel Construction, 3rd ed.
American Institute of Steel Construction, 2001; www.aisc.org

Steel Construction Manual, 14th ed.
American Institute of Steel Construction, 2010

Steel Construction Manual
Helmut Schulitz, Werner Sobek, and Karl J. Habermann; Birkhäuser, 2000

Structural Steel Designer's Handbook
Roger L Brockenbrough and Frederick S. Merritt; McGraw-Hill Professional, 1999

Steel Designers' Manual
Buick Davison and Graham W. Owens, eds.; Steel Construction Institute (UK).

Graphic Guide to Frame Construction: Details for Builders and Designers
Rob Thallon; Taunton Press, 2000

www.awc.org (American Wood Council)

06 기계 시스템

Mechanical and Electrical Systems in Construction and Architecture, 4th ed.
Frank Dagostino and Joseph B. Wujek; Prentice Hall, 2004

Mechanical and Electrical Equipment for Buildings, 9th ed.
Ben Stein and John S. Reynolds; John Wiley & Sons, 1999

Mechanical Systems for Architects
Aly S. Dadras; McGraw-Hill, 1995

www.buildingwell.org

www.homerepair.about.com

www.efftec.com

www.saflex.com

Sustainable Architecture White Papers (Earth Pledge Foundation Series on Sustainable Development)
David E. Brown, Mindy Fox, Mary Rickel Pelletier, eds.; Earth Pledge Foundation, 2001

Cradle to Cradle: Remaking the Way We Make Things
William McDonough and Michael Braungart; North Point Press, 2002

www.greenbuildingpages.com

www.buildinggreen.com (Environmental Building News)

www.usgbc.org (U.S. Green Building Council)

www.ashrae.org (American Soc. of Heating, Refrigeration, and Air-Cond. Eng.)

07 전기 시스템

Lighting Handbook Reference, 9th ed.
Mark S. Rea, ed.; IESNA, 2000

Lighting the Landscape
Roger Narboni; Birkhäuser, 2004

1000 Lights, vol. 2: 1960 to Present
Charlotte and Peter Fiell; Taschen, 2005

www.archlighting.com

www.iesna.org (Illuminating Engineering Society of North America)

www.iald.org (International Association of Lighting Designers)

08 배관 및 소방 시스템

Fire Protection Systems
A. Maurice Jones, Delmar Cengage Learning, 2008

Plumbing Engineering Design Handbook
American Society of Plumbing Engineers, 2004

09 건물 차폐 시스템

Glass Construction Manual
Christian Schittich et al.; Birkhäuser, 1999

Detail Praxis: Translucent Materials—Glass, Plastic, Metals
Frank Kaltenbach, ed.; Birkhäuser, 2004

www.GlassOnWeb.com (glass design guide)

www.glass.org (National Glass Association)

www.nrca.net (National Roofing Contractors Association)

03_기준 도량법 및 도면

10 도량법 및 기하학

Measure for Measure
Thomas J. Glover and Richard A. Young; Sequoia Publishing, 2001
Metric Handbook Planning & Design, 2nd ed.
David Adler, ed.; Architectural Press, 1999

www.onlineconversion.com

www.metrication.com

11 건축도면

Design Drawing
Francis D. K. Ching and Steven P. Juroszek; John Wiley & Sons, 1997

Graphics for Architecture
Kevin Forseth with David Vaughan; Van Nostrand Reinhold, 1980

Basic Perspective Drawing: A Visual Approach, 4th ed.
John Montague; John Wiley & Sons, 2004

12 건축 서류

The Architect's Handbook of Professional Practice, 13th ed.
Joseph A. Demkin, ed.; American Institute of Architects, 2005
www.uia-architectes.org

www.aia.org

www.iso.org

www.constructionplace.com

www.dcd.com (Design Cost Data)

MasterSpec Master Specification System for Design Professionals and the Building/Construction Industry
ARCOM, ongoing; www.arcomnet.com

Construction Specifications Portable Handbook
Fred A. Stitt; McGraw-Hill Professional, 1999

The Project Resource Manual-CSI Manual of Practice
Construction Specifications Institute and McGraw-Hill Construction, 2004

www.csinet.org (Construction Specifications Institute)

Masterformat 2012
CSI Construction Specifications Institute, 2012

13 제도

Architectural Drawing: A Visual Compendium of Types and Methods, 2nd ed.
Rendow Yee; John Wiley & Sons, 2002

Architectural Graphics, 4th ed.
Francis D. K. Ching; John Wiley & Sons, 2002

14 컴퓨터 규범

U.S. National CAD Standard, version 3.1
2004; www.nationalcadstandard.org

AutoCAD User's Guide
Autodesk, 2001

AutoCad 2006 Instructor
James A. Leach; McGraw-Hill, 2005

www.nibs.org (National Institute of Building Sciences)

www.pcmag.com

03_기준 비례 및 형태

15 인체치수

The Measure of Man and Woman: Human Factors in Design, rev. ed.
Alvin R. Tilley; John Wiley & Sons, 2002

Human Scale, vol. 7: Standing and Sitting at Work, vol. 8: Space Planning for the Individual and the Public, and vol. 9: Access for Maintenance, Stairs, Light, and Color
Niels Diffrient, Alvin R. Tilley, and Joan Bardagjy; MIT Press, 1982
Both above-cited books draw on information produced by Henry Dreyfuss Associates, a leading firm in the development of anthropometric data and its relationship to design.

16 주거 공간

In Detail : Single Family Housing
Christian Schittich; Birkhäuser, 2000

Dwell Magazine (bimonthly, USA); www.dwellmag.com

www.residentialarchitect.com

www.nkba.org (National Kitchen & Bath Association)

Time-Saver Standards for Interior Design and Space Planning, 2nd ed.
Joseph De Chiara, Julius Panero, and Martin Zelnik; McGraw-Hill Professional, 2001

The Architects' Handbook
Quentin Pickard, ed.; Blackwell Publishing, 2002

In Detail: Interior Spaces: Space, Light, Material
Christian Schittich, ed.; Basel, 2002

17 형태 및 체계

Architecture: Form, Space and Order, 2nd ed.
Francis D. K. Ching; John Wiley & Sons, 1995

Harmonic Proportion and Form in Nature, Art and Architecture
Samuel Colman; Dover Publications, 2003

18 건축 요소

A Visual Dictionary of Architecture
Francis D. K. Ching; John Wiley & Sons, 1996

De architectura (Ten Books on Architecture)
Marcus Vitruvius Pollio, ca. 40 B.C.

The Four Books of Architecture
Andrea Palladio, 1570

On the Art of Building
Leon Battista Alberti, 1443-1452

Seven Books of Architecture
Sebastiano Serlio, 1537

03_기준 법규 및 지침

19 건축 법규

2012 International Building Codes
International Code Council, 2012
The complete collection is available in book or CD-ROM format at www.iccsafe.org.

Building Codes Illustrated: A Guide to Understanding the International Building Code, 4th ed.
Francis D. K. Ching and Steven R. Winkel; John Wiley & Sons, 2012

Code Check series
Redwood Kardon, Michael Casey, and Douglas Hansen; The Taunton Press, ongoing
This series is available at www.codecheck.com.

Illustrated 2009: Building Code Handbook
Terry L. Patterson; McGraw-Hill Professional, 2009

20 장애인 및 접근성

ADA Standards for Accessible Design
U.S. Department of Justice - www.ada.gov
1991 and 2010 Standards

ADA and Accessibility: Let's Get Practical, 2nd ed.
Michele S. Ohmes; American Public Works Association, 2003

Guide to ADA & Accessibility Regulations: Complying with Federal Rules and Model Building Code Requirements
Ron Burton, Robert J. Brown, and Lawrence G. Perry; BOMA International, 2003

Pocket Guide to the ADA: Americans with Disabilities Act Accessibility Guidelines for Buildings and Facilities, 2nd ed.
Evan Terry Associates; John Wiley & Sons, 1997

21 주차장

Parking Structures: Planning, Design, Construction, Maintenance & Repair, 3rd ed.
Anthony P. Chrest et al.; Springer, 2001

The Dimensions of Parking
Urban Land Institute and National Parking Association, 2000

The Aesthetics of Parking: An Illustrated Guide
Thomas P. Smith; American Planning Institute, 1988

Parking Spaces
Mark Childs; McGraw-Hill, 1999

www.apai.net (Asphalt Paving Association of Iowa – Design Guide)

www.bts.gov (Bureau of Transportation Services)

22 계단

Stairs: Design and Construction
Karl J. Habermann; Birkhäuser, 2003

Staircases
Eva Jiricna; Watson-Guptill Publications, 2001

Stairs: Scale
Silvio San Pietro and Paola Gallo; IPS, 2002

23 문

Construction of Buildings: Windows, Doors, Fires, Stairs, Finishes
R. Barry; Blackwell Science, 1992

04_개요서

24 연대표

History of Architecture on the Comparative Method: For Students, Craftsmen & Amateurs, 16th ed.
Sir Banister Fletcher; Charles Scribner's, 1958

Modern Architecture: A Critical History, 3rd ed.
Kenneth Frampton; Thames & Hudson, 1992

A World History of Architecture
Marian Moffett et al.; McGraw-Hill Professional, 2003

Source Book of American Architecture: 500 Notable Buildings from the 10th Century to the Present
G. E. Kidder Smith; Princeton Architectural Press, 1996

Architecture: From Prehistory to Postmodernism, 2nd ed.
Marvin Trachtenberg and Isabelle Hyman; Prentice-Hall, 2003

Encyclopedia of 20th-Century Architecture
V. M. Lampugnani, ed.; Thames and Hudson, 1986

Modern Architecture Since 1900
J. R. Curtis, Phaidon Press, 1996

25 용어 해설

The Penguin Dictionary of Architecture and Landscape Architecture, 5th ed.
John Fleming, Hugh Honour, and Nikolaus Pevsner; Penguin, 2000

Dictionary of Architecture, rev. ed.
Henry H. Saylor; John Wiley & Sons, 1994

Dictionary of Architecture and Construction, 3rd ed.
Cyril M. Harris; McGraw-Hill Professional, 2000

Means Illustrated Construction Dictionary
R. S. Means Company, 2000

Architectural and Building Trades Dictionary
R. E. Putnam and G. E. Carlson; American Technical Society, 1974

색인

사진자료의 출처

Pyramid of Giza: Erich Lessing, Art Resource, New York; 236

Stonehenge: Anatoly Pronin, Art Resource, New York; 236

Parthenon: Foto Marburg, Art Resource, New York; 237

Colosseum: Alinari, Art Resource, New York; 237

El Castillo: Vanni, Art Resource, New York; 237

San Vitale: Scala, Art Resource, New York; 238

Notre-Dame: Scala, Art Resource, New York; 238

Duomo, S. Maria del Fiore: Scala, Art Resource, New York; 239

S. Maria Novella: Erich Lessing, Art Resource, New York; 239

Villa La Rotonda: Vanni, Art Resource, New York; 239

S. Carlo alle Quattro Fontane: Scala, Art Resource, New York; 240

Salt Works of Chaux: Vanni, Art Resource, New York; 241

Crystal Palace: Victoria & Albert Museum, Art Resource, New York; 241

Marshall Field Wholesale Store: Chicago Historical Society / Barnes-Crosby; 241

Barcelona Pavilion: Museum of Modern Art / licensed by Scala, Art Resource, New York. © 2006 Artists Rights Society (ARS), New York / VG Bild-Kunst, Bonn; 242

Einstein Tower: Erich Lessing, Art Resource, New York; 242

Bauhaus: Vanni, Art Resource, New York. © 2006 Artists Rights Society (ARS), New York / VG Bild-Kunst, Bonn; 242

Fallingwater: Chicago Historical Society / Bill Hedrich, Hedrich-Blessing; 242

Vanna Venturi House: Rollin R. La France, Venturi, Scott Brown and Associates; 243

Seattle Public Library: LMN Architects / Pragnesh Parikh; 243

감사의 글

특별히 Anna Buzolits, Adam Balaban, Dan Dwyer, John McMorrough, Rick Smith, Ron Witte에게 감사드립니다.

모든 출처를 밝히려고 노력하였습니다. 참조가 누락된 경우에는 후속 출판에서 수정될 수 있도록 출판사로 연락해 주십시오.

저자 약력

줄리아 맥모로(Julia McMorrough)는 보스턴, 캔자스, 뉴욕 그리고 오하이오주 콜럼버스에서 병원, 도서관, 대학 건물 그리고 건축 회사들의 연수원을 포함한 다양한 프로젝트를 수행해 오고 있다. 현재 그녀는 스튜디오 APT(studioAPT)의 파트너로서 디자인과 공동 연구를 수행하고 있고 미시간 대학교의 타우브먼 건축대학에서 부교수로 재직 중이다. 그녀는 캔자스 대학교에서 건축학사와 컬럼비아 대학교에서 건축학 석사 학위를 취득하였다.

월터(Walter), 메튜(Matthew), 존(John)에게 바칩니다.

역자

황태주 Hwang, Tae Joo

홍익대학교 건축학과 및 동 대학원 졸업(공학박사)
진우건축, 사간건축, 서북건축 등 근무
대한민국건축대전 및 건축설계교수작품전 초대작가
현 서원대학교 건축학과 교수
• 편저서: 「하우징리뷰」, 「건축설계교수회 작품집」, 「금우건축#04」 등

이완건 Lee Wan Geon

경희대학교 건축공학과 졸업
홍익대학교 대학원 건축학과 졸업(공학박사)
건축연구소 탑 및 (주)유일건축사사무소 근무, 건축사
현 세명대학교 건축공학과 교수
• 저서 : 「건축실무설계」, 「근대건축 보존 그리고 역사도시 서울」등